V&R

ÜBER GRENZEN

48. Deutscher Historikertag in Berlin 2010

Berichtsband

Herausgegeben im Auftrag des Verbandes der Historiker und Historikerinnen Deutschlands

von
Gabriele Metzler und Michael Wildt
unter Mitarbeit von
Andreas Spreier, Theresa Voß, Saskia von Preyss

Vandenhoeck & Ruprecht

Bibliografische Information der Deutschen Nationalbibliothek

Die Deutsche Nationalbibliothek verzeichnet diese Publikation in der Deutschen Nationalbibliografie; detaillierte bibliografische Daten sind im Internet über http://dnb.d-nb.de abrufbar.

ISBN 978-3-525-30163-0
ISBN 978-3-647-30163-1 (E-Book)

Printed in Germany.
Satz: Punkt für Punkt GmbH · Mediendesign, Düsseldorf
Druck und Bindung: ⊛ Hubert & Co, Göttingen

Inhalt

Zum Geleit

Geleitwort des Vorsitzenden des Verbandes der Historiker und Historikerinnen Deutschlands

Prof. Dr. Werner Plumpe

Über Grenzen – wohl kaum eine Universität in Deutschland hätte sich als Austragungsort für einen Historikertag mit diesem Motto so geeignet wie die Humboldt-Universität zu Berlin. Nicht nur umfasst die historiographische Tradition der ehemaligen Berliner Friedrich-Wilhelms-Universität eine lange Reihe großartiger Versuche, die Geschichte als Weltgeschichte zu begreifen. Der Ort selbst, der im Jahr des Historikertages seinen 200. Geburtstag feierte, symbolisiert überdies so wie kaum ein zweiter Ort in Deutschland »Grenzüberschreitungen« im guten wie im verhängnisvollen Sinne. Daß zudem die Vereinigten Staaten von Amerika als Partnerland gewonnen werden konnten, daß amerikanische Historikerinnen und Historiker das Treffen aktiv mitgestalteten, brachte schließlich auch die derzeitige, in jeder Hinsicht grenzüberschreitende Praxis moderner Geschichtsschreibung treffend zum Ausdruck.

Der Historikertag, der sich großer öffentlicher Resonanz erfreute, schritt das Feld möglicher Grenzüberschreitungen aus und suchte diese zugleich historisch und aktuell zu bewerten. Dabei zeigte sich, daß Grenzziehungen auch ihren Sinn haben; wie es nicht zuletzt die Diskussionen um die Zukunft akademischer Forschung und Lehre, die in den zurückliegenden Jahren sehr unter unsachgemäßen »Entgrenzungen« zu leiden hatten, zum Ausdruck brachten. Auch das ist im übrigen keine nationale Erfahrung mehr; vielmehr scheint es europaweit zu einem Wettbewerb der Übergriffe zu kommen, der aus Universitäten Ausbildungsanstalten mit jener Art von Praxisbezug machen will, der noch immer der Feind jeder eigentlichen Wissenschaft war. Hier zeigte sich die Historikerschaft zurecht um Abgrenzung bemüht, während in den historiographischen Diskussionen die großen Chancen der Grenzüberschreitungen in vielfältigen Bezügen zum Thema wurden, sei es, was die Auswahl der zu betrachtenden Gegenstände betrifft, mehr aber noch, was die eigentliche Praxis einer Geschichtsforschung und -schreibung angeht, die längst nicht mehr im nationalen Paradigma erfolgen kann und will. Dies schlug sich auch darin nieder, daß der Berliner Historikertag selbst von den Referenten wie von den Teilnehmern her eine durchweg offene Veranstaltung war.

Es war vor allem der große Zuspruch, der den Berliner Historikertag positiv prägte, auch wenn gelegentlich überfüllte Hörsäle ein Preis seines außerordentlichen Erfolges sein mochten. Der Historikertag im historischen Herzen der Stadt Berlin war insofern auch eine große Herausforderung für das dortige Organisationsteam, die souverän bewältigt wurde. Gerade nach Historikertagen kann eigentlich nie genug gedankt werden, denn nur wer einmal den großen Organisationsaufwand aus der Nähe erlebt hat, weiß, welche Arbeit hier getan werden muß. Die Worte des Dankes an das Berliner Team um Gabriele Metzler (Sprecherin), Ingo Loose (Geschäftsführer), Johannes Helmrath, Rüdiger vom Bruch und Michael Wildt, die ich im Namen der ganzen deutschen Historikerschaft aussprechen möchte, kommen daher von Herzen und aus dem Wissen um die große Leistung jener Tage. Ausdrücklich einbeziehen möchte ich auch die zahlreichen Hilfskräfte und Helfer, die die Orientierung in den Gebäuden erleichtert und dadurch ebenfalls wesentlich dazu beigetragen haben, daß dieser so gut besuchte Historikertag zu einem großen Erfolg wurde.

Frankfurt am Main/München, im Mai 2011

Vorwort

Vom 28. September bis 1. Oktober 2010 fand der 48. Deutsche Historikertag an der Humboldt-Universität zu Berlin statt. Veranstaltet vom Verband der Historiker und Historikerinnen Deutschlands und dem Verband der Geschichtslehrer und organisiert von einem lokalen Organisationsteam, stieß der Historikertag auf außerordentlich große Resonanz: Rund 4.000 Teilnehmer und Teilnehmerinnen führten in der historischen Mitte Berlins rund um das Hauptgebäude der Humboldt-Universität zum Leitthema »Über Grenzen« drei Tage lang fruchtbare Gespräche, die über eine aufmerksame Berichterstattung in den Medien auch auf eine breitere Öffentlichkeit ausstrahlten.

Der Ort hätte passender kaum gewählt werden können – zum 20. Jahrestag der deutschen Vereinigung, die die jahrzehntealte, für unüberwindbar geltende Grenze so glücklich beseitigte; aber auch zum 200jährigen Jubiläum der Humboldt-Universität, einer Institution, an der von ihrer Gründung bis zum heutigen Tag die Grenzen unseres Wissens stetig erweitert werden. Auf dem Historikertag wurde über Epochengrenzen und Grenzen zwischen Disziplinen diskutiert; wurden natürliche und politische Grenzen erläutert, soziale, ethnische und kulturelle Grenzen verhandelt. Grenzziehungen sind immer Konstrukte, und sie sind historisch immer wandelbar, wie die hier dokumentierten Berichte aus den Sektionen eindrücklich belegen. Es ist gut, wenn an einem Ort wie Berlin darüber gesprochen wird, dass Grenzen nicht für die Ewigkeit gemacht sind und dass Menschen immer wieder die Chance haben, immer wieder die Chance suchen oder erkämpfen, Grenzen zu überwinden.

Es war für den Historikertag Ausdruck besonderer Anerkennung, dass er in das an wissenschaftlichen Höhepunkten gewiss nicht arme Jubiläumsprogramm der Universität aufgenommen und von der Universitätsleitung in außergewöhnlichem Maße unterstützt wurde. Unser besonderer Dank gilt dem Präsidenten der Humboldt-Universität, Prof. Dr. Dr. h.c. Christoph Markschies, der eine wissenschaftliche Mitarbeiterstelle zur Verfügung stellte und darüber hinaus auf dem »kleinen Dienstweg« manche finanzielle und organisatorische Hilfe leistete; unser Dank gilt aber auch und vor allem den Mitarbeitern und Mitarbeiterinnen der Universität, die unbürokratisch und effizient Hindernisse aus dem Weg räumten und uns mit Rat und Tat stets zur Seite standen, ganz besonders Constanze Richter und Thomas Richter aus dem Bereich Öffentlichkeitsarbeit, Dr. Sandra Westerburg und Dr. Esther von Richthofen aus dem Präsidialbereich, sowie Sabrina Schulze, Constanze Haase, Mariana Bulaty, Eva-Maria Kolb und Marion Höppner.

Dem Regierenden Bürgermeister von Berlin, Klaus Wowereit, danken wir für die Übernahme der Schirmherrschaft, dem Senat von Berlin für die Wertschätzung für die Arbeit von Historikerinnen und Historikern, die er durch den Abschlussempfang im Roten Rathaus zum Ausdruck brachte. Ohne die finanzielle Unterstützung durch die Deutsche Forschungsgemeinschaft, die Gerda Henkel Stiftung und die Körber-Stiftung wäre das vielfältige und internationale Angebot an

Vorträgen, Sektionen und Diskussionsforen nicht möglich gewesen. Das Partnerland des 48. Historikertages waren die Vereinigten Staaten von Amerika, die mit Berlin in besonderer Weise verbunden sind. Auch die deutschen Historikerinnen und Historiker stehen seit langem in einem besonders regen und intensiven Austausch mit ihren amerikanischen Kolleginnen und Kollegen, und wie fruchtbar wissenschaftliche Debatten »Über Grenzen« hinweg sein können, hat dieser Historikertag ein weiteres Mal eindrücklich belegt.
Wie bei den vorangegangenen Historikertagen, so hat sich auch in Berlin die Medienpartnerschaft mit Clio-Online und H-Soz-Kult (HSK) außerordentlich bewährt. In besonderem Maße profitieren konnte das Organisationskomitee (neben Gabriele Metlzer als Sprecherin, Michael Wildt, Johannes Helmrath und Rüdiger vom Bruch) von der eingespielten Berliner Kooperation mit der HSK-Redaktion, die für den Berichtsband eine Reihe von HSK-Sektions- und Querschnittsberichten zur Verfügung stellte. Rüdiger Hohls und Thomas Meyer sind wir darüber hinaus für vielfältige kollegiale Hilfe sehr dankbar.
Der größte Dank des Organisationskomitees aber gilt unseren Studierenden. Viele von ihnen haben im Vorfeld wichtige Aufgaben übernommen, haben das Doktorandenforum vorbereitet, eigenständig das ansprechende Begleitprogramm und das Schülerprogramm organisiert, haben sich um die Kontakte zu den Ausstellern gekümmert und an spätsommerlich warmen Tagen im September die Tagungsunterlagen vorbereitet. Während des Kongresses selbst haben mehr als hundert freiwillige studentische Helfer und Helferinnen umsichtig und zuverlässig die Sektionen betreut, die Referenten und Referentinnen technisch unterstützt, Garderobendienste versehen und all die vielen kleinen, für Außenstehende häufig unsichtbaren Aufgaben erledigt, die bei einer Veranstaltung dieser Größenordnung anfallen. Von der Einsatzbereitschaft, der Freundlichkeit und Zuverlässigkeit unserer Studierenden, die bei alledem auch ihre gute Laune nie verloren, waren wir höchst beeindruckt. Herausheben möchten wir das Engagement von Theresa Voß, Robert Parzer, Saskia von Preyss, Andrea Maluga, Hanna Sotkewiecz und Sebastian Lawrenz, die das Kernteam gebildet haben.
Umsichtig geleitet wurde das Team vom Geschäftsführer des Historikertags, Dr. Ingo Loose, der mit größtem organisatorischem Geschick die Vorbereitungen koordinierte und auch während des Kongresses selbst immer den Überblick behielt. Die Geschäftsführung in der »Abwicklung«, der finanziellen Nachbereitung und der Arbeit am Abschlussbericht übernahmen ebenso umsichtig und engagiert Lena Voigt und Christian Helm, denen wir herzlich danken, ebenso Andreas Spreier, der die redaktionellen Arbeiten an diesem Berichtsband höchst souverän ausführte.

Berlin, im November 2011 Gabriele Metzler und Michael Wildt

Eröffnungsveranstaltung

Eröffnung durch den Vorsitzenden des Verbandes der Historiker und Historikerinnen Deutschlands

Prof. Dr. Werner Plumpe

Sehr geehrte Frau Bundeskanzlerin,
Exzellenz,
Herr Staatssekretär,
Magnifizenz,
sehr geehrte Frau Spiegel,
liebe Kolleginnen und Kollegen,
meine Damen und Herren!

Zum 48. Deutschen Historikertag darf ich Sie im Namen des Verbandes der Historiker und Historikerinnen Deutschlands in Berlin herzlich willkommen heißen. Der Humboldt-Universität, die den diesjährigen Historikertag wohlwollend aufgenommen hat, gilt unser besonderer Gruß. Sie begeht in diesem Jahr ihren 200. Geburtstag. Mit ihrem Namen verbinden sich nicht nur große Traditionen deutscher Geschichtswissenschaft; wie keine andere verkörpert sie auch die Geschichte der deutschen Universität im 20. Jahrhundert. Mit der Vereinigung ist sie wieder zur Universität im Herzen Berlins geworden, eine Entwicklung, die ohne die mutige Grenzüberschreitung der Menschen in der ehemaligen DDR nicht möglich gewesen wäre. Auch deshalb sind wir dankbar, daß Frau Bundeskanzlerin Merkel, deren persönlicher Lebensweg eng mit dieser Grenzüberschreitung verbunden ist, heute das Wort an die deutsche Historikerschaft richten wird. Seien Sie uns besonders willkommen.
Unser Thema »Über Grenzen« war bereits das Thema des Gründers der Berliner Universität, Wilhelm von Humboldt. In seinen Betrachtungen über die Weltgeschichte formulierte er Grundsätze der Forschung, die – wenn auch in anderer Diktion – auf eine internationale Öffnung der Geschichtswissenschaft hinauslaufen. Humboldt begriff die Weltgeschichte als Zusammenhang, die zwar in ihren einzelnen Teilen zu studieren, deren jeweiliger Zusammenhalt, deren gegenseitige Beeinflussung aber stets im Blicke zu halten sei. Die heutige Geschichtswissenschaft drückt sich im Grunde nur anders aus, wenn sie den Zusammenhang der Weltgeschichte sieht und die vielfachen Zentrismen des Blicks relativiert; sie fordert darüber hinausgehend allerdings auch von sich selbst internationale Offenheit als historiographische Praxis! »Über Grenzen«: in diesem Motto drückt sich daher durchaus das Ende »national begrenzter Geschichtswissenschaften« aus. Weder von den Themen noch von den Verfahrensweisen und der Gesamtsicht her ist es heute sinnvoll, von nationalen Geschichtswissenschaften in einem mehr als formalen Sinne zu sprechen. Der Verband begrüßt diese Entwicklung,

die vermehrte internationale Zusammenarbeit und die gegenseitige geistige Befruchtung außerordentlich. Daß wir die American Historical Association als Partner für diesen Historikertag gewinnen konnten, und daß der amerikanische Botschafter hier und heute den Deutschen Historikertag begrüßen wird, ist für uns daher nicht nur eine außerordentliche Freude, sondern auch Zeichen gelungener Grenzüberschreitungen. Auch Ihnen, Herr Botschafter, gilt daher unserer besonderer Gruß und unser herzlicher Dank. So auch Ihnen, verehrte Frau Spiegel. Gerade mit der amerikanischen Geschichtswissenschaft gibt es eine vielfältige Kooperation, und diese Kooperation selbst ist ein wesentlicher Motor weiterer Zusammenarbeit und Internationalisierung. Insofern ist die Überwindung von Grenzen geradezu ein Ideal, dem sich ja auch die Hochschulpolitik, wie wir nachdrücklich unterstützen, verpflichtet weiß, freilich mit bislang noch widersprüchlichen Ergebnissen. Die Studienreformen der letzten Jahre etwa haben uns in Bezug auf Internationalität, Flexibilität und Mobilität eher zurückgeworfen. Aber das wird sich hoffentlich ändern, wenn die neuen Studiengänge dem Gebotenen angepaßt sind – und die Bedingungen für die Mobilität von Lehrenden und Studierenden Grenzüberschreitungen auch wirklich zulassen.

Ganz so neu, wie es manchem scheinen mag, ist die Grenzüberschreitung in der Wissenschaft indes nicht. Dies hat uns ja bereits zu Beginn der Blick auf Wilhelm von Humboldts programmatische Aussagen gezeigt. Die historische Teildisziplin, die ich vertrete, die Wirtschafts- und Sozialgeschichte, war auch früher in nationaler Beschränkung schlicht unvorstellbar. Sie steht dabei keineswegs allein. Ranke, um nur ein Berliner Beispiel zu zitieren, etwa handelte mit großer Selbstverständlichkeit von den maßgeblichen Themen der europäischen Geschichte und er tat es – den Maßstäben seiner Zeit folgend – methodisch und theoretisch vorbildlich. Das war nicht überraschend, gute Wissenschaft kann per se nicht national beschränkt sein. Gleichwohl war die ältere Geschichtswissenschaft auch von starren Grenzen gekennzeichnet. Vor allem war und blieb sie eine europäische und nordamerikanische Sache und war in ihrer Programmatik – zum Teil zumindest – in heute nicht mehr nachvollziehbarer Weise selbst grenzziehend, wenn zum Beispiel Sonderwege beschworen oder nationale Eigenschaften in wertender Weise zu geschichtsmächtigen Kräften erklärt wurden. Diese keineswegs allein deutsche Untugend hat dann freilich gerade in Deutschland im 20. Jahrhundert zerstörerischen Tendenzen Platz gemacht, die die internationale Gemeinschaft der Geschichtswissenschaft nachhaltig geschädigt haben. Hierauf bezogen ist unser diesjähriges Motto mehr als programmatisch. Es zeigt grundsätzlich an, daß sowohl thematisch wie methodisch die Ära der national begrenzten Geschichtserzählungen vorbei ist. Sie werden vielmehr selbst zum Gegenstand gegenwärtigen historischen Denkens, insofern die »nationalen Meistererzählungen« und ihre jeweiligen Moden als historische Kräfte zu analysieren und in ihrem Zustandekommen aufzuklären sind. Umso wichtiger erscheint es uns daher, daß die Offenheit der Forschung ihren Niederschlag auch in den nationalen Geschichtspolitiken findet, die zum Teil in bedenklicher Weise alten Cliches folgen oder diese gar verstärken.

Nun kann das Gesagte, das sich im einzelnen breit entfalten ließe, den Eindruck erwecken, als sei jede Grenzüberschreitung zu begrüßen, als sei jede Grenzziehung ein illegitimer Akt der Ausgrenzung oder der Einsperrung. Man muß sich aber hüten, im normativen Überschwang der Grenzüberschreitungen die Realität aus dem Blick zu verlieren. Grenzen haben ja auch ihren guten Sinn. Grenzüberschreitung kann auch Orientierungsverlust bedeuten. Die Studienreformen der vergangenen Zeit und manche von außen gewünschte »Profilbildung« haben nicht selten die Grenzen zwischen den akademischen Disziplinen verwischt. Der Historiker ist indes als grenzenüberschreitender Gesprächspartner nur dort interessant, wo er ein guter Historiker ist und nicht ein akademischer Tausendsassa, der von allem Möglichen etwas, von Nichts aber viel versteht. Inter- und Transdisziplinarität setzen Disziplinarität voraus! Bei allem Fortschreiten sind die Grenzen der akademischen Disziplin »Geschichte« daher ein wertvolles Gut. Auch scheint es uns – ganz allgemein – bei allen begrüßenswerten Erfolgen der Hochschulreformen der vergangenen Jahre geboten, die Grenzen der Universität stärker gegenüber Ansprüchen und Erwartungen jener zu betonen, die sich von ihr unmittelbar nützliche Effekte im Sinne ihrer Partialinteressen erwarten. Die Lage der öffentlichen Finanzen stärkt die Rolle der Drittmittelgeber, aber der Staat sollte nicht unter dem Etikett der »Autonomie« die Universitäten Erwartungen ausliefern, die weder realistisch noch wirklich legitim sind. Auch scheint es den meisten von uns ganz verfehlt, daß der Staat sich etwa aus der Genehmigung von Studien- und Prüfungsordnungen zurückzieht, um diese in wenig legitimierte private Hände zu legen. All das führt nur zu Grenzverwischungen, wie sie mittlerweile auch in den Bezeichnungen zum Vorschein kommen, etwa wenn von Aufsichtsräten und Vorständen statt von Rektoraten und Präsidien die Rede ist. Universitäten sind aber keine Unternehmen. Sollten sie dazu werden, indem man sie verpflichtet, ihre Studiengänge wie Produkte zu vermarkten und auf zahlungswillige Studenten zu hoffen, dann wäre definitiv eine Grenze überschritten. Um es in der Sprache der Berater zu sagen: Auch die Wissenschaften, nicht zuletzt die Geschichtswissenschaften haben ein »Kerngeschäft«, das es zu stärken und zu schützen gilt. Denn gerade hierin liegt die Fähigkeit begründet, zur gesellschaftlichen Selbstaufklärung beizutragen.

Kommen wir daher zurück zu unserem Historikertag, der natürlich auch und immer ein Forum darstellt, solche Probleme zu besprechen. Vor allem steht unser Berliner Treffen im Zeichen des wissenschaftlichen Austausches und der großen Bereitschaft der deutschen Historikerschaft, sich mit ihrer Arbeit einer interessierten und kritischen Öffentlichkeit zu stellen. Die Vielfalt der Sektionen, die Vielfalt der Themen, die Vielfalt der Veranstaltungen im Rahmenprogramm unseres Kongresses – all das verspricht eine gute Woche für die Geschichtswissenschaft und jeden, der an ihr interessiert ist. Das Motto »Über Grenzen« soll dabei von der Offenheit der Historikerinnen und Historiker zeugen, ganz im Sinne Johann Wolfgang Goethes, der, das sehen Sie mir als Frankfurter nach, das letzte Wort haben soll: »Es gibt«, schreibt er 1829, »keine patriotische Kunst und keine patriotische Wissenschaft. Beide gehören wie alles hohe Gute der ganzen Welt an und können nur durch allgemeine freie Wechselwirkung aller zugleich Lebenden in steter Rücksicht auf das, was uns vom Vergangenen übrig und bekannt ist, gefördert werden«. In diesem Sinne eröffne ich den 48. Deutschen Historikertag 2010 in Berlin.

Begrüßung durch den Vorsitzenden des Verbandes der Geschichtslehrer Deutschlands

Dr. Peter Lautzas

Sehr geehrte Frau Bundeskanzlerin,
Exzellenz,
sehr geehrter Herr Staatssekretär,
meine sehr verehrten Damen und Herren,

als Bundesvorsitzender des Verbandes der Geschichtslehrer Deutschlands darf ich Sie zum 48. Deutschen Historikertag ebenfalls begrüßen und herzlich willkommen heißen!

Der Historikertag bietet uns alle zwei Jahre die Gelegenheit, Bilanz zu ziehen und zu fragen: Wie steht es um den Geschichtsunterricht in Deutschland? Die Situation in den einzelnen Bundesländern stellt sich genau so heterogen dar wie unsere gesamte Bildungslandschaft. In den meisten Bundesländern hat der Geschichtsunterricht einen akzeptablen Stellenwert im Fächerkanon; wo das nicht so zufriedenstellend vorhanden ist, zeigen sich besonders in den Abgängern der mittleren Schulabschlüsse erhebliche Defizite. In den Jahren 2009 und 2010 ist unser Fach zwar etwas ins Gerede gekommen ob der – manchmal allerdings erschreckenden – Wissenslücken über die deutsche Geschichte des 20. Jahrhunderts, jedoch hat es keine dramatischen Einbußen erlitten – außer in Nordrhein-Westfalen. Das ist angesichts der zahlreichen Umbrüche und Veränderungen schon bemerkenswert. Im Fazit ist es also erfreulich, dass die Notwendigkeit einer Pflege des Geschichtsbewusstseins und die hohe Einschätzung des Bildungswerts unseres Faches nach wie vor allgemeine Anerkennung findet. Besorgt sein müssen wir allerdings über die Erhaltung des Fachprofils und die kontinuierliche Belegung. Auch ist die Neigung mancher Kultusverwaltungen erkennbar, die Fächer des gesellschaftswissenschaftlichen Aufgabenfeldes zusammenzulegen oder deren Belegung alternativ zuzulassen. Es muss deutlich gesagt werden, dass nur ein Fach Geschichte mit spezifischem Profil und in durchgängiger Belegung, mindestens 2-stündig bildungstheoretisch einen Sinn macht, eine Forderung, die der Verband der Geschichtslehrer in seiner Mainzer Erklärung vom 22. Mai 2005 ja klar formuliert hat.

Ist ferner die Betonung der Zeitgeschichte durch die beiden Beschlüsse der Kultusministerkonferenz von 2009 zu begrüßen, – was der Geschichtslehrerverband durch Kooperationen vor allem mit dem Zweiten Deutschen Fernsehen und dem Mitteldeutschen Rundfunk bestrebt ist, konstruktiv mitzugestalten –, so ist immer noch eine erstaunliche Zurückhaltung in der Frage zu verzeichnen, wie unsere inzwischen recht häufigen multi-ethnisch zusammengesetzten Lerngruppen besser unterrichtet werden können, auch im Bereich Geschichte. In unserem Fach dürfte das zum Beispiel keine unlösbare Aufgabe darstellen, denn es gibt – besonders im Hinblick auf die globale Perspektive des Geschichtsunterrichts – durchaus thematische Berührungspunkte und Überschneidungen zur Geschichte anderer Kulturkreise. Altbundespräsident Richard von Weizsäcker weist hier – über diesen Einzelfall hinausgehend – für die Erziehung insgesamt einen Weg, wenn er in seinen Erinnerungen sagt: »Es ist eine unersetzliche Hilfe, die Bedeutung der Kultur anderer Völker zu begreifen und sie achten zu lernen« und in diesem Zusammenhang die Frage stellt: »Wie lernen wir es, uns im Zeichen des erweiterten Europa und der Globalisierung aller Verhältnisse nicht abzuschotten und doch das Gefühl der eigenen Heimat zu bewahren?« Sie als eine der wichtigsten Fragen des 21. Jahrhunderts zu bezeichnen, ist sicher berechtigt.

Das Motto des diesjährigen Historikertages – »Über Grenzen« – spricht diese Thematik an. Es ist den Lebenserinnerungen Ralf Dahrendorfs entlehnt, der es als »Weltkind« liebte und Vergnügen daran fand, Grenzen in mancherlei Hinsicht, aber stets produktiv, zu überschreiten und der das Problem »Grenze« so schön auf den Punkt gebracht hat, indem er sagt: »Grenzen schaffen ein willkommenes Element von Struktur und Bestimmtheit. Es kommt darauf an, sie durchlässig zu machen, offen für alle, die sie überqueren wollen, um die andere Seite zu sehen, eine Welt ohne Grenzen ist eine Wüste, eine Welt mit geschlossenen Grenzen ist ein Gefängnis; die Freiheit gedeiht in einer Welt offener Grenzen.« Auch dies ein Gedanke, der uns leiten kann. Er schlägt sich ja auch in diesem Kongress nieder, der sich in seiner Vielfältigkeit der Themen und Fragestellungen wie in der Offenheit gegenüber Fachgrenzen und Nachbardisziplinen, nicht zuletzt auch in seiner angestrebten Internationalität als zeitgemäßer Reflexionsraum erweist und überzeugend darstellt. Bei allem Pragmatismus und Erfolgsdenken, das uns leitet und das das Handeln in vielen Bereichen der Gesellschaft bestimmt, müssen wir gerade in dieser Situation mehr und mehr Freiraum für das Nachdenken über Möglichkeiten, Formen, aber auch – vor allem ethische – Grenzen unseres Tuns schaffen. Die Geschichte als umfassender Erfahrungsschatz menschlichen Handelns bietet hierzu eine Fülle von Anregungen und Beispielen, die dem genannten Bemühen eine zeitliche Tiefendimension verleiht. Diesen Schatz ausgiebig zu nutzen zur Gestaltung unserer Gegenwart sollten wir nicht versäumen. Aber das brauche ich ja hier in diesem Kreise nicht zu betonen.

Für einen guten Unterricht bedarf es nun aber auch gut ausgebildeter Fachlehrer. Mit Sorge beobachten wir, wie sich in den letzten Jahren die Lehrerausbildung entwickelt, wie zum Beispiel die Fragmentierung historischen Wissens in der universitären Ausbildung weiter zunimmt, ein Gesamtüberblick über die Epochen kaum mehr vermittelt wird, zudem die fehlende Einheitlichkeit in den Ausbildungsgängen der Länder die Situation noch unübersichtlicher macht und erschwert. Da diese Gefahren nach meinem Eindruck aber erkannt worden sind, ist zu hoffen, dass es sich dabei um ein vorübergehendes und beherrschbares Problem handelt. Was das Auseinanderdriften der Länderlösungen bezüglich der Lerninhalte betrifft, so könnte es – nicht nur für das Fach Geschichte – hilfreich sein, sich auf einen gemeinsamen Kernbestand von Bildung zu verständigen und ein bundesweites Kerncurriculum zur Grundlage der Ländercurricula zu machen. Ein solcher Kernbestand ist etwa in unserem Fach durchaus vorhanden – bei aller Unterschiedlichkeit der didaktischen Zugänge. Als Voraussetzung für diesen kühnen Schritt müssten die Länder aber erst einmal die Notwendigkeit dieser längst überfälligen Reform erkennen und zu entsprechenden Maßnahmen bereit sein. Angesichts dieser und vieler anderer Probleme im Bildungsbereich frage nicht nur ich mich, ob die Form eines derart ausgeprägten Bildungsföderalismus, die wir heute in Deutschland haben, noch zeitgemäß und effektiv – und vielleicht nicht allzu historisch bedingt, um nicht zu sagen: anachronistisch – ist.

Hochkonjunktur in der Bildungspolitik hat immer noch die Formulierung von Bildungsstandards und Kompetenzen. Ist es ein nicht nur bei den Kultusverwaltungen, sondern auch in der Öffentlichkeit sehr berechtigter Wunsch, die Ergebnisse von Lernprozessen ausgewiesen und realisiert zu sehen, und ist es – im Fach Geschichte – sehr berechtigt, historische Urteilsfähigkeit höher zu schätzen als reines Faktenwissen, so ist doch Folgendes zu bedenken: Historische Urteilsfähigkeit entsteht bekanntlich nicht im luftleeren Raum, sondern bildet sich an Hand konkreter Inhalte aus – und wird auch in dieser Verbindung, das heißt anhand von Wissenselementen, aktualisiert. Deshalb ist parallel zur Förderung der Urteilsfähigkeit auch der Erwerb von exemplarischem Wissen erforderlich, das heißt die Erkenntnisse und Einsichten, die erreicht werden sollen, müssen sich auf ein verbindliches Faktengerüst stützen, neben einer Formulierung von Kompetenzen ist also zusätzlich ein wissensbasiertes Kerncurriculum erforderlich. Der Weg, den Hessen hier eingeschlagen hat, macht keinen Sinn und führt in die Irre. In diesem Zusammenhang wird unser Verband hier in Berlin auch wieder Vorschläge in dieser Frage zur Diskussion stellen. Erste Ergebnisse in der Anwendung der Standards haben nun aber, wenn ich es recht sehe, keine überzeugenden Resultate hinsichtlich der Intensivierung des Unterrichts und dessen Ergebnissen gebracht. Im Übrigen bin ich nach wie vor skeptisch, ob sich Bildung mit quantifizierenden Methoden überhaupt und auf administrativem Wege allein hinreichend sichern lässt. Wir brauchen ein allgemeines Lernumfeld, das Bildung schätzt, dabei alle am Bildungsprozess Beteiligten – Schüler, Lehrer und Eltern – in der jeweiligen Weise fördert und zugleich fordert. Der Bildungsgipfel, den Sie, Frau Bundeskanzlerin, im Jahre 2008 initiierten und auf dem Sie den Aufbruch in die »Bildungsrepublik Deutschland« ankündigten, hat leider bis heute noch nicht die gewünschte Neuausrichtung gebracht. Die Zielsetzung ist aber sehr zu begrüßen und sollte keinesfalls aufgegeben werden. Deutschlands Zukunft liegt ganz entscheidend in der Bildung!

Ich wünsche dem 48. Deutschen Historikertag einen guten Verlauf und uns allen spannende und ertragreiche Tage hier in Berlin!

Grußwort des Staatssekretärs für Kultur des Landes Berlin

Dr. André Schmitz

Sehr geehrte Frau Bundeskanzlerin Merkel,
sehr geehrter Herr Botschafter Murphy,
sehr geehrter Professor Markschies,
meine sehr geehrten Damen und Herren,

im Namen des Berliner Senates darf ich Sie alle recht herzlich in Berlin willkommen heißen. Unsere Stadt genießt inzwischen den Ruf, das »Rom der Zeitgeschichte des 20. Jahrhunderts« zu sein. Das mag in manchen Ohren wie eine typische Berliner Übertreibung klingen.
Tatsächlich gibt es jedoch kaum eine andere Stadt in Europa, in der das »Jahrhundert der Extreme« so präsent ist wie in Berlin mit seinen historischen Gedenkorten und Erinnerungsstätten an das dunkelste Kapitel deutscher Geschichte, die Teilung der Stadt während des kalten Krieges, die SED-Diktatur und den historischen Glücksfall der friedlichen Revolution, des Mauerfalls und Wiedervereinigung Deutschlands 1989/90.
Von daher sind Sie nicht nur in der richtigen Stadt. Sie kommen auch mit dem richtigen Thema nach Berlin, wenn Sie hier im Umfeld des 20. Jahrestages der deutschen Einheit »Über Grenzen« diskutieren wollen.
Geschichte ist in Berlin nicht nur sehr präsent. Sie ist für Berlin lange Zeit vor allem und in erster Linie eine historische Hypothek gewesen. Eine Hypothek, an der die Stadt – zumindest wirtschaftlich – bis heute zu tragen hat.
Die Vertreibung der jüdischen Mitbürger nach 1933, die Zerstörungen des Krieges und der Mauerbau haben in Berlin Wunden gerissen, die nur langsam verheilen.
Wenn heute jedoch Millionen von Menschen nach Berlin kommen, um diese Zeugnisse der Geschichte in Augenschein zu nehmen, wenn unsere Geschichte einer der Motoren für den Berlin-Tourismus ist und wenn die Stadt wegen ihrer besonderen historischen Umstände nach dem Mauerfall zum Mekka für Künstlerinnen und Künstler aus aller Welt geworden ist, dann sind das sehr ermutigende Anzeichen. Dann ist Berlin vielleicht auf dem guten Weg, die Hypothek der Geschichte in eine Bereicherung für die Stadt und ihre Menschen umzumünzen.
Das geht natürlich nicht durch Geschichtsvergessenheit, sondern im Gegenteil: durch geradezu exzessives Geschichtsbewusstsein. Ein solches Geschichtsbewusstsein aber kann nicht von oben verordnet werden, sondern muss aus der Stadtgesellschaft selbst kommen.
Meine verehrten Damen und Herren, wenn Sie die Gedenk- und Erinnerungslandschaft Berlins erkunden, werden Sie viel von diesem neuen, zivilgesellschaftlichen Geschichtsbewusstsein entdecken. Und Sie werden sehen, dass das Land Berlin und der Bund an vielen Orten der Stadt sehr eng zusammenarbeiten und kaum Kosten scheuen, um dieser historischen Aufgabe und Herausforderung

gerecht zu werden. Für diese gute und segensreiche Zusammenarbeit, verehrte Frau Bundeskanzlerin, an dieser Stelle mein/unser aufrichtiger Dank. Wenn Sie mir gestatten, dann verbinde ich diesen Dank gern mit der ausdrücklichen Hoffnung, dass der Bund und Berlin in bewährter Vertragstreue am Bau des Humboldt-Forums und dem dafür beschlossenen Zeitplan festhalten. An uns, an Berlin, verehrte Frau Bundeskanzlerin, soll es da nicht liegen. Wir haben ein hohes Interesse daran, dieses *Grand Projet* deutscher Kulturpolitik in der Hauptstadt zu einem Erfolg werden zu lassen. Das kann ich von hier aus versichern.

Ihnen, verehrte Erforscher und Vermittler der Geschichte, sage ich danke, dass Sie hier bei uns zu Gast sind und wünsche Ihnen anregende und aufregende Tage in Berlin.

Grußwort des Präsidenten der Humboldt-Universität zu Berlin

Prof. Dr. Dr. h.c. Christoph Markschies

»Über Grenzen« wollen Sie auf dem achtundvierzigsten Historikertag nachdenken – ehrlich gesagt, ein zutiefst ambivalentes Thema: »Aus Tradition Grenzen überschreiten« mag ein passables Motto für ein jüngst gefeiertes Jubiläum der zweitältesten deutschen Universität gewesen sein; in jener osteuropäischen Hauptstadt, aus der die Leipziger Studenten 1409 auszogen, und überhaupt jenseits von Oder und Neiße dürfte der Satz »aus Tradition Grenzen überschreiten« eher sehr schmerzliche Erinnerungen an deutsche Grenzüberschreitungen wecken. Dabei kommt, wie uns das wunderbare, 1838 hier in Berlin von den Brüdern Grimm begonnene Deutsche Wörterbuch verrät, das Wort »Grenze« aus dem Slawischen, freilich nicht, wie die Bearbeiter des entsprechenden Faszikels an der Preußischen Akademie der Wissenschaften im Jahre 1935 noch meinten, aus dem Polnischen, sondern aus dem Pomoranischen, dem Ostseeslawischen, wenn ich an dieser Stelle richtig recherchiert habe, und hat sich, wie unter anderem das Marienburger Tresslerbuch dokumentiert, nicht zuletzt über Kontobücher des Deutschen Ordens vom Osten her auch im Westen verbreitet. Wenn man in diesen Tagen über Oder und Neiße, den Deutschen Orden und die Ostseeslawen redet, wird noch einmal deutlich, daß man es mit der uns so lieb gewordenen Dekonstruktion historischer Realitäten auch zu weit treiben kann – es gibt nicht nur in der politischen Debatte, sondern eben auch in der Geschichtswissenschaft harte Grenzen, die man nicht ignorieren sollte und die kein Positivismusvorwurf gleichsam in Luft auflösen kann – wollte ich an dieser Stelle aber weiter reden und als Historiker des antiken Christentums ganz allgemein über Grenzen in der historischen Wissenschaft philosophieren, so würde ich die mir zugebilligte Grenze, ein Grußwort zu sprechen, überschreiten und auch dies wäre eine Grenzüberschreitung, die man unbedingt vermeiden sollte.

Also walte ich lieber meines Amtes als Präsident der traditionsreichen Berliner Humboldt-Universität und begrüße Sie, die von nah und fern angereist sind, sehr herzlich zu diesem Kongreß, dessen Gastgeber wir als Universität und ich ganz persönlich von Herzen gern bin. Berlin hat sehr spezifische Erfahrungen mit Grenzen – und nun rede ich nicht darüber, daß mich der durch Kupferband oder Pflastersteine markierte Verlauf der Berliner Mauer gelegentlich unsanft daran erinnert, daß der Hinterreifen meines Fahrrades aufgepumpt werden muß, denn das wäre zum zwanzigsten Jahrestages eines (wenn Sie dem Theologen das Wort gestatten) reinen Wunders doch etwas zu despektierlich formuliert. Und ich spreche auch nicht darüber, wie wir an der Humboldt-Universität immer wieder diese verschwundene Grenze in der Mitte der Stadt noch und jüngst vielleicht sogar wieder mehr spüren, obwohl wir sicher nicht zu den gescheiterten Beispielen deutscher Wiedervereinigung im Kleinen gehören – nein, ich erspare Ihnen Beispiele bewegender Grenzüberschreitungen aus zweihundert Jahren universitärer und außeruniversitärer Forschungsgeschichte, man kann dazu nämlich gerade im Gropiusbau unter dem Titel »WeltWissen« eine Jubiläumsausstellung

von Akademie, Charité, Universität und Max-Planck-Gesellschaft ansehen. Ich mache Sie vielmehr mit der Zurückhaltung, die einer erneuten Grenzüberschreitung des Althistorikers ins Feld der Zeitgeschichte wohl ansteht, darauf aufmerksam, wie sich diese ganze Stadt, in der Ihr Historikertag stattfindet, als Anschauungsobjekt Ihrer Diskussionen eignet: Dort, wo der Architekturhistoriker Gerwin Zohlen den Grenzverlauf der alten Mauer mit einem Kupferband markiert hat, vor dem alten preußischen und heutigen Berliner Abgeordnetenhaus, treffen Sie auf eine neue Grenze, nämlich einen Bannkreis, der das Berliner Landesparlament vor den gelegentlich recht heftigen Willensbekundungen der Bevölkerung schützt (auch davon kann die Humboldt-Universität seit zweihundert Jahren ein trübes Liedchen singen). Ich habe bei der Vorbereitung dieses Grußwortes gelernt, daß der Bannkreis im heutigen Sinne auch in Berlin erfunden wurde, nach einem blutigen Zwischenfall im Zusammenhang einer Demonstration gegen die Reichsregierung vor dem Reichstagsgebäude am 13. Januar 1920 mit 42 Toten und 105 teils Schwerverletzten. Material für den bislang ungeschriebenen Artikel »Grenze« in den »Geschichtlichen Grundbegriffen« findet man an diesem Ort und in meiner Universität reichlich.
Wenn ich Ihnen so zu demonstrieren versuche, daß eine Debatte »Über Grenzen« in Berlin und an der Humboldt-Universität durchaus am richtigen, an einem sehr treffenden Ort stattfindet, tue ich – vorsichtig formuliert – nichts gänzlich Unerwartetes und das geschieht auch ganz gewiß nicht, wenn ich Ihnen zum Schluß meines Grußwortes nochmals ein sehr herzliches Willkommen entbiete. Freilich gehört eine gewisse Erwartungskonformität zum Genre des Grußwortes und auch da weckt eine allzu entschlossene Grenzüberschreitung eher Mißvergnügen, denn Vergnügen. Solches Vergnügen aber an der Stadt und Ihren gemeinschaftlichen Diskussionen wünsche ich Ihnen, nun zunächst mit dem amerikanischen Botschafter. Wie sagt der schlesische Barockdichter Daniel Casper von Lohenstein so schön: »Der Mensch, die kleine Welt, beherrscht die große Grenze.« Möchte das doch von diesem Historikertag gelten.

Grußwort des Botschafters der Vereinigten Staaten von Amerika in Deutschland

Philip D. Murphy

Bundeskanzlerin Merkel,
Professor Plumpe,
Dr. Lautzas,
Dr. Schmitz,
Professor Markschies,
Professor Spiegel,
verehrte Mitglieder des Verbandes der Historiker und Historikerinnen Deutschlands,
meine Damen und Herren,

es ist mir eine große Ehre, gemeinsam mit den deutschen Historikern am 48. Historikertag teilnehmen zu dürfen. Ich bin weder Historiker noch Geisteswissenschaftler, aber eine meiner schönsten Aufgaben als Botschafter in diesem großartigen Land ist die des Geschichtslehrers. Vor fast genau einem Jahr gab ich bei einem sogenannten Town-Hall-Treffen an der Humboldt-Universität mit einer Gruppe Berliner Studenten und Schüler meine erste Geschichtsstunde als Botschafter. Professor Markschies, Sie waren damals mein Gastgeber. Ich danke Ihnen für diesen guten Start. Das war der Beginn einer ganzen Reihe von Town-Hall-Treffen zum Thema Geschichte, die ich im vergangenen Jahr mit jungen Menschen in ganz Deutschland veranstaltet habe. Mein letztes Town-Hall-Treffen fand heute Morgen an der Rütli-Schule hier in Berlin statt. Die Schule stieß unlängst auf einige Schwierigkeiten, scheint diese aber gut zu bewältigen.
Sie als Historiker können Vorzüge und Nutzen der Geschichte sicher sehr viel besser beschreiben als ich. Sie als Geisteswissenschaftler und Lehrer sind natürlich auch erfahrener darin, diese Dinge an Schüler und Studenten weiterzugeben. Mich persönlich hat das, was ich in den vergangenen 12 Monaten erlebt habe, in der Auffassung bestärkt, dass die Geschichte uns hilft, die Welt von heute zu verstehen. Junge Menschen wachsen heute mit nie dagewesenen Herausforderungen auf: Krieg und Terrorismus, Klimawandel und wirtschaftliche Rezession, extreme Armut und extreme Ideologien, die Verbreitung von Krankheiten und Atomwaffen. Diese Herausforderungen machen nicht Halt an Grenzen und Ozeanen oder politischen und ideologischen Einstellungen. Sie betreffen uns alle. Dieselbe Vernetzung, die diese globalen Herausforderungen verstärkt, macht es aber auch möglich, sie zu lösen. Die Notwendigkeit eines allgemeinen Referenzsystems verschwindet nicht, wenn Gesellschaften so pluralistisch werden, wie es unsere heute sind. Die Geschichte ist der allgemeine Wissenskanon, der uns zu erkennen erlaubt, dass es stets unsere Unterschiede waren, die Einzelne und ganze Länder zu dem gemacht haben, was sie heute sind. Erst wenn wir erkennen, was uns unterscheidet, können wir Gemeinsamkeiten erkunden und damit beginnen, den Weg nach vorn gemeinsam zu gehen.

Vieles, was in den vergangenen 60 Jahren passiert ist, hat Deutschland und die Vereinigten Staaten zusammengeschweißt. Aber inzwischen ist eine neue Generation herangewachsen, die sich nicht mehr an die Mauern erinnert, die einmal Städte und Länder teilten, und auch nicht an die Chancen und die Verantwortung früherer Generationen. Das ist der Grund, Frau Bundeskanzlerin, weshalb ich mit jungen Deutschen immer zunächst über die Vergangenheit und erst dann über die Gegenwart spreche. Wir sprechen über Bundeskanzler Adenauer und über die gemeinsamen Ziele einer Reihe aufeinander folgender amerikanischer Präsidenten. Wir sprechen über die Errungenschaften derjenigen, die sich für Bürgerrechte und die Umwelt eingesetzt haben. Präsident John F. Kennedy, einer der großen amerikanischen Freunde Deutschlands, hat gesagt: »Die Geschichte ist die Erinnerung eines Landes. [...] Die Zukunft entsteht aus der Vergangenheit, und die Geschichte eines Landes steht für die Werte und Hoffnungen, die das Vergangene schufen und auf das Zukünftige hindeuten.« Nun sind Sie als Historiker an der Reihe, diese Erinnerungen aufzuzeichnen, die es uns ermöglichen werden zu lernen, uns Ziele zu setzen und sie zu verfolgen – kurz gesagt, zu wachsen.
Vielen Dank für die Ehre, heute zu Ihnen sprechen zu dürfen.

Grußwort der Past President der American Historical Association

Prof. Dr. Gabrielle Spiegel

I am delighted to be present today to add my welcome to those of the distinguished organizers and guests of the German Historical Association on the occasion of its 48th annual meeting. I am here today representing the American Historical Association, of which I am a past president. It strikes me as particularly apt that I should represent the American Historical Association since I have also served as Chair of the Department of History at the Johns Hopkins University, which has the oldest PhD program in history in the United States. Indeed, the early days of the department and the American Historical Association are tied to one another in that the founder of the Hopkins History Department – Herbert Baxter Adams – was also one of the founders of the American Historical Association in 1884, and through Baxter Adams, both are equally connected to Germany and the emergence of modern historical thought here.

»Scientific history« as it came to be practiced in the United States was based, in large part on the Hopkins model introduced by Herbert Baxter Adams, who had received his doctorate in History in Germany. When Herbert Baxter Adams decided in 1874 to go to Germany for advanced training in history, he was following a path Americans had trodden since the beginning of the century and one that, by century's end, saw approximately 9,000 Americans matriculate in German Universities for higher degrees of one kind or another. The choice of Germany over England and France can be explained by the absence of a professional climate for learning in England, where science and philosophy flourished outside rather than within universities, while France retained the tinge of Enlightenment »infidelity« still abhorrent to Protestant America. American parents, Herbert Baxter Adams reported, considered Paris »an unsafe place for a young man«. Germany, in contrast, stood far in advance of other countries in the development of higher education, and Americans eager to partake of the new critical methodologies developed here flocked to Halle, Göttingen, Berlin, Leipzig and Heidelberg to study philosophy, theology, medicine, history and political economy. What Americans primarily sought in Germany was the prestige and technical training conferred by German Wissenschaft. In historical scholarship, both were indissolubly linked with the name of Ranke, who had grounded historical investigation in the methods of critical philology earlier elaborated at Göttingen and given its practice an institutional setting in the creation of the first seminar towards 1830. Both Rankean »scientific method« and the seminar system were to become the keystones of Adams's educational innovations at Hopkins upon his return to America. Since the vast majority of the first generation of professional historians in the United States were trained at Johns Hopkins, it is reasonable to conclude that the rise of the »scientific school« of history in America in the 1870s and 1880s was largely the result of American tutelage in the German seminar during the formative decades of professionalization.

Historical method and historiographical theory has, of course, now largely moved beyond the framework originally delineated by Rankean historicism and new concerns, as well as theories, have supplanted those central to »scientific history«, as the very title of this year's meeting – »Beyond Borders« indicates. But the core values and ethical commitments of the Rankean school, those of fidelity to truthfulness and a striving for objectivity in the consideration of the past, remain central to all our practices, however inflected by new theories and topics. And to the extent that this remains the case, the practice of history in both our countries remains linked in the present as it was so crucially in the past. I am therefore honored to be here with you to continue the pursuit of historical knowledge that has so fundamentally shaped the practice of history in both our countries and thank you, on behalf of the American Historical Association, for the opportunity to share in this common endeavor.

Festvortrag der Bundeskanzlerin

Dr. Angela Merkel

Sehr geehrter Herr Professor Plumpe,
sehr geehrter Herr Lautzas,
sehr geehrter Herr Professor Markschies,
sehr geehrte Frau Professorin Spiegel,
sehr geehrter Herr Botschafter,
sehr geehrter Herr Staatssekretär Schmitz,
meine Damen und Herren,

ich freue mich sehr, gemeinsam mit Ihnen den 48. Deutschen Historikertag in Berlin eröffnen zu können. Als Physikerin ist es mir ja nun wirklich nicht in die Wiege gelegt worden, einmal am größten geisteswissenschaftlichen Fachkongress Europas teilzunehmen. Insofern weiß ich, dass Sie, die Mitglieder des Historikerverbandes, Ihr diesjähriges Motto »Über Grenzen« sehr ernst nehmen. Zudem sind amtierende Regierungschefs als Festredner auf Historikertagen eher selten. Der letzte vor mir war Helmut Schmidt. Er eröffnete 1978 den 32. Deutschen Historikertag in Hamburg; und das ist bereits Geschichte – ob neueste oder neuere. Ich fühle mich deshalb sehr geehrt, hier sprechen zu dürfen. Aber ich bin natürlich auch vorgewarnt, denn aus Sicht der Historiker bedürfen auch Politikerreden immer einer kritischen Prüfung und Einordnung. Andererseits ziehen Historiker auch manchmal den Verdacht auf sich, im Nachhinein immer klüger zu sein. Deshalb stehe ich einigermaßen selbstbewusst hier.

Einer der Großen Ihres Fachs, der 2006 verstorbene Reinhart Koselleck, war der Ansicht, es sei die Hauptaufgabe eines Historikers – ich zitiere –, »zunächst einmal davon auszugehen, dass immer alles anders war als gesagt«. Das klingt im ersten Moment kritisch gegenüber allen, die etwas sagen oder tun, das später als historisch relevant angesehen wird. Doch er hat noch eine zweite goldene Regel formuliert, dass nämlich – ich zitiere noch einmal – »alles immer anders ist als gedacht«. Ich glaube, an diesem Punkt unterscheiden sich geisteswissenschaftliche und naturwissenschaftliche Methodik im Kern nicht voneinander. Reinhart Koselleck forderte zu Recht eine professionelle Skepsis, die wissenschaftliches Selbstbewusstsein mit Selbstkritik verbindet. Das könnte ich als Naturwissenschaftlerin unterschreiben; und es sollte auch permanent Einzug in das politische Handeln finden – aber aller bitte.

Das Faszinierende an der Geschichtswissenschaft ist für mich, dass man sich die Handlungsspielräume früherer Akteure vergegenwärtigen kann. Historiker können Ereignisse aus verschiedenen Blickwinkeln nachzeichnen. Auf diese Weise gelangen sie zu neuen Einsichten und erschließen auch immer wieder neue Quellen.

Nun gab und gibt es in Ihrem Fach, wie in anderen Fächern auch, immer wieder Diskussionen über Methoden und Herangehensweisen. In diese Diskussionen mische ich mich heute natürlich nicht ein. Wenn ich aber eine Parallele zu meinem alten Fachgebiet ziehen darf: Max Planck oder Lise Meitner und Otto Hahn haben ihre bahnbrechenden Erkenntnisse nicht als Mitglieder einer zentral gesteuerten Forschergruppe erzielt. Aber sie haben als Forscher von den Bedingungen profitiert, die ihnen gewährt wurden. Ich glaube, auch in den Geisteswissenschaften können große Werke und echter Erkenntnisgewinn nur begrenzt geplant und zentral strukturiert werden. Am Ende ist es doch meist eine unabhängige Forscherpersönlichkeit, die neue Erkenntniswege aufzeigt. Das kann in verschiedenen Formen sein, etwa in Spezialstudien, die zum Meilenstein eines Forschungsgebiets werden, oder – wofür Nichthistoriker dann auch dankbar sind – in Form von Überblicksdarstellungen, die auch von Nichthistorikern mit Genuss und Gewinn gelesen werden.

Meine Damen und Herren, es ist eine Binsenweisheit, dass die Beurteilung historischer Ereignisse oft leichter fällt, wenn sie eine gewisse Zeit zurückliegen, wenn Quellen gesichtet werden konnten und verschiedene Zusammenhänge immer deutlicher zutage treten. Ich finde es faszinierend, genau solch einen Vorgang besonders angesichts der Jubiläen in diesem und im letzten Jahr miterleben zu können, nämlich den Übergang von Gegenwart in Zeitgeschichte. Wir alle sind ja wahrscheinlich glückliche Menschen, weil wir nicht nur auf interessante historische Ereignisse zurückblicken können, sondern weil wir auch in unserem Leben mit Sicherheit interessante historische Ereignisse erlebt haben. Im vergangenen Jahr haben wir auf vielen Veranstaltungen 60 Jahre Bundesrepublik Deutschland und den 20. Jahrestag des Mauerfalls gefeiert. Es waren für uns alle sicherlich bewegende Momente.

Am 9. November 2009 hatte ich die Gelegenheit, mit den Vertretern der Mitgliedstaaten der Europäischen Union sowie der Vereinigten Staaten von Amerika und Russlands vor dem Brandenburger Tor der historischen Ereignisse vor 20 Jahren zu gedenken. Besonders berührt hat mich, dass viele gekommen waren, die damals Geschichte mit geschrieben haben. Stellvertretend möchte ich Lech Wałęsa, Michail Gorbatschow und Hans-Dietrich Genscher nennen.

Bereits am Nachmittag des 9. November bin ich gemeinsam mit vielen ehemaligen Oppositionellen und Zeitzeugen noch einmal den Weg über die Bösebrücke von Ost- nach West-Berlin nahe der Schönhauser Allee gegangen. Dort, am Grenzübergang Bornholmer Straße, fiel vor 20 Jahren der erste Schlagbaum, nachdem die DDR-Bürger Herrn Schabowski beim Wort genommen hatten. Das Wort Freiheit hatte damals eine sehr konkrete Bedeutung; es hatte vor allen Dingen eine konkrete Kraft, gegen die das Politbüro ebenso machtlos war wie die befehlshabenden Soldaten.

Im Mittelpunkt dieses Jubiläumsjahres steht natürlich der kommende Sonntag, an dem wir 20 Jahre Deutsche Einheit feiern werden. Seit Jahren beklagen ja viele zu Recht eine um sich greifende verfehlte DDR-Nostalgie. Vor den Feierlichkeiten waren vor allem wieder Stimmen lautstark vernehmbar, denen zufolge der ganze Einigungsprozess falsch angepackt worden sei. Interessanterweise verstummt dieses Gemurmel, je mehr seriöse Erinnerungsarbeit geleistet und je vernehmbarer die Stimme der zeitgeschichtlichen Forschung wird.

Es sind viele wichtige Bücher zur friedlichen Revolution 1989 und zur Wiedervereinigung 1990 erschienen. Sie schildern nicht nur die Ereignisse vor 20 Jahren, sondern auch deren Vorgeschichte und Ursachen. Es kommt mir so vor, als ob wir nun-

mehr einen klareren Blick auf diese wichtige Phase unserer Nation haben. Deshalb möchte ich Ihnen, den Historikern, den Geschichtslehrern und auch den vielen Ausstellungsmachern und Museumsmitarbeitern in Deutschland für Ihre Arbeit rund um das Doppeljubiläum im vergangenen und in diesem Jahr ganz herzlich danken.
Die Ereignisse werden einerseits langsam Geschichte. Andererseits treten die Fakten und ihre weitreichende Bedeutung deutlicher zutage. Heute zum Beispiel ist sehr deutlich, dass der Staatsvertrag, in dem die Währungs-, Wirtschafts- und Sozialunion festgeschrieben wurde, nicht nur enorme Veränderungen für die Länder der damals noch bestehenden DDR mit sich brachte, sondern auch eine gesamtdeutsche Zäsur bedeutete. In ihm wurde zum ersten Mal die Soziale Marktwirtschaft staatsrechtlich als Wirtschafts- und Gesellschaftsordnung für ganz Deutschland festgeschrieben. Jetzt, 20 Jahre später, geht es ja um die praktische Erneuerung der Sozialen Marktwirtschaft.
Ich sprach vorhin davon, wie faszinierend es ist, mitzuerleben, wenn bewegende Ereignisse langsam Geschichte werden. Nicht minder herausfordernd – das darf ich mit Blick besonders auf meine Arbeit der letzten zwei Jahre sagen – ist es, wenn man mittendrin in historischen Prozessen steckt. So ist die weltweite Finanz- und Wirtschaftskrise sicherlich auch ein historisch einschneidendes Ereignis, aber eben noch lange nicht Geschichte. Sie ist noch nicht überwunden, denn es muss national wie international noch viel getan werden, um die Krise tatsächlich hinter uns zu lassen und – noch viel wichtiger – aus ihr die richtigen Lehren für die Zukunft zu ziehen. Das heißt, die Soziale Marktwirtschaft braucht Regeln und einen Staat, der ihre Einhaltung durchsetzt.
In der Sozialen Marktwirtschaft ist der Staat der Hüter der Ordnung. Davon waren die geistigen und politischen Väter der Sozialen Marktwirtschaft überzeugt. Deswegen haben sie auch viel über gesellschaftliche Fragen nachgedacht. Die Finanz- und Wirtschaftskrise zeigt einmal mehr, wie Recht sie hatten. Zwar war das Krisenmanagement diesmal erfolgreicher als bei der Weltwirtschaftskrise vor 80 Jahren, denn wir haben die Lehren von damals beherzigt und konnten die Erschütterungen weitgehend abfedern. Doch der Preis, den wir alle dafür zahlen müssen, ist hoch. Auch Staatsschulden schlagen mit Zins und Zinseszins zu Buche; das engt künftige Handlungsspielräume schmerzhaft ein.
Die Notwendigkeit, einen neuen globalen Ordnungsrahmen für die Finanzmärkte zu schaffen, ist nur ein Aspekt des Strukturwandels, den wir gegenwärtig zu meistern haben – und auch nur ein Aspekt der zukünftig erforderlichen globalen Zusammenarbeit in sehr vielen Fragen. Eine zweite Aufgabe von durchaus historischer Bedeutung ist die dauerhafte Stabilisierung unserer öffentlichen Haushalte. Es geht dabei nämlich um mehr als einen ehrgeizigen Sparkurs. Es geht darum, die volkswirtschaftliche und gesellschaftliche Substanz so zu stärken, dass wir in Deutschland den demografischen Wandel und den verschärften globalen Wettbewerb bewältigen können und dabei unseren Wohlstand nicht aufgeben müssen.
Wirtschaftskrisen sind Zeiten der Bewährung – und es sind Zeiten der Korrekturen. Deshalb verstehe ich diese Krise als Chance. Es steht die Frage im Raum: Wo stehen wir? Zur Beantwortung brauchen wir, glaube ich, nicht nur einen Blick auf Zahlen, Statistiken und Prognosen. Auch eine historische Einordnung hilft. Sie, lieber Herr Professor Plumpe, haben mit Ihrem Buch »Wirtschaftskrisen: Geschichte

und Gegenwart« gezeigt, was und wie man das beurteilen kann. Darin schreiben Sie etwas, was auf den ersten Blick erstaunlich ist. Sie schreiben nämlich, dass Wirtschaftskrisen unvermeidlich zur modernen Wirtschaft gehören und sie für Fortschritt und Entwicklung sogar wichtige Funktionen erfüllen. Dass eine solch wissenschaftliche Bewertung nicht zynisch werden muss, wie man vielleicht auf den ersten Blick denken mag, wird an den Schlussfolgerungen deutlich. Denn es geht nicht darum, sich einfach mit einem normalen zyklischen Auf und Ab der Konjunktur abzufinden, sondern es geht in der Konsequenz darum, dass sich Staaten nicht verleiten lassen dürfen, sich Wirtschaftswachstum über Schulden erkaufen zu wollen. Ich glaube, Herr Professor Plumpe, Sie haben aus historischer Perspektive ein wichtiges Fazit für wirtschaftspolitisches Handeln in der Gegenwart und in der Zukunft gezogen.

Meine Damen und Herren, eingedenk sowohl der aktuellen politischen Herausforderungen als auch der historischen Ereignisse vor 20 Jahren war es sicherlich eine gute, um nicht zu sagen, eine notwendige Wahl, Berlin, die Hauptstadt des wiedervereinigten Deutschlands, als Konferenzort für den Deutschen Historikertag zu wählen. Das lässt sich ebenso zur Humboldt-Universität als idealem Gastgeber sagen, denn schließlich gilt die 1810 gegründete Berliner Hochschule noch heute als Vorbild moderner Universitäten. – Herr Professor Markschies war bezüglich seiner Wünsche an die verschiedenen staatlichen Institutionen heute sehr zurückhaltend, was vielleicht dem Grußwort geschuldet war. – Darüber hinaus ist die Humboldt-Universität ebenso wie die Stadt Berlin untrennbar mit dem Namen Leopold von Rankes verknüpft, einem der Gründerväter der modernen Geschichtswissenschaft.

Ich freue mich darüber, dass die Humboldt-Universität den Historikertag in ihr Festprogramm zu ihrem 200. Gründungsjubiläum aufgenommen hat. Ebenso freut es mich, dass die Vereinigten Staaten von Amerika das diesjährige Partnerland des Historikertages sind. Die Rolle der Vereinigten Staaten, besonders in den Monaten, in denen die deutsche Wiedervereinigung verhandelt wurde, bleibt für uns Deutsche unvergessen.

Meine Damen und Herren, ich bin davon überzeugt, dass man aus der Geschichte lernen kann, wenn man sie nur ehrlich genug befragt und Ähnlichkeiten wie Unterschiede zur Gegenwart herausarbeitet. Weil das so ist, kann ich es nur begrüßen, dass Sie den Historikertag gemeinsam mit Geschichtslehrern abhalten. Deren Arbeit an den Schulen ist von überragender Bedeutung. Kindern Geschichte nahe zu bringen, ist wesentliche Voraussetzung für eine gelingende Zukunft. – Was ich dazu aber heute gehört habe, kann mich noch nicht ganz beruhigen. Das gebe ich aber an Herrn Schmitz zurück; dafür muss er sorgen, das ist nämlich Ländersache.

Wir brauchen nicht nur als Menschen eine persönliche Geschichte. Wir brauchen auch als Nation Geschichtsbewusstsein – das Wissen, wie es gewesen ist und warum es so gewesen ist. Nur dieses Verständnis von uns selbst verleiht uns die nötige Kraft, im Wortsinne selbstbewusst in die Zukunft zu blicken, sie zu gestalten, Dinge zu verändern und als Gesellschaft integrativ zu sein.

In diesem Sinne wünsche ich Ihnen einen anregenden, Gewinn bringenden Kongress, von dem wir alle profitieren können. Herzlichen Dank dafür, dass ich heute hier sein durfte.

Wissenschaftliches Programm

Alte Geschichte

Grenzen der Gewalt – Definition, Repräsentation und Einhegung eines universalen Phänomens in antiken Kulturen

Teilgebiete: AG, KulG, MG, SozG

Leitung
Werner Riess (Chapel Hill)
Martin Zimmermann (München)

Literarische Gewaltbilder als Medien moralischer, politischer und kultureller Grenzziehungen
Martin Zimmermann (München)

Bilder der Gewalt – Annäherung an eine historische Interpretation medialer Gewalt
Susanne Muth (Berlin)

Ritualisierungen von Gewalt im Athen des 4. Jahrhunderts v. Chr.
Werner Riess (Chapel Hill)

The Shifting Boundaries of Violence: Four Cultural Models for Going to War in Greek and Roman Antiquity
Jon Lendon (Charlottesville/Heidelberg)

HSK-Bericht
Von Christian Jung (Ruprecht-Karls-Universität Heidelberg)

In der von Werner Riess (Chapel Hill) und Martin Zimmermann (München) geleiteten Sektion »Grenzen der Gewalt – Definition, Repräsentation und Einhegung eines universalen Phänomens in antiken Kulturen« (1. Oktober 2010) wurden überlieferte Gewaltbilder verschiedener Quellentypen der griechischen und römischen Geschichte einander gegenübergestellt. Dabei ging es nicht nur um einen Vergleich der antiken Herangehensweisen an die Gewalt und die vielfältige Auseinandersetzung mit dieser in Literatur, Kunst und weiteren Quellengattungen, Medien und Kontexten, sondern auch um die Frage, inwieweit die antiken Vorstellungen von Gewalt mit dem aktuellen »westlichen« Gewaltbegriff kompatibel sind.

Plötzliche Konfrontation mit Gewalt

In seinem Vortrag »Literarische Gewaltbilder als Medien moralischer, politischer und kultureller Grenzziehungen« betonte Martin Zimmermann (München) zu Beginn, dass der Mensch immer fähig sei, »physische Gewalt auszuüben, und daher auch ständig in Gefahr« sei, »sie durch andere zu erleiden«. Diese banale Grundaussage benenne zwar recht neutral die verstörende Grundbedingung der menschlichen Existenz. Doch ist nach seinen Worten die Gefahr der plötzlichen Konfrontation mit Gewalt im Denken und Handeln von Individuen und Gemeinschaften existent. Dies erklärt auch die Entwicklung von Schutzgeistern, die sich später in den christlichen Schutzengeln manifestierte.

Rausch der Gewalt im Götterhimmel als Ordnungsinitiation

Am Beispiel der irrationalen Sorge, die Gewaltbereitschaft der Gesellschaft nehme zu, und der Medienberichterstattung über Ereignisse, die mit Gewalt in Verbindung stehen, werden immer wieder diffuse Gefühle und Ängste verstärkt. Diese gefährden für Zimmermann »immer die in langen Prozessen ausgehandelten Modi der Gewaltbändigung« auf grundsätzliche Weise. Nach dieser Einführung spannte der Referent den inhaltlichen Bogen zurück zur mythischen Weltentstehung und des Pantheons, wie sie schon von Hesiod in seiner Theogonie beschrieben wird. Der seine Kinder verschlingende Uranus ist laut dem Münchener Althistoriker der erste, der im Rausch der Gewalt die »aeikieia erga«, die schrecklichen Taten vollführt und dadurch im Götterhimmel die gute Ordnung indirekt mit initiiert.

Schutz des Einzelnen gegen Gewalt

Nach zahlreichen Gewaltanwendungen schafft es dann schließlich Zeus nach langem Kampf gegen die Giganten, eine mit dem Recht in Verbindung stehende Ordnung, in der die physische Gewalt kalkulierbar wird und illegitime Formen der Gewalt »grausam und mitleidlos« bestraft werden, zu errichten. Durch die fortwährende mythische Reflexion und die Weitergabe an die folgenden Generationen kam es schließlich in den antiken Gesellschaften zu einem komplizierten Prozess, in dem der Einzelne gegen Gewalt geschützt und seine körperliche Integrität gewährleistet wurde. So ist auch zu erklären, dass bei Verstößen gegen diese mythische Ordnung Züchtigung und Todesstrafe nur durch Personen vorgenommen wurden, die man im Konsens und gemeinschaftlich zu diesem Zweck bestellte.

Antike Medien thematisierten Optionen menschlichen Handelns

Eine Aufhebung dieser Machtzustände lässt sich nach Auskunft von Zimmermann etwa »beim Tyrannenmord studieren, in dessen Umfeld Lynchjustiz verübt und sogar die sakrale Ordnung ausgesetzt wird«. Die Option des menschlichen Handelns, aber insbesondere die Aufhebung von Machtzuständen durch eine »Transgression der Ordnung« seien in damaligen Kommunikationsformen und Medien ununterbrochen thematisiert und ausgehandelt worden. »Dies geschah in performativen Akten, Ritualen, in Bildwerken und in besonders vielfältiger Art auch in den Schriften unterschiedlicher historischer Gattungen«, sagte Zimmermann und unterstrich, dass neben Tragödien und Epik insbesondere die Geschichtsschreibung und Biographie eine zentrale Rolle bei der Beantwortung der Frage gespielt habe, welche Formen von Gewalt legitim und illegitim sind.

Aufhebung der Ordnung durch Übertreibung

Das explizite Sprechen über Gewalt in der Literatur hat nach der Analyse Zimmermanns jedoch keine direkte moralisch-ethische Funktion, sondern verfolge, wie am Beispiel der Biographie Plutarchs über Cicero deutlich wird, andere Zielsetzungen. In der episch ausgeschmückten Lebensgeschichte zwingt die Frau Ciceros einen am Mord an ihrem Mann Beteiligten, sich das Fleisch von den Armen zu schneiden, dieses zu grillen und zu verspeisen. Diese in Anlehnung an den damals geläufigen Aias-Mythos aus medizinischer Sicht nicht durchführbare Handlung offenbart demnach durch die bewusst phantasievolle Schilderung als Motiv die Aufhebung der traditionellen Ordnung durch die literarische Übertreibung. In dieser wird nicht das Handeln der Ehefrau beurteilt, sondern auf einer damals für alle zugänglichen und verstehbaren Metaebene der Irrsinn als Folge des römischen Bürgerkriegs hervorgehoben, über den es nachzudenken gilt.

Erfundene Geschichten müssen analysiert werden

Auch zahlreiche Autoren der Kaiserzeit untersuchten in diesem Zusammenhang, ob der Leser durch Affekterregung oder durch klare politische Analyse zu einem Urteil geführt werden solle. Doch die Gewaltschilderungen verraten nichts über die persönlichen Meinungen der Autoren. Sie überlassen es dem Leser, wie er über Gewaltakte denkt. Moderne Historiker stehen für Zimmermann infolgedessen vor der Herausforderung, mit Bildern und Berichten konfrontiert zu werden, »die zum Zwecke der genannten Verständigung erfunden sind und nichts mit realen Vorfällen mehr zu tun haben.«

Prämissen für Gewaltbilder

Drei Prämissen für Gewaltbilder wurden in der Folge vom Referenten eingeführt: »Zum ersten wollten die Produzenten der Bilder tatsächlich über reale Gewalt berichten. Sie wählten zweitens dafür Bilder, die das Geschehen abweichend von den tatsächlichen Vorkommnissen schildern, wobei sie auf gängige Motive zurückgriffen. Zum dritten waren Bild und Text an ein Publikum gerichtet, das diese Informationen unmittelbar lesen und verstehen konnte.« Hinter den Gewaltbildern römischer Historiographie habe auch ein heftig geführter politischer Konkurrenzkampf innerhalb der Aristokratie gestanden, den die Mitglieder der Führungsschicht mit medialen Mitteln austrugen. Insbesondere bei der biographischen und historiographischen Darstellung der einzelnen Kaiser wurde ein besonderer Einfallsreichtum entwickelt, um Hinrichtungen und Selbstmorde von Mitgliedern der römischen Führungsschicht in allen Farben auszumalen.

Horrormotive eröffnen neues Verständnis für die Antike

Solche Horrorszenarien gäben jedoch keine Hinweise über reale physische Gewalt. »Dafür eröffnen sich vielfältige Möglichkeiten, hinter der Erzählung stehende Absichten zu ermitteln und politische Konflikte zu diagnostizieren sowie juristische wie moralisch-ethische Aushandlungsprozesse zu beschreiben. Die Beschäftigung mit den Horrormotiven in der Geschichtsschreibung eröffnet die Chance, in ganz unterschiedlichen Feldern neue Einsichten zu gewinnen«, betonte Martin Zimmermann abschließend. Sie sind für ihn ein wichtiger Schlüssel für das Verständnis antiker Kulturen, indem durch die Gewalt-Darstellungsstrategien der Autoren die Rolle der Gewalt und die Aushandlungsprozesse von Macht und Ordnung in den jeweiligen Epochen und Gesellschaften besser analysiert werden können.

Bilderwelt Athens im 6. und 5. Jahrhundert

Mit dem Thema »Bilder der Gewalt – Annäherung an eine historische Interpretation medialer Gewalt« beschäftigte sich im Anschluss Susanne Muth (Berlin), die kurzfristig verhindert war und von Katharina Lorenz (Nottingham) vertreten wurde, die ihr Manuskript zusammen mit zahlreichen Bildbeispielen vortrug. Seitdem sich die Altertumswissenschaften zunehmend den Fragen nach den Kulturen der Gewalt zugewandt hätten, richte sich ihr Blick immer wieder auf die Bilderwelt Athens im 6. und 5. Jahrhundert v. Chr., so Muth. Denn in der Bildwelt des archaischen und klassischen Athen gebe es den wohl aufschlussreichsten und zugleich herausforderndsten Befund, wenn es um das »Verhandeln« von Gewalt im Medium des Bildes in der griechischen und römischen Antike gehe.

Grundsätzliche Möglichkeiten der historischen Interpretation

»Entsprechend hat sich dieser Befund der attischen Bilder schnell zu einem Schlüsselbefund etabliert – in verschiedener Hinsicht: einerseits, was unsere Fragen betrifft, die wir als Historiker und Archäologen an derartige Bilder der Gewalt herantragen können und müssen; und andererseits, was die Methoden betrifft, mittels derer wir diese Bilder der Gewalt in ihrer historischen Aussagekraft zu entschlüsseln versuchen«, sagte Susanne Muth. Die attischen Bilder hatten eine große Vorbildfunktion, so dass die Gewaltdarstellungen konsequent auch auf andere Bildbefunde der antiken Kulturen übertragen und für die dortigen Diskussionen um das Phänomen der Gewalt wiederum angewandt werden konnten. Die Bildbefunde müssten in diesem Zusammenhang nicht nur als historische Quellen für die Kultur des archaischen und klassischen Athens befragt werden, sondern dienten ebenso als Fallbeispiel, um hier die grundsätzlichen Möglichkeiten, aber auch die Problematik und die Grenzen einer historischen Interpretation medialer Gewalt zu diskutieren.

Vom Befund zur Interpretation

Aus dieser Zielsetzung heraus ergab sich der weitere Rahmen des Vortrags. Zunächst ging es um den Befund der attischen Bilder und die Qualität, wie in diesen Bildern Gewalt verhandelt wird, um zentrale Phänomene darzustellen, auf denen alle weiteren interpretatorischen Fragen basierten. In einem zweiten Schritt wurden dann die geläufigen Ansätze beleuchtet, die an diese Bildbefunde bislang herangetragen wurden. Die kritische Diskussion dieser Ansätze führte in einem dritten Schritt zu den grundsätzlichen Möglichkeiten einer methodisch angemessenen Interpretation solcher Bildbefunde und der Frage, in welcher Weise die Gewaltabbildungen als historische Quellen überhaupt benutzt werden können; und in einem letzten und vierten Schritt wurden die Konsequenzen in den Blick genommen, welche sich aus der Betrachtung des Fallbeispiels für die Interpretation medialer Gewalt allgemein ergeben.

Schmerzhaftes Sterben wird visualisiert

Am Beispiel der attischen Luxuskeramik zeigte Muth, wie künstlerische Gewaltdarstellungen zu Beginn des 5. Jahrhunderts plötzlich immer wieder auf neue Weise Gewalttätigkeit und Aggressivität formulierten und die Bildwelt Athens mit einem regelrechten »Blutrausch« überzogen wurde. Bildmotive wie etwa der Tod des Minotauros fingen in einer völlig unbekannten Nahsichtigkeit das Opfer in seinem schmerzhaften Sterben oder aber in seinen psychischen Qualen im Anblick des ihm drohenden Schicksals ein – und brachten damit aggressives Töten und brutale Gewalttätigkeit in einer bisher unbekannten Qualität zur Darstellung.

Leid wird aus der Opferperspektive geschildert

Ein anderes Beispiel war in diesem Zusammenhang ein Vasenbild, auf dem die Eroberung Troias, die Ilioupersis, mit dem Überfall des Neoptolemos auf den greisen König Priamos dargestellt wird. In der Szene ist der König kurz vor dem tödlichen Schlag zu sehen, er hält seine Hände vor das Gesicht, da er den Anblick seines brutal erschlagenen Enkels, der auf seinem Schoß liegt, nicht erträgt. Für Susanne Muth ist diese Darstellung ein eindrückliches Beispiel der Tragödie, die sich bildlich auf ihren Höhepunkt zuspitzt. Das visualisierte Leid wird aus der Opferperspektive geschildert und offenbart neben der Ohnmachtskategorie der Schwäche (Minotauros) insbesondere die der Verzweiflung, durch die die Gewalt im Spiegel der Auswirkung präsentiert wird.

Metaebene der Gewalt-Fantasie

In der untersuchten Periode nehmen somit Pathos und Dramatik bei den jüngeren Bildern zu, das schmerzhafte Sterben und psychische Qualen kommen in der Gewaltikonographie zum Vorschein. Vor 500 und nach 490 überwiegen »normale« Kampfszenen, die aber nur starke oder schwache Protagonisten zeigen, nicht aber auf deren Leiden und Sterben verweisen. Somit stellte sich für die Wissenschaftlerin die Frage, weshalb gerade in der untersuchten Dekade die Gewalt in expliziter Weise in der Vasenmalerei mit vielen Waffen, Blut und den leidenden Opfern im Moment des Sterbens gezeigt wurde. Im Gegensatz dazu wurde ab 470 verstärkt eine »gedämpftere« Gewaltikonographie favorisiert, eine implizite Gewalt, deren Folgen für die Betrachter auf eine Metaebene der Fantasie verlagert wurden. Denn die Gewaltanwendung wird hier nur angedeutet.

Schmutzige und saubere Gewalt

Bei der »blutrünstigen« Periode sowie der nachfolgenden Phase der »Gewaltdämpfung« war man bisher – basierend auf modernen Erfahrungen im Umgang mit medialer Gewalt – davon ausgegangen, dass diese Darstellungen mit dem Erleben realer Gewalt in den Perserkriegen zu tun haben. Doch können diese Phänomene in der attischen Kunst für Susanne Muth keineswegs mit modernen Gewaltauffassungen und -theorien erklärt werden, die in der Regel zu einer polarisierenden Reaktion führen: Denn der Rezipient neuzeitlicher Gewaltdarstellungen ergreift meist Partei für den Stärkeren/Sieger oder schlägt sich auf die Seite des Opfers. Besonders explizite Gewalt soll verurteilt werden, zumal das Leiden des unschuldigen Opfers eindrücklich gezeigt wird (»schmutzige Gewalt«). Wenn die Gewalt dagegen nicht verurteilt werden soll, darf beim Betrachter kein Mitleid entstehen, damit nicht die »falsche Seite« berücksichtigt wird (»saubere Gewalt«). »Die Ikonographie unserer heutigen Gewaltbilder funktioniert also eindeutig wertend, ihre Differenzierungsmöglichkeiten werden zur Distinktion verschieden bewerteter Gewaltarten eingesetzt; – und die jeweilige Gewaltikonographie dient folglich dazu, die Parteinahme des Betrachters zu steuern und seine polarisierende Reaktion zu unterstützen«, betonte Muth.

Gewalt als nicht wertendes Bildmotiv

Die attische Gewaltikonographie funktioniere jedoch im Gegensatz zu neuzeitlichen Gewaltdarstellungen themenunabhängig und sei damit auch bewertungsneutral. So könne der Perspektivenwechsel zur expliziten Gewalt in der Vasenmalerei nur bedingt etwas mit den Perserkriegen zu tun haben, da die verwendeten Formen der Gewalt keine inhaltliche Bewertung durchführen (zumal die ikonographischen Phänomene auch schon früher aufkommen). Die starken ikonographischen Schwankungen bei thematisch gleichen Bildern sowie die ikonographischen Ähnlichkeiten bei inhaltlich unterschiedlich bewerteten Bildern lassen sich nach Muth nur so deuten, dass die Bildmotive deskriptiv, nicht aber wertend funktionieren. Die auftauchenden und teils aus dem Mythos entstammenden Figuren werden dabei in ihrem Kräfteverhältnis zueinander charakterisiert, so dass Tapferkeit, Stärke und Macht an Gewicht gewinnen. Die Darstellung des leidenden und sterbenden Opfers ist hierbei zentraler Bestandteil in der bildgetragenen Charakterisierung des Stärkeren, erst hierdurch können der außergewöhnliche Held und der normale Krieger voneinander unterschieden werden. Gewalt ist somit kein »Bildthema«, sondern nur ein »Bildmotiv« und muss als dezidiert »mediales Phänomen« angesehen werden, das kein unmittelbares Zeugnis für die wirklichen damaligen Auffassungen und Denkschulen zur Gewalt abbildet. »Thema der Bilder ist der Diskurs um Macht und soziales Ansehen, beziehungsweise die spezifischen Leistungen und Tugenden, wie Stärke oder Tapferkeit, aus denen soziales Ansehen resultiert«, betonte Muth abschließend.

Aushandelbarer Charakter jeglicher Gewaltdefinition

Im Anschluss sprach Werner Riess (Chapel Hill) über »Ritualisierungen von Gewalt im Athen des 4. Jahrhunderts v. Chr.«. Dabei betonte er zu Beginn, dass »Gewalt für jede Gesellschaft die Transgression gültiger Normen« bedeute. Wo jedoch die jeweiligen Grenzen zwischen noch akzeptablen und inakzeptablen Verhaltensmustern verliefen, sei ebenso wie die Art und Weise, in der diese definitorischen Grenzziehungen erfolgen, kulturspezifisch. »Da diese Grenzziehungen alles andere als statisch sind, betonen Kulturwissenschaftler heute verstärkt den aushandelbaren Charakter jeglicher Gewaltdefinition. Sie wird dabei als dynamisches Konstrukt verstanden, das von sozialen, kulturellen und politischen Faktoren determiniert wird. In der Tat sind in den antiken Quellen explizite wie implizite Grenzziehungen zwischen legitimem und illegitimem Verhalten (Gewalt) auszumachen«, sagte Riess, der in seinem Vortrag Gewaltakte zwischen athenischen Bürgern analysierte.

Der physische Akt der Gewalt

Für Riess kommt es in einem kulturwissenschaftlichen Sinne besonders darauf an, die symbolische Bedeutung von Gewalt im athenischen Sozialgefüge herauszuarbeiten. Wie es Athen ohne reguläre Polizeikräfte schaffte, Gewalt so zu reduzieren beziehungsweise verstehbar zu machen, dass die Polis im 4. Jahrhundert stabiler als viele andere griechische Stadtstaaten war, zählte zum erweiterten

Erkenntnisinteresse des Vortrags. Bei der Interpretation der athenischen Quellen legte Riess dabei einen engen Gewaltbegriff zugrunde: »Ich verstehe unter Gewalt einen physischen Akt, mit dem ein Mensch einen anderen schädigt oder die Absicht hat, dies zu tun.« Wenn man sich frage, wie Sinn konstituiert und bestimmten sozialen Praktiken zugeschrieben würde, und welches die Bedeutungsträger seien, vor allem in vormodernen, semi-oralen Gesellschaften, so stoße man unweigerlich auf die Bedeutung von Ritualen. »Meiner Studie liegen somit die Ritual- und Performanzstudien zu Grunde.« Mit diesem methodischen Ansatz könne man die heterogenen Quellen des 4. Jahrhunderts kombinieren und integrieren. Bei den herangezogenen Quellengattungen handelte es sich um die attischen Gerichtsreden, die Fluchtäfelchen und die Alte Komödie des Aristophanes. »Sie alle führten ursprünglich einen Gewaltdiskurs, der rituell eingebettet war, performativ auf«, unterstrich der Althistoriker.

Die Diffamierung des Gerichtsgegners als politisches Statement

Zunächst arbeitete Riess den Gewaltdiskurs, der in allen öffentlichen Veranstaltungen von den Gerichtshöfen über das Rathaus und die Volksversammlung bis hin zum Drama performativ inszeniert wurde, am Beispiel der attischen Gerichtsreden heraus: »Obgleich wir keinen Zugriff auf die tatsächlichen Geschehnisse haben, können wir sehr wohl erkennen, wie der Gewaltdiskurs bei den Rednern strukturiert ist. Die Bedeutung von Gewalt wurde dichotomisch definiert oder, ritualdynamisch gesprochen, dichotomisch konstruiert. In diesem dynamischen Prozess wurde die Interpretation dessen, was Gewalt darstellte und bedeutete, rhetorisch und damit stark standpunktabhängig verhandelt«, sagte Riess. Der Sprecher, unabhängig davon, ob er als Angeklagter oder als Verteidiger sprach, suchte seinen Widersacher immer als unverantwortlichen Schuldigen zu delegitimieren und zu diffamieren, ihn als das diametral Andersartige darzustellen, als Anti-Bürger. Er tat den ersten Schlag, er fügte schlimme Wunden zu und versuchte in Extremfällen Mord zu verüben. Einige Oppositionspaare hätten dabei beiderseits Verwendung finden können: Einen Gewaltakt öffentlich oder im Geheimen auszuführen, in der Nacht oder bei hellem Tageslicht, nüchtern oder betrunken, als alter oder als junger Mann, hätte vom Sprecher sowohl negativ als auch positiv in Anspruch genommen werden können. Somit gäbe es in Bezug auf die Gewalt keine festen Tatbestandsmerkmale, so Riess.

Transgressive Qualität der Hybris

In diesem Zusammenhang machte es der flexible Gewaltbegriff möglich, die Gewalt des jeweiligen Gegners, wie schwerwiegend auch immer sie war, rhetorisch im Gerichtsverfahren als derart sozial schädlich zu brandmarken, dass sie den Konflikt eskaliert zu haben schien. Trotz oder gerade wegen der fehlenden Tatbestandsmerkmale, die Gewalt definiert hätten, glaubten die Athener an die

Mehrheitsentscheidung der Richter im Gemeinschaftsurteil. Die friedensstiftende Funktion des Justizwesens bestand also nicht so sehr in der endgültigen Lösung von Konflikten – wir wissen, dass viele Streitigkeiten nach einem Gerichtsurteil weiterverfolgt wurden –, sondern auf der rituellen, symbolischen Ebene, insofern als die Athener sich tagtäglich im Ritual des Gerichtsgangs ihrer ganzen Definitions- und Handlungsmacht bewusst wurden. Gewalt, deren Tatbestandsmerkmale also erst vor Gericht und dort stets aufs Neue verhandelt und festgelegt wurden, wurde unter diesen Umständen zum rituellen Konstrukt. Besonders deutlich ist dies bei der Grenzen verletzenden, anmaßenden Gewalt der Hybris zu sehen, die dem Gerichtsgegner zugeschoben wurde und neben ihrer transgressiven Natur auch eine performative Qualität aufwies. Sie umfasste verbale Beleidigungen, tätliche Angriffe, Vergewaltigung, Ehebruch und auch Verführung. Mittels der semantischen Breite dieses umfassenden Begriffs konnte man den Gegner sogar auf einer politischen Dimension angreifen. Der Hybristes war immer auch ein Barbar und Tyrann und damit ein Anti-Demokrat, von dem man sich diametral absetzen konnte. »Die eigene Gewalt hingegen war akzeptabel, anti-hybristisch, demokratisch und daher anti-tyrannisch und anti-barbarisch, also zivilisatorisch im Sinne des Schutzes und der Aufrechterhaltung der Demokratie.« Riess geht davon aus, dass der performativ inszenierte Gewaltdiskurs in den Gerichten auch jenseits der gefällten Urteile eine Wirkung auf den athenischen Alltag ausübte und dort somit für jeden klar war, welche Formen der Gewalt akzeptabel waren und welche nicht.

Magie und Flüche zum Prozessauftakt

Um ihren Gegnern zu schaden, griffen Athener aller Schichten im 5. und 4. Jahrhundert auch auf den Einsatz von Schwarzer Magie zurück, indem sie Flüche auf kleine Bleitafeln schrieben und diese auf rituelle Art und Weise in Gräbern und Quellen deponierten. Ungefähr 270 solcher Täfelchen aus dem 4. Jahrhundert sind überliefert. Die meisten sind Prozessflüche. Sie kamen gegen Gerichtsgegner zum Einsatz, bevor ein Prozess stattfand. »Aus dieser Perspektive scheint es, als ob jemanden vor Gericht zu bringen und ihn zu verfluchen, zwei komplementäre soziale Praktiken waren.« Werner Riess stellte in diesem Zusammenhang die These auf, dass die realen und imaginären Handlungsträger der magischen Rituale kulturelle Praktiken des athenischen Gerichtswesens widerspiegeln und sogar in Analogie zu diesem angesehen werden können. Er wandte sich außerdem gegen die herrschende Forschungsmeinung, nach welcher der Grad der Gewalt, der auf den Täfelchen zum Ausdruck kommt, nur gering war. »Meine Lesart hinterfragt diese Meinung und zeigt auf, dass das im Bindezauber ausgedrückte Gewaltpotential höher war als die Forschung bislang angenommen hat.« Bezeichnend sei wieder die Offenheit des zugrundeliegenden Gewaltbegriffs, so Riess. Das Fluchwort »katad(e)o« (ich binde hinab) reicht vom Wunsch, den benachbarten Handwerker zu schädigen bis hin zur Tötungsabsicht. Im Ritual der Niederlegung der Tafel wird den angerufenen Gottheiten die endgültige Entscheidung über die Art der Schädigung des Opfers überlassen.

Theatralisch inszenierter Diskurs

Desweiteren analysierte Riess Aristophanes' Komödien unter den Gesichtspunkten Hybris, Slapstick und gewaltsame Umzüge im privaten Festkontext (»kômoi«) in ihrem Gewaltpotential. Auch die Aufführung eines Theaterstücks im Kontext der religiösen Feste der Lenäen und der Großen Dionysien war rituell, das heißt räumlich und situativ gerahmt, so dass die Theateraufführung als Ganzes als Ritual betrachtet werden kann. Riess zeigte auf, dass Hybris bei Aristophanes die gleiche Bedeutungsoffenheit wie bei den Rednern zeige. Die indirekte Problematisierung der Gewalt auf der Bühne als tyrannisch, barbarisch und hybristisch sei am Ende so wirkungsvoll in der Alten Komödie wie die Stigmatisierung des Gegners entlang ähnlicher Linien in den Gerichtsreden. Obgleich der Slapstick immer komisch bleibe, verstand es Aristophanes, so Riess, ihn mit einem gewissen Problembewusstsein aufzuladen. Einmal mehr offenbart sich die diskursive und semantische Offenheit der aristophanischen Komödie, so dass man in Analogie zur offenen Textur des athenischen Rechtes durchaus von der offenen Textur der Alten Komödie sprechen könne.
Die meisten aristophanischen Stücke enden mit einem sogenannten »Kômos«, dem schwärmenden Umherziehen Trunkener, das den Beginn eines Festes oder einer Hochzeit symbolisiert. Der Referent wies darauf hin, dass einige Komödien, allen voran die »Wespen«, exzessives komastisches Verhalten zeigten und damit ebenso die Gefahren offenbarten, die auch mit der komischen Freiheit verbunden seien. »So problematisch und unangenehm der komische Held ist, so problematisch und unangenehm ist auch sein gewalttätiges Verhalten«, so Riess, das den demokratischen Anti-Rache-Diskurs, der in den Gerichten gesprochen wurde, nur umso deutlicher hervorhob.

Fazit: Öffentlicher Diskurs über Gewalt war Angelegenheit der Oberschichten

Das Aushandeln des Gewaltbegriffes und die Beantwortung der Frage nach legitimer Gewaltanwendung wurden in Athen in rituell abgegrenzten Räumen unter Anwesenheit eines realen oder imaginären entscheidungsfindenden Publikums durchgeführt. Die Vergleichbarkeit von Gerichtsreden, Fluchtafeln und Komödien besteht in der performativen Qualität ihres ursprünglichen Aufführungskontextes und damit im jeweils theatralisch inszenierten Diskurs über Gewalt. Der öffentliche Diskurs über Gewalt war vor allem eine Angelegenheit der Oberschichten. Als Richter oder Zuschauer im Theater waren aber auch die Unterschichten an der Bildung eines gesellschaftspolitischen Basiskonsenses in Blick auf die Gewalt beteiligt, der wiederum die konkrete Einhegung von Gewalt begünstigte.

Argumentationsmuster für Kriege

Über »The Shifting Boundaries of Violence: Five Cultural Models for Going to War (and Not Going to War) in Greek and Roman Antiquity« sprach abschließend Jon E. Lendon (Charlottesville/Heidelberg). In bestimmten Generationen hat es nach seiner Darstellung immer wieder unterschiedliche Argumentationsmuster für den Beginn eines Krieges oder dessen Abwendung gegeben. Wenn man vom »Wahrheitsgehalt« einer von einem antiken Historiker oder Redner getroffenen Behauptung absieht, ist es möglich, eine Fülle von Aussagen darüber zusammenzustellen, warum ein Krieg geführt oder nicht geführt werden sollte, und damit eine Geschichte des diachronen Wandels hinsichtlich der dominanten Motive zu schreiben, aus denen heraus Griechen und Römer in den Krieg zogen – Motive, die jede Generation als eindeutig legitim betrachtete. Es versteht sich dabei von selbst, dass in jeder Epoche die diesbezüglichen Entscheidungen von multiplen und sich auch überschneidenden Faktoren determiniert wurden.

Rache als wichtigstes Motiv für Kriegsbeginn

Mit zahlreichen Beispielen stellte Lendon seine These vor, dass für die klassischen Griechen das höchste Motiv für einen Krieg die Rache war und dass die dazugehörigen Argumentationsmuster »eine aus den homerischen Pfaden der Überlieferung gewachsene Tradition« sei. »Die Ilias präsentierte den Trojanischen Krieg als eine Auseinandersetzung der Vergeltung, und wie wir von Herodot wissen, akzeptierten die späteren Griechen diese Diagnose«, sagte Lendon. Weil der Trojanische Krieg als mythischer Beispielskrieg den Griechen immer als Orientierung diente, sei es nicht verwunderlich, dass die Rache infolgedessen das wichtigste Motiv war, um einen Krieg zu beginnen.

Tapferkeit als römische Traditionslinie

Die Römer der republikanischen Zeit hatten dagegen nach Lendons Darstellung in diesem Zusammenhang zwei implizit voneinander abweichende Sichtweisen. »Die erste können wir bei Caesar ausmachen, der meinte, ein Krieg müsse von Männern mit Tapferkeit geschlagen werden, um die Tapferkeit von anderen zu übertreffen.« Cicero und Livius meinten dagegen, eine kriegerische Auseinandersetzung sollte von der Verteidigung der eigenen Person, der Verbündeten und der Ehre an sich geleitet sein. Beide Begründungsmuster hätten den griechischen Vergeltungsgedanken abgeworfen. Selbstverständlich spiele die Verteidigung der Ehre aber auch bei vielen attischen Rednern schon eine enorme Rolle. Lendon stellte die Hypothese auf, dass die nach Tapferkeit suchende Mentalität der Republik eine alte römische Tradition gewesen sein könne und die defensive Herangehensweise an einen Krieg – nicht zuletzt in den Augen vieler Römer – ein Resultat des griechischen Einflusses gewesen sein mag.

Auch wirtschaftliche Kosten-Nutzen-Analysen im römischen Kriegsdenken

Zu Beginn des römischen Imperiums sei noch ein neues Leitmotiv zu den nach Tapferkeit suchenden und defensiven Argumentationsmustern hinzugekommen:

Besonders bei griechischen Autoren der Kaiserzeit gebe es eine Gegnerschaft zu weiteren römischen Expansionen, da diese in einer finanziellen Kosten-Nutzen-Analyse kritisch dargestellt wurden. So werde kommuniziert, Britannien würde mehr kosten, wenn man es halte, als es an Einnahmen überhaupt einbringen könne. »Die Herkunft dieses Gedankengangs, so angewandt in der Außenpolitik, liegt im Dunkeln. Er spielt weder in der griechischen noch in der vorherigen römischen Tradition eine Rolle«, betonte Lendon. Diese Form der Außenpolitik habe eher mit dem Denken von Händlern und Schiffskapitänen zu tun, die eine der Quellen des griechischen Wissens über Geographie waren. Bei der Beherrschung von Ländern und kriegerischen Auseinandersetzungen spielten somit immer wieder unterschiedliche Rechtfertigungsstrategien eine Rolle, die sich die Akteure je nach Bedarf durch den Rückgriff auf variable Kriegsdiskurse zusammenstellen konnten.

Vergleich zwischen Städten und Regionen

Abschließend fügte Lendon hinzu, dass im Laufe der römischen Weltherrschaft eine spezifische Sichtweise auf die Landschaft, die in der rhetorischen Theorie gründete und über Generationen hinweg durch die rhetorische Ausbildung der griechisch-römischen Eliten tradiert wurde, einen zunehmenden Einfluss auf das römische Denken über Krieg und Außenpolitik ausübte. Die Schule der Rhetorik verlangte von ihren Schülern, Orte nach ihrer vergleichenden »Superlativität« in Rangstufen zu gliedern, das heißt zu vergleichen, was in einem Land oder in einer Stadt in Relation zu anderen Ländern oder Städten außergewöhnlich war. Geographen beschreiben Dinge dann ausführlich, wenn sie im Vergleich zu anderen gleichen Typs bemerkenswert scheinen, und Orte werden danach gemessen, wie viel Außergewöhnliches sie vorzuweisen haben. Vor allem Städte werden in Blick auf ihre Geschichte, ihre Bauten, ihre Feste, ihre öffentlichen Gebäude, ihre Bevölkerung, ihren Reichtum, ihre Örtlichkeiten, die Sitten ihrer Einwohner und die Gelehrsamkeit ihrer Intellektuellen in Konkurrenz zueinander gesetzt. Die Folgen dieses Denkens, das vor allen Dingen die nach Tapferkeit strebende Mentalität der Republik ablöste, bestand einerseits darin, die Römer weniger aggressiv zu machen (da sie bereits das meiste besaßen, das nach ihrem Verständnis einzigartig auf der Welt war), andererseits die noch verbliebene römische Aggressivität nach Osten abzulenken, der nach dem Verständnis der Redelehrer so viele Superlative mehr aufzuweisen hatte als die rhetorisch wenig prononcierten Einöden nördlich der Grenzen des Imperiums.

Historischer Wandel der Kriegsrechtfertigung

Die Gründe, in einen Krieg zu ziehen, haben also eine Geschichte. Sie waren im Verlauf der klassischen Antike historischem Wandel unterworfen, wobei kulturelle Erklärungs- und Rechtfertigungsmodelle einander ablösten. Die treibenden

Faktoren dieser Geschichte sollten nicht im idiosynkratischen Erleben von Diplomatie und Krieg gesucht werden, sondern zunächst in den spezifischen Erziehungsmodellen und kulturellen Erwartungen der Entscheidungsträger, von den von Homer besessenen Griechen des 5. Jahrhunderts v. Chr. bis hin zu den rhetorisch geschulten Römern des 4. Jahrhunderts n. Chr.

Zusammenfassung

Als Ergebnis der Sektion sind zwei Befunde festzuhalten, zum einen die grundsätzliche Alterität des antiken von unserem heutigen Gewaltbegriff. Während Gewalt in modernen westlichen Gesellschaften grundsätzlich negativ konnotiert ist, scheint der Gewaltbegriff in der Antike sehr viel bedeutungsoffener gewesen, ja Gewalt oftmals sogar »neutral« gesehen worden zu sein. Zum anderen bedingte jedoch gerade dieses flexible Verständnis von Gewalt zahlreiche komplexe Aushandlungsmechanismen, die, oftmals ritualisiert durchgeführt, es den Zeitgenossen sehr wohl auch erlaubten, Gewalthandlungen richtig einzuschätzen und darauf angemessen zu reagieren. Während in modernen westlichen Demokratien Gewalt also a priori per Gesetz definiert ist, unterlag das Gewaltverständnis antiker Menschen einem ständigen Perspektivenwechsel, der sich, für uns noch heute greifbar, in diversen Ritualen und Medien niedergeschlagen hat, die es weiter zu erforschen und kulturwissenschaftlich fruchtbar zu machen gilt.

Grenzen politischer Partizipation im klassischen Griechenland

Teilgebiete: AG, PolG

Leitung
Jan Timmer (Bonn)

Einführung
Jan Timmer (Bonn)

Die Ungleichheit der kretischen Homoioi
Gunnar Seelentag (Köln)

Zensusgrenzen in griechischen Poleis, oder: Wie groß war der verfassungsrechtliche Abstand der sogenannten Oligarchien von der (athenischen) Demokratie?
Wolfgang Blösel (Köln)

Mut zur Entscheidung. Die Ausweitung von Partizipationschancen durch die Reformen Solons
Winfried Schmitz (Bonn)

Entscheidung und Gemeinwohl. Die attische Demokratie im 4. Jahrhunderts v. Chr.
Jan Timmer (Bonn)

Schlussdiskussion

HSK-Bericht
Von Rene Pfeilschifter (Technische Universität Dresden)

Die Grenzen der Teilhabe wurden erst einmal in der Praxis ausprobiert. Großes Interesse und eine unglückliche Raumzuweisung führten nämlich dazu, daß der Seminarraum bis auf den letzten Quadratmeter gefüllt war, ja Interessenten vor der Tür bleiben mußten. Die Zuhörer saßen zwischen und hinter den Referenten. Doch es sei gleich hier gesagt, daß die durchwegs ausgezeichneten Vorträge das Publikum die beengten Verhältnisse vergessen ließen. Die annähernd vier Stunden der Vormittagssektion wurden nie langweilig, sie erschienen nicht einmal langwierig.
Der Sektionsleiter Jan Timmer (Bonn) wies in seiner Einführung auf den geringen analytischen Wert des Demokratiebegriffs hin, insbesondere im Hinblick auf die Antike. Wie *gelungen* eine Demokratie ist, verbindet man gern mit dem Ausmaß der Teilnahme der Bürger am politischen Prozeß. Aufbauend auf politikwissenschaftlichen Überlegungen, zeigte Timmer, daß Partizipation – verstanden als über die bloße Symbolisierung von Zugehörigkeit zur Gemeinschaft hinausgehende Aktivität – am besten im Spannungsdreieck mit Effektivität/Systemrationalität und Legitimität gefaßt werden kann. Effektivität/Systemrationalität bezeichnen dabei die Fähigkeit, mit akzeptablem Aufwand kollektiv verbindliche Entscheidungen zu erzielen und den Erhalt des politischen Systems sicherzustellen. Wird nun durch die Ausweitung von Partizipationsmöglichkeiten Legitimität geschaffen, so kann dies negative Folgen für die Effektivität politischer Systeme haben. Umgekehrt leidet die Legitimität politischer Systeme, wenn die Partizipationsmöglichkeiten etwa durch Zensusgrenzen eingeschränkt werden. Von besonderer Bedeutung sind also die Mittel, mit denen die Gleichzeitigkeit von Teilhabe und Effektivität gesichert wird. Hierbei ist etwa an die Ausweitung normativer Partizipationsformen zu denken oder an Formen symbolischer Kommunikation, die es ermöglichen, Exklusion zu verschleiern.
Die erste historische Fallstudie präsentierte Gunnar Seelentag (Köln) mit einem Vortrag über die Ungleichheit der kretischen Homoioi in spätarchaischer und klassischer Zeit. Etikettierungen wie Oligarchie oder Aristokratie sind nicht geeignet, die kretischen Gemeinwesen zu verstehen: Die Beamten, die so genannten Kosmen, wurden aus bestimmten Geschlechtern gewählt, und aus den ehemaligen Kosmen setzte sich wiederum der Rat der Alten, der Geronten, zusammen. Diese trafen die Beschlüsse, die Volksversammlung, zu der alle Bürger Zutritt hatten, stimmte stets zu. Aber: Ihre Zustimmung war nichtsdestotrotz notwendig zur Erzeugung von Legitimität. Die Kosmen und Geronten trafen ihre Entscheidungen im Konsens. Dies setzte eine Disposition zum Kompromiß und

die Bereitschaft zu langwierigen Verhandlungen voraus. Möglich war das nur bei einer hohen sozialen Kohäsion der Verfahrensbeteiligten, und diese war durch die Auswahl aus vornehmen Familien ja gegeben. Umgekehrt stärkte der Konsens natürlich wieder den Zusammenhalt der Aristokraten. Die Agora dagegen, die Volksversammlung, verfuhr nach dem Mehrheitsprinzip. Die Transaktionskosten waren also erheblich niedriger, der Sozialisationsaufwand geringer, und die Zahl von Verfahrensbeteiligten konnte unendlich hoch sein, ja es galt sogar: je höher die Partizipation, desto größer die Legitimität. Allerdings: Mit der Akzeptanz der in der Abstimmung Unterlegenen war nicht unbedingt zu rechnen. Hier lag der Keim für innere Unruhen. Erst das Zusammenwirken von Konsens- und Mehrheitsentscheidung machte den Beschluß einer kretischen Polis legitim. Dieses Verfahren läßt sich als hierarchische Steuerung beschreiben: Ein Akteur legt die Entscheidungsprämissen der anderen Akteure fest, deren Präferenzen finden keine unmittelbare Berücksichtigung, statt dessen übertragen die sozial Höherrangigen ihre eigenen Präferenzen. Die sozialen Kosten, um die Rangniederen zum Befolgen der vorgegebenen Bahnen zu bringen, sind hoch. Die Ausrichtung an einem für alle geltenden *Gemeinwohl* erfordert eine intensive Sozialisation und eine ethische Homogenisierung der Akteure.

Mit einer rein verfahrensanalytischen Methode sind die Eigentümlichkeiten der kretischen Verfassungen also nicht zu verstehen. Seelentag setzte stattdessen bei der sozialen Interaktion und Kommunikation an. Alle Bürger waren in zeitintensive gesellschaftliche Institutionen eingebunden, von Paideia und Ephebie über eine zehnjährige Phase als Jungbürger bis hin zu den Mahlgemeinschaften, den Andreia, in denen man für den Rest seines Lebens verblieb. Schon während der Paideia, die vor allem auf physisches Training Wert legte, ragten einige Knaben heraus, die *Strahlendsten*. Dabei handelte es sich nicht einfach um die Leistungsstärksten, sondern um die Abkömmlinge der führenden Familien. Ihr Vorrang setzte sich bis in die Andreia hinein fort. Diese Knaben stellten später die Kosmen, sie bildeten den kretischen Adel. Der große Unterschied zur übrigen griechischen Aristokratie bestand nun darin, daß die Vornehmen Kretas nicht einen separaten sozialen Raum für sich beanspruchten, in dem sie ihre Überlegenheit gegenüber dem Demos zur Schau stellten, sondern daß sie ihr Leben mit dem Volk teilten. Adel und Demos standen Seite an Seite. Daraus resultierten einige bemerkenswerte Eigentümlichkeiten: Die materielle Kultur Kretas ließ seit etwa 630 an Reichtum und Vielfalt deutlich nach (Bestattungen, Keramik), das Individuum war selbst in Weihinschriften kaum mehr zu fassen, überhaupt kamen Dedikationen weitgehend zum Erliegen, auf der Insel und erst recht in den panhellenischen Heiligtümern. Kreta isolierte sich kulturell wie politisch von der griechischen Welt. Der einzelne Adelige wurde unsichtbar. So wurde die Kohäsion der Aristokratie sichergestellt und gleichzeitig auf Distanz gegenüber dem Demos verzichtet. Wie diese soziale Integration funktionierte, zeigte Seelentag eindrücklich am Beispiel der Andreia, die strikt von den anderen, den Fremden und Unfreien, abgeschottet waren. Ich kann hier nur einen bemerkenswerten Punkt hervorheben: Anders als in Sparta zahlten die Bürger keinen absoluten Beitrag für die Mahlgemeinschaften, sondern einen relativen. Ein Kreter konnte also nicht seine Teilhabe an der Gemeinschaft verlieren, wenn seine materiellen

Ressourcen schwanden. Die Reichen (= die Adeligen) zahlten mehr und unterstützten damit die Armen. Das verschaffte ihnen einen Prestigevorsprung, den die Ärmeren (= die einfachen Bürger) nie einholen konnten. Ein Element der Gleichheit wurde aber insofern gewahrt, als alle eben den gleichen Anteil ihrer Einkünfte einzahlten. Der Adel verwandte seine Mittel nicht auf einen verfeinerten Lebensstil, sondern ließ sie seinen Mitbürgern zukommen. Die jahrelange, ja lebenslange Übung in den Andreia zementierte den Führungsanspruch der Aristokratie. Gleichzeitig boten die Andreia den besten Ort, um informell über öffentliche Angelegenheiten zu sprechen und den politischen Prozeß vorzubereiten. Die Andreia bildeten die Grundlage für die hierarchische Steuerung des Demos bei politischen Entscheidungen. Exklusive Integrationskreise des Demos gab es nicht, alle Bürger waren in die Andreia und die geographisch organisierten Phylen eingebunden.
In der Diskussion wurde zum einen über die Auswirkung von Druck auf das System debattiert: ob äußere Aggression zur sozialen Kohäsion führte oder ob erst diese ein Zusammenhalten nach außen ermöglichte; welche Rolle die Unzufriedenheit der Unfreien spielte; ob das geringe außenpolitische Engagement eine Folge der langwierigen inneren Konsensaushandlung war. Zum anderen stand der Charakter des Adels im Mittelpunkt. Ist er überhaupt als solcher zu bezeichnen, wenn er sich so sehr vom gemeingriechischen unterschied (Seelentag: nein im panhellenischen, ja im kretischen Kontext), und, etwas anders, inwieweit ist er als einheitlich handelnde Schicht anzusehen angesichts der häufigen Staseis? Welche Rolle kommt hierbei der geringen sozialen Mobilität und der kleinteiligen Siedlungsstruktur zu?
Wolfgang Blösel (Düsseldorf) analysierte in seinem Vortrag Zensusgrenzen und politische Partizipation im klassischen Griechenland. Als Oligarchie bezeichnen wir solche Gemeinwesen, in denen nur ein kleiner Teil der Gesamtbürgerschaft die Ämter besetzt, also dieselben Individuen oder Familien. Der Zugang ist dabei durch bestimmte Qualifikationserfordernisse begrenzt, manchmal die Herkunft, meist das Vermögen. Belege für solche Zensusgrenzen sind rar, aber ausgerechnet für das demokratische Athen fließen die Quellen reichlich. Die Quellen belegen, gegen die communis opinio der Forschung, keineswegs einen Zugang aller Athener zu den Ämtern, im Gegenteil, sie legen den Ausschluß der untersten Zensusklasse, der Theten, nahe. Dafür spricht nicht nur die politische Praxis, auch in der voraristotelischen politischen Theorie war das Postulat einer Zulassung aller Bürger zu den Ämtern schwach ausgeprägt. Selbst die wenigen demokratischen Theoretiker behaupteten bloß, daß die große Masse der Bürger, sowohl was den Reichtum als auch die Tugend angehe, zusammengenommen den einzelnen Aristokraten weit überlegen sei, also gemeinsam notwendigerweise bessere Entscheidungen treffe als diese. Diese sogenannten Akkumulationstheorie zielte lediglich auf den Führungsanspruch vielköpfiger Gremien wie der Volksversammlung oder des Volksgerichtes. Bei Einzelbeamten oder bei Kollegien mit wenigen Amtsträgern gestand eine solche Argumentation jedoch implizit die Überlegenheit der Begüterten und Aristokraten gegenüber den ärmeren Mitbürgern ein. Arme, also solche, die nicht vom Ertrag ihrer Äcker leben konnten, mußten ohnehin nicht nur als Kleinhändler, Tagelöhner oder

Handwerker ihr Leben fristen, sie waren auch moralisch stigmatisiert. Jedes Unrecht wurde ihnen zugetraut. Seit der Mitte des vierten Jahrhunderts wurden die Zensusgrenzen freilich kaum mehr überprüft. Dazu trug nicht nur ein gewisser Mangel an Kandidaten für die zahlreichen Posten bei, sondern auch die Aristokratisierung des Demos: Jeder, der an den Versammlungen teilnahm, wies allein dadurch seine zeitweilige Abkömmlichkeit aus dem Arbeitsprozeß und damit sein ausreichendes Einkommen nach; deswegen erübrigte sich der Nachweis der Zensusklasse bei einer Bewerbung für ein Amt.
Auch andere griechische Staaten hielten einen erheblichen Teil ihrer Bürgerschaft durch Zensusschranken von den Ämtern fern, wie Blösel in einem weitgespannten Überblick über das fünfte Jahrhundert zeigte. Es gibt einige Städte, welche die Forschung als Demokratien klassifiziert, in denen aber dennoch Zulassungsbeschränkungen für Ämter galten, ebenso existieren Hinweise auf oligarchische Verfassungen, die einige Bürger zwar von den Ämtern ausschlossen, aber zur Volksversammlung zuließen. Was aber bleibt dann noch als Unterschied zwischen Demokratie und Oligarchie? Die Athener meinten in ihrer Demokratiepropaganda nicht die tatsächliche Bekleidung aller Ämter durch alle Bürger, welche zumindest im fünften Jahrhundert in der Praxis nicht möglich war, sondern die Obmacht (kratos) des Volkes über die gesamte Polis. Diese kam aber in der allentscheidenden Volksversammlung zum Ausdruck, nicht in einzelnen Ämtern. Selbst in den Städten des Seebunds, welche im dritten Viertel des fünften Jahrhunderts abfielen und gewaltsam wiedereingegliedert wurden, scheint der athenische Staat die überkommenen Ämter und deren mutmaßliche Besetzung nach Zensusqualifikationen nicht abgeschafft zu haben, das institutionelle Gewicht der Volksversammlung aber erhöhte er enorm. Nicht nur die Athener, die meisten Griechen unterschieden in ihren Polisverfassungen zwischen regimentsfähigen Vollbürgern und nur zur Volksversammlung zugelassenen Minderbürgern. Die Aristotelische, von der Forschung übernommene Einteilung der Poleis in Demokratien und Oligarchien ist eine allzu schematische, die Begriffe wurden erst im Athen der Mitte des fünften Jahrhunderts in der sich verschärfenden Auseinandersetzung mit Sparta einerseits als Selbstbeschreibung und andererseits als ideologisiertes Feindbild geprägt. Der heuristische Wert der beiden Rubriken ist auch deshalb gering, er bedarf dringend der Revision.
Nach dem Vortrag wurde intensiv über die Möglichkeit und die Art und Weise eines Ausschlusses der athenischen Theten diskutiert. War der Ausschluß vielleicht kein formaler, sondern erfolgte erst durch die Wahl? Arme waren ohne Siegchance. Andere Diskutanten wiesen auf die Bedeutung der Zensusgrenzen in anderen Lebensbereichen, etwa im Erbrecht, hin. Auf den Einwand, die Zensusbeschränkungen seien in der Politik gar nicht mehr beachtet worden, entgegnete Blösel, daß man dann ja überhaupt keine Zensusklassen bei den Wahlen gebraucht hätte. Zudem seien diese vielleicht erst gegen Mitte des fünften Jahrhunderts eingeführt worden.
Nach einer Kaffeepause, die vorübergehend von der räumlichen Enge erlöste, sprach Winfried Schmitz (Bonn) über die Ausweitung von Partizipationschancen durch die Reformen Solons. Während die Forschung Solon zwar nicht mehr als Begründer der Demokratie ansieht, aber doch als Förderer der Partizipation des

Demos, betonte Schmitz die Grenzen der Teilhabe. Durch die Einführung der vier Zensusklassen wurden Zeugiten und Theten von Archontat und Areopag, den institutionellen Zentren athenischer Politik, ausgeschlossen. Die Analyse nahm ihren Ausgang vom Solonischen Stasisgesetz, von dem nur ein einziger Satz erhalten ist: »Wer sich bei einer Stasis in der Stadt weder der einen noch der anderen Seite anschließt, der sei ehrlos (*atimos*) und verliere sein Recht der Teilhabe an der Polis.« Mit Stasis ist nicht eine gewaltsame innere Auseinandersetzung gemeint, wie die Forschung annimmt – wenn sie das Gesetz nicht ohnehin für fiktiv hält –, sondern eine Abstimmung. Das Gesetz verlangt von den Abstimmenden also, bei einer brisanten Entscheidung Position zu beziehen und eine möglichst eindeutige Mehrheitsentscheidung herbeizuführen. Der Sprachgebrauch in klassischer Zeit bestätigt diese Deutung. Geregelt wurde nicht irgendeine Abstimmung, sondern Verfahren vor dem Areopag. Der Adelsrat entschied in der Solonischen Ordnung über richtungweisende politische Kontroversen, die natürlich immer auch Personenfragen waren. Diejenigen Mächtigen, welche die politische Ordnung gefährdeten, ein Amt gewaltsam an sich rissen oder ein Jahresamt gegen die Regel perpetuierten, konnten vor dem Areopag angeklagt werden. Durch das Vorschreiben einer Mehrheitsentscheidung unter Beteiligung aller Areopagiten wollte Solon sicherstellen, daß das Votum deutlich ausfiel und die unterlegene Partei um so eher bereit war, ihr Unterfangen aufzugeben. Dieses Verfahren ähnelt dem Ostrakismos des fünften Jahrhunderts, mit dem Unterschied, dass nun vom Volk abgestimmt wurde und es keine Beteiligungspflicht, sondern ein Mindestquorum von 6.000 Stimmen gab. Das Stasisgesetz stellte eine Vorform des Scherbengerichts dar.
Von seiner Neuinterpretation ausgehend, zog Schmitz im zweiten Teil des Vortrags die Konsequenzen für die Entstehung der Demokratie. Kylons Tyrannisversuch um 636 heizte die politischen Kontroversen in der Stadt an. Drakon und vor allem Solon reagierten darauf. Letzterer setzte durch, daß sich Kylons Gegner wegen der frevelhaften Tötung von dessen Anhängern einem Prozeß unterzogen, der mit ihrer Verbannung endete. Auf diesem Präzedenzfall baute vermutlich Solons Stasisgesetz auf. Die inneren Spannungen schwanden aber nicht. Peisistratos' erster Vertreibung im Jahr 556/55 lag wahrscheinlich nicht eine gewaltsame Eskalation zugrunde, sondern ein Verfahren vor dem Areopag. Immerhin wurden auf der Agora Ostraka mit dem Namen *Pisistratos* gefunden. Vor 488/87, als das Scherbengericht in der uns bekannten klassischen Form eingeführt wurde, kam das Solonische Verfahren wohl wenigstens ein weiteres Mal zur Anwendung. Eventuell wurde sogar Kleisthenes Opfer eines solchen Prozesses, bevor er den Ostrakismos vom Areopag auf den Rat der 500 oder gleich auf das Volk übertrug. Ob seine persönliche Erfahrung der Grund dafür war, ob ein peisistratidenfreundlicher Areopag geschwächt werden sollte oder ob sich das Areopagverfahren als ungeeignet zur Beilegung inneraristokratischer Konflikte erwiesen hatte, weil die Areopagiten selbst zu stark in diese Konflikte involviert waren, ist nicht zu sagen. Insgesamt gesehen, entstand die attische Demokratie durch eine Verschiebung der Macht vom adeligen Areopag auf das Volk. Mit den Namen Solon, Kleisthenes und Ephialtes verbinden sich die wesentlichen Reformschübe. Solon hatte aber noch versucht, Kontroversen zwischen Adeligen

durch die Standesgenossen entscheiden und schlichten zu lassen. Seine Hoffnung, durch klare Mehrheitsentscheidungen politische Auseinandersetzungen zu entschärfen und so das kompetitive Verhalten der Aristokraten zu zügeln, erfüllte sich nicht. So wurden die Entscheidungen auf Gremien außerhalb des Adels verlagert – die Partizipationschancen des Demos wuchsen erheblich.
Die Diskussion thematisierte erneut die Breite des Stasisbegriffs und die Frage, ob Kleisthenes den Ostrakismos zunächst auf den Rat oder gleich aufs Volk übertrug. Ferner stand das Problem der Enthaltung im Mittelpunkt. Gab es Enthaltungen auch sonst in Athen, war ein Enthaltungsverbot in antiken Gesellschaften üblich? Schmitz äußerte Vorbehalte gegenüber dem Begriff, da dieser anders als im modernen Verfassungsleben keinen formalen Platz besaß. *Enthaltung* erfolgte durch Nichtbeteiligung, und dafür gab es durchaus Konzepte. Die Debatte kreiste aber vor allem um den Charakter von Solons Maßnahme. Wollte er neben der stärkeren Integration des Adels auch die Gefolgschaften besser einbinden? Spielten Sachfragen die entscheidende Rolle, an die sich dann die Personalfragen knüpften? Schmitz wies den Sachproblemen eine Rolle zu, auch wenn sie wohl nicht primär waren. Die Anhängerschaften wollte Solon integrieren, immerhin konnten diese ebenso wie ihre Führer verbannt werden. Das Hauptproblem aber war, daß die Aristokraten den mächtigsten unter ihnen, den potentiellen Tyrannen, natürlich loswerden wollten, während das Volk durchaus anderer Meinung sein konnte: Der Demos durfte manche Vorteile von einem Herrscher erwarten.
Jan Timmer (Bonn) widmete sich im Anschluss der attischen Demokratie. Die Entwicklung des athenischen Gemeinwesens war im fünften und vierten Jahrhundert zwar von einer Ausweitung der Partizipation geprägt, doch war diese noch keineswegs gleichbedeutend mit einer Stärkung der Legitimität der getroffenen Entscheidung, dann nämlich, wenn man die Auseinandersetzungen zu Beginn des fünften Jahrhunderts nicht als demokratische Revolution, sondern als Machtkämpfe zwischen rivalisierenden Angehörigen der Elite versteht. Stattdessen wurden Konflikte innerhalb des Adels, deren Lösung den Gruppenmitgliedern nicht gelang, aus der Gruppe hinausverlagert und damit das politische System, jedenfalls der Intention nach, stabilisiert. Die entscheidende Verbindung war also diejenige von Partizipation und Systemeffektivität/Rationalität. Die Legitimität kam erst im Zuge eines Perspektivwechsels im Zuge der Demokratisierung hinzu: In der sich etablierenden Volksherrschaft wurde die Teilhabe selbst Grundlage und Indikator für die Legitimität von Entscheidungen. Im fünften Jahrhundert wurde Legitimität noch wesentlich durch sogenannte input-orientierte Argumente hergestellt, das heißt, die authentische, nicht durch Zwang oder Abhängigkeit zustande gekommene Zustimmung selbst war bereits eine hinreichende Bedingung für die Verpflichtung zum Gehorsam. Angesichts der außenpolitischen Erfolge Athens schien diese Variante zu genügen. Ihre Voraussetzung war aber eine weitgehende Homogenität der in der Bürgerschaft vorhandenen Interessen. Die Größe und Ausdifferenzierung der damaligen athenischen Gesellschaft läßt aber an einer solchen Identität von Einzel- und Kollektivinteressen zweifeln – damit ist auch die Behauptung, Entscheidungen seien in einem demokratischen Mehrheitsverfahren allein wegen des Ausmaßes der Teilhabe legitim, nicht aufrechtzuerhalten. Die Defizite bestanden in einer hohen Instabi-

lität des Entscheidungsprozesses, einer fehlenden Effektivität des Verfahrens, der Gefahr einer despotischen, nicht im geringsten am Gemeinwohl orientierten Herrschaft einer dauerhaften Mehrheit und in der fehlenden Verbindlichkeit der Entscheidung. Im oligarchischen Umsturz von 411/10 trat die fehlende Akzeptanz von Teilen der Bürgerschaft klar zutage. Die Vorstellung, Partizipation alleine erzeuge bereits Verpflichtung zum Gehorsam, traf für das Athen dieser Epoche nicht mehr zu.

In der wiederbegründeten Demokratie von 404/03 traten deshalb so genannte output-orientierte Argumente in den Vordergrund: Eine Entscheidung ist dann legitim, wenn sie allen, das heißt dem Gemeinwohl, nützt und dem Kriterium der Verteilungsgerechtigkeit entspricht. Verinnerlichen die Mitglieder der Gemeinschaft in hinreichendem Maße solidarische Interaktionsorientierungen, so treten die beschriebenen Probleme bei der Legitimation von Mehrheitsentscheidungen nicht länger oder zumindest nicht mehr im selben Umfang auf. Die Redner des vierten Jahrhunderts zeigen, daß nun die Differenz zwischen Partikularinteresse und Gemeinwohl sowie zwischen den einzelnen Partikularinteressen als berechtigt anerkannt wurde. Homogenität wurde von einer notwendigen Voraussetzung des Entscheidungshandelns zu einem erstrebenswerten Ziel. Schlagworte wie *mia gnome* oder *koinon agathon* wurden populär, sie waren Ausdruck eines neuen Verständnisses. Die kollektive attische Identität des fünften Jahrhunderts wurde aufrechterhalten und intensiviert. Wer die gewünschte solidarische Interaktionsorientierung aber (noch) nicht besaß, etwa wegen mangelnden Alters, konnte von der Teilhabe ausgeschlossen werden. Deshalb wurden im vierten Jahrhundert die Gelegenheiten zur Partizipation begrenzt. Das bedeutete nichts anderes als die Kapitulation vor den Grenzen der politischen Sozialisation und die Betonung des Outputs des Systems gegenüber der Rechtmäßigkeit von Mehrheitsentscheidungen. Ohne das Vertrauen des einzelnen in Mitbürger, Institutionen und politische Ordnung konnte dieses System freilich nicht funktionieren. Das Vertrauen wurde einmal durch die Institutionalisierung von Mißtrauen (Luhmann) erzeugt, also durch Ämterfristen und Kompetenzbegrenzungen. Gleichzeitig war erst im vierten Jahrhundert, nach dem Ende des Ostrakismos, ein öffentlicher Austausch divergierender Meinungen möglich: Demokratie lebt davon, so entsteht Vertrauen. Nur wenn verschiedene Meinungen dargestellt werden und die Abstimmenden ausreichend informiert sind, sind Mehrheitsentscheidungen, bei denen eine hohe Zahl von Akteuren beteiligt ist, als sinnvoll denkbar.

Der Vortrag war stark von Überlegungen der politikwissenschaftlichen Theorie geprägt, und so zielten auch die Fragen vornehmlich auf die Qualität des entworfenen Modells. Timmer wies darauf hin, daß Altersgrenzen sich besonders zur Beschränkung von Partizipation eignen, weil sie am ehesten Akzeptanz finden: Jeder darf hoffen, sie einst überschreiten zu können. Diskutiert wurde auch, ob die solidarischen Interaktionsorientierungen nicht einfach als schlichte Gemeinsinnsrhetorik besser gefaßt werden könnten. Am intensivsten wurde über die Kategorie des Vertrauens debattiert. Ist die *graphe paranomon* nicht ein hervorragendes Beispiel für eine Institutionalisierung des Mißtrauens? Und, vor allem: Baut sich Vertrauen nicht zu Personen auf, die man schätzt, und wird es durch

dieses subjektive Element nicht eine unkalkulierbare Größe, was zu Konflikten und zu Vertrauensenttäuschung führt? Vertrauen war, so Timmer, tatsächlich eine sehr begrenzte Ressource, der Redner mußte Enttäuschungen um fast jeden Preis vermeiden. Den Mechanismen der Vertrauenserzeugung kam deshalb ein hoher Stellenwert zu, in erster Linie der Überhöhung der gemeinsamen Vergangenheit und Identität.
Die vier Vorträge waren ungewöhnlich eng auf die gemeinsame Sache bezogen. Sie boten daher nicht nur jeder für sich eine Menge an innovativen Ideen und Denkanstößen, sondern regten auch in der Summe zu neuer Reflexion über den Zusammenhang zwischen Teilhabe, Legitimität und Funktionieren eines soziopolitischen Systems an. Teilweise entstammten die Beiträge größeren Forschungsarbeiten. Dennoch ist zu hoffen, daß sie bald auch gemeinsam in Aufsatzform publiziert werden – die Rezeption könnte sich so über die Enge eines stickigen, aber lebhaften Seminarraums hinaus fortsetzen.

Imperiale Grenzen als religiöse Grenzen? Grenzvorstellungen und Verteidigungskonzeptionen im Übergang von der Antike zum Mittelalter

Teilgebiete: AG, MG, RG, MA, OEG

Leitung
Stefan Esders (Berlin)
Christian Lübke (Leipzig)

Einführung
Stefan Esders (Berlin)

Die Christianisierung arabischer Stämme im spätrömischen Nahen Osten
Jörg Gerber (Berlin)

Donaulimes und pannonische Innenbefestigungen in der Spätantike
Orsolya Heinrich-Tamáska (Leipzig)

Die Konzeption der Ostgrenze des Imperiums in der Karolingerzeit
Matthias Hardt (Leipzig)

Das mittelalterliche Ungarn als Grenzland des lateinischen Christentums
Vincent Múcska (Bratislava)

Die Červenischen Burgen – ein Grenzraum zwischen lateinischem und griechischem Christentum im 10./11. Jahrhundert
Marcin Wołoszyn (Kraków)

Kommentar
Christian Lübke (Leipzig)

Zusammenfassung

Jüngere Forschungen haben gezeigt, dass die Epochengrenze zwischen Antike und Mittelalter sich kaum als Scheidelinie zwischen antiken und mittelalterlichen Konzeptionen politischer Räume und Grenzen eignet, sondern dass vielmehr die diokletianisch-konstantinischen Reformen den eigentlichen Einschnitt innerhalb der römischen Geschichte sowie den Ausgangspunkt weiterer Entwicklungen bilden. Wie Untersuchungen zu Grenzen und zur Ethnogenese von gentilen Gesellschaften gezeigt haben, muss das verteidigungspolitische Konzept des spätrömischen Staates mit der Ausbildung organisierter Grenzräume und der Integration föderierter gentes als ein Ausgangspunkt mittelalterlicher Verteidigungskonzeptionen und Staatsbildungsprozesse betrachtet werden. Ein Aspekt, der hierbei bisher wenig Beachtung gefunden hat, ist der Anteil der Religion an diesen Prozessen. Mit der Christianisierung des römischen Imperiums entstand ein neuer Bezug für die Identität der Reichsbevölkerung und für das politische Selbstverständnis des Staates. Vor diesem Hintergrund stellt sich die Frage, inwieweit dieses Selbstverständnis an den Grenzen des Imperiums zum Ausdruck gebracht wurde und welche Auswirkungen es auf die Integrationsformen örtlicher Grenzgesellschaften hatte.
Da gerade im Mittelalter das Christentum als Identität stiftendes Element ein bedeutendes antikes Erbe darstellte, ergibt sich hieraus die Notwendigkeit einer epochenübergreifenden Betrachtung, die vom spätrömischen Imperium bis in die fränkische Zeit, ja mit Blick auf Nord- und Osteuropa bis ins Hochmittelalter reicht. Welche Bedeutung hatte beispielsweise die gezielte Christianisierung von grenznahen Völkern im Rahmen außenpolitischer Konzeptionen? Waren religiöse Grenzen essentieller Bestandteil spätrömischer und frühmittelalterlicher Konzepte oder sind sie nur in bestimmten Regionen zu fassen? Lassen sich aus der Errichtung von Kirchen, Missionssprengeln usw. Rückschlüsse auf weitergehende politische Ansprüche erschließen? In welchem Umfang war das in Grenzgebieten stationierte Heer in die Prozesse religiöser Identitätsbildung involviert? Wurden Feindbilder entlang religiöser Grenzziehungen konstruiert? Welche Maßnahmen wurden in Grenzregionen getroffen, um Prozesse regionaler Identitätsbildung zu steuern? In wieweit korrespondieren diese Prozesse mit der Formierung ethnischer Identitäten?
In der Sektion wurde anhand von Beispielen, die zeitlich und regional gestreut waren, jeweils punktuell solchen Zusammenhängen nachgegangen und der Versuch einer vergleichenden Synthese unternommen. Dabei konnte auf Vorstudien zurückgegriffen werden, die in den letzten Jahren in der am GWZO (Leipzig) angesiedelten, vom BMBF geförderten Projektgruppe »Vergleichende Untersuchungen zum sozialen, wirtschaftlichen und kulturellen Wandel in den Grenz- und Kontaktzonen Ostmitteleuropas im Mittelalter« und an der Freien Universität Berlin in einer Forschergruppe »Grenze und Ethnos in der Spätantike« im Rahmen des von DFG geförderten altertumswissenschaftlichen Exzellenzclusters »Topoi« unternommen wurden. Da die Grenzgebiete eines Reiches in der schriftlichen Überlieferung unterdokumentiert sind, ist die Berücksichtigung archäologischer Hinterlassenschaften notwendig. Die Referenten, die für diese transepochale und interdisziplinäre Sektion gewonnen werden konnten, zeichneten sich

neben ihrem internationalen Forschungshorizont dadurch aus, dass sie auf eine Synthese aus schriftlichen und archäologischen Befunden hinarbeiten.
Ohne dass hier die Ergebnisse im Einzelnen referiert werden können, ergab sich doch ein durchaus heterogenes Bild. Unzweifelhaft war, dass der Faktor »Religion« innerhalb des untersuchten Zeitraumes an Bedeutung zunahm. Dies entsprach im Wesentlichen der Ausgangshypothese, dass religiöse Grenzziehung nach außen seit der Spätantike wichtiger wurde, weil die innere Heterogenität frühmittelalterlicher Reiche größer wurde und es kein einheitliches (Bürger-)Recht mehr gab. Unzweifelhaft war aber auch, dass in einigen der behandelten Fälle das Ziehen von Grenzen als religiösen Grenzen das Resultat situativer Zuspitzung war (insbesondere in Konfliktsituationen, in denen die religiöse Andersartigkeit des Gegners jenseits der Grenze instrumentalisiert werden konnte) und insofern keine generalisierenden Schlussfolgerungen im Sinne einer langfristigen Entwicklung zuließ. Eine Nachhaltigkeit religiöser Grenzziehungen ließ sich nur dort vermuten, wo es zum langfristigen Aufbau kirchenorganisatorischer Strukturen kam. Wenn jedoch beispielsweise an der Grenze Pannoniens Überreste kirchlicher Gebäude feststellbar sind, so muss geklärt werden, ob diese zur Versorgung der Grenzarmee dienten (deren Kriegführung durchaus religiös legitimiert sein konnte) oder ob diese auch für die gesamte Bevölkerung im Grenzgebiet wichtig waren. Nur für den Einzelfall zu klären war daher auch die entscheidende Frage, in welchem Verhältnis religiöse Grenzziehungen zu politischen und anderen gesellschaftlichen Grenzziehungen standen, wo sie mit diesen zusammenfielen und wo nicht, und ob solche Grenzziehungen eher vom Abgrenzungsbedürfnis lokaler Gesellschaften ihren Ausgang nahmen oder von der Zentrale gesteuert waren. Eine Verallgemeinerung dahingehend, dass im Mittelalter äußere Grenzen grundsätzlich auch religiöse Grenzziehungen gewesen seien beziehungsweise solche impliziert hätten, wurde in den Diskussionen einhellig abgelehnt. Die beiden letzten Beiträge zeigten überdies, dass das Interesse an der Erforschung kultureller Grenzen gerade in Osteuropa nicht selten in der politisch motivierten archäologischen und historischen Forschung seit dem Zweiten Weltkrieg angelegt war und insofern durchaus auch kritisch zu sehen ist.

Prekäre Siege. Die römische Monarchie und der Bürgerkrieg

Teilgebiete: AG, MG, PolG, SozG

Leitung
Johannes Wienand (Heidelberg)

Blutige Ursprünge. Das Bürgerkriegsnarrativ und die Formierung der römischen Alleinherrschaft
Ulrich Gotter (Konstanz)

Ambivalente Siege. Der Umgang mit dem Sieg im Bürgerkrieg im langen dritten Jahrhundert
Matthias Haake (Münster)

Herrschaftsteilung und Bürgerkrieg. Die Entgrenzung der victoria civilis zwischen Prinzipat und Spätantike
Johannes Wienand (Heidelberg)

Der Bürgerkrieg und das christliche Imperium
Hartmut Leppin (Frankfurt am Main)

HSK-Bericht
Von Wolfgang Havener (Universität Konstanz)

Der Bürgerkrieg war ein hochgradig dynamisierendes Element der römischen Monarchie, hat in der modernen Forschung zu Prinzipat und Spätantike bislang jedoch nur unzureichende Beachtung gefunden. Die Sektion »Prekäre Siege« auf dem Historikertag 2010 in Berlin widmete sich diesem Phänomen und befasste sich mit der Frage, wie sich der Bürgerkrieg auf die Genese des römischen Kaisertums von seiner Etablierung durch Augustus bis in die Spätantike auswirkte. Im Mittelpunkt stand dabei die Ambivalenz im diskursiven Umgang mit dem Bürgerkrieg: So stellte der militärische Erfolg im Allgemeinen ein zentrales Element kaiserlicher Legitimationsbemühungen dar. Im Falle des Bürgerkriegs trat zudem das Motiv der *liberatio* hinzu, wie es bereits im Tatenbericht des Augustus formuliert wird: Der siegreiche Feldherr hat den gefährdeten Staat aus den Händen einer *factio* befreit. Gleichzeitig befand sich der Sieger jedoch aufgrund der negativen Semantisierung des Bürgerkriegs in einer äußerst prekären Situation. Der Sieg in einem solchen Konflikt konnte nicht nur zur Stabilisierung der eigenen Position genutzt werden, sondern barg zugleich ein enormes Potential für Kritik und für die Delegitimierung des Herrschers. Diese Problematik fand ihren Niederschlag einerseits in der kaiserlichen Selbstdarstellung, innerhalb derer die heiklen Aspekte des Bürgerkriegs weitestgehend ausgeblendet wurden, sowie andererseits in bestimmten Narrativen und in der Gesamtheit des literarischen, öffentlichen und politischen Diskurses über den Bürgerkrieg.
Ulrich Gotter (Konstanz) widmete sich in seinem Vortrag der Genese und Festigung des frühen Prinzipats und ging dabei konkret der Frage nach, welche Funktionen die Schilderung exzessiver Gewalt im Rahmen kaiserzeitlicher Darstellungen der Bürgerkriege der späten Republik erfüllen sollte. Den Ausgangspunkt seiner Überlegungen bildete die Beobachtung, dass das Bürgerkriegsnarrativ in den ersten nachchristlichen Jahrhunderten durch eine Häufung von Schilderungen extremer Grausamkeit und Brutalität gekennzeichnet ist.
Besonders deutlich lässt sich diese Entwicklung Gotter zufolge im Versepos des Lukan über den Konflikt zwischen Pompeius und Caesar erkennen, dessen Höhepunkt die Beschreibung der Schlacht von Pharsalos bildet. Der Krieg zwischen römischen Bürgern wird darin in äußerst brutalen Bildern dargestellt, das Geschehen selbst als ein maßloses Morden. Auf diese Weise habe Lukan konsequent traditionelle Darstellungstabus mittels eines »Hyperrealismus des Schrecklichen« überschritten. In den *Pharsalia*, so betonte Gotter, werden zum ersten Mal der positiv konnotierte externe und der negative interne Krieg explizit ein-

ander gegenüber gestellt, indem durch die eingehende Wiedergabe bestialischer Gewaltexzesse der Schrecken des Bürgerkriegs deutlich hervorgehoben wird. Diese scharfe Trennung zwischen legitimem externem Krieg und durch die Schilderung der Brutalität delegitimisiertem Bürgerkrieg stellt für Gotter eine Entsprechung zur binären Linie von *domi* und *militiae* im römischen Kontext dar, das heißt zwischen friedvollem Inneren und feindlichem Äußeren. Der Sieg im Bürgerkrieg stelle den Sieger unter einen enormen Rechtfertigungsdruck, auf den dieser lediglich durch die Diskriminierung des Verlierers antworten könne und ihn zwinge, die Überlebenden der anderen Seite nochmals zur Rechenschaft zu ziehen (beispielsweise durch Proskriptionen). Dies trage jedoch nicht zur Entschärfung des Konflikts bei, sondern berge stattdessen Potential für eine neuerliche Eskalation.

Aus diesen Beobachtungen ergaben sich für Gotter zwei zentrale Fragen: Warum bleibt das Bürgerkriegsnarrativ, wie es oben beschrieben wurde, auch im relativ friedlichen ersten und zweiten Jahrhundert so relevant, dass es in den entsprechenden Texten seit Lukan immer wieder auftaucht? Und weshalb hat sich offenbar vor allem der in der Literatur intensiv bearbeitete Konflikt zwischen Octavian und Antonius tiefer in die Erinnerung eingegraben als vorige Bürgerkriege? Von entscheidender Bedeutung ist dabei für Gotter die Verbindung von internem Krieg und der Etablierung eines gänzlich neuen Herrschaftssystems durch Augustus. Im Prinzipat komme dem Bürgerkriegsnarrativ eine höchst ambivalente Funktion zu: So habe einerseits Augustus selbst den Sieg im Bürgerkrieg zur Legitimierung seiner Vormachtstellung (insbesondere dem alleinigen Oberbefehl über die Truppen) benutzt. Die *pax Augusta* habe im Wesentlichen darin bestanden, den Krieg wieder nach außen zu verlagern. Andererseits sei das Narrativ auch für die Kritik an Augustus als dem finalen Profiteur der inneren Auseinandersetzungen instrumentalisiert worden. Der Bürgerkrieg konnte aus dieser Perspektive als Auslöser des Untergangs der traditionellen Ordnung und als Mittel zur Auslöschung der alten Führungsschicht dargestellt werden. Im Rahmen dieses Narrativs konnte, wie Gotter herausarbeitete, die Oberschicht im Verhältnis zum Monarchen explizit viktimisiert werden, wodurch sich ein neues Interpretationsmuster für Konflikte zwischen Kaiser und Eliten ergab. Das Bürgerkriegsnarrativ entwickelte sich so zu einem während der gesamten Kaiserzeit stabilen Element aristokratischer Selbstbeschreibung.

Diese Überlegungen Gotters bieten zahlreiche interessante Ansatzpunkte. So könnte unter anderem die Frage gestellt werden, ob sich die aufgezeigten Selbstdarstellungsmodi der Oberschicht nur auf das Verhältnis zum Kaiser beschränkten oder ob auch inneraristokratische Konflikte auf diese Weise bearbeitet werden konnten, wenn beispielsweise eine Schilderung des Selbstmords Catos als implizite Kritik am Opportunismus der überlebenden Führungsschicht und ihrer Anpassung an das neue Herrschaftssystem gedeutet werden würde. Lohnend wäre es möglicherweise ebenfalls zu untersuchen, ob und wie sich unterschiedliche Kontexte auf die Verwendung des Bürgerkriegsnarrativs auswirkten.

Dem krankheitsbedingten Ausfall eines Referenten war es geschuldet, dass die Entwicklungen im dritten Jahrhundert nicht eingehender beleuchtet werden konnten. Dennoch bildete diese Zeit, in der ein Kreislauf aus immer neuen Usurpationen und mit ihnen oftmals verbundenen reichsweiten Bürgerkriegen gleichsam zum Dauerzustand wurde, die entscheidende Schnittstelle im Übergang vom Prinzipat der ersten Jahrhunderte zur Spätantike. Die ständig wechselnden Herrscher sahen sich dabei mit einem schwerwiegenden Problem konfrontiert: Der Sieg im Bürgerkrieg und die Durchsetzung gegen andere Prätendenten waren für erfolgreiche Usurpatoren oftmals der einzige Weg, sich eine Legitimationsbasis zu verschaffen. Ohne ein solches Grundmaß an Stabilität war ein neuer Herrscher nicht in der Lage, die anderen Probleme des Reiches wie beispielsweise die wachsende Bedrohung an den Ost- und Nordgrenzen anzugehen. Gleichzeitig musste ein enormer kommunikativer Aufwand betrieben werden, um einen Herrschaftsbeginn, der auf dem Kampf gegen römische Bürger beruhte, akzeptabel zu machen. Eine eingehende Untersuchung der Prozesse des dritten Jahrhunderts müsste folglich den jeweils spezifischen Umgang mit dem Bürgerkrieg im Rahmen der sich permanent wandelnden Kontexte herausarbeiten, um aus diesem ein Gesamtbild der Veränderungen in dieser Phase zu entwickeln.

Mit dem Wandel der Inszenierungen von Bürgerkriegssiegen im späten dritten und vierten Jahrhundert befasste sich der Vortrag von Johannes Wienand (Heidelberg). Gegenüber dem ersten und zweiten Jahrhundert ergibt sich durch eine Reihe struktureller Veränderungen eine merkliche Diskrepanz. Im Spannungsfeld innenpolitischer Auseinandersetzungen wurden in zunehmendem Maße Verweise auf das kriegerische Engagement eines Kaisers im Bürgerkrieg zur Mehrung des militärischen Ruhms eingesetzt. Sowohl in kaiserlichen Bildprogrammen (Münzen, Reliefs) als auch in Panegyriken, Siegesmonumenten und Inschriften wurden triumphale Sinngehalte, die früher dem Krieg gegen externe Feinde vorbehalten waren, auf den innerrömischen Konflikt übertragen – die Grenzen zwischen den konventionellen Darstellungsmodi wurden dabei zunehmend verwischt. Besonders deutlich zeigt sich dies in den triumphalen Feierlichkeiten, die nach den großen Bürgerkriegssiegen von Konstantin, Constantius II. und Theodosius in Rom zelebriert wurden.

Vor dem Hintergrund dieser Beobachtung ging Wienand der Frage nach, wie dieser neue Umgang mit dem Phänomen des Bürgerkriegs möglich werden konnte. Die Grundlagen sieht er in einer Reihe soziopolitischer Entwicklungen des dritten Jahrhunderts: Zum einen wurde die Bedeutung des Bürgerstatus durch die *Constitutio Antoniana* von 212 einem umfassenden Wandel unterzogen und verlor sukzessive an Integrationskraft. Stattdessen rückten regionale Identitäten stärker in den Vordergrund. Dazu trug auch die zunehmende Bedeutung kollegialer und dynastischer Formen von Herrschaftsteilung bei, durch die Herrscher von Teilreichen räumlich begrenzte Loyalitätssysteme etablieren konnten. All dies habe, so Wienand, dazu beigetragen, dass das Töten von römischen Bürgern anschlussfähiger werden konnte als in der Zeit davor.

Dennoch führt für Wienand keine gerade Linie vom dritten Jahrhundert zu den triumphal inszenierten Bürgerkriegssiegen des vierten Jahrhunderts. Eine so deutliche Aufladung eines Bürgerkriegssiegs mit Topoi, die in früherer Zeit dem Sieg über Barbaren vorbehalten waren, kann nicht lediglich als Kulminationspunkt eines schleichenden Prozesses verstanden werden. Dies zeigt sich schon daran, dass noch zur Zeit der Tetrarchie grundsätzlich an einer semantischen

Differenzierung zwischen externem Krieg und Bürgerkrieg festgehalten wurde. Konstantin selbst hat noch zwei Jahre vor seinem triumphal inszenierten Sieg über Maxentius gänzlich darauf verzichtet, einen Bürgerkriegssieg für die Demonstration seiner militärischen Fähigkeiten zu verwerten.

Entscheidende Bedeutung kommt also dem jeweiligen politischen Kontext zu: Nach dem Sieg über Maxentius war Konstantin mit einer Situation spannungsreicher Herrschaftsteilung konfrontiert, die einen enormen Profilierungsdruck auf die einzelnen Teilherrscher ausübte. Zugleich hat die politisch-militärische Erfolgsgeschichte der diocletianischen Herrscherkollegien unhintergehbare Maßstäbe gesetzt, an denen sich auch Konstantin messen musste. Eine Auseinandersetzung auf Augenhöhe gelang Konstantin, indem er den prekären Sieg im Bürgerkrieg zur Demonstration der eigenen Stärke und des eigenen Führungsanspruchs nutzte. Die Gegenprobe zu dieser Hypothese gelingt Wienand durch den Vergleich mit dem Sieg über Licinius. Konstantin war nun Alleinherrscher und konnte in dieser Situation zum klassischen Modell des Umgangs mit dem Bürgerkriegssieg zurückkehren. Erst in der zweiten Hälfte des vierten Jahrhunderts hat sich der triumphal inszenierte Bürgerkriegssieg endgültig als Standardoption für die Inszenierung militärischen Charismas durchgesetzt.

Um diese Thesen Wienands zu überprüfen, müsste man sich, wie oben bereits erwähnt, eingehender mit dem dritten Jahrhundert beschäftigen. Gerade die Hervorhebung der den innenpolitischen Umständen geschuldeten bewussten Entscheidung Konstantins könnte sich hier als besonders anschlussfähig erweisen. Der Kaiser erscheint hier deutlich als aktiv Handelnder. Diese Dimension wird gerade auch in der Forschung zum dritten Jahrhundert oftmals übersehen, wenn den Herrschern lediglich die Rolle des reagierenden Parts zugestanden wird.

Mit dem Wandel der Diskurse über kaiserliche Amnestien als einem bislang kaum beachteten Aspekt der Christianisierung hat sich Hartmut Leppin (Frankfurt am Main) in seinem Vortrag auseinandergesetzt. Den Fokus legte Leppin dabei zunächst auf das vierte Jahrhundert, das wesentlich durch zwei Faktoren geprägt war: zum einen eine fortschreitende Desintegration durch das Auseinanderbrechen der Armee, die in der Wahrnehmung der Zeitgenossen zuvor oftmals das Reich selbst verkörpert hatte, in verschiedene regional basierte Teilheere; zum anderen ein dadurch bedingter gewaltiger Verlust an Ressourcen für die Herrscher, die sich im Krisenfall oft nur noch auf einen Bruchteil der eigentlich zur Verfügung stehenden Soldaten stützen konnten. Diese Gemengelage habe wesentlich den Umgang des Bürgerkriegssiegers mit den Angehörigen der gegnerischen Partei bestimmt, insbesondere mit den unterlegenen Soldaten. Die Tötung von Feinden erwies sich nach einem Erfolg für den Sieger als nicht praktikabel, da auf diese Weise die Desintegration weiter vorangetrieben worden wäre. Der Regelfall waren aus diesem Grund eine allgemeine Amnestie und die Integration der Truppen in das eigene Heer, von der meist nur der unterlegene Usurpator selbst und sein engstes Umfeld ausgenommen waren. An ihnen wurden stattdessen die Exempla statuiert, die für eine Demonstration der Stärke und für eine Einforderung von Loyalität auch gegenüber den neuen Soldaten im Heer des Siegers unerlässlich waren. Leppin betonte, ein solcher Umgang mit Unterle-

genen habe unterschiedlichste diskursive Möglichkeiten geboten, sowohl für Affirmation als auch für Kritik. In den Quellen ließen sich folglich im Rahmen der spärlichen Angaben zur Behandlung von Besiegten einerseits lobende Hervorhebungen der Milde des siegreichen Kaisers finden, andererseits auch harsche Kritik an der Brutalität angeblich vorgenommener Bestrafungen. Entscheidend sei hierfür die Ausrichtung der jeweiligen Quelle gewesen, wobei die fortschreitende Christianisierung und der Bedeutungszuwachs des Bischofsamtes eine wichtige Rolle gespielt hätten.
Die kaiserlichen Handlungsmuster des vierten Jahrhunderts sind für Leppin von einer einheitlichen Praxis bestimmt: Es habe zumeist keine grausamen Massenbestrafungen gegeben. Der Normalfall seien vielmehr eine weitgehende Herstellung des *status quo ante* und die Nutzung der neuen militärischen Ressourcen durch den Sieger gewesen. Insbesondere die Amnestien für die Soldaten spielten dabei die entscheidende Rolle, so Leppin. Der siegreiche Kaiser habe ein klares Interesse daran gehabt, die Truppen des unterlegenen Usurpators in das eigene Heer zu übernehmen. Massenhinrichtungen hätten stattdessen das Ressourcenproblem zusätzlich unnötigerweise verschärft. Dabei habe es sich im vierten Jahrhundert keineswegs um ein neues Phänomen gehandelt. Neu sei jedoch eine mögliche Interpretation dieser Praxis vor einem christlichen Hintergrund gewesen. Amnestien wurden insbesondere in Quellen, die von Bischöfen verfasst wurden, oftmals auf den Willen Gottes zurückgeführt, wodurch ein christlicher Horizont eröffnet wurde, der mit der gesamten Herrscherdarstellung der Spätantike korrespondierte. Leppin sieht darin eine Vermischung von Herrschertugenden und christlichen Idealen, die sich am Umgang mit dem unterlegenen Gegner besonders gut verdeutlichen lasse. Vor dem neuen religiösen Hintergrund konnte auf diese Weise ein gebräuchliches Verfahren zu einer Forderung nach genereller Schonung für den Gegner im Sinne christlicher Nächstenliebe ausgeweitet werden. Die besondere Dimension des vierten Jahrhunderts liege folglich in einer Koinzidenz praktischer Elemente wie des Ressourcenproblems und eines neuen, vor allem durch die Bischöfe zur Stärkung der eigenen Position etablierten Deutungsmusters. Dass sich dieses am Ende der Epoche weitgehend durchgesetzt habe, illustrierte Leppin am Beispiel der Meuterei des oströmischen Heeres bei Monokarton im Jahr 588 sowie ihrer friedlichen Beilegung.
Es stellt sich an dieser Stelle die Frage, inwiefern sich ein fester Zusammenhang zwischen dem von Leppin beschriebenen Umgang mit besiegten Gegnern und dem Bürgerkrieg ausmachen lässt. Es könnte sich daher als lohnend erweisen, ein vom Einzelfall abstrahierendes Frageraster für den Umgang mit Unterlegenen nach einem Krieg zu entwerfen. Auf diese Weise könnte beispielsweise geklärt werden, ob bestimmte Kriegsarten bestimmte Handlungsmuster nach sich zogen, und eine Art Typologie dieser Handlungsmuster entworfen werden.
Die drei im Rahmen der Sektion gehaltenen Vorträge konnten eindrücklich vor Augen führen, welches Potential sich aus einer Untersuchung des Bürgerkriegs in einer diskursanalytischen Perspektive ergeben kann. Um die gesamte Dimension dieses Phänomens zu erfassen, muss sowohl nach der Präsentation eines Sieges im Bürgerkrieg durch die Beteiligten als auch nach der Rezeption dieser Darstellung gefragt werden. Und auch die aus dieser Rezeption sich ergebende Fremd-

beschreibung, sei sie nun zeitgenössisch oder nicht, muss in den Fokus gerückt werden. Auf diese Weise ist es möglich, Konventionen und Grenzen im Rahmen von Selbst- und Fremddarstellung herauszuarbeiten und die Entwicklung der Rede über den Bürgerkrieg nachzuverfolgen. Ungeachtet der in der Abschlussdiskussion von Aloys Winterling (Berlin) vorgebrachten Bedenken, ob der Terminus »Bürgerkrieg« auf die kaiserzeitlichen Konflikte zwischen römischen Feldherren, die jeweils ein Berufsheer befehligten, überhaupt angewandt werden könne, ist festzuhalten: Da der Kampf Römer gegen Römer während der gesamten Kaiserzeit eines der beherrschenden Themen des öffentlichen Diskurses wie auch der kaiserlichen Politik war, können sich hieraus neue und anschlussfähige Erkenntnisse ergeben.

Geschichte des Mittelalters

Am Rande des Imperiums. Der Osten des Reiches um 1150: Berlin-Brandenburg vor seiner Entstehung

Teilgebiete: MA, LRG, OEG

Leitung
Michael Lindner (Berlin)
Michael Menzel (Berlin)

Prolog: Über Wenden – De conversionibus et Sclavis

Grenzgänger: Jaxa von Köpenick und Pribislaw Heinrich von Brandenburg – Streitgespräch am Rande des Reiches über die Vor- und Nachteile, zum Sacrum Romanum Imperium zu gehören
Michael Lindner (Berlin)

Zwangsumtausch? Pribislaw Heinrich, Jaczo und Albrecht der Bär: Die Anfänge der Münzprägung im späteren Berlin-brandenburgischen Raum um 1150
Bernd Kluge (Berlin)

Grenzenlose Liebe? Askanier, Piasten und Wettiner in grenzüberschreitenden dynastischen Heiratsbeziehungen
Christoph Mielzarek (Berlin)

Kränze mit Eichenlaub: Die Monumenta Germaniae Historica, die Quellen und die Anfänge der brandenburgischen Geschichte
Mathias Lawo (Berlin)

Grenzwertig! Der Wendenkreuzzug 1147 und seine Motive
Michael Menzel (Berlin)

Epilog: Landesgeschichte unter kulturalistischer Perspektive

HSK-Bericht
Von Christoph Mielzarek (Monumenta Germaniae Historica (MGH), Berlin-Brandenburgische Akademie der Wissenschaften)

Aufgaben und Ziele dieser Sektion formulierte Michael Lindner in einem Prolog: Es gelte, die Geschichte des Raumes zwischen Elbe und Oder im 12. Jahrhundert unter dem Paradigma von Grenze und Grenzüberschreitung zu (be-)schreiben, verliefen doch hier, auf dem Gebiet des späteren Brandenburg, nicht nur die politische Außengrenze des römisch-deutschen Imperiums, sondern auch ethnische, sprachliche, religiöse Grenzen sowie der Übergang zwischen einer schriftlichen und einer mündlichen Kultur. In fünf Vorträgen sollte unter anderem folgenden Fragen nachgegangen werden: Welchen Charakter haben (imperiale) Grenzen? Sind sie durchlässig und wenn ja, wofür? Was trennen Grenzen? Wie sieht das Reich seine Nachbarn? Wie sah die imperiale Vorfeldpolitik aus? Wie stellen sich in diesem Zusammenhang etwa militärische Auseinandersetzungen oder Bündnisse dar? Wie verhalten sich Anrainer eines Großreichs? Gleichzeitig bot sich hier die Gelegenheit, die Frage nach dem Nutzen der »turns« für die gegenwärtige Landesgeschichte zu erörtern. Michael Lindner beschrieb, dem Beispiel des Tacitus folgend, ein (fiktives) Gespräch zwischen zwei Slawen, Pribislaw-Heinrich von Brandenburg und dem vermutlich unter polnischem Einfluss stehenden Jaczo/Jaxa von Köpenick. Dieser Dialog bot dem Referenten die Möglichkeit, der Logik von Imperien nachzuspüren, hier im Besonderen dem Umstand, dass sie sich an ihren Grenzen anders verhielten als andere politische Herrschaftsgebilde, etwa Königreiche oder Fürstentümer. Er verwies dabei auf drei Punkte: Erstens bestünden im Vorfeld von Großreichen vielfältig abgestufte politische, wirtschaftliche und kulturelle Beziehungen mit halbdurchlässigen und unscharfen Grenzen. Dadurch sei die Vorstellung einer linearen Grenzziehung wenig sinnvoll. Ob Pribislaw-Heinrichs Brandenburg, das in einem Abhängigkeitsverhältnis zum Imperium stand, nun innerhalb oder außerhalb desselben gelegen habe, sei kaum zu entscheiden. Erst bei Köpenick stünde die Unabhängigkeit vom *sacrum Romanum imperium* außer Frage. Dennoch sei auch hier die Grenze für kulturellen, wirtschaftlichen und herrschaftstechnischen Austausch durchlässig. Zweitens wurden Nachbarn des Imperiums nicht als gleichberechtigt angesehen. Tribut-, Klientel- oder Lehnsabhängigkeiten seien die Formen »zwischenstaatlicher« Beziehungen. Drittens gebe es an der Peripherie einen größeren Spielraum für Eigen- und Sonderinteressen der regionalen Kräfte, der Fürsten. Das liege am Integrationsgefälle, das vom Zentrum des Reiches zur Peripherie hin bestehe und Ausdruck in einer größeren politischen Selbständigkeit der Herrschaftsträger am Rande finde, zum Beispiel bei Eroberungen, Bündnissen und Eheverbindungen mit Auswärtigen. Diese Zusammenhänge würden deutlicher, wenn man die Quellen mit neuen Fragen konfrontiere, die sich etwa aus dem *spatial turn* oder dem *cultural turn* ergäben.

Nach einer Kritik der immer noch überwiegend dekorativen Verwendung von Münzen und numismatischen Erkenntnissen durch die Mediävistik stellte Bernd Kluge eine Reihe von Münzen vor, die im 12. Jahrhundert zwischen Elbe und Oder geprägt wurden. Hauptaugenmerk legte er dabei auf eine nur auf die numismatischen Befunde gestützte Rekonstruktion der Ereignisse um die Übernahme der Brandenburg durch Albrecht den Bären und dessen Auseinandersetzung mit Jaczo/Jaxa von Köpenick und kontrastierte diese mit der auf schriftlichen Quellen basierenden etablierten Geschichtsauffassung. Demnach deute der Münzbefund darauf hin, dass Jaczo/Jaxa die Brandenburg eher vier Jahre in Besitz hatte als nur wenige Monate, wie die Forschung heute überwiegend annimmt. Von Albrecht dem Bären seien nach den 1150er Jahren keine Münzen aus der Brandenburg bekannt, was seine praktische Herrschaftsausübung in die-

ser Burgstadt zweifelhaft erscheinen lasse. Stattdessen fänden sich aus dieser Zeit schon Münzen seines Sohnes Otto. Die anspruchsvollsten Münzen Jaczos/Jaxas wiederum und damit vielleicht auch erst der Höhepunkt seiner Macht stammten aus der Zeit nach seiner Vertreibung aus der Brandenburg und sind keineswegs in der Gegend um Köpenick aufgefunden worden. Eine in diesem Raum und dieser Zeit singuläre Gemeinschaftsprägung von Pribislaw-Heinrich und seiner Frau Petrissa deute auf deren bedeutende Rolle bei der Herrschaft (und Herrschaftsnachfolge) in der Brandenburg hin. Eine Auseinandersetzung der brandenburgischen Landesgeschichte mit diesen Ergebnissen der Numismatik erscheint überaus wünschenswert.
Christoph Mielzarek ging auf die Rolle von politischen Grenzen in den Heiratsbeziehungen zwischen sächsischen Markgrafen und Piasten ein. Sie stellten keine Hindernisse dar, sondern böten im Gegenteil Anlass für Eheschließungen zwischen den Geschlechtern. Der Referent exemplifizierte dies an den Ehen der Söhne Albrechts des Bären und Konrads von Wettin mit Töchtern der »jüngeren« piastischen Linie um die Herzöge Bolesław IV. und Mieszko III. Dass es sich bei dieser um die kaiserfeindliche Piastenlinie handelte, habe keine Rolle gespielt, eher orientierte sich die Heiratspolitik am Rande des Imperiums an den politischen Interessen. Sprachliche und kulturelle Unterschiede seien bei Eheschließungen auf fürstlicher Ebene offensichtlich unerheblich gewesen. Vielmehr diente die Ehe als Absicherung politischer Verabredungen und der Garantie gutnachbarschaftlicher Beziehungen.
Mathias Lawo referierte über die wichtigste Quelle zur Inbesitznahme der Brandenburg durch Albrecht den Bären in den 1150er Jahren, den sogenannten »Tractatus de urbe (oder captione urbis) Brandenburg« des Heinrich von Antwerpen. Dass die verschiedenen, sämtlich aus dem 19. Jahrhundert stammenden Editionen dieser Quelle fehlerbehaftet sind, liege nicht nur an der Unbedarftheit der Editoren und ihrer zeitbedingten Neigung, in ihrer Meinung nach unverständliche (und daher in ihrem Sinne unmöglich korrekte) Passagen des Textes konjizierend einzugreifen. Das Hauptproblem sei vielmehr, dass mit der Mittellateinischen Philologie als Universitätsdisziplin erst zum Ende des 19. Jahrhunderts die Grundlage für eine angemessene philologische Erschließung lateinischer Texte des Mittelalters geschaffen wurde. Eine philologische Betrachtung des *Tractatus* habe im Detail durchaus Folgen sowohl für einen künftigen Editor wie auch für die Interpretation des Historikers – etwa beim sogenannten Leitzkauer Kronopfer Pribislaw-Heinrichs, bei der Textdatierung oder beim Datum des Übergangs der Brandenburg von Pribislaw-Heinrich auf Albrecht den Bären.
Michael Menzel kritisierte die inflationäre Anwendung kulturwissenschaftlicher Theorien auf politisch determinierte Entwicklungen des Mittelalters. Am Beispiel des sogenannten Wendenkreuzzugs von 1147 konnte er zeigen, dass Untersuchungen von raumtheoretischen und von religiös-kulturellen Ansätzen her am Kern des Problems vorbei gehen können und die mit dem Kreuzzug verbundenen Geschehnisse nicht erklären. Die »turns«, die sich hinter den Interpretationen verbergen, seien letztlich ideelle, kulturelle, religiöse, raum- oder herrschaftsorientierte Deskriptionsmodelle, deren sich die mittelalterlichen Akteure oder ihre Chronisten auch schon bedient hätten. Eine gründliche Kritik dieser Tendenzen

zeige hingegen, dass der Wendenkreuzzug in erster Line durch die Rivalität Heinrichs des Löwen und Albrechts des Bären geprägt gewesen sei, die ihren Ursprung gleichermaßen in zurückliegenden Auseinandersetzungen um das Herzogtum Sachsen wie in den Expansionsplänen der Fürsten jenseits der Elbe fände. Die Zerstrittenheit des Wendenkreuzzuges sei bisher kaum gesehen worden. Die »turns« der Einordnung träfen lediglich Aspekte, die in zweiter und dritter Linie eine Rolle spielten, gingen aber an den primären persönlichen Motiven vorbei.
Heinz-Dieter Heimann fasste die Sektion zusammen und verwies dabei insbesondere auf den Anteil der Landesgeschichte bei der Neuausrichtung der Geschichtswissenschaft in den letzten Jahrzehnten. Wenn auch ohne den theoretischen Überbau und damit in gewisser Weise mit einem geringeren Reflexionsgrad habe die Landesgeschichte viele der Entwicklungen, die heute als »turns« bezeichnet werden, vorweggenommen. In Bezug auf die brandenburgische Landesgeschichte verwies er dabei beispielhaft auf Untersuchungen zur Stadtgeschichte und die Germania-Slavica-Forschung.
Die abschliessenden Diskussion der sehr gut besuchten Sektion hätte von einer stärkeren Beteiligung der mittelalterlichen brandenburgischen Landesgeschichte profitieren können.

Grenzenloser Reichtum? Spätmittelalterliche Reflexionen über Geld, Gier und das Glück

Teilgebiete: MA, WG, KulG

Leitung
Petra Schulte (Köln)
Peter Hesse (Köln)

Einführung
Petra Schulte (Köln)
Peter Hesse (Köln)

Lucra honorabilia. Reichtum und Herrschaft in der spätmittelalterlichen politischen Philosophie
Ulrich Meier (Bielefeld)

Die Ethik des Reichtums im Herzogtum Burgund
Petra Schulte (Köln)

Vom Nutzen und Schaden des Reichtums. Junge Nachfolger in oberdeutschen Familiengesellschaften
Mechthild Isenmann (Leipzig)

Venezianischer Reichtum zwischen Habgier und Freigebigkeit
Peter Hesse (Köln)

Reichtum und Armut als Werk der Fortuna: spätmittelalterliche Text- und Bildzeugnisse
Gabriele Annas (Frankfurt am Main)

Zusammenfassung

Das Nachdenken über den Reichtum, das von der christlichen Tradition, dem römischen und kanonischen Recht sowie der antiken, vornehmlich aristotelischen, Philosophie beeinflusst wurde, erfolgte im späteren Mittelalter auf europäischer Ebene. Wohlstand und Reichtum, in diesem Punkt stimmten die zeitgenössischen Intellektuellen überein, könne eine Gesellschaft nur in Zeiten des inneren und äußeren Friedens und unter einer gerechten Regierung erlangen. In Anlehnung an Aristoteles warnte man zugleich vor den Extremen. Die Stabilität der sozialen und politischen Ordnung erschien nur dann gewährleistet, wenn das Volk weder zu reich noch zu arm sei. Denn der sehr Reiche missachte die Gesetze aus Hochmut, der sehr Arme aus Not. Allein der Mittelstand, die relative Gleichheit der Menschen, garantiere die Eintracht. Eine solche könne zwischen den sehr Reichen und sehr Armen nicht bestehen, da jene zur machtvollen Durchsetzung ihrer Interessen und zur Unterdrückung der anderen, diese zu Neid und Raub tendierten. Auch wurde der Erwerb von Reichtum mit Sorge betrachtet. Die an ihn gebundene Begierde war nach einem Wort des Apostels Paulus die »Wurzel allen Übels«; der maßlose Wunsch, mehr zu besitzen, als man gemäß der eigenen Stellung zum Leben benötigt, galt als Laster der avaritia, der Habgier und des Geizes. Mahnend hatte schon Aristoteles in der »Nikomachischen Ethik« geschrieben, dass im Reichtum keine Glückseligkeit bestehen könne, da er nur als Mittel zu anderen Zwecken zu gebrauchen sei.
Ulrich Meyer ging in seinem Vortrag darauf ein, dass seit der Antike der Diskurs über Reichtum eng mit dem Nachdenken über die rechte Verfassung des Gemeinwesens verknüpft war. Besitz galt als notwendiges Mittel zu einem guten Leben in Polis und Republik. Mit der Christianisierung Roms und Europas setzte eine folgenschwere Theologisierung der genannten Sachverhalte ein. Herrschaft, Besitz und Reichtum standen nun unter erhöhtem Begründungszwang. Erst der Sündenfall nämlich schien sie hervorgebracht und nötig gemacht zu haben. Sünde und Herrschaft verwiesen damit ebenso aufeinander wie Sündenfall und Reichtum. Seit dem 12. Jahrhundert allerdings differenzierten sich die Diskurse erneut aus; es wurde, so die erste These, erneut möglich, über Herrschaft und Eigentum als natürliche Sachverhalte zu reden. Verantwortlich dafür war die verstärkte Hinwendung zum römischen und kanonischen Recht. Auffallend ist, dass das Nachdenken über Herrschaft in diesem Kontext dem Nachdenken über Eigentum argumentativ und strukturell frappierend ähnelte. Die vollständige Lösung der Eigentums- und Reichtumsproblematik von der Heilsgeschichte geschah dann im Rahmen der politischen Theorie und vor allem im Umfeld der Stadtrepubliken. Die Diskussion um die Bedeutung des Reichtums für die Republik wird deshalb der zweite Schwerpunkt des Beitrags sein. In einem dritten Zugriff wird schließlich ein radikaler Perspektivwechsel vollzogen. Thematisiert

wurden die Auswirkungen eines fundamentalen Paradigmenwechsels im physikalischen Kausalitätskonzept um 1300 auf die Vorstellungen von Reichtumsbildung und auf die Theorie von Herrschaft. Alle drei genannten Diskursfelder verweisen auf Modernisierungspotentiale mittelalterlichen Denkens, die es in ihrer Komplexität und in ihrer Relevanz für die Neuzeit erst noch freizulegen gilt.
In der franko-burgundischen Literatur, so Petra Schulte in ihrem Vortrag, die dem Herzog und dem Adel die Grundlagen der politischen Ethik vermittelte, wurde der Reichtum des Herrschers als notwendig deklariert und mit der Existenz eines Schatzes (trésor) verbunden, auf den nur in der Not zurückgegriffen werden dürfe. Das offen präsentierte, richtig verwendete Vermögen erhebe den Fürsten über die anderen, mache es insofern unmöglich, sich mit ihm zu vergleichen, und wirke auf potentielle Gegner abschreckend. Komme es dennoch zum Krieg, verfüge der Herrscher über genügend Geld, um schnell ein Heer zusammenstellen, das ihn und sein Land verteidige. Die Erörterung des Fundaments dieses Reichtums wurde maßgeblich von dem naturrechtlichen Gebot bestimmt, den anderen in seinem Eigentum nicht zu schädigen. Der Fürst dürfe allein im Fall der Not, das heißt des unmittelbar bevorstehenden, von ihm nicht verschuldeten Kriegs und der Hochzeit seiner Töchter, Abgaben von den Untertanen erheben und habe ansonsten von den Einkünften aus seiner Domäne zu leben und für den Fall der äußeren Bedrohung Geld zurückzulegen. Die Tatsache, dass bei den burgundischen Herzögen – anders als ihr nach außen gezeigter, vielbewunderter Reichtum vermuten ließe – das Geld stets knapp war, führte in ihrem Umfeld zu einer offen formulierten Kritik. Unter Philipp dem Guten und Karl dem Kühnen wurden die Gründe für die Finanznot benannt, nachdrücklich deren negativen Folgen aufgezeigt und mit dem Hinweis, dass die Ausgaben den Einnahmen zu entsprechen hätten, Haushaltspläne entwickelt. Ferner diskutierte man das Laster der avaritia und die Tugend der liberalitas, der Freigebigkeit, neu.
Mechthild Isenmann führte aus, dass Verführungen durch Reichtum im 15. und 16. Jahrhundert (wie eigentlich zu allen Zeiten) zu einem immer wieder auftretenden Problem werden konnten, das massive Konflikte nach sich zog. Speziell potentielle junge Nachfolger von Familiengesellschaften und ihr Verhalten in Bezug auf Reichtum, sei es, dass sie den Verführungen erlegen waren oder ihnen widerstanden, sich also »gehorsam und fleißig« zeigten, sollen mithilfe ausgewählter einschlägiger Handelsgesellschaften des 15. und 16. Jahrhunderts dargestellt werden. Die zum Teil gravierenden Folgen für die Familien und ihre Handelsgesellschaften können dadurch deutlich gemacht werden. Die Gefahr für eine Gesellschaft durch in finanziellen Angelegenheiten unzuverlässige, der Spielleidenschaft verfallene oder auch allgemein liederliche Nachfolger vermögender Familien war existent und wurde als solche wahrgenommen. Zum Schutz der Gesellschaft setzten die Regierer (Leiter) und ihre Mitgesellschafter unterschiedliche Strategien ein, mit denen sie versuchten, den Gefahren zu begegnen. So sollte die beste Ausbildung nach strengen allgemein verbreiteten Prinzipien den Nachwuchs befähigen, die notwendige Disziplin aufzubringen. Es wurden unternehmerische Instrumente eingesetzt, wie etwa die normativ-vertragsrechtliche Bindung durch Gesellschaftsverträge mit ihren einschlägigen Artikeln, aber auch innerfamiliäre Strategien, zum Beispiel sich den Gegebenheiten anpassende Tes-

tamente. Als ultima ratio blieb nur noch der Ausschluss des unverbesserlichen Nachwuchses.
Der in Venedig während des späten Mittelalters allenthalben offen zur Schau gestellte Reichtum, argumentierte Peter Hesse, wirft die Frage auf, inwiefern sich die Venezianer mit diesem Phänomen des Überflusses geistig auseinandersetzten und wie sie den Reichtum beurteilten. Unter den Venezianern und den Reisenden, welche die Stadt besuchten, finden sich verschiedene Stimmen, die den Reichtum anhand solcher Kriterien bewerten, die auf der Basis der Beobachtung des Umgangs der Menschen mit Gütern im Überfluss aufgestellt wurden. Zu diesen zählt unter anderem die Tugend der Freigebigkeit und das Laster der Habsucht. In dieser Hinsicht verbreiten die Autoren häufig Allgemeinplätze, die sich nicht selten in der Moraldidaxe Europas im ausgehenden Mittelalters finden: Zu diesen Auffassungen gehört etwa, dass der Habsüchtige seiner Umgebung das Leben schwer macht, zu Straftaten bereit ist, um Reichtum zu erlangen, und von Gott geschlagen wird. Es finden sich jedoch auch Schriftsteller, die bescheinigen, dass Freigebigkeit den Empfängern von Almosen ebenso nützlich ist wie bedürftigen Verwandten, dass das gesamte Gemeinwesen vom Reichtum weniger Personen profitiert. Die Aussagen fügen sich allerdings nirgends zu einer kohärenten, geschweige denn logisch aufgebauten Lehre zusammen. Trotz dieser Unterschiede ist jedoch eines allen Autoren gemeinsam: die grundsätzliche Aussage, dass Reichtum den Mitmenschen und dem Gemeinwesen nutzen soll. Dies setzt den rechten Gebrauch, die richtige Anwendung von Hab und Gut voraus. In diesem Sinne argumentieren die verschiedenen Autoren, dass Reichtum für einen sinnvollen Zweck verwendet werden soll. Somit wird der Gedanke des Reichtums um des Reichtums willen ebenso verworfen wie der Genuss des Reichtums allein durch den Reichen. In den Exempeln der Moraldidaxe überwiegen demgegenüber Motive des Gebens als Anleitung zum rechten Handeln. Insgesamt findet sich im Venedig des 15. Jahrhunderts und darüber hinaus in ganz Europa neben solchen gemeinsamen grundlegenden Gedanken eine rege Diskussion, was den Nutzen und den Schaden als auch die Verwendung von Reichtümern und die damit verbundenen Sünden und Tugenden anbelangt, die unter anderem durch die geistigen Gegensätze, welche die Renaissance aufgebrochen hatte, angeregt wurde.
Gabriele Annas schließlich thematisierte Reichtum und Armut als Werk der Fortuna: Obgleich heidnisch-antiken Ursprungs – als Personifikation des unberechenbaren menschlichen Geschicks und zugleich Göttin irdischer Glücksgüter – hat die Gestalt der Fortuna auch im moralphilosophischen und politischen Diskurs des christlichen Mittelalters eine durchaus prominente Rolle gespielt. Denn in Verbindung mit der komplexen Fortuna-Problematik wurden zugleich zentrale philosophische und theologische Fragestellungen aufgeworfen, die in Traktaten und Geschichtswerken, in Romanen und anderen literarischen Schriften, aber auch in der visuellen Kultur (in der Bauskulptur, in der Buchmalerei sowie auf Tapisserien) immer wieder aufs Neue – als gedankliche Dichotomie von providentieller Weltordnung und Freiheit des menschlichen Willens – thematisiert wurden. Symbolträchtiges Sinnbild für die Wechselhaftigkeit des Irdischen, die Unberechenbarkeit des menschlichen Daseins zwischen Glück und Unglück, Reichtum und Armut, war das stetig kreisende Schicksals- und Glücks-

rad des Mittelalters, das von Fortuna maschinell mit einer Kurbel von außen bedient oder durch einen Griff in die Speichen vom Zentrum aus in Bewegung gehalten wurde. Neben der tradierten Schicksalskonzeption des früh- und hochmittelalterlichen Fortuna-Diskurses sollte sich indes spätestens seit dem Quattrocento – nach ersten Vorläufern bereits in staufischer Zeit – ein neues Bild der Glücks- und Schicksalsgöttin konstituieren, die nun durch tugendhaftes Verhalten, durch moralische Festigkeit und Geistesstärke des vernunftbegabten, eigenverantwortlich handelnden Individuums »domestiziert« werden konnte. Ist die Fortuna des Boethius (Consolatio Philosophiae) als Dienerin Gottes dem göttlichen Bereich der providentiellen Ordnung zugeordnet und damit zugleich dem menschlichen Einflussbereich entzogen, so entgleitet im späten Mittelalter die Schicksalsmacht der göttlichen Sphäre und wird zu einem wesentlichen Bestandteil des menschlichen Erfahrungsbereichs. Indem der einzelne die günstige Gelegenheit nutzt – und das Glück beim Schopfe fasst –, kann er das rotierende Rad der Fortuna zum Stillstand bringen und die erworbenen Glücksgüter (Reichtum, Ehre, Macht) bewahren oder gar vermehren.

Migration als transkulturelle Verflechtung im mittelalterlichen Jahrtausend. Europa, Ostasien und Afrika im Vergleich

Teilgebiete: MA, AEG, KulG

Leitung
Michael Borgolte (Berlin)

Einführung
Michael Borgolte (Berlin)

Nubier, Beja, Griechen, Kopten und Araber in Dongola. Der Nordsudan als kosmopolitischer Raum im mittelalterlichen Jahrtausend
Marianne Bechhaus-Gerst (Köln)

Isoliertes Inselland oder *Zum Meer hin geöffneter Archipel*? Perspektiven auf transkulturelle Verflechtungen im mittelalterlichen Japan
Klaus Vollmer (München)

Migrationen und kulturelle Hybridität im mittelalterlichen Königreich Sizilien
Benjamin Scheller (Berlin)

Muslimische Wissenschaftler im yuanzeitlichen China (13./14. Jahrhundert.). Das Beispiel der Ärzte
Angela Schottenhammer (Mexiko-Stadt)

Kommentar
Gudrun Krämer (Berlin)

HSK-Bericht
Von Marcel Müllerburg (Humboldt-Universität zu Berlin)

Das Mittelalter sucht seinen Platz in der Globalgeschichte. Doch Interaktionen innerhalb weltumspannender Systeme, die Jürgen Osterhammel als Gegenstand der Globalgeschichte bestimmt hat,[1] sind ein neuzeitliches Phänomen, während die Ökumene des Mittelalters die beiden Amerikas, Sibirien und das Afrika südlich der Savanne ausschloss. Die Mediävistik kann den Anschluss an die Geschichte globaler Zusammenhänge daher nicht allein über die Erforschung vergleichsweise sporadischer und zum Teil ephemerer globaler Kontakte herstellen. Die Geschichte der Migrationen bietet hier einen Ausweg an, der auf dem 48. Deutschen Historikertag in Berlin in einer Sektion unter dem Titel »Migration als transkulturelle Verflechtung im mittelalterlichen Jahrtausend. Europa, Ostasien und Afrika im Vergleich« erprobt wurde.
Der Mediävist Michael Borgolte (Berlin) gab als Sektionsleiter zunächst eine kurze Einführung in das Thema. Migrationen, also die dauerhafte Verlagerung des Lebensmittelpunkts, könnten als »anthropologische Konstante« begriffen werden, die auf dem gesamten Globus zu allen Zeiten Migranten und die sie aufnehmenden Gesellschaften in Prozessen der Integration und Desintegration miteinander in Beziehung setze. Keineswegs resultiere aus diesen Beziehungen ein zielgerichteter Prozess der Angleichung aneinander, sondern vielmehr ein stetiges Aushandeln von Formen des Zusammenlebens unter sich wandelnden Bedingungen. Der kulturwissenschaftlichen Migrationsforschung gehe es weniger um Personen, Gruppen und Völker, sondern um jene Denkformen, geistigen Güter und symbolischen Praktiken, die ausgetauscht oder auch abgelehnt würden und so Kultur in ihren ständigen Mutationen erfahrbar und ihre Essentialisierung unmöglich machten. Die Geschichte der Migrationen als die Geschichte von »cross-cultural interactions«, wie Borgolte den hawaiianischen Globalhistoriker Jerry Bentley zitierte, sei daher »zweifellos ein Schwerpunkt, wenn nicht der Königsweg«, um das Mittelalter in die Geschichte globaler Zusammenhänge einzufügen. Doch die »transkontinentale« Geschichte kann keine Disziplin allein für sich schreiben. Daher hatte Borgolte, wie bereits zehn Jahre zuvor zu Beginn seiner europageschichtlichen Studien die Fächergrenzen überschreitend,[2] Vertreterinnen und Vertreter der Afrikanistik, der Islamwissenschaften, Japanologie und Mediävistik sowie der Sinologie eingeladen, sich am gemeinsamen Nachdenken über die Globalgeschichte des mittelalterlichen Jahrtausends zu beteiligen.
Die Afrikanistin Marianne Bechhaus-Gerst (Köln) betrachtete »Nubier, Beja, Griechen, Kopten und Araber in Dongola« und stellte den »Nordsudan als kosmopolitischen Raum im mittelalterlichen Jahrtausend« ins Zentrum ihres Beitrags. Das Reich des Königs von Makuria zwischen dem 1. und dem 4. Nilkatarakt sei eine »historische Kontaktzone par excellence« gewesen, deren Bewohner sich ganz bewusst eine »hybride Identität« konstruiert hätten. Mit Beispielen aus Religion, Verwaltung und Sprache belegte Bechhaus-Gerst ihre Auffassung Makurias als einer hybriden Gesellschaft. Obwohl der ägyptisch-koptische Monophysitismus zur Staatsreligion des Reiches am Oberen Nil geworden wäre, hätten die nubischen Kirchenbauten eher jenen in Griechenland und Anatolien

als denen der Bruderkirche nilabwärts geähnelt, und Griechisch sei lange die Liturgiesprache geblieben. Nicht nur im kirchlichen Bereich scheine Griechisch in einer »genuin nubischen Variante« von breiten Bevölkerungsschichten gesprochen worden zu sein, wie zahlreiche Graffiti belegten, die eine nobiin-nubische Grammatik mit griechischem Vokabular zusammenbrächten. Jedoch hatte die bewusste Konstruktion von hybrider Identität offenbar ihre Grenzen: Das Beispiel des sogenannten Baqt-Vertrages zwischen Makuria und den muslimischen Eroberern Ägyptens scheint eher für eine bewusste Grenzziehung, denn für eine Verwischung von Grenzen zu sprechen. Nach zwei erfolglosen Eroberungsversuchen aus Ägypten räumte der Vertrag den Nachbarn im Norden zwar das Recht auf Handel, Mobilität und Niederlassung in den nördlichen Regionen ein, nahm jedoch die Landesteile südlich des 2. Nilkatarakts unter Strafandrohung davon aus.

Der Japanologe Klaus Vollmer (München) stellte jüngere historiographische Perspektiven auf transkulturelle Verflechtungen im mittelalterlichen Japan vor. Seit den 1980er-Jahren löse sich die japanische Geschichtsschreibung mehr und mehr vom zuvor dominierenden Bild des Archipels als eines »isolierten Insellandes«. Das Japanische Meer werde zunehmend in seinen verbindenden, nicht so sehr in seinen trennenden Eigenschaften aufgefasst und in Analogie zum Mittelmeer als ein Schauplatz vielfältigen, grenzüberschreitenden Austausches begriffen. Eindrücklich führte Vollmer die Wendung im Geschichtsbild und die damit einhergehende Beunruhigung überkommener Seh- und Denkgewohnheiten durch eine gesüdete Karte Südostasiens mit dem Japanischen Meer im Zentrum vor Augen. Diese Veränderung der Perspektive bringe es mit sich, dass der Migration aus China und Korea auf die Insel Honshû für die Entstehung des japanischen Staates im 7. und 8. Jahrhundert mittlerweile größte Bedeutung zugemessen werde. Das Ausmaß der Wanderungsbewegungen zwischen 300 v. Chr. und 300 n. Chr. war mit geschätzten 3.000 Migranten jährlich beträchtlich. Die neuen Bewohner der Japanischen Inseln hätten ihre Religion, soziale Stratifizierungsformen und Kulturtechniken mitgebracht, so dass beispielsweise das Monopol der Schriftbeherrschung am japanischen Hof bis ins 7. Jahrhundert in den Händen der Immigrantenfamilien gelegen habe. Entgegen der Vorstellung eines homogenen Zentralstaates lasse sich zeigen, dass sich im Norden Honshûs und auf Hokkaidô eine Frontier-Gesellschaft bildete, die sich der Kontrolle durch den japanischen Staat ebenso entzog wie ihrer ethnisch-kulturellen Einordnung durch die historische Forschung.

Der Mediävist Benjamin Scheller (Berlin) näherte sich dem Problem transkultureller Verflechtungen über eine Mikrostudie zu den sogenannten Palasteunuchen, die im normannischen Sizilien zentrale Aufgaben in der königlichen Verwaltung, aber auch in Militär und Diplomatie erfüllten. Diese Migranten, die als Sklaven aus dem muslimischen Nordafrika nach Sizilien gelangten, seien zwar getauft gewesen, die Authentizität ihres Christentums sei von den Zeitgenossen allerdings sehr unterschiedlich bewertet worden. Mit den Mitteln der Geschichtswissenschaft sei die Frage nach der »wahren« religiösen Identität der Eunuchen jedoch unmöglich zu entscheiden. Vielmehr sei diese »kontextabhängig und uneindeutig, kurz hybrid« gewesen. Während eines Aufstands gegen den König im Jahre 1161 werde diese Uneindeutigkeit augenfällig: Die Gewalt der Aufständischen habe nicht allein die Palasteunuchen, sondern auch die muslimische Bevölkerung Palermos getroffen und somit keinen Unterschied mehr zwischen Konvertiten und Muslimen gemacht. Nach der Deportation der sizilianischen Muslime durch Friedrich II. schließlich fänden sich auch keine Spuren von Christen arabischer Herkunft in Sizilien mehr. Deuteten, so fragte Scheller, solche Prozesse der Hybridisierung und Dehybridisierung möglicherweise auf eine »Hybriditätsintoleranz« monotheistischer Religionen hin? Wenn auch die monotheistische Unterscheidung zwischen wahrer und falscher Religion nicht notwendig Intoleranz gegenüber Andersgläubigen zur Folge habe, so verhalte sie sich möglicherweise intolerant gegenüber religiösen Vermischungen und Uneindeutigkeiten. Aus diesem Frageinteresse heraus plädierte Scheller für die komparatistische Erforschung der konkreten Umstände, unter denen Hybridisierung gelang oder eben scheiterte, als eine der Aufgaben künftiger mediävistischer Migrationsforschung.

Die Sinologin Angela Schottenhammer (Mexiko Stadt) untersuchte »Muslimische Medizin und muslimische Ärzte im yuanzeitlichen China«, mithin die Migration von Wissenschaftlern und Gelehrten, denen regelrechte Wundertaten zugeschrieben worden seien. Die mongolischen Herrscher der Yuan-Dynastie hätten die persisch-iranische Medizin offenbar hoch geschätzt, was sich beispielsweise in der Gründung von gleich vier Schulen erweist, an denen die westliche Heilkunst unterrichtet wurde. Im Jahre 1339 seien vier von neun Ärzten an der Kaiserlichen Akademie für Medizin Migranten gewesen. Neben dieser Institutionalisierung der westlichen Medizin im Umfeld des chinesischen Kaiserhofs habe auch ein reger Austausch pharmazeutischer Produkte und heilkundlicher Manuskripte stattgefunden. Schottenhammer verwies exemplifizierend auf das bedeutende früh-mingzeitliche medizinische Kompendium *Huihui yaofang* (»Muslimische Medizinische Rezepturen«), dessen Chinesisch an einigen Stellen bis zur Unkenntlichkeit durch persische Syntax beeinflusst sei. Die Rezepturensammlung sei offenbar in einem Gelehrtenmilieu entstanden, in dem Chinesisch nur eine unter mehreren gesprochenen Sprachen gewesen sei. Doch der Einfluss muslimischer Medizin sei nicht auf die Eliten des chinesischen Reiches beschränkt geblieben. Über die Etablierung sogenannter Wohlfahrtsapotheken (*Huimin yaoju*) unter den Yuan sei die Pharmazie muslimischer Ärzte mit großer Wahrscheinlichkeit auch unter der breiten Bevölkerung bekannt geworden und zur Anwendung gekommen.

Die Islamwissenschaftlerin Gudrun Krämer (Berlin) stellte sich abschließend der Herausforderung eines Gesamtkommentars, den sie insbesondere zum Anlass nahm, über den Begriff der »transkulturellen Verflechtung« nachzudenken. Wenn auch »Verflechtung«, so Krämers ästhetisches Urteil, ein »hässliches Wort« sei, so sei die damit vorgegebene Stoßrichtung doch klar: Der Ansatz richte sich, wie auch Borgolte betont hätte, gegen jede Essentialisierung von Kultur. Doch die Sprache der Quellen könne die Historikerin, die nicht auch das Andere im Blick habe, auf Abwege führen und Homogenität dort vorgaukeln, wo sie nicht gegeben sei. So existiere beispielsweise keine »muslimische Medizin«, sondern lediglich eine Vielzahl konkurrierender Medizinschulen, von denen einige deutliche

indische und chinesische Einflüsse zeigten. Auch gegenüber dem Begriff der Hybridisierung, mit dem insbesondere Scheller und Bechhaus-Gerst in ihren Vorträgen gearbeitet hatten, bekannte Krämer ihre Zurückhaltung. Allzu häufig schwängen harmonistische Beiklänge mit, die die Spannung, die hybriden Phänomenen innewohne, zudeckten. Krämer schlug vor, stattdessen von kultureller Ambiguität zu sprechen. In jedem Fall aber solle man Identität und Hybridität voneinander trennen und vom Denken in Identitäten zum Denken in Formen der Praxis übergehen. Es mache keinen Sinn, so veranschaulichte sie diesen Gedanken, aus dem Befund der Homoerotik auf eine homosexuelle Identität der Beteiligten zu schließen. Es handle sich vielmehr um eine gesellschaftliche Praxis, die für die Identitätsbildung der Individuen durchaus nicht zentral sein müsse. Diese Überlegungen zur Praxis von Hybridität forderten auch die Fragen heraus, mit denen Krämer ihre Betrachtungen abschloss: ob denn die Zeitgenossen Hybridität in unserem Sinne – was auch immer unser Sinn von Hybridität sein mag – gekannt hätten und wer denn die Akteure jener Verflechtungsphänomene seien, die die historischen Wissenschaften meinten feststellen zu können.
Obwohl – oder weil – die Sektion Fallbeispiele aus Afrika, Asien und Europa, aus den Perspektiven der Historiographie-, der Struktur- und der Mikrogeschichte krass nebeneinander stellte, darf sie als Erfolg gewertet werden. Zu monieren, von dem im Titel der Sektion angekündigten Vergleich sei kaum etwas zu sehen gewesen, wäre nichts als wohlfeil. Ein Vergleich hätte doch am Ende eines gründlichen fächerübergreifenden Forschungsprozesses zu stehen, den Veranstaltungen wie diese erst ermöglichen. Denn die Bereitwilligkeit, mit der alle Beteiligten Phänomene der Hybridisierung und der transkulturellen Verflechtung in den Blick nahmen, zeugt von dem Potenzial dieses Ansatzes für eine transdisziplinäre Zusammenarbeit in globalgeschichtlicher Absicht. Zugleich machen freilich die unterschiedlichen Verwendungsweisen des terminologischen Instrumentariums deutlich, dass hier noch viele Diskussionen zu führen sind. So zeigte sich beispielsweise, dass man sich vom Begriff der Hybridität als einem Zustandsbegriff aufgrund der Aporien, in die er in dieser Lesart führt, verabschieden muss. An seine Stelle muss der Begriff der Hybridisierung als Beschreibung von Prozessen und ihrer Konjunkturen treten. Will man nicht das Begriffspaar »Integration und Desintegration« verwenden, so ist wohl Schellers Vorschlag zu folgen, die Tatsache transkultureller Verflechtung analytisch in Vorgänge der Hybridisierung und der Dehybridisierung zu scheiden. Auch das Problem der Migration erwies sich als für die verschiedenen Disziplinen attraktiv und anschlussfähig – von seiner gesellschaftlichen Relevanz einmal ganz abgesehen, die sich nicht zuletzt in einem Artikel des Berliner »Tagesspiegel« bekundete, der der Sektion gewidmet war. Die Möglichkeit, die Online-Fassung dieses Artikels zu kommentieren, nutzte ein Beiträger unter dem Pseudonym »freidenker«, um der Verunsicherung seines Identitätsgefühls durch den Verflechtungsansatz Luft zu machen: »Die Parteinahme für Migranten und das Geringschätzen des Abwehrrechts [eines Landes gegenüber Migranten] steht für mich unter zwingendem Ideologieverdacht!«[3] Fraglos sollte man die Möglichkeiten gelehrter Bedenklichkeit, korrigierend auf den gesellschaftlichen Diskurs einzuwirken, nicht überschätzen. Dennoch spricht die Tatsache, dass das Thema Migration solche lustvollen

Absonderungen von Ressentiments auslöst, eindeutig dafür, es zum Gegenstand nüchtern-wissenschaftlicher Betrachtung zu machen.
Allein, hat das Mittelalter mit diesem Ansatz seinen Platz innerhalb der Globalgeschichte gefunden? In seinen Forschungen zum europäischen Mittelalter hat Michael Borgolte die These aufgestellt, das Verhältnis der drei monotheistischen Religionen Judentum, Christentum und Islam habe das Euromediterraneum, ja die »monotheistische Weltzone« vom Nordatlantik bis zum Arabischen Meer geprägt.[4] Diese Koexistenz verschiedener Religionen, die sich mit exklusivem Wahrheitsanspruch gegenübertraten, sei die Bedingung der Möglichkeit moderner Toleranz gewesen. Im Studium des Mittelalters konnte man folglich die Genese einer Kulturtechnik nachvollziehen, derer wir zur Bewältigung unserer von Pluralität geprägten Gegenwart so dringend bedürfen. Ein vergleichbares Motiv für die Erforschung des Mittelalters stellt die Aufhebung des Ansatzes »monotheistische Weltzone« im Ansatz »transkulturelle Verflechtung durch Migrationen« nicht zur Verfügung. Denn wenn die Rede von der Migration als anthropologischer Konstante zutreffend ist – und das dürfte wohl unstrittig sein –, so richtet sie an die Erforschung des Neolithikums, der globalisierten Gegenwart oder eben des Mittelalters die prinzipiell gleichen Fragen. Dies aber lässt offen, warum man sich unter den Auspizien der Migrationsgeschichte gerade dem mittelalterlichen Jahrtausend zuwenden sollte. Zweifellos verortet also die Untersuchung transkultureller Verflechtungen durch Migrationen das Mittelalter innerhalb der Globalgeschichte, wie aber eine Globalgeschichte des Mittelalters, eine Betrachtung der mittelalterlichen Welt in ihrer Spezifik, aussehen könnte, bleibt weiterhin zu diskutieren.

Anmerkungen

1 Vgl. Osterhammel, Jürgen: »Weltgeschichte«: Ein Propädeutikum. In: Geschichte in Wissenschaft und Unterricht 56 (2005), S. 452–479, S. 460.

2 Vgl. den Band Borgolte, Michael (Hrsg.): Unaufhebbare Pluralität der Kulturen? Zur Dekonstruktion und Konstruktion des mittelalterlichen Europa. München 2001, der die Beiträge einer gleichnamigen Sektion auf dem 43. Deutschen Historikertag im Jahr 2000 in Aachen wiedergibt.

3 freidenker: Was nervt, das ist ... In: Der Tagesspiegel, Onlineausgabe (06. Oktober 2010). www.tagesspiegel.de/wissen/flucht-vor-not-und-krieg/1946292.html, letzter Zugriff am 4. August 2011. Vgl. auch den Artikel in der Print-Ausgabe: Sauerbrey, Anna: Flucht vor Not und Krieg. In: Der Tagesspiegel, Nr. 28 (1.10.2010).

4 Vgl. u. a. Borgolte, Michael: Ein einziger Gott für Europa. Was die Ankunft von Judentum, Christentum und Islam für Europas Geschichte bedeutete. In: Eberhard, Winfried; Lübke, Christian (Hrsg.): Die Vielfalt Europas. Identitäten und Räume. Beiträge zu einer internationalen Konferenz, Leipzig, 6. bis 9. Juni 2007. Leipzig 2009, S. 581–590; Ders.: Wie Europa seine Vielfalt fand. Über die mittelalterlichen Wurzeln für die Pluralität der Werte. In: Joas, Hans; Wiegandt, Klaus (Hrsg.): Die kulturellen Werte Europas. Frankfurt am Main 2005, S. 117–163.

Passagen über Grenzen

Teilgebiete: MA, RG, WissG, SozG

Leitung
Matthias M. Tischler (Dresden/Barcelona)

»Passagen über Grenzen«. Einführung in ein Forschungsparadigma
Matthias M. Tischler (Dresden/Barcelona)

Construction religieuse du territoire et processus d'islamisation au Maroc (IXe–XIIIe siècle)
Yassir Benhima (Paris)

Mittelalterlicher »Datenverkehr« und seine Hürden. Zu Verzerrungen im Rahmen der Informationsvermittlung zwischen lateinisch-christlicher und arabisch-islamischer Welt
Daniel König (Paris)

Multireligiosität im höfischen Leben. Barrieren und Grenzen?
Jenny Rahel Oesterle (Bochum)

Barrieren – Passagen. Jüdische Eliten, Religionsgesetz und die Gestaltung des Minderheiten-Mehrheiten-Verhältnisses zwischen Juden und Nicht-Juden auf der Iberischen Halbinsel
Frederek Musall (Heidelberg)

HSK-Bericht
Von Britta Müller-Schauenburg (Philosophisch-Theologische Hochschule Sankt Georgen, Hugo von Sankt Viktor-Institut, Frankfurt am Main)

Im Panorama der Begriffe, die vermittels der Transferforschung in den vergangenen Jahren neu eingeführt und etabliert wurden, ist der Begriff der »Passage« mit Rückgriff auf Walter Benjamin ein noch deutlich unterrepräsentierter Begriff. Als genuin geschichtsphilosophischer Begriff ist er anspruchsvoll und theoretisch komplex, der im Hintergrund stehende zentrale Quellentext ist ein schwer zu lesender philosophisch-erkenntnistheoretischer Entwurf.[1] Doch das erschließende Potenzial, das er birgt, ist enorm. Im folgenden Bericht wird (I.) der Aufbau der Sektion, (II.) der Begriff der »Passage« so, wie er vom Sektionsleiter zu Grunde gelegt wurde, und (III.) jeweils eine kurze Zusammenfassung der einzelnen Vorträge referiert, um dann zuletzt (IV.) den Diskussionsertrag zu würdigen.

Die Sektion

Das nachwuchswissenschaftlich besetzte Referenten-Panel realisierte durch die beteiligten Personen beziehungsweise Universitäten von Paris – über Barcelona, Heidelberg und Dresden – bis Bochum Internationalität von Marokko bis Deutschland, Multireligiosität durch die teilnehmenden Christen, Juden und Muslime, sowie Multilingualität durch die Sektionssprachen Deutsch, Französisch und Englisch. Der Kern des Panels ergab sich aus dem nunmehr in der dritten Förderphase befindlichen mediävistischen Schwerpunktprogramm 1173 der Deutschen Forschungsgemeinschaft, aus dessen Ergebnissen es seine zentralen Fragestellungen und den Forschungsverbund der internationalen Referenten bezog.[2] Eine Veröffentlichung der Beiträge ist geplant. Das Vortragsprogramm wurde nach einer übergreifenden Einführung in den Begriff der »Passage« gegliedert in zwei Untersektionen zu je zwei Vorträgen mit Diskussion, unterbrochen durch eine kurze Pause, und am Ende zusammengebunden durch eine Abschlussdiskussion mit Fokus auf das Passagen-Paradigma.

Der Begriff der »Passage«

Den Begriff der »Passage« entfaltete Matthias M. Tischler (Dresden/Barcelona) als einen bereits bei W. Benjamin vieldimensionalen Begriff zwischen Reflexion und Performation des Forschens. Bekannt sei, dass Benjamin in vielfacher Weise in »Passagen« involviert war, als jüdisch-deutscher Philosoph sowie fachlich oszillierend zwischen den Disziplinen Philosophie, Germanistik und Geschichte. Sein Leben hat fast datumsgenau vor 70 Jahren in der Nacht vom 26. auf den 27. September 1940 auf der Flucht vor den Nationalsozialisten im bergigen Grenzraum zwischen Frankreich und Spanien vor der verweigerten Passage ausweglos mit dem Suizid geendet. Die »Passage« sei schon bei Benjamin selbst, dessen letztes Werk den Titel »Der Begriff der Geschichte« trägt, mit der historischen Disziplin eng verbunden. Am 2. und 3. Februar 2007 fand in Bordeaux erstmals eine Tagung von europäischen Mediävisten zum Passagenbegriff statt, unter dem Titel »Passages – Déplacement des hommes, circulation des textes et identités dans l'Occident médiéval«, in deren Folge Tischler diese Sektion sachlich einordnete. Seit der kulturanthropologischen Wende richte sich das historische Interesse insgesamt zunehmend auf Phänomene der Transkulturalität und untersuche an ihnen Bedingungen und Aktionen von Grenzüberschreitungen und Ortswechseln aller Art, insofern sich mit ihnen ein Wechsel des Darstellungs- und Interpretationsrahmens vollzieht. Im Reigen der Leitbegriffe der Transferforschung stelle der Passagen-Begriff allerdings nicht einfach nur ein weiteres Konzept zur Verfügung, sondern er leiste performativ die Verbindung von Quellenbegriff und Erkenntniskategorie im »Ort« beziehungsweise »Raum« und zwinge in ein »Denken in Passagen«. Denn schon im Mittelalter finde sich der Begriff »passaticum« (Zoll) im Fundus der lateinischen Sprache. Er konnte auch die Bedeutung »Fährgeld« oder »Zollstation« annehmen, und schließlich in der Handelssprache die »Überfahrt« im weitesten Sinne bedeuten. Dieses Denken vermeide essentialistische Begriffe (»Kultur«, »Religion«) und ein Operieren mit oppositionellen Begriffspaaren (»lateinisch/arabisch« oder »christlich/muslimisch«) und richte sich primär auf die Prozesse, auf die Passage als Ereignis, und ihre Wirkung und versuche auf diesem Wege, Kenntnis zu gewinnen über den Anderen, Partner, Nachbarn. Der Begriff der »Grenze« selbst sei neu zu bedenken, indem der Ereignisstruktur und dem Erkenntnispunkt der Passage alle Aufmerksamkeit gewidmet werde, vor dem Hintergrund der Tatsache, dass jedes Passieren einer Grenze diese überhaupt erst zu ziehen ermögliche und, mehr noch, das Ziehen neuer Grenzen notwendig impliziere (Foucault). Ähnlich wie »Migration« sei auch »Passage« ein offener Bewegungsbegriff ohne teleologische Konnotation, aber anders als bei »Migration« gerieten in der »Passage« eher kleinere Einheiten in den Blick, die unter Umständen auch nicht von hoher Dauer seien: Individuen, die nicht zwangsläufig mit einem klaren Ziel und einem eindeutigen Motiv flüchtig oder vorübergehend den Ort verlassen, und dies für einen begrenzten Zeitabschnitt – eben den der Passage. Das Passagenparadigma besitze daher eine Tendenz zu Mikrostudien und favorisiere das Individuum in seinen singulären Bewegungsmomenten als leitende Einheit. Vielfältige geographische, institutionelle, geschlechtliche, sozialschichtbezogene, sprachliche und religiöse Forschungsfelder seien denkbar. Als thematisches Bindeglied dieser Sektion fungiere das Mittelmeer als kultureller Bewegungsraum zwischen den an ihm partizipierenden kulturellen und religiösen Anrainern.

Vorträge

Yassir Benhima (Paris) beschrieb den Prozess der Islamisierung im südwestlichen Maghreb in der Zeit vom 7. bis zum 8. Jahrhundert als eine religiöse Passage. Nach der ersten militärischen Eroberung durch Muslime sei der Islam nur sehr teilweise auf eine romanisierte Vorkultur gestoßen, und, vor allem in der berberischen Bevölkerung, auf polytheistische Kulte wie zum Beispiel den Widderkult. Aus der arabischen Sprache stünden drei Wurzeln für den Begriff des »Heiligen« zur Verfügung: QDSH, HRM, GRM (letzteres sei besonders in die Tradition der Berber aufgenommen worden). Im Westen des Maghreb könne man von drei »Stratifikationen« des Heiligen sprechen: einem sogenannten prä-islamischen Paganismus, einem prä-islamisch bezeugten Ram-Kult oder Widderkult, und einer Abspiegelung des Ram- oder Widderkultes in Orts- und Personennamen. Anfangs hätten die Berber noch in gerader Konkurrenz mit den Arabern gestanden, mit fortschreitender Islamisierung sei aber die eigene Herkunft so umgeschrieben worden, dass die legendären Begleiter des Mohammed hinzugenommen und Datierung der Islamisierung vorverlegt worden sei in eine Zeit, in der historisch davon noch nicht die Rede gewesen sein könne. Frühe Moscheen hätten noch lange an das prä-islamische »Geheiligte« erinnert.
Daniel König (Paris) befasste sich mit Verzerrungen in Bezug auf die heutige Wahrnehmung der Informationsvermittlung zwischen lateinisch-christlicher und arabisch-islamischer Welt, die er als vornehmlich kulturelle Passage begriff.

Eine Korrespondenz zwischen muslimischen Herrschern und dem Papst etwa fände sich auf der lateinisch-christlichen Seite in über 26 lateinischen Briefen der Päpste, einem arabischsprachigen Original und neun lateinischen Übersetzungen von Antworten bezeugt, während auf muslimischer Seite nur ein einziger Brief erhalten sei. Die Beziehungen auf der Grundlage der arabischen Quellen rekonstruieren zu wollen, wäre also falsch. Ähnliche Fehler aber begehe man, wenn man für eine Beurteilung des Informiertseins etwa den genauen geographischen Sitz und die »Umwelt« des in Frage stehenden muslimischen Gelehrten nicht beachtete. Einzelstudien zeigten, dem »Gesamteindruck« entgegen, eine große Vielfalt an Kontakten zu oftmals auch überraschenden und unerwarteten Fragen (beispielsweise eine sorgfältige Recherche eines malikischen Rechtsgelehrten in Alexandria zu Beginn des 12. Jahrhunderts zu der Frage, ob der Verzehr christlichen Käses zu empfehlen sei). Und auch für eine sich nach Abzug all dieser Sonderbedingungen eventuell noch abzeichnende »schlechte« Informationssituation der arabisch-muslimischen Welt im Vergleich mit der lateinisch-christlichen lohne sich das sehr genaue Hinsehen, bevor man unterstellten »mentalen Barrieren« das Wort rede.

Jenny Rahel Oesterle (Bochum) zeigte die Fragilität des interreligiösen Beziehungsgeflechtes am fatimidischen Kalifenhof in Kairo auf, wo 995 ein dem Kalifen al-Aziz auf einem Ausritt von einem Unbekannten zugesteckter Zettel mit der Klage, der Kalif kümmere sich um Juden und Christen, aber nicht um die Muslime, eine Umbesetzungswelle für die öffentlichen Ämter und eine faktische Verdrängung der bis dahin durchaus vorhandenen jüdischen und christlichen Beamten am Kalifenhof zur Folge hatte: Wo bis dahin die persönliche Qualifikation für die Laufbahn ausschlaggebend gewesen sei und Religionszugehörigkeit insgesamt keine Rolle gespielt habe, sei plötzlich die Religionszugehörigkeit entscheidend gewesen, obwohl der Konflikt an sich kein religiöser gewesen sei, sondern eine Frage des Einflusses und der Macht am Hofe. Zugleich seien unter Leitung des Kalifen Religionsdisputationen abgehalten worden, in denen sich die Rolle des Moderatoren allerdings von einem Augenblick zum nächsten in die des Machthabers, der mit militärischen Maßnahmen und Vernichtung droht, wandeln konnte, was die These von Michael Borgolte, diese Religionsgespräche seien weniger Versuche des Verstehenwollens als vielmehr eine Form der Konfliktaustragung gewesen, bestätige.

Frederek Musall (Heidelberg – abwesend, Paper wurde verlesen) widmete sich den wesentlichen philosophischen und theologischen Argumenten und inhaltlichen Analogien und Differenzen in rechtstheologischen Schriften des Al-Ghazali und Moses Maimonides vor dem Hintergrund der Frage, ob und in wiefern auch Intertextualität als eine Form von religiös-kultureller »Passage« analysiert werden kann. Die literarische Abhängigkeit des Al-Ghazali von Maimonides sei nicht unwahrscheinlich, auch wenn er in Bezug auf Maimonides vollständig schweige und jegliche beleghafte Referenz fehle. Die Analyse müsse sich in diesem Fall also auf inhaltliche Übereinstimmungen beschränken. In dieser Hinsicht lasse sich allerdings eine deutliche gemeinsame Ausrichtung hin auf die Tradition der negativen Theologie feststellen sowie eine gemeinsame Interpretation des »Wissens« letztlich als ein religiöses Wissen, wenngleich beide Philosophen naturwissenschaftliches Wissen dem religiösen Wissen nicht entgegenstellten, sondern die Wissensformen in einer grundsätzlichen Einheit sähen, was ein weiteres gemeinsames Element beider Bücher darstelle.

Der Ertrag der Diskussion

Gerade auch vermittels der Schlussdiskussion zu Status und »Verortung« der »Passage« als geschichtswissenschaftliches Forschungsparadigma ließ sich das Problembewusstsein hinsichtlich der großen Herausforderung schärfen, die speziell dieser Begriff in seiner anspruchsvollen Fassung bedeutet. Die Herausforderung liegt darin, den Begriff nicht wieder als einen weiteren »Kasten« misszuverstehen, und diesen neben die anderen »Kästen« namens »Kultur«, »Religion«, »Staat«, »Nation« etc. zu stellen, während die Art des forschenden Zugriffs und die Perspektive unverändert bleiben. Die »Passage« avisiert vielmehr den Raum, das Ereignis und die Umstände des Übergangs, der im »Dazwischen« überhaupt erst seine Begriffe ausbildet. Für die Wissenschaftssprache folgt daraus die Notwendigkeit einer sehr grundsätzlichen Reformulierung des Standardvokabulars, die in mühevoller Kleinarbeit zu leisten ist.
Das mittelalterliche Mittelmeer als verbindendes Element des Vortragspanels bewährte sich einmal mehr hervorragend als Bereich eines solchen Versuches, in seiner Stellung als exzellenter Weg und Verbindungsraum ohne eine »eigene« dominierende Qualität. Zugleich wird klar, wie wenig auch die Einzelstudie bereits von selbst das »Denken in Passagen« mit sich bringt, nur, weil sie einen Übergang zum Thema macht. Wenngleich die primäre Form der Passagenforschung sicher die Mikrostudie ist und sein wird, betrifft die Herausforderung doch in einem ganz umfassenden Sinne das gesamte Forscher- und Forschungsszenario, in dem sie angelegt und formuliert wird, ihr theoretisches und methodisches »Framing«.

Anmerkungen

1 Tiedemann, Rolf (Hrsg.): Walter Benjamin. Das Passagen-Werk. Frankfurt am Main 1983.

2 Vgl. als Sammelband aus diesem Verbund: Borgolte, Michael u. a. (Hrsg.): Mittelalter im Labor. Die Mediävistik testet Wege zu einer transkulturellen Europawissenschaft. Berlin 2008. Die Website findet sich unter: www.spp1173.uni-hd.de/links.html, letzter Zugriff am 10. August 2011. Vgl. zudem: Borgolte, Michael u. a. (Hrsg.): Integration und Desintegration der Kulturen im europäischen Mittelalter (Europa im Mittelalter 18). Berlin 2011.

Über die Küsten hinaus: Thalassokratien im Mittelalter

Teilgebiete: MA, MG, TG

Leitung
Nikolas Jaspert (Bochum)
Jan Rüdiger (Frankfurt am Main)

Einführung
Jan Rüdiger (Frankfurt am Main)

Wege durch die kalte Welt. Navigation und Kognition in der Wikingerzeit
Daniel Föller (Mainz)

Das Meer im Selbstverständnis der italienischen Seestädte
Marc von der Höh (Bochum)

Wie beherrscht man die »See der Römer«? Seestrategien bei Mamluken und Osmanen im 15. und 16. Jahrhundert
Albrecht Fuess (Marburg)

Frust und Rache im 15. Jahrhundert: Gotland schlägt zurück
Hain Rebas (Göteborg)

Zusammenfassung und Perspektiven
Nikolas Jaspert (Bochum)

HSK-Bericht
Von Sebastian Kolditz (Ruhr-Universität Bochum)

Für antike griechische Historiker und Geographen bildete der Begriff Thalassokratie einen geläufigen Terminus für ein Herrschaftsgebilde, das auf der Kontrolle von Seeräumen basiert und Seewege für seine Interessen sichert. In der Neuzeit wurde der Begriff auf delokalisierte Gebilde wie das British Empire vor allem in militärisch-strategischen Kontexten übertragen. Für das Mittelalter stellt die Beschäftigung mit Seeherrschaften jedoch ein Desiderat dar, wie Jan Rüdiger (Frankfurt am Main) in seiner Einleitung zu dieser von ihm und Nikolas Jaspert konzipierten Sektion des Historikertages ausführte. Das mittelalterliche Imaginarium sei in der deutschen Forschung bis heute von Burgen, Bauern und rodenden »Mönchen im Unterholz« geprägt, erst seit wenigen Jahren zeichneten sich für den Nord- und Ostseeraum und das Mittelmeer, also für »Randzonen« eines vom karolingischen Zentralraum her gedachten Europas, Initiativen zur Untersuchung seeherrschaftlicher Strukturen ab.
Als Leitfragen führte Rüdiger an, wie Macht zur See funktioniert habe, welche Ressourcen dafür erforderlich gewesen seien und welche Spezifika in den Herr-

schaftsstrukturen und der politischen Kultur von Küstengesellschaften existierten, aus denen sich Seeherrschaften ausbildeten. Denn nicht alle Mächte mit Küsten seien potentielle Thalassokratien, insofern sie, wie das British Empire oder die USA in der Gegenwart, zwar in ausgedehnten Räumen maritim operierten, aber nicht essentiell auf der Ausübung von Herrschaft zur See beruhten. Die spezifischen Bedingungen für Seeherrschaft werden im Kontrast zur mittelalterlichen terrestrischen Herrschaft besonders deutlich: Auf der unsicheren See konnten keine Grenzen gezogen, keine Orte lokalisiert, keine gesellschaftlichen Gruppen funktionalisiert werden; stets bewegliche Flotten kontrastieren mit festen Burgen, die Sicherung der Ernährung war noch weitaus ungewisser als auf dem Land. Seeherrschaft setze zudem einen anderen »sense of space« voraus als das Konzept des zusammenhängenden europäischen Landraumes. Für den Historiker erweise sich aber auch die Quellensituation als schwierig, denn trotz der sehr reichhaltigen archivalischen Überlieferung einiger führender maritimer Zentren wie Lübeck und Venedig fehle für viele Regionen eine hinreichende Basis schriftlicher Quellen.

Nach dieser konzisen Abgrenzung des Themas widmeten sich die beiden ersten Vorträge dem früheren Mittelalter und zeigten besonders deutlich, dass Thalassokratie insbesondere die Fähigkeit einer Gesellschaft impliziert, mit der kontingenten Existenz auf See umgehen zu können.

Daniel Föller (Mainz) widmete sich in diesem Zusammenhang den Navigationstechniken der wikingerzeitlichen Skandinavier auf ihren »Wegen durch die kalte Welt«. Hier lassen archäologische und schriftliche Quellen zwar die Fähigkeit zur Hochseeschifffahrt unzweifelhaft erkennen, nicht aber die Verwendung von Karte oder Kompass. Beschreibungen von Seewegen zeigen, dass das auf der Küstenschifffahrt beruhende skandinavische Raumkonzept nicht absolut, sondern relational gewesen sei, Orte und Inseln durch Routen in Verbindung zu anderen Orten gesetzt habe. Die Orientierung auf solchen Routen sei durch die Beobachtung charakteristischer ortsgebundener Phänomene erfolgt, durch die Identifizierung von Landmarken oder (teils künstlichen) Seezeichen wie Bergen, Inseln, Bojen oder Besonderheiten der lokalen Fauna, verbunden mit dem Ausloten der Wassertiefe. Aus dem Südpazifik seien ähnliche Methoden bekannt, darunter auch die Beobachtung von Geräuschen, Wolkenformationen oder Strömungen, einiges davon hat sich analog vielleicht in poetischen Bildern der nordischen Fürstenpreisdichtung niedergeschlagen. Im Gegensatz zum Pazifik habe sich im Norden die Orientierung an den Gestirnen aufgrund der Sichtverhältnisse jedoch kaum angeboten; in welchem Maße astronomische Navigation genutzt wurde, bleibe eine offene Frage. Über die konkreten Praktiken hinaus fragte Föller nach Rückwirkungen auf die kognitiven Leistungen der Seegesellschaften: das Wissen sei iterativ anhand des Routenverlaufs, nicht abstrakt nach allgemeingültigen Kategorien strukturiert gewesen, doch habe die Hochseeschifffahrt die Notwendigkeit mit sich gebracht, viele Informationen in schnell veränderlichen Kontexten zu verarbeiten. So werde im Fürstenlob auch der Herrscher am Steuer des Schiffes thematisiert, und dies offenbar nicht nur in einem übertragenen Sinn. Vielmehr gehöre die intellektuelle Fähigkeit zur Navigation wohl zum Oberschichtenhabitus in den frühskandinavischen Gesellschaften, ebenso wie Runenschriftlichkeit und Skal-

dendichtung. So könne erwogen werden, dass andere Kulturtechniken, etwa die komplexe Gestaltung einiger Runeninschriften, die kognitiven Fähigkeiten der Navigationspraxis reflektierten. Föller formulierte somit abschließend die Frage, ob die Prägung des Intellekts durch die Herausforderungen des Meeres als analytisches Kriterium für Thalassokratien betrachtet werden könnte.
Der Vortrag rief angeregte Diskussionen hervor, die sich nicht auf die Wikingerzeit beschränkten. So wurde auf den technischen Vorsprung der Hansestädte verwiesen, die die Skandinavier im Hochmittelalter in den Hintergrund gedrängt hätten. Föller schloss sich diesem Erklärungsansatz nur hinsichtlich der Schiffstypen an, nicht bezogen auf eine überlegene Navigationspraxis der Hanse. Einige Fragen bezogen sich auf den Zusammenhang von Navigation und Runeninschriften: Zwar sah Föller keine explizit nautische Prägung der Runenform, hob aber die aufgrund des schlichten inhaltlichen Gehalts der Inschriften bezweifelte kognitive Komplexität hervor, die sich in der graphischen Anordnung der einfachen Texte äußere. Die Himmelsrichtungen scheinen für die Navigation nur von untergeordneter Bedeutung gewesen zu sein, da sie in den Quellen stets mit spezifischen Routen assoziiert würden: so habe der »Ostweg« über die Rus durchaus bis Italien führen können, während das Baltikum nicht als östlich gelegen bezeichnet werde. Hans-Werner Goetz stellte die zentrale Frage, was Navigationskunst mit Thalassokratie zu tun habe, zumal sich die nordischen Reichsbildungen letztlich nicht über Seegrenzen hinweg entwickelt hätten. Darauf antwortet Jan Rüdiger mit einer phasenbezogenen Differenzierung: Die thalassokratische Phase liege im Norden gerade vor der Stabilisierung der Königreiche als Binnenlandmonarchien seit dem 11. Jahrhundert, diese Frühzeit aber habe küstenorientierte (wie im Namen »Norwegen« erkennbar) und seeübergreifende (am Kattegat und im Verbund Skandinavien-England) Herrschaftsgebilde hervorgebracht.
Die Rolle des Meeres in der Selbstwahrnehmung italienischer Städte, die in der Forschung üblicherweise als »Seestädte« charakterisiert werden (Pisa, Genua und Venedig), untersuchte Marc von der Höh (Bochum). Während der enge Bezug dieser Gemeinwesen zum Meer auf dem Gebiet des Fernhandels und damit auch in ihrer politischen Verfassung bereits im früheren Hochmittelalter evident sei, würden sie in den Quellen bis zum 12./13. Jahrhundert nicht in einem spezifischen Sinn als Seestädte bezeichnet. Von der Höh fragte daher nach indirekten maritimen Bezügen in drei Textfeldern: Gründungslegenden, Hagiographie und Zeitgeschichtsschreibung. Dabei spiele zwar eine maritim geprägte Terminologie kaum eine Rolle, doch ließen sich zahlreiche inhaltliche Bezüge finden: Über die See sollten nicht nur die antiken Protagonisten der Gründungslegenden Pisas und Genuas gekommen sein, sondern auch die apostolischen Missionare wie der heilige Petrus in Pisa. In den Legenden werde dabei ebenso wie in den Berichten über mirakulöse Translationen von Heiligenreliquien (Markus in Venedig, Johannes der Täufer in Genua) besonders die Unsicherheit von Seefahrten sowie in Umkehr die göttliche Vorsehung und der Schutz durch die Heiligen auf See thematisiert. Einzelne direkte Bezüge auf das Meer ließen sich zwar in der städtischen Annalistik erkennen, doch werde Kampfesruhm auch hier an Land erworben, während Berichte von Irrfahrten wiederum eher auf die Gefahr der Auflösung aller Ordnung auf See verwiesen. Die Identität der drei Städte werde in ihrer

eigenen Textproduktion des untersuchten Zeitraums somit nicht wesentlich vom Meer oder gar dessen Beherrschung abgeleitet, die stets gegenwärtige Gefahr auf See verweise vielmehr auf die Erfahrung von Kontingenz und Unbeherrschbarkeit.

In der Diskussion wurde unter anderem auf den unterschiedlichen Fokus der nordischen Quellen auf das Meer und der italienischen auf das Land verwiesen: Korreliere dies mit unterschiedlichen Bedrohungswahrnehmungen? Dagegen wurde angeführt, dass auch für die italienischen »Seestädte« der privilegierte Zugang im Mittelalter vom Meer aus erfolgte, in den Texten jedoch nicht thematisiert werde. Einigkeit bestand hingegen in der Einschätzung, dass Venedig mit seinem nach 1204 offensiv herausgestellten *dominium maris* spätestens seit diesem Zeitpunkt einen von den im Vortrag skizzierten Mustern abweichenden Sonderfall darstelle.

Die zweite Hälfte der Sektion war der kritischen Revision etablierter Deutungsmuster zu zwei Beispielen spätmittelalterlicher Seeherrschaft gewidmet: Albrecht Fuess (Marburg) verglich die Strategien von Mamluken und Osmanen zur Beherrschung des im islamischen Raum in aller Regel als »See der Römer« (bahr ar-Rum) bezeichneten Mittelmeeres im späten Mittelalter. Die Bezeichnung selbst suggeriere, dass man den Raum als von seinem Norden her kontrolliert empfunden habe. Doch nicht nur Autoren wie Ibn Haldun billigten den Christen die Überlegenheit zur See zu, auch die mamlukische Strategie nach 1291 zur Verhinderung einer Rückkehr der Kreuzfahrer beruhe auf einer solchen Einschätzung. Um wirksam potentielle Angriffe von der See her abwehren zu können, entschlossen sich die Sultane zur Zerstörung aller befestigten Küstenstädte des syro-palästinensischen Raumes außer Beirut. So hätten die Angreifer keine befestigten Stützpunkte in ihre Gewalt bringen können und seien durch das Landheer leicht zu vertreiben gewesen. Eine offensive Strategie zur See sei nur in den 1420er Jahren mit den Unternehmungen Sultan Barsbays gegen Zypern zu erkennen, die zur Einstellung der von der Insel ausgehenden Überfälle geführt habe.

Gegen die aufkommende portugiesische Seemacht im Indischen Ozean und Roten Meer mussten die Mamluken im frühen 16. Jahrhundert jedoch die letztlich fatale Hilfe der Osmanen mobilisieren. Denn diese betrieben unter Rückgriff auf die nautischen Ressourcen der Ägäis besonders nach 1453 einen aktiven Flottenaufbau und hätten so die Venezianer schnell verdrängen können. Jüngste Studien zeigten zudem eine beträchtliche maritime Präsenz der Osmanen im Indischen Ozean im 16. Jahrhundert, während die Unterstellung Algiers und das aktive Flottenbündnis mit Frankreich ihre Operationsgrundlagen im westlichen Mittelmeerraum bildeten. Auch die Schlacht von Lepanto habe keine strukturelle Änderung bewirkt. Resümierend hob Fuess hervor, dass entgegen der Ansichten Xaviers de Planhol keine generelle mentale Unfähigkeit der Muslime zur Beherrschung der See behauptet werden könne, vielmehr stets die spezifischen geographischen Kontexte und Ressourcen von Mächten berücksichtigt werden müssten. Mamlukische Defensiv- und osmanische Offensivstrategie gehorchten dieser Logik, da der Flottenaufbau an der holzarmen südlichen Mittelmeerküste viel schwerer gewesen sei als im Norden: Muslime hätten selbst das nördliche Erbe der Römer antreten müssen, um das »Meer der Römer« zu beherrschen.

Hain Rebas (Göteborg) widmete sich schließlich der Insel Gotland im »langen 15. Jahrhundert« zwischen der Ausschaltung der Vitalienbrüder durch den Deutschen Orden und der Verheerung Visbys 1525. Er charakterisierte die Insel als komplexes System von Akteuren: der gotländischen Bauerngemeinde, der Stadtgemeinde Visbys und der politisch einflussreichen Herren der Festung Visborg seit der Zeit Eriks von Pommern. Zwar sei die betrachtete Phase im Gegensatz zur gotländischen Blütezeit im 13. Jahrhundert vor allem durch Piraterieaktivitäten geprägt, doch damit impliziere der wirtschaftliche Niedergang keine politische Bedeutungslosigkeit. Vielmehr handele es sich um eine Form des »Zurückschlagens« der Insel gegen die ungünstigen Entwicklungen, um Erscheinungen von Frustration. Als Voraussetzung für die gewichtige Stellung der gotländischen Akteure bei den militärischen, vorwiegend maritim geführten Auseinandersetzungen des 15. Jahrhunderts könnten neben dem ererbten Reichtum der Insel als Handelszentrum die spezifischen maritim relevanten Ressourcen wie Holzvorkommen, nautische Expertise und die strategische Lage der Insel angeführt werden. Auch die Präsenz der eigenen Tradition in den zahlreichen Runensteinen, den prächtigen älteren Bauten und anderen Überlieferungsträgern sowie der weite politische Aktionsradius der Herren von Visborg zwischen Dänemark und Karelien hätten eine wichtige Rolle gespielt. Somit schlug Rebas vor, die »Seemacht« Gotlands phasenweise zu charakterisieren: bis um 1350 geprägt vom Fernhandel als »friedliche« Seemacht, im 15. Jahrhundert hingegen als »angestrebte Thalassokratie«, die vor allem Furcht verbreitet habe, so dass sich bereits seit den 1480er Jahren verbunden mit einer politischen Umorientierung der Eliten das Scheitern dieser Ambitionen andeute.
Nikolas Jaspert (Bochum) konstatierte in seiner Zusammenfassung zunächst, dass das Meer in seiner trennenden wie verbindenden Funktion beim Generalthema »Grenzen« berechtigtermaßen eine wichtige Rolle spielte; zu fragen sei, ob es auch eigene Grenzgesellschaften hervorbringe. Jedenfalls präge die Nähe zum Meer das Leben in Seegesellschaften, und daraus könne eine Definition von Thalassokratien als Herrschaftsformen erwachsen, die sich spezifisch auf die Beherrschung der See gründeten, in einem konstruktiven oder destruktiven Sinn. Daneben sei ein zweiter Definitionsansatz für Thalassokratien als Herrschaftsgebilde erkennbar gewesen, die ihre Interessen jenseits des Meeres mit politischen Mitteln dauerhaft erfolgreich zu vertreten verstünden. Letztlich zeigten alle Vorträge die enge Verbindung beider Ansätze, indem sie sowohl die Voraussetzung maritimer Ressourcen zur Beherrschung der See als auch die über die See hinausreichenden politische Horizonte der untersuchten Akteure thematisierten.
Vor diesem Hintergrund skizzierte Jaspert fünf weiterführende Forschungsperspektiven: Erstens die Untersuchung der Zusammenhänge zwischen Seemacht und naturräumlichen Bedingungen als Ansatz transdisziplinärer Regionalforschung. Zweitens die Bedeutung seeherrschaftlicher Phänomene für die Beschäftigung mit Beziehungen, Konnektivität und Kommunikation. Drittens die Frage nach der Wahrnehmung von Seeherrschaft, die auch in die Kulturgeschichte des Politischen einmünde. Viertens die Beschäftigung mit den Bedingungsfaktoren von Seeherrschaft im Vergleich zu terrestrischer Herrschaft, so die offenbar

engere Verzahnung von Politik und Ökonomie oder die Rolle maritimer Experten. Fünftens schließlich den transregionalen, diachronen Vergleich verschiedener Ausprägungen von Seeherrschaft, der implizit bereits in der Sektion erfolgte. Jaspert schloss sich in der Diskussion der Position an, dass Seeherrschaft im Mittelalter essentiell die Beherrschung von Küsten impliziere, da der Seeraum als Fläche kaum adäquat habe erfasst und von Grenzen durchzogen werden können. Auf die Frage nach Charakteristika für Übergangsprozesse zwischen Land- und Seeherrschaft verwies Jan Rüdiger auf die beschränkte Relevanz rein militärischer Faktoren (wie einer starken Kriegsflotte), generell lasse sich im Mittelalter durch die fortschreitende Erschließung agrarischer Ressourcen eher eine Tendenz zur Verringerung der Bedeutung des Faktors Seeherrschaft vermuten. Doch zeige sich vor allem im Vergleich konkreter historischer Entitäten, wie etwa Fraxinetum im 10. Jahrhundert gegenüber Algier im 16. Jahrhundert, der Nutzen, der sich mit dem Konzept »Seeherrschaft« verbinde. So hat die auf ein reges Publikumsinteresse (über 100 Teilnehmer) gestoßene Sektion vor allem wichtige Impulse für die weitere Profilierung eines klassischen und doch für die Mediävistik neuartigen Forschungsgegenstandes gegeben.

Frühe Neuzeit

Die Donau – Umweltgeschichte und Grenzüberschreitung

Teilgebiete: FNZ, UG

Leitung
Verena Winiwarter (Wien)

Einführung
Verena Winiwarter (Wien)

Die Donau als Kriegsschauplatz in der englischen Presse des 17. und 18. Jahrhunderts
Verena Winiwarter (Wien)

Criss-Crossing the Danube with Marsigli
Jelena Mrgic (Belgrad)

Der Fluss in der Stadt und die Stadt in der Flusslandschaft. Abgrenzungsprobleme urbaner Existenz in der geografischen Publizistik zum Donauraum, 16.–18. Jahrhundert
Martin Knoll (Darmstadt/München)

Die obere Donau als sozionaturaler Schauplatz: (Grenz)streitigkeiten in fluvialen Umwelten der Frühen Neuzeit
Martin Schmid (Wien)

Kommentar
Achim Landwehr (Düsseldorf)
Richard C. Hoffmann (Toronto)

Zusammenfassung

Mit mehr als 2.800 Kilometern Länge ist die Donau nach der Wolga der zweitlängste Fluss Europas. Ihr Einzugsgebiet erstreckt sich über mehr als 817.000 Quadratkilometer, rund 81 Millionen Menschen leben hier. Auf ihrem Lauf, als einziger europäischer Strom in west-östlicher Richtung, durchfließt die Donau heute zehn und entwässert über ihre Zubringer Regionen, die zu etwa zwanzig verschiedenen Staaten gehören. Die Donau bildet damit die Hauptader eines der internationalsten Flusssysteme der Welt. In unterschiedlichen historischen und politischen Konstellationen und abhängig von der ökologischen und morphologischen Verfasstheit des Flusses konnten einzelne Donauabschnitte Räume integrieren oder trennen, bestimmte Nutzungsformen wie den Transport und ökolo-

gische Prozesse wie die Laichwanderung von Fischen über teils weite Distanzen ermöglichen oder verhindern.
Eine Umweltgeschichte der Donau muss eine Fülle unterschiedlicher Themen und Ansätze zueinander in Beziehung setzen: Flussnutzungen wie Handel, Transport und Verkehr in Krieg und Frieden, Entnahme von Trink- und Brauchwasser, Energiegewinnung, Fischerei, Entsorgung von Abfällen; hydromorphologische Eingriffe wie Regulierungen, Bau von Stauwehren und Kanälen, später auch von Kraftwerken und Schleusen; gesellschaftliche Vulnerabilität durch Hochwasser und andere klimatisch-hydrologische Extremereignisse sowie gesellschaftliche Strategien des Risikomanagements; Wahrnehmungen und Konstruktionen der Donau etwa als »natürliche« Grenze, der Fluss als Argument in der Definition regionaler, territorialer oder nationaler Identitäten (»Donaumonarchie«), künstlerische und literarische Konstruktionen beziehungsweise Repräsentationen von Flusslandschaften. Exemplarisch lassen sich an der Donau der grenzüberschreitende Charakter von Umweltproblemen und entsprechender Bewältigungsstrategien zeigen. So verlagerten Flussbegradigungen und der Verlust von Retentionsräumen im Oberlauf die Hochwasserproblematik flussabwärts. Flussverschmutzung macht ebenso wenig an nationalen Grenzen halt. Die Vernichtung von Populationen wandernder Fischarten im Unterlauf verändert die Biodiversität auch im Oberlauf. Eine Umweltgeschichte der Donau ist ein europäisches Forschungsdesiderat ersten Ranges. Die Sektion führte internationale Beiträge zusammen, die sich mit der Donau aus umwelt- und kulturhistorischer Perspektive auseinandersetzten. Die meisten Umweltgeschichten von Flüssen – sei es Richard Whites »Organic Machine« über den Columbia River, seien es Donald Worsters »Rivers of Empire« oder Marc Ciocs »Eco-Biography« des Rheins – beschreiben, wie Industrialisierungsprozesse ab etwa 1800 Flüsse erfasst und verändert haben. Der Forschungsstand erweckt für die Zeit davor implizit den – nachweislich falschen – Eindruck von weitgehend unberührten, natürlichen Flusslandschaften. Diese Sektion setzte sich mit der Donau in der Vor- und Frühmoderne auseinander und fragte, wie Flusslandschaften von vorindustriellen, solarenergiebasierten Gesellschaften wahrgenommen, genutzt und verändert wurden. Grenzen wurden dabei in zweierlei Hinsicht thematisiert.
Anstatt an der Grenzziehung zwischen Natur und Gesellschaft festzuhalten, nahmen wir die Donau als sozionaturalen Schauplatz in den Blick. Flusslandschaften sind biophysische Umwelten, gesellschaftlich genutzte Ressourcen und zugleich kulturelle Konstruktionen und Symbole. Flusslandschaften sind aber auch hochdynamische Umwelten, die sich bis zu einem gewissen Grad gesellschaftlicher und politischer Regulierung und der Verstetigung und Normierung von Nutzungsansprüchen widersetzen. Eine Insel, auf der vor kurzem noch Vieh weidete, kann von einem Hochwasser weggespült werden. Gerade auch am Beispiel frühneuzeitlicher Städte lässt sich der Einfluss fluvialer Dynamik auf soziale und kulturelle Prozesse zeigen. Frühneuzeitliche Städte, ihre Identität, ökonomische Leistungsfähigkeit und die Infrastrukturen, die sie zu ihrer Ver- und Entsorgung aufbauen, sind in vielen Fällen an Flüsse gekoppelt. Flüsse sind letztlich unberechenbare ökologische, hydrologische und morphologische Systeme, die sich ständig verändern. Je ausgedehnter und dichter ihre Infrastrukturen an und in Flüs-

sen werden, desto verletzlicher wird die Stadt. Der Wandel eines Flusses erklärt sich erst aus dem komplexen Zusammenspiel von naturaler Dynamik, veränderter Wahrnehmung und neuen Nutzungsformen und Schutzansprüchen, die sich in jeweils ererbten sozionaturalen Arrangements realisieren müssen.
Zweitens ist das Einzugsgebiet der Donau nicht nur heute, sondern auch in der Frühen Neuzeit ein von verschiedensten, immer wieder verlagerten territorialen Grenzen durchzogener Raum. Besondere Aufmerksamkeit verdient in diesem Zusammenhang das Ringen zwischen dem Habsburger Reich und den Osmanen ab dem späten Mittelalter bis weit ins 18. Jahrhundert. Die Donau war nicht nur von strategischer Bedeutung in dieser Auseinandersetzung, oft bestimmten Hoch- oder Niedrigwasser, Vereisung oder Eisgang unmittelbar den Verlauf militärischer Operationen. Neue Grenzziehungen im Gefolge dieser Kriege, wie die nach dem Frieden von Karlowitz 1699, basierten auf einer intimen Kenntnis der sozionaturalen Verfasstheit des mittleren Donauraums. Die Donau als komplexer umwelthistorischer Forschungsgegenstand erfordert wissenschaftspraktisch die Überwindung unterschiedlichster Grenzen, Grenzen zwischen nationalstaatlich oder nationalsprachlich abgegrenzten Wissenschaftsszenen, ebenso Grenzen zwischen Fachdisziplinen.
Daher verstand sich diese Sektion auch als Einblick in die Arbeit von Mitgliedern der »Danube Environmental History Initiative« (DEHI), eines von der European Science Foundation geförderten Forschungsnetzwerkes, das Wissenschaftlerinnen und Wissenschaftler geistes-, sozial und naturwissenschaftlicher Disziplinen aus beinahe allen Donauanrainerstaaten und weiteren Ländern miteinander in Kontakt bringt.

Vorträge

Die Donau als Kriegsschauplatz in der englischen Presse des 17. und 18. Jahrhunderts

Verena Winiwarter (Wien)

Die Donau ist in der Frühen Neuzeit eine umstrittene Grenze. Transport auf dem Wasser und seine Regulierung, Furten und Brücken und deren Instandhaltung, Mühlen, Fischrechte und andere Rechte am Auenökosystem, alles dies musste immer wieder neu verhandelt werden, weil sich die Donau ständig veränderte. Die Donaugrenze war darüber hinaus über weite Strecken auch Kriegsschauplatz. Ein Netz von Korrespondenten berichtete ab dem späten 17. Jahrhundert für die Presse in Großbritannien über wichtige Ereignisse auf dem Kontinent. Wien war einer der Orte, von denen aus regelmäßig berichtet wurde, wobei das Gros der Meldungen bis zum Ende des 18. Jahrhunderts die verschiedenen Kriegsschauplätze betraf.
Gekämpft wurde etwa um Belgrad, um Regensburg oder um Buda und Pest. Allen diesen Städten ist ihre Lage an der Donau gemeinsam. Die Natur des Flusses, seine Strudel und Inseln, aber auch die Dynamik von Hoch- und Niedrig-

wasser sowie insbesondere die sich wandelnde Überwindbarkeit der Grenze bei Vereisungen spielten in den Kriegen des 17. und 18. Jahrhunderts eine entscheidende, bislang vernachlässigte Rolle. Diese wurde auf Basis der Korrespondentenberichte dargelegt. Daran wurde die Rolle des Flusses als kriegswichtigem Faktor deutlich sichtbar, es wurde deutlich, dass die Flussdynamik weit mehr als eine Nebenrolle in den Kriegen an und um die Donau spielte.

Criss-Crossing the Danube with Marsigli
Jelena Mrgic (Belgrad)

For a good part of his life, Luigi Ferdinando Marsigli was, more or less, connected with the Danube River. As a military surveyor and engineer during the Great War between the Habsburg and the Ottoman Empire (1683–1699), he had to make practical solutions in the frontier zones, which involved the Danube River to a great extent. At the same time he began to work fervently on his masterpiece – Danubius Pannonico-Mysicus (printed in 1726). After the Karlowitz Peace Treaty, he was the Imperial envoy in the Commission for border demarcation (1699–1701), in which the Danube played a significant role. The paper gave an insight into a seeming duality of Marsigli's work as a soldier and as a scientist. Marsigli thought of borders, both political and natural, like membranes, more or less easily penetrable, porous, with a constant flow of people, goods, disease and information.

Der Fluss in der Stadt und die Stadt in der Flusslandschaft. Abgrenzungsprobleme urbaner Existenz in der geografischen Publizistik zum Donauraum (16.–18. Jahrhundert)
Martin Knoll (Darmstadt)

Städte der Frühen Neuzeit scheinen klar abgegrenzt zu ihrer Umwelt. Verdichtete Bebauung und die häufig vorhandene Stadtmauer sorgen dafür. Weit weniger klar und durch Prekarität geprägt ist die Abgrenzung zum Fluss. Flüsse durchfließen Städte, Kanäle leiten Wasser ab für den Betrieb städtischer Mühlwerke und um den Stadtgraben zu füllen. Hafenanlagen sind Teil der leistungsfähigsten Transportinfrastruktur der Zeit. Als Lieferant für Trink- und Brauchwasser, als Senke für Abfälle spielt der Fluss eine wichtige Rolle im städtischen Stoffwechsel. Doch zugleich ist er Hindernis, muss überbrückt werden und überschreitet immer wieder vertikal und horizontal seine Grenzen. Fluviale Dynamik macht die Vulnerabilität der frühneuzeitlichen Stadt sichtbar. Der Beitrag analysierte, wie das Verhältnis von Stadt und Fluss in geografischer Publizistik (historisch-topografische Beschreibungen, Reiseberichte etc.) zum Donauraum thematisiert wird und identifizierte dabei Abgrenzungsprobleme beziehungsweise eine mitunter ausgeprägte Diskrepanz zwischen fluvialer Dynamik und harmonisierender Statik in Wahrnehmung und Beschreibung. Umwelthistorische Relevanz bezieht dieser Befund aus der Mehrdimensionalität historischer Wahrnehmung (S. Tschopp). Texte, Bilder und Karten repräsentieren nicht nur historische

Wahrnehmungen; kraft ihrer Medialität und eingebettet in kommunikative Praktiken generieren sie ihrerseits Wahrnehmungen. Die Rekonstruktion von Umweltwahrnehmung ist notwendige Grundlage für Umweltgeschichtsschreibung.

Die obere Donau als sozionaturaler Schauplatz: (Grenz)streitigkeiten in fluvialen Umwelten der Frühen Neuzeit
Martin Schmid (Wien)

Was trieb die Verwandlung der oberen Donau zwischen dem 16. und ausgehenden 18. Jahrhundert an? Der Beitrag gab auf diese Frage eine genuin umwelthistorische Antwort, indem er menschliches Handeln und naturale Prozesse konsequent miteinander verband. Vorwiegend mit Bildquellen wurde für vier ausgewählte österreichische Donauabschnitte gezeigt, wie sich Praktiken im Umgang mit dem Fluss veränderten und wie die Donau selbst sich – teils in Reaktion auf menschliche Eingriffe, teils aus eigenem Antrieb – verwandelte. Der für die Residenzstadt Wien so wichtige Transportweg Donau war durch die fluviale Dynamik ständig bedroht, unerwünschte Nebenwirkungen technischer Eingriffe verschärften das Problem, statt es zu lösen. In dynamischen Alluvialabschnitten wie Carnuntum stromabwärts und an der Mündung der Traisen stromaufwärts von Wien war die Donau integraler Teil von Herrschaft. Biophysisch war der Strom hier Teil lokaler Agrarökosysteme, vielfältig und extensiv genutzt, zugleich aber hochdynamisch, kam es in der Flusslandschaft immer wieder zu Konflikten. Im relativ stabilen Struden an der Grenze zwischen den Ländern ob und unter der Enns wurde die Donau schon früh zum Mythos, zum Inbegriff von Gefahr für die Schifffahrt. Spätestens Ende des 18. Jahrhunderts setzte ein Transformationsprozess neuer Qualität ein. Maßgeblich dafür war unter anderem der wissenschaftlich ausgebildete Wasserbauexperte, der im Auftrag des Staates begann, die Donau systematisch auf- und auszuräumen.

Fließende Grenzen. Abgrenzungspraktiken auf See (15.–18. Jahrhundert)

Teilgebiete: FNZ, PolG, MG

Leitung
Arndt Brendecke (Bern)
Thomas Weller (Mainz)

»Líneas imaginarias«. Über praktische Probleme der Teilung der Welt in der Nachfolge des Vertrages von Tordesillas
Arndt Brendecke (Bern)

Jenseits des nördlichen Wendekreises. Pirateriepolitik und völkerrechtliche Praxis im Indischen Ozean (16. und 17. Jahrhundert)
Michael Kempe (Konstanz)

Das mare liberum in der europäischen Völkerrechtspraxis der Vormoderne
Andrea Weindl (Mainz)

»Czu vortribin di seeroubir, di Gotis und allir werlde finde«. Hansische Seesicherungsoperationen in der Ostsee im Vergleich zu venezianischen Maßnahmen in Adria und Ägäis (1360–1420)
Georg Christ (Heidelberg)

Papierkrieg. Identifizierungsmechanismen und Konfliktregulierung im frühneuzeitlichen Mittelmeerhandel
Wolfgang Kaiser (Paris)

Ketzer, Kaperfahrer, Konterbande. Maritime Grenzregime und Abgrenzungspraktiken im Herrschaftsbereich der spanischen Monarchie (16. und 17. Jahrhundert)
Thomas Weller (Mainz)

Zusammenfassung

Seit dem Spätmittelalter wurde die Nutzung der Ozeane als Kommunikations-, Verkehrs- und Transportwege intensiviert. Vor diesem Hintergrund konzentrierte sich die Sektion auf frühneuzeitliche Szenarien der Abgrenzung auf hoher See. Gerade weil eine bleibende Grenzziehung auf hoher See im Grunde unmöglich war, bietet die Beobachtung entsprechender Versuche die heuristische Chance, Praktiken und Szenarien einer imaginierten und improvisierten, nie sich aber verfestigenden Abgrenzung untersuchen zu können. Deutlicher als anderswo – und ganz unmetaphorisch – ist hier nicht nur das Phänomen der *imagined boundaries* beobachtbar, sondern auch die Notwendigkeit einer permanenten performativen Konstruktion von Grenze. Drei Beobachtungsbereiche erschienen dabei von besonderer Relevanz:

Europäische Expansion und nationale Interessensphären

Spanien und Portugal begannen mit den Verträgen von Alcáçovas und Tordesillas, ihre kolonialen Interessensphären durch vertraglich festgelegte Teilungslinien abzustecken. In der Praxis provozierte dies eine Reihe von Problemen, die zu diplomatie- und wissenshistorisch interessanten Aushandlungsprozessen zwangen. Schon der Vertrag von Tordesillas selbst sah vor, dass sich eine binationale Expertenkommission darum bemühen sollte, die Linie dauerhaft sichtbar zu machen, obgleich sich der Längengrad auf See nicht einmal bestimmen ließ. In den portugiesisch-spanischen Verhandlungen von Badajoz von 1524 wurde dann durch eine Reihe von wissenschaftlichen und juristischen Verfahren versucht, einen Konsens über die Lage auch des pazifischen Gegenmeridians zu finden.

Das Meer als Außengrenze – Handel, Zölle und Schmuggel

In mehrfacher Hinsicht wurde das Meer als Schauplatz der erweiterten, flüssigen Außengrenze von Territorien im 16. und 17. Jahrhundert immer wichtiger, wenngleich diese Grenzen sich noch schwerer sichern ließen als Grenzen an Land. Handelsvorschriften und Embargos zwangen zu einer permanenten, mobilen Aufmerksamkeit und zur Festlegung klarer Unterscheidungs- und Identifizierungsmerkmale der sich bewegenden Schiffe, Personen und Waren. Entsprechende Vorgänge der Identifikation und Unterscheidung erlangten zum einen in internationaler völkerrechtspraktischer Hinsicht Bedeutung. Sie beherrschten aber auch nationale Versuche, das Meer zu einer Art *cordon sanitaire* zu machen, der den Zustrom verbotener Bücher und Waren oder unerwünschter Personengruppen in das eigene Land oder die Kolonien unterbinden sollte. Auch wenn dieser *cordon* nie gänzlich zu beherrschen war, entwickelten sich doch eigenständige Verfahren der Grenz- und Passagekontrolle, etwa durch Kontrollflotten, Monopolhäfen und Passagierregister. Zudem verschärfte sich die Notwendigkeit, die Identität von Personen oder Waren so genau zu verschriftlichen, dass dies auf der anderen Seite des Ozeans für eine Gegenprüfung ausreichte. Diese Techniken entsprechender Grenzregime blieben zwar unvollkommen, sie kultivierten aber zugleich eine Kultur ihrer beständigen Umgehung, also des dissimulativen Gebrauchs von Schriftlichkeit und Identität und nicht zuletzt der gänzlichen Umgehung von Kontrollen durch Schmuggel. Schiffseigner und Kapitäne waren häufig dazu gezwungen (oder daran interessiert), mit falschen Flaggen und gefälschten Schiffspapieren zu agieren, die tatsächliche Zugehörigkeit von Schiffen und Waren also bewusst zu verschleiern. Schmuggler etablierten wiederum eigene Grenz- und Übergabeverfahren.

Das Meer als herrschaftsferner Raum – Szenarien improvisierter Staatlichkeit auf hoher See

Während Häfen eine zunehmend wichtigere Rolle für die Etablierung der Außengrenzen von Territorien spielten, stellte die offene See einen schwer kontrollierbaren, herrschaftsfernen Raum dar. Die dortige Praxis des Aufeinandertreffens und Miteinanders konkurrierender Nationen und Händler ist mit den wenigen zeitgenössischen Grundsätzen völkerrechtlicher Natur keineswegs hinreichend beschrieben. Die Beiträge zeigten vielmehr, dass sich auf hoher See eigene, gewissermaßen parastaatlichen Strukturen und Regeln etablierten, deren Geltung wesentlich auf der sozialen Praxis der Akteure (Schmuggler, Piraten, Fischer etc.) basierte.

Furcht und Liebe. Semantische Grenzen der Affekte und affektuelle Grenzen des Handelns in der europäischen Vormoderne

Teilgebiete: FNZ, SozG, KulG

Leitung
Andreas Bähr (Berlin)
Claudia Jarzebowski (Berlin)

Einleitung
Renate Dürr (Kassel)

Love and Fear in the Catechisms of Luther and Canisius
Lee Palmer Wandel (Madison/Wisconsin)

Lieben und Herrschen. Fürstenerziehung im späten 15. und 16. Jahrhundert
Claudia Jarzebowski (Berlin)

Die Furcht vor dem Leviathan. Furcht und Liebe in der politischen Theorie des Thomas Hobbes
Andreas Bähr (Berlin)

Love as a Code of Social Competence
Gadi Algazi (Tel Aviv)

Kommentar
Martin Schaffner (Basel)

HSK-Bericht
Von Stefan Hanß (Freie Universität Berlin)

Die Charakterisierung des Affektes als Gemütserregung, welche die Handlungsfähigkeit mindere, sei eine Definition unserer Zeit, betonte Renate Dürr (Kassel) in ihrer Einführung in die Sektion. In der Frühen Neuzeit hätten, in aristotelischer Tradition, eher die körperlichen Ursachen der Affekte als deren Folgen im Mittelpunkt der Affektenlehre gestanden. Die Relativierung der anachronistischen Dichotomie von *affectus* und *ratio* sei deshalb ein Anliegen dieser Sektion. Außerdem müsse die moderne Entgegensetzung von Furcht und Liebe für den frühneuzeitlichen Kontext hinterfragt werden. In zeitgenössischen Auffassungen von den Affekten hatten Furcht und Liebe grundlegende Gemeinsamkeiten. Sie seien beide »gewisse Bewegungen des Gemu[e]ths und der Sinnen«, wie in Zedlers *Grossem vollständigem Universal Lexicon aller Wissenschafften und Künste* zu lesen ist, »dem eingebildeten Guten nachzustreben, und das Bo[e]se zu meiden.«[1] Furcht und Liebe, die für die Zeitgenossen für den Aufbau einer göttlichen und gottgewollten Ordnung notwendig gewesen seien, müssten deshalb in ihrem

Zusammenspiel als affektuelle Grundlagen menschlichen Handelns thematisiert werden, die in der Vorstellung der historischen Akteure beispielsweise durch Erziehung formbar waren.

Lee Palmer Wandel (Madison/Wisconsin) betrachtete das Verhältnis von Liebe und Furcht in Martin Luthers *Großem Katechismus* und Peter Canisius' *Summa doctrinae christianae*. Die Katechismen versammelten, was Christen zu wissen hatten, und durch die Wiederholung der in ihnen gedruckten Sätze äußerten Christen nicht nur ihre Zugehörigkeit zu einer Glaubensgemeinschaft, sondern wurden dadurch auch geformt und informiert. Diese Katechismen seien aufgrund ihrer teils handlichen Größe (Canisius) auch außerhalb der Kirche oder des Haushaltes konsultiert worden. Luther habe das Verhältnis des Menschen zu Gott mit den Wörtern »Glaube« und »Vertrauen« beschrieben, die er in ihrem Zusammenwirken als »Liebe« charakterisierte. Keinen anderen Gott zu haben stellte er als Gottesfurcht, -liebe und -vertrauen dar. Bei ihm waren Liebe und Furcht eng miteinander verbunden: Liebe hätte ohne Furcht nicht existieren und Furcht keinen Einfluss ohne die Liebe ausüben können. Beide intensivierten sich für Luther gegenseitig, führte die Referentin aus. Dies verdeutlichen auch die *Zehn Gebote* in Luthers Katechismus, die Gottesgehorsam mit Liebe und Gottvertrauen mit Furcht verbinden. Der Aufbau von Canisius' *Summa* unterscheidet sich vom oben behandelten Katechismus: Er ist durch ein Frage-Antwort-Schema strukturiert und die *Zehn Gebote* werden nicht an erster, sondern an dritter Stelle behandelt, was die Memorierungsprozesse und die Entstehung von Wissen unter den LeserInnen beeinflusst haben dürfte. Die *Summa* beginnt mit dem *Apostolischen Glaubensbekenntnis*, was eine andere Auffassung von einem christlichen Leben signalisiere. Durch diesen Anfang habe Canisius das aktive Wirken des Heiligen Geistes in der Welt verdeutlichen wollen. In den *Zehn Geboten* vermittelte er ein Caritas-Konzept, das unter dem Begriff eine Be ziehung zu Gott verstanden habe, die jener zwischen den Menschen gleicht. Liebe sei für ihn ein Personen bindendes Konzept gewesen, das alles beinhaltete, was Gott in den Geboten als Liebe definierte. Gott sollte im Willen und Handeln der Gläubigen um seiner selbst willen geliebt werden, und das heißt durch das, was er in den *Zehn Geboten* als Liebe charakterisiert habe, durch gute Handlungen gegenüber Gott und den Nächsten. Furcht sei deshalb in Canisius' Caritas-Konzept nicht eingeschrieben gewesen. Liebe manifestiere sich in der *Summa* letztlich in der Inkarnation Christi als Zeichen der Gottesliebe und des Opfers.

Claudia Jarzebowski (Berlin) untersuchte die Bedeutung von Liebe als (de)legitimierenden Aspekt politisch-gesellschaftlicher Handlungsspielräume, um damit zwei »historiografische Irrtümer« zu revidieren: dass Gefühle Privatsache seien, und dass die Historische Emotionenforschung ausschließlich untersuche, wie Menschen tatsächlich fühlten. Anhand der *Zwölf Artikel* verdeutlichte die Referentin, wie sich »aufständische« Bauern auf »Liebe« als in der Welt tätige Gottesliebe bezogen, um ihr eigenes Handeln als gerecht und gottgefällig zu legitimieren. Demgegenüber sprach Luther zunächst beiden, Obrigkeiten und Bauern, die Deutungshoheit ab, indem er Aufstände als gewalttätiges Handeln und das ausbeuterische Verhalten der Obrigkeiten als unchristlich charakterisierte. Die diskursive Ambivalenz der Deutungen von Gottesliebe in frühneuzeitlichen Handlungskontexten trete auch im gesellschaftspolitischen Diskurs der Herrschaftslegitimation hervor. In seiner *Institutio Principis Christiani* fordere Erasmus von Rotterdam eine der Liebe der Beherrschten zur Obrigkeit vorausgehende Liebe der Fürsten, zu der sie sich anhaltend und andauernd neu zu »entfachen« hätten. Niccolò Machiavelli betonte, dass ein Herrscher sowohl geliebt als auch gefürchtet werden müsse. Sollte sich nur eines verwirklichen lassen, sei die Furcht zu bevorzugen, welche die Herrschaft durch Angst vor Bestrafungen absichere. Furcht und Liebe wurden als sympathetisch aufeinander bezogen konzipiert, wohingegen Erasmus eine Konkurrenz zwischen diesen eröffnete und die Liebe privilegierte. In Traktaten zur Fürstenerziehung wurde in der ersten Hälfte des 16. Jahrhunderts zunehmend der Zusammenhang zwischen der Befähigung zu lieben und derjenigen zu herrschen betont. In Marullus' *Institutiones Principales* werde die »zärtliche« Elternliebe argumentativ mit der Fähigkeit des »mütterlichen Fühlens« verknüpft, die nicht biologisch begründet werden musste. Demgegenüber werden in Erasmus' Schrift *De pueris instituendis* Mütter verdächtigt, ihre Kinder zu »verzärteln«. Die häufige Abwesenheit der Väter mache neben einer Amme die Anstellung eines Lehrers notwendig, dessen Verhältnis zum Schüler ebenfalls durch Liebe vitalisiert werden solle. Der Vortrag zeigte, wie die Berufung auf Gottesliebe im Bauernkrieg zu Grenzverschiebungen von Deutungsansprüchen und zur Erweiterung der Handlungsspielräume im politischen Kontext führen konnte. Er veranschaulichte auch anhand der frühneuzeitlichen Verwobenheit von Furcht- und Liebeskonzepten, dass die Befähigung zur Liebe nicht von biologischer Abstammung abhing. In engem Bezug auf Hannah Arendt plädierte Claudia Jarzebowski dafür, Emotionen als Modi des Zusammenlebens zu untersuchen und in ihren performativen Eigenschaften ernstzunehmen. Emotionen nicht länger in entwicklungsgeschichtliche Geschichtsvorstellungen einzusortieren und ihre Zuordnung zum Privaten zu hinterfragen, könnte einen grundlegenden Wandel in der Neubewertung von Emotionen für historisches Verstehen befördern.

In seiner Autobiographie schreibt Thomas Hobbes, dass seine furchterfüllte Mutter ihn zusammen mit der Furcht gebar. Hiervon ausgehend, verdeutlichte Andreas Bähr (Berlin) die Zentralität der historisch-kulturellen Furchtsemantik für dessen politische Theorie. Sie sei in der zeitgenössischen Theologie zu verorten ebenso wie in der Affektologie, in der affektuellen Zuständen eine besondere körperliche Wirkungsmacht zugeschrieben wurde. Laut Hobbes haben die nach Selbsterhaltung strebenden Menschen einen Herrscher zu fürchten, um sich nicht voreinander fürchten zu müssen. Der furchtlose Leviathan (Hiob 41) vereine die Furcht der Menschen auf sich, um den »bellum omnium contra omnes« zu beenden. Diese Furcht vor dem Leviathan erhalte bei Hobbes am Ende eine religiöse Begründung. Dabei greife Hobbes antike Vorstellungen auf, wonach die Suche nach den Ursachen der Dinge die Menschen veranlasste, eine göttliche »prima causa« zu setzen. Diese, so Hobbes, erscheine den Menschen als nicht erklärbar und versetze sie in die Furcht der Gottesverehrung. Hobbes habe damit keine grundsätzliche Religionskritik formuliert, sondern vor einem »falschen« Glauben an Dämonen gewarnt, der sich politisch ausnutzen ließ. Dieser, so Hobbes, nähre die Furcht, der er sich verdanke. »Wahre« Religion dagegen sei für Hobbes in wahrer Furcht begründet und ein Heilmittel gegen die Furcht des »falschen« Glaubens. Vor dem Hintergrund der zeitgenössischen theologischen Differenzierung zwischen einer kindlichen und einer knechtischen, sanktionswürdigen Furcht habe Hobbes eine Furcht vor Gott als liebendem Vater gefordert und nicht lediglich eine Furcht vor dessen Strafen. In diesem Zusammenhang erscheint die Furcht vor dem Leviathan nicht lediglich als eine monopolisierte und umgeleitete, sondern zudem als eine qualitativ andersartige Furcht. Eine derartige Transformation war theoretisch erforderlich, damit der Leviathan nicht seinerseits in Furcht versetzt und seine Herrschaftsgrundlage in Gefahr gebracht werden konnte. Dies gelang nur, indem Hobbes' Theorie dem Souverän den Status eines göttlichen Stellvertreters zusprach und damit die Furcht vor ihm anders konzipierte als jene vor den anderen Menschen: als religiöse, liebende Ehrfurcht. Vor diesem Hintergrund wird der Gedanke des Gesellschaftsvertrags verständlich. Der Referent betonte, dass Furcht und Liebe in Hobbes' politischer Theorie nicht als Gegensatzpaar gedacht worden seien, sondern immer schon wechselseitig ineinander eingeschrieben waren. Dies finde Unterstützung im autobiographischen Text, in dem Hobbes die Überwindung seiner von der Mutter ererbten knechtischen Furcht in die kindliche Furcht seiner Gerechtigkeit beschreibt. Vor diesem religiösen Hintergrund besaßen »Furcht« und »Liebe« bei Hobbes eine grundlegend andere Bedeutung als in aufklärerischen Konzeptualisierungen des »Gefühls«.

Gadi Algazi (Tel Aviv) trug im Anschluss daran seine konzeptionellen Überlegungen zur historiografischen Annäherung an Affekte wie Liebe und Furcht am Beispiel mittelalterlicher Quellen vor. Er verortete diese innerhalb kultureller Repertoires der historischen Gesellschaften, für die er Distinktionsmechanismen (beispielsweise über Lebensstile und soziale Praktiken) besonders betonte. Liebe unterliege einer situationsbedingten Konstruktion als Leidenschaft, in der den Augen seit dem 12. Jahrhundert eine besondere Rolle zukomme. In kritischer Auseinandersetzung mit Max Weber und Norbert Elias, zu dem er ausführte, dass letzterer eigentlich die Zähmung der Affekte und nicht der Emotionen behandele und keine tiefergehenden Überlegungen zur Produktion von Leidenschaften liefere, kam der Referent zu dem Befund, dass Liebe als Aktion und Code zugleich behandelt werden müsse. Sie manifestiere sich relational als Beziehung, im Gegensatz zur Angst als einem Zustand, weshalb die Beziehung selbst, die ein gesamtes Spektrum an Emotionen beinhalte, zum Untersuchungsgegenstand gemacht werden müsse. Die unterschiedliche kulturelle Kodierung von Liebe wurde anhand literarischer Erziehungsformen am Beispiel des abbasidischen Hofes im 9. Jahrhundert und des *Le Roman de la Rose* demonstriert. Der Referent vertrat die These, dass Liebe als Code lesbar sei, der in Form eines sozialen Spieles zur Erlangung bestimmter Kompetenzen beigetragen habe. Diese Kompetenzen bestünden in mittelalterlichen *face-to-face*-Gesellschaften vor allem in der Einübung spezifisch kultureller Erwartungen und Formen der Selbstkultivierung. Literarische Diskurse hätten daher, in ihrer lebensweltlichen Rezeption als soziales Spiel, Akteure geformt, die bestimmte kulturelle Kompetenzen einübten. In diesem Prozess lernten die Rezipienten einerseits ihre Hand-

lungsspielräume in der Hofpolitik kennen und nutzen, indem sie die Kunst des indirekten Zuganges, der Andeutungen und der verborgenen Absichten trainierten und mit Reizen sowie der Sprache zu spielen übten. Die Regeln, Erwartungen und Bedeutungen des Schenkens wurden ebenso erlernt. Außerdem habe die historische Rezeption literarischer Liebeskonzepte dazu gedient, eigene Emotionen in der Lebenswelt zu steuern. In diesem Zusammenhang seien vor allem Techniken religiöser Rituale bedeutsam gewesen, um Erinnerung und Handeln zu formen und zu gestalten. Liebe sei demnach ein Modell emotionalen Selbstmanagements gewesen und die historische Rezeption über das Zuhören dieser literarischen Geschichten von Liebe und über Liebende habe dem Erlernen kultureller Normen und Regeln gedient. Sie stelle demnach eine Art kontrollierter Übung zu dem, was am Hofe (nicht) getan werden sollte, dar.
Die Sektion führte mit ihren verschiedenen Beiträgen, die von Martin Schaffner (Basel) präzise kommentiert wurden, eindrucksvoll vor Augen, welch enorme Bedeutung Emotionen für die Gestaltung sozialer Beziehungen innerhalb frühneuzeitlicher Vorstellungswelten zukam. Damit wurde auch verdeutlicht, wie wichtig zukünftige Studien hierzu sind, um ein umfassenderes Verständnis komplexer frühneuzeitlicher Vorstellungswelten und Handlungslogiken, auch in ihren semantischen Repräsentationen, zu gewinnen. Die Referenten und Referentinnen stellten nicht nur die Fülle des Quellenmaterials vor, das für derartige Untersuchungen von Interesse ist, sondern präsentierten auch weiterführende methodologische Überlegungen.

Anmerkungen

1 Affectus. In: Zedler, Johann H.: Grosses vollständiges Universal Lexicon aller Wissenschafften und Künste. 1. Bd. Halle, Leipzig 1732, Sp. 718.

Grenzmissverständnisse in der Globalgeschichtsschreibung (circa 1500–1900)

Teilgebiete: FNZ, EÜ, AEG

Leitung
Susanne Rau (Erfurt)
Benjamin Steiner (Frankfurt am Main)

Einleitende Bemerkungen: Grenztheorie-Diskurse und Grenzmissverständnisse in der Praxis der Globalgeschichtsschreibung
Susanne Rau (Erfurt)
Benjamin Steiner (Frankfurt am Main)

Grenzenlos eingrenzen – koloniale Raumstrukturen der Frühen Neuzeit in den Konfliktfeldern zwischen Asien und Europa
Alexander Drost (Jena/Greifswald)

Schwarze deutsche Kolonialsoldaten und die Ambivalenz der kolonialen *frontier*
Stefanie Michels (Frankfurt am Main)

Siedlerimperialismus in Australien: *Frontier*, Landnahme und Sozio-Ökologische Systeme
Norbert Finzsch (Köln)

Wissen als Träger und Bedingung imperialer Grenzvorstellungen im Verhältnis von Europa und Afrika in der Frühen Neuzeit
Benjamin Steiner (Frankfurt am Main)

Kommentar: Raumfiguren und Grenz-Sprachen
Susanne Rau (Erfurt)

HSK-Bericht
Von Stefan Kaufmann (Universität Erfurt)

»Grenzmissverständnisse in der Globalgeschichtsschreibung (circa 1500–1900)« – der Titel dieser Sektion konnte und sollte auf unterschiedliche Weise verstanden werden. Eine Lesart führt zu den Missverständnissen an den historischen Grenzen, wie Auseinandersetzungen, Missachtung, Übertretung, Verschiebungen, kriegerische Konflikte usw., welche für die Akteure – egal ob lokal, regional oder global – eine tatsächliche Relevanz hatten. Eine andere Lesart weist auf mögliche Fehlschlüsse beziehungsweise Hürden der Globalgeschichtsschreibung hin, da die Globalgeschichtsschreibung oftmals gezwungen ist eurozentrische Analysebegriffe zu benutzen. Der europäische Duktus erscheint als semantisch notwendig, aber ebenso unangebracht. Gleichzeitig ermöglicht gerade die Globalgeschichte, eurozentrische Analysebegriffe an ihre eigenen Grenzen zu führen, diese zu verflüssigen und vielleicht zu überwinden. Die Chancen, die sich aus einer globalgeschichtlichen Perspektive ergeben könnten, versuchten Susanne Rau (Erfurt) und Benjamin Steiner (Frankfurt am Main) in ihrer Sektion auszuloten.
In der Einleitung stellten Rau und Steiner klar, dass aus ihrer Perspektive die aktuellen europäischen Grenzdiskurse weiterhin durch Territorialität und Linearität bestimmt und somit nur bedingt nutzbar seien. Verschiedene theoretische Grenzbegriffe, wie Kulturkontakt, *métissage*, Hybridität, Kulturtransfer oder *histoire croisée*, gehen trotz ihrer Binnendifferenz doch grundlegend von abgeschlossenen kulturellen Räumen aus, die sich zumeist antagonistisch gegenüberstehen. Daher betonten Rau und Steiner, dass es notwendig sei, ein alternatives Modell zu erarbeiten. Ihr Arbeitsvorschlag resultierte aus der Einsicht, dass der Grenzbegriff aus sich heraus ambivalent sei und Schutz als auch Restriktion meine. Zudem funktionieren Grenzen oft nur dann, wenn sie nicht in Frage gestellt werden – generieren paradoxerweise aber immer ein Infragestellen. In der Praxis bedeute Grenzziehung die Exklusion des Anderen, ohne um dessen Nutzen zu wissen. Daher gelte es in der wissenschaftlichen Praxis Grenzen beständig radikal in Frage zu

stellen, da sie doch immer Ergebnisse menschlicher Konstruktion sind. Es sei notwendig, Grenzen und Grenzkonzepte zu historisieren, die Folgen und das Unterlaufen der Grenzziehung zu analysieren sowie subversive Handlungen, als mögliche Grenzauflöser und -verschieber, zu untersuchen. Gerade die globalgeschichtliche Grenzziehung als Untersuchungsschwerpunkt müsse versuchen alle möglichen Umstände, wie direkte, indirekte und kontrapunktische sowie Theorie und Praxis, in ihr Zentrum zu rücken. Mit ihrer Einleitung gaben Rau und Steiner den weiteren ReferentInnen ein ausgezeichnetes theoretisches Rüstzeug an die Hand, um möglichen Grenz(miss)verständnissen nachzugehen.

Alexander Drost (Greifswald) kam mit seinem Vortrag den Differenzen von kulturellen Raumordnungsmustern, welche in der frühen europäischen Kolonisierung Südostasiens augenscheinlich vorhanden waren, auf die Spur. Dabei war seine Hauptannahme, dass die Diskrepanz auf unterschiedliche Herrschaftskonzepte und der sich daraus bedingenden Auffassungen von Grenzen und Räumen zurückzuführen sei. Drost unterschied bestehende Herrschaftskonzepte in zwei Formen. Auf der einen Seite sieht er das europäische Herrschaftskonzept, welches sich durch die Gewalt über Territorien auszeichne und dem eine Vorstellung von Grenzziehung immanent sei. Dem gegenüber setzte er eine – für den südostasiatischen Raum dominierende – Vorstellung der Herrschaft über Untertanen. Die Macht werde nicht wie im europäischen Modell durch eine territoriale Grenze beschränkt, sondern verliere sich durch die fortschreitende Entfernung zum Zentrum der Macht. Entsprechend des Herrschaftskonzepts strukturierte sich auch die Vorstellung über Grenzen im südostasiatischen Raum. Grenzen seien stark mit natürlichen Begrenzungen wie Wasser, Urwald oder Gebirgszüge assoziiert gewesen. Nur zwischen Nordvietnam und China gab es zu dieser Zeit eine territoriale Begrenzung als ein Ergebnis kriegerischer Aushandlungsprozesse. Am Beispiel der Niederländischen Ost-Indien Kompanie (VOC) um 1600 und deren ökonomischen Rivalitäten zu den spanischen Hoheitsansprüchen auf der Insel Ternate – eine Insel der Molukken – zeichnete Drost die resultierenden Grenzmissverständnisse zwischen indigener Bevölkerung und den Kolonisatoren nach. Aus der ökonomischen Rolle Ternates für den Gewürzhandel leitete sich das Interesse europäischer Kolonialmächte ab. Die VOC konnte sich gegenüber den Spaniern als Verbündete des Sultans von Ternate positionieren und so ihre Rolle als Schutztruppe sowie als Besatzungstruppe festigen. Infolgedessen wurden von der VOC verschiedene Befestigungsanlagen und eine Seegrenze, die Drost als *frontier* bezeichnete, errichtet. Diese Begrenzung beziehungsweise Grenzziehung habe den europäischen Kolonialmächten vornehmlich der Abwehr europäischer Feinde und dem Ausfechten europäischer Interessenkonflikte gedient. Nach dem Sieg der Niederländischen über die Spanische Flotte sei die *frontier* somit obsolet geworden. Drosts Vortrag machte deutlich, dass die europäischen Mächte einerseits die südostasiatischen Raumordnungsmuster genutzt haben, etwa durch die Errichtung der Befestigungsanlagen nahe der Machtzentren, aber auch gleichzeitig europäische Raumordnungsmuster, durch die Begrenzung von Forts oder Seegrenzen, importiert haben. Jedoch warf der Vortrag verschiedene Fragen auf, zum Beispiel wie in dieser Konstellation die Stimmen der indigenen Bevölkerung auf Ternate überhaupt gehört werden konnten. Drost

hob hervor, dass es durch Briefwechsel und Verträge eine relativ gute Quellenlage gebe. In diesen werde sichtbar, dass sich in dieser frühen Phase der Kolonialisierung europäische Mächte oftmals der lokalen Herrschaft unterordnen mussten.
Rund 300 Jahre später sind die Bedingungen für koloniale Territorialherrschaft deutlich verschoben, betont Stefanie Michels (Frankfurt am Main) in ihrem Vortrag. Gerade in Afrika sei es in dieser Phase der Kolonialisierung für die europäischen Mächte möglich gewesen Grenzen zu ziehen, Ordnungen zu schaffen und somit eine koloniale *frontier* zu generieren, welche durch europäische Grenzvorstellungen, aber auch seit Jahrhunderten etablierte Vertrags- und Handelsbeziehungen, vorbedingt gewesen sei. Dabei sah Michels die Grenzen und Ordnungen als ein soziales Produkt an, welches weiße Überlegenheit und schwarze Unterlegenheit festschreibe. Gleichzeitig sei – entgegen dem Versuch kolonialer Projekte klare Grenzen zu schaffen – die koloniale Ordnung beständig bedroht und in Veränderung begriffen gewesen. Diese Ambivalenz schreibe sich in dem deutsch-kolonialen Projekt insbesondere in der Figur des schwarzen deutschen Kolonialsoldaten ein. Dieser Spur folgend, untersuchte Michels die deutsch-koloniale Phase zwischen 1900 und 1910 in Kamerun und die bildliche Repräsentation von schwarzen deutschen Kolonialsoldaten. Mit Hilfe einer Postkarte von 1908 zeigte sie, dass sich die Soldaten und der König der Bamum – ein Stamm in Westafrika – als deutsche Soldaten kleideten und zeremoniell inszenierten. Die Uniformierung nach deutschem Vorbild hatte unterschiedliche und zum Teil gegenläufige Symboliken. Zuvorderst stehe die Uniform als Abbild weißer hegemonialer Männlichkeit, gleichzeitig werde aber diese Grenze durch schwarze deutsche Kolonialsoldaten übertreten beziehungsweise in Frage gestellt, wenn diese sich durch das Tragen der Uniform als ebenbürtig darstellten. Auch sei der scheinbar undisziplinierte und lässige Umgang mit der Uniformierung nicht allein durch deutsch-hegemoniale Konzepte zu verstehen, da diese eine Reproduktion bestehender afrikanischer Herrschaftsstrukturen und eines eigenen Machtanspruchs seien (die Bamum etwa waren in Westafrika eine dominierende Gruppe). Aus deutsch-kolonialer Perspektive funktioniere die Übernahme der Uniformen auf zwei Ebenen. Zum einen wird dies als eine Anerkennung der deutsch-hegemonialen Herrschaft verstanden, zum anderen wurde deutlich, dass die schwarzen deutschen Kolonialsoldaten *not quite*, also nicht ebenbürtig, seien. Diese Perspektivierung, so Michels abschließend, mache bestehende Grenzmissverständnisse und deren Multidimensionalität erst erkennbar. Es konnte am Beispiel der Uniformierung schwarzer deutscher Kolonialsoldaten nach deutschem Vorbild aufgezeigt werden, wie zerbrechlich das Konzept kolonialer Herrschaft ist, da jede Übernahme bestärkend ist, aber ebenso ein Anzweifeln beinhaltet. Michels konnte den ZuhörerInnen zeigen, dass Grenzen – als soziale und symbolische Räume – nicht linear oder einfach zu bestimmen, sondern polyvalent, intersektional und vielschichtig sind.
Norbert Finzsch (Köln) eröffnete seinen Vortrag mit dem Ausspruch *sheep eat men*, welcher auf Sir Thomas Moore zurückgeführt wird. Damit bezog Finzsch sich implizit auf den Strukturwandel in England im 17./18. Jahrhundert und dessen Negativfolgen für die Landbevölkerung. Entlang dieses Diktums versuchte Finzsch die Veränderungsprozesse in Australien im 19. Jahrhundert mit Hilfe von Mikro-

praktiken, die an den Siedlungsgrenzen vollzogen wurden, zu beschreiben. Daher ist es auch schlüssig, dass er den Strukturwandel in Australien mit den Negativfolgen – der fast vollständigen Dezimierung der indigenen Bevölkerung, welche er entschieden als Genozid bezeichnete – als ein Resultat der punktuellen Siedlungsprozesse und nicht als Folge eines direkten Eingriffs verstand. Für diese genozidalen Veränderungen seien drei Komponenten maßgebend gewesen: die *frontier*, die Landnahme und die Veränderung des sozio-ökologischen Systems. Die *frontier* als kulturelle Kontaktzone sei selbstredend keine Grenze zwischen Zivilisation und Wildnis gewesen. Sie sei temporal uneinheitlich, territorial zersplittert, multipel und strukturiere sich an den wasserführenden Zonen des Outbacks. Die Landnahme als ein weiterer entscheidender Punkt sei durch drei Praktiken vollzogen worden. Erstens den Kauf von Land, zweitens *squatting* – der illegalen Besetzung von Land – und drittens durch Vertreibung ansässiger indigener Bevölkerung. Den für Finzsch gewichtigsten Anteil an den genozidalen Veränderungsprozessen hatte das Kippen des sozio-ökologischen Systems in Australien. Dieses komplexen Strukturwandels probierte Finzsch mithilfe des *adaptive cycle* von C. S. Holling Herr zu werden. Das Modell versucht, auf Grundlage der Systemtheorie Veränderungen in komplexen Systemen nachzuvollziehen, unabhängig davon, ob es sich um wirtschaftliche, soziale oder ökologische Systeme handle. Nach dem Modell, so Finzsch, lösen auch Mikropraktiken in ihrer Gesamtheit Strukturveränderungen aus. Dabei seien bestimmte Mikropraktiken für Australien von besonderer Bedeutung gewesen; etwa das *bark ringing* als eine Methode zum Roden der Wälder. Beim *bark ringing* wird die Borke um den Baum ringförmig eingeschnitten, was zum Absterben des Baums führt. Diese Form der Waldrodung sei besonders umweltschädlich. Eine weitere Mikropraktik war die Einfuhr exotischer Tierarten wie Schafe, Hasen oder Rinder, welche das sozio-ökologische System durch deren extreme Verbreitung nachhaltig beeinflusst habe. Auch der individuelle Umgang mit den geringen Wasserressourcen führte zu tiefgreifenden Veränderungen, da Viehherden an das wenige Wasser getrieben wurden oder die indigene Bevölkerung von dessen Nutzung abgehalten wurde. Abschließend betonte Finzsch, dass der Siedlerimperialismus und die damit einhergehenden Mikropraktiken zu einer extremen sozio-ökologischen Umwälzung geführt haben und in der Dezimierung der indigenen Bevölkerung kulminierten. Zum Ende des Beitrags musste sich Finzsch der Frage stellen, ob seine Annahmen über sozio-ökologische Systeme nicht doch die Vorstellungen von scheinbar abgeschlossenen Kulturräumen reproduzierten und ob es nicht auch Gegenpraktiken der indigenen Bevölkerung gab.

Im letzten Beitrag näherte sich Benjamin Steiner über eine wissensgeschichtliche Perspektive dem Thema der Sektion an. Dabei fokussierte er auf die Frage, wie normative Grenzordnungen zwischen Europäern und Afrikanern entstanden sind und wie diese sich in einem asymmetrischen Kräfteverhältnis etablierten. Um dem nachgehen zu können, durchleuchtete Steiner die frühe Phase der kolonialen Handelsbestrebungen Frankreichs in Westafrika (insbesondere Senegal), da es bis zur Mitte des 18. Jahrhunderts noch keine beziehungsweise kaum eine kategoriale Abgrenzung zwischen afrikanischen und europäischen Wissenssystemen gegeben habe, welche eine Differenzerfahrung des Anderen erst möglich mache. Zu Beginn des 17. Jahrhunderts entstanden die ersten französischen

Handelsniederlassungen in Westafrika als ein beginnendes globales Netz kolonialer Herrschaft, auch wenn zu diesem Zeitpunkt noch die wirtschaftlichen Interessen im Vordergrund gestanden haben. Die senegalesische Küste diente im weiteren Verlauf als erster Anlaufpunkt, um den Handel in Westafrika zu verstetigen. Das französische Wissen begrenzte sich in dieser Phase auf die Umrisse Westafrikas und konnte kaum etwas zu dessen Inhalt beitragen. Dieser Umstand führte notwendigerweise dazu, so Steiner, dass indigene Wissenskategorien in französische Wissenssysteme integriert worden seien und ein interessierter Austausch stattfand. Weitere Anhaltspunkte für einen positiven Afrikadiskurs in Frankreich seien zeitgenössischen Historiographien zu entnehmen, in denen, trotz der unterschiedlichen Disposition von Europäern und Afrikanern – europäische Schriftlichkeit als scheinbar bessere Art der Wissensakkumulation –, Afrikaner gutwillig rezipiert wurden. Doch wie kommt es dann zu einer Trennung und Hierarchisierung des augenscheinlich vorher verschränkten indigenen und europäisch-französischen Wissens? Auch stellt sich die Frage, ähnlich dem Vortrag von Alexander Drost, ob und wie unterschiedliche Grenzkonzeptionen zu Missverständnissen geführt haben könnten. Steiner konnte dies ganz plastisch an einer Quelle, die das Aufeinandertreffen von einer französischen und einer senegalesischen Handelsgesellschaft beschreibt, darstellen. Um der senegalesischen Gesandtschaft die Größe und Stärke Frankreichs aufzuzeigen, zeichnete ein französischer Gesandter einen voluminösen Umriss Frankreichs in den Sand und daneben, als Bezugsgröße, eine vielfach kleinere Skizze der Niederlande. Der aus der Quelle beschriebene Umstand der symbolischen Grenzziehung deute an, welche Rolle die Grenze für die historischen Akteure hatte, und weise auf verschiedene Missverhältnisse hin, sagte Steiner. Um Macht zu zeigen, werde sich europäischer Raumordnungsmuster bedient, während gleichermaßen ein Missverhältnis von Größe und Macht produziert würde, da die Niederlande zu dieser Zeit weitaus einflussreicher gewesen seien. Auch werde die übersteigerte Selbstdarstellung genutzt, um die Verhandlungspositionen zwischen den zwei Gesandtschaften zu hierarchisieren. Dies werde durch den Umstand gesteigert, dass die Bezugsgröße der abstrakten Skizze eben nicht ein afrikanisches Handelszentrum ist, sondern ein europäisches. Abschließend wies Steiner darauf hin, dass die symbolischen Grenzziehungen im Sand, die als Abstraktion zum effizienten Wissensaustausch genutzt wurden, sich in der Praxis verfestigten. Auch wenn die europäischen Kolonialmächte beim Grenzziehen immer wieder auf oftmals selbstgenerierte Grenzen stießen.

Um sich der Terminologie des Grenzbegriffs zu nähern, verglich Susanne Rau in ihrem Kommentar die Bedeutung und Nutzung des Grenzbegriffs in verschiedenen Sprachen des europäischen und anglo-amerikanischen Raums. Es trete deutlich zu Tage, so Rau, dass es im deutschen Sprachgebrauch relativ wenige Worte für Grenze gebe und die Begriffe vornehmlich als Form der Schließung und Abgrenzung fungierten. Im anglo-amerikanischen Sprachgebrauch gebe es dagegen viele verschiedene Formen des Grenzbegriffs, von denen mindestens einer als öffnend verstanden werden könne. Jedoch konstatiert Rau, dass im sprachlichen Gebrauch der historischen Subjekte Grenzen fast immer eine doppelte Bedeutung zugeschrieben wurde. Auf der einen Seite werde die Grenze

positiv als Schutz dargestellt, auf der anderen als Beschränkung und Repression. Daraus leite sich auch das Verhältnis zwischen Grenze und Raum ab. Grenzen produzieren und strukturieren Raum, so Rau. Dabei sei die Grenze – ob nun materiell, immateriell oder symbolisch – als Raumfigur nicht ahistorisch oder fix, sondern Ergebnis menschlicher Konstruktionsleistung und muss daher aus ihrem jeweiligen historischen Kontext verstanden und dekonstruiert werden.
Mit ihrem Kommentar schaffte Susanne Rau den Brückenschlag zur programmatischen Einleitung der Sektion und bündelte nochmals die Inhalte der jeweiligen Beiträge. In der abschließenden Diskussionsrunde zeigte sich, dass der Versuch neue Impulse für Globalgeschichtsschreibung zu geben positiv aufgenommen wurde und sich weiterführende Fragen ergaben: etwa ob die kolonialen Grenzmissverständnisse auf die jeweiligen Zentren zurückwirkten oder wie die Ambivalenz und Diskontinuität von Grenzen angemessen dargestellt werden könne. Auch stellte sich die Frage, ob es nicht auch eine gewisse Sakralität von Grenzen gebe. Im Rahmen des Historikertags kann die Veranstaltung von Susanne Rau und Benjamin Steiner als voller Erfolg gelten, nicht nur aufgrund des mehr als gut gefüllten Hörsaals, sondern vor allem wegen ihrer thematischen Perspektive. Eine Publikation der Beiträge ist in Planung.

Überschreitungen und Überschreibungen: Zur Konstruktion von Grenzen in der Frühen Neuzeit

Teilgebiete: FNZ, OEG, WissG

Leitung
Christine Roll (Aachen)
Dorothea Nolde (Bremen)

Einführung
Dorothea Nolde (Bremen)

Landesherrschaft und kartographische Revolution. Zur Bedeutung von Karten bei der Konstruktion territorialer Grenzen im Alten Reich
Andreas Rutz (Bonn)

Osteuropa in der frühneuzeitlichen Kartographie – Ansichten von Grenzen, Räumen und Kulturen
Christine Roll (Aachen)

Die frühneuzeitliche Datumsgrenze. Zur Konstitution politischer Zeit-Räume im Alten Reich
Achim Landwehr (Düsseldorf)

Kommentar
Christophe Duhamelle (Paris)

Zusammenfassung

Die Frühe Neuzeit war eine Epoche der Grenzen und Begrenzungen. Vor dem Hintergrund des Übergangs von personalen zu territorialen Formen der Herrschaft, eines rasant wachsenden Fernhandels und steigender Reisetätigkeit, einer zunehmenden Vermessung der Welt durch die Kartographie sowie einer steigenden Verrechtlichung zahlreicher Lebensbereiche wurde das Netz der Grenzen im Laufe der Epoche immer dichter und präziser gezogen.
Die Frühneuzeitforschung der letzten zwanzig Jahre hat sich dieses Themas intensiv angenommen. Im Zentrum des Interesses standen dabei zum einen die Strukturierung des politischen Raumes durch die Genese und Konstruktion territorialer Grenzen, sowie zum anderen die Strukturierung des sozialen und kulturellen Raumes durch symbolische Grenzen.
Die Sektion führte diese beiden Ansätze bewusst zusammen, indem sie – im Sinne einer Kulturgeschichte des Politischen – die Wechselwirkung territorialer und symbolischer Grenzen in den Blick nahm. Territoriale Grenzen, so die Arbeitshypothese, wurden sowohl in ihrer Lokalisation als auch in ihrer Funktion keineswegs allein auf politisch-rechtlicher Ebene definiert, sondern ebenso auf der Ebene symbolischer Bedeutungen. Der Prozess der Konstruktion von Grenzen war mit der Genese einer politisch-rechtlichen Grenze nicht etwa abgeschlossen, sondern setzte sich in Aneignungsprozessen fort, wie bereits jüngere Arbeiten zum Leben in Grenzräumen gezeigt haben. Die Dynamiken der Konstruktion territorialer Grenzen treten besonders deutlich anhand von Grenzüberschreitungen und Grenzüberschreibungen zutage.
Territoriale Grenzen waren bei weitem nicht an allen Orten durch Markierungen oder Grenzposten materialisiert. Grenzen, die im Raum nicht als solche präsent waren, wurden daher oft erst durch die Erfahrung der Grenzüberschreitung erfahrbar. Die Grenze, die auf diese Weise erlebt wurde, war jedoch vielfach nicht die politisch-rechtliche Grenze selbst, sondern eine soziale oder kulturelle Grenze, die sich an Sprache, an Gebräuchen oder an dem Inklusions- und Exklusionsverhalten, das die Aufnahme von Fremden regelte, festmachte. Dabei handelte es sich jedoch nicht um einen rein rezeptiven Vorgang der Wahrnehmung bereits vorgefundener Grenzen, sondern diese wurden durch Prozesse der Wahrnehmung ihrerseits transformiert.
Eine weitere Form der Aneignung und Transformation territorialer Grenzen bestand in ihrer Visualisierung durch Karten und andere bildliche Darstellungen. Auch hier handelte es sich nicht um die bloße Wiedergabe bestehender Grenzen, sondern es kam zu Prozessen des Überschreibens von Grenzen, die deren Bedeutung und gelegentlich auch deren Verlauf neu und anders konstruierten.
Die Beiträge der Sektion stellten anhand ausgewählter Fallbeispiele konzeptionelle Ansätze zur Erfassung von Grenzen in der Frühen Neuzeit zur Diskussion.

Vorträge

Landesherrschaft und kartographische Revolution. Zur Bedeutung von Karten bei der Konstruktion territorialer Grenzen im Alten Reich

Andreas Rutz (Bonn)

Innovationen im Bereich der Feldmesstechnik und Kartographie ermöglichten seit dem 16. Jahrhundert erstmals die Erstellung exakter Karten von Räumen mittlerer Größe. Die Nutzung dieser neuen Möglichkeit zur Repräsentation territorialer Herrschaft und zur Markierung von Ansprüchen wurde seitens der Landesherren zunächst nur zögerlich aufgegriffen. Überkommene Formen der Grenzbeschreibung und -ziehung (verbal, materiell oder symbolisch) behielten bis ins 18. Jahrhundert ihre Bedeutung. Der Vortrag diskutierte das Verhältnis dieser traditionellen Formen territorialer Grenzkonstruktion und der jüngeren kartographischen Möglichkeiten an ausgewählten Beispielen für das Reich vom 16. bis 18. Jahrhundert.

Osteuropa in der frühneuzeitlichen Kartographie – Ansichten von Grenzen, Räumen und Kulturen

Christine Roll (Aachen)

Der Beitrag fragte nach den Grenzen Osteuropas – und zwar auf russischen wie auf westlichen Karten. Dabei ging es vor allem um drei Aspekte: um kartographische Visualisierungen der Grenze zwischen Europa und Asien, um russische Vorstellungen und Abbildungen der Grenzen des eigenen Landes und um den Transfer kartographischen Wissens zwischen Ost- und Westeuropa.

Die frühneuzeitliche Datumsgrenze. Zur Konstitution politischer Zeit-Räume im Alten Reich

Achim Landwehr (Düsseldorf)

Auf der Basis von Kalenderdrucken wurde der Einsatz der unterschiedlichen kalendarischen Systeme (julianisch, gregorianisch) zur Etablierung temporaler sowie in der Folge auch politischer und territorialer Abgrenzungen untersucht. Mit der Überschreitung einer Landesgrenze betrat man im Alten Reich nicht nur ein anderes politisches Territorium, sondern unter Umständen auch eine »andere Zeit«. Dieses Phänomen lässt sich an zeitgenössischen Kalendern gut ablesen, die vielfach eingesetzt wurden, um die Zeit für die jeweils eigene Staats- und Grenzbildung politisch zu instrumentalisieren.

Neuere und Neueste Geschichte

Abschied von der Industrie? Die Bundesrepublik im wirtschaftlichen Strukturwandel der 1970er Jahre – Branchenstudien und internationale Vergleichsaspekte

Teilgebiete: NZ, ZG, WG, TG

Leitung
André Steiner (Potsdam)
Ralf Ahrens (Potsdam)

Einführung: Wirtschaftlicher Strukturwandel als historisches Problem
André Steiner (Potsdam)

Nachfrage, Technik, Politik und der Wandel von Tourismusunternehmen 1965–1989
Jörg Lesczenski (Frankfurt am Main)

»von der Bildfläche verschwunden« – Strukturwandel in der Fotoindustrie 1970–2000
Silke Fengler (Wien)

Krisenreaktionen einer innovativen »alten« Industrie: Maschinenbau in den 1960er und 1970er Jahren
Ralf Ahrens (Potsdam)

»Nicht nur ein Wettersturz.« Automobilindustrie, Ölpreisschocks und der Wandel der Nachfragestrukturen in den 1970er Jahren
Ingo Köhler (Göttingen)

Kommentar
Andreas Wirsching (Augsburg)

Diese Sektion wird im HSK-Querschnittsbericht »Wirtschaftsgeschichte« von Mathias Mutz behandelt.

An den Grenzen des Nationalstaats. Staatsbürger und Staatenlose zwischen Heimatlosigkeit und Weltbürgertum

Teilgebiete: NZ, AEG, ZG, SozG, PolG

Leitung
Miriam Rürup (Göttingen)

Moderation
Bernd Weisbrod (Göttingen)

Einführung
Bernd Weisbrod (Göttingen)

Staatenlosigkeit in modernen Staatsbürgerschaftsregimen – Nebenwirkung oder Ziel
Andreas Fahrmeir (Frankfurt am Main)

Partizipatorische Staatsbürgerschaft: Geschlechtergrenzen und »citizenship« nach dem Ersten Weltkrieg
Kathleen Canning (Michigan/Freiburg)

Heimatlose oder Weltbürger? Staatenlose in Europa nach den beiden Weltkriegen
Miriam Rürup (Göttingen)

Diaspora und Weltbürgertum – postnationale Projekte?
Kirsten Heinsohn (Hamburg)

Das World Government Movement – eine vereinte Welt im Nachkriegseuropa?
Julia Kleinschmidt (Göttingen)

Kommentar
Dieter Gosewinkel (Berlin)

Zusammenfassung

Durch die nationalstaatlichen Neuordnungen in Europa nach dem Ersten und Zweiten Weltkrieg entstanden nicht nur neue Staaten, vor allem in Ost- und Ostmitteleuropa, sondern zahlreiche Menschen verloren ihre Staatsangehörigkeit und damit die mit ihr verknüpften Rechte. Vor allem im Zuge dieser Entwicklungen entstanden überstaatliche Institutionen wie der Völkerbund und das Internationale Komitee des Roten Kreuzes, die sich um eine Problemlösung aus diplomatischer wie humanitärer Sicht bemühten.
Während in der Politik- und Sozialwissenschaft Grenzen meist als Markierungsinstitutionen betrachtet wurden, die dazu dienen, Barrieren zwischen Staaten zu markieren und zugleich dazu beitragen, die Bewegung von Menschen und Waren gleichermaßen unter Kontrolle zu halten, ist seit den 1990er Jahren auch in der Geschichtswissenschaft eine Tendenz auszumachen, Grenzen auch als diskursive Praxis zu untersuchen; eine Praxis, in der sehr unterschiedliche Akteure die Bedeutungen, Normen und Werte von Grenzen sowohl herstellen wie auch immer wieder von Neuem aushandeln. Die Forschung bewegt sich damit weg

von einem reinen juristischen Verständnis von Grenzen als Unterscheidung zwischen Staaten und hin zu Fragestellungen, die mit den physischen wie den metaphorischen Grenzräumen gleichermaßen umzugehen versuchen. So werden auch die kulturellen Implikationen von physischen Grenzziehungen hinterfragt. Verhandlungen über tatsächliche und imaginierte Linien, über Prozesse und Institutionen, können zeigen, wie Grenzen überhaupt konstruiert werden und zugleich, wie sie übertreten/überschritten werden (können).

Grenzen trennen zwischen »denen« und »uns« und manifestieren so einen Prozess von Inklusion und Exklusion. Schließlich sind Grenzen Produkte von Interaktion und Kämpfen zwischen verschiedenen Interessengruppen, die mittels Grenzziehungen Machtverhältnisse und Hierarchien ausdrücken wollen. In diesem Sinne sind Grenzen nicht nur politisch und gesellschaftlich hergestellt, sondern auch kulturell konstruiert – ein Blick auf die Bedeutung von Kultur bei ihrer Herstellung erweist sich daher als durchaus lohnenswert, verbunden mit einem Blick darauf, wie Grenzen wiederum kulturelle Differenzen überhaupt erst herstellen. Die Geschichte spielt in diesem wechselseitigen Prozess von Herstellung und Wieder-Herstellung von Grenzen in Diskursen und kulturellen Praktiken eine zentrale Rolle. Nicht zuletzt müssen Grenzen jedweder Form historisch legitimiert werden, um anerkannt zu werden.

Die Erfahrungen des Zweiten Weltkrieges, angefangen mit den Ausbürgerungen der deutschen Juden durch nationalsozialistische Gesetzgebung und fortgesetzt in der Frage der nationalen Zugehörigkeit der diversen Vertriebenengruppen aus dem östlichen Europa, veranlassten die internationale Staatengemeinschaft, sich dem Problem der Staatenlosigkeit offiziell zuzuwenden. Auf Bestreben der Vereinten Nationen wurde nun nach Regelungen gesucht, zukünftig Staatenlosigkeit zu verhindern, was 1954 in einem völkerrechtlichen Übereinkommen mündete, das Schutz vor Staatenlosigkeit zusichern sollte und Reisepapiere für Staatenlose zur Verfügung stellte.

Der Staatenlose entstand als unvermeidliches Produkt von Staaten im und nach dem Krieg, gewissermaßen an den Grenzen des Nationalstaats. Jene ganz unterschiedlichen Gruppen von Menschen, die durch Krieg, Flucht und Vertreibung verbriefte staatliche Zugehörigkeiten verloren, bildeten das bislang kaum thematisierte Gegenstück zum historisch konstituierten »Staatsbürger«; sie stehen gleichsam abseits der inzwischen sehr gut erforschten Geschichte der Staatsangehörigkeit. Keinem Nationalstaat mehr zugehörig, waren sie die »Überflüssigen« der Gesellschaften und es waren nur mehr übernationale Organisationen, die sich ihrer annahmen. Dabei kann davon ausgegangen werden, dass sich in den begleitenden Diskussionen über das Problem und seine Lösung – gleichsam als Kontrastfolie zum vermeintlichen Normalfall Staatsbürgerschaft – zentrale Aspekte europäischer Identitätsdiskurse und Zugehörigkeitsfragen widerspiegeln.

Andreas Fahrmeir diskutierte die Frage, inwiefern Staatsbürgerschaftsregime Staatenlosigkeit womöglich unvermeidlich herstellen. In der Historiographie erscheint massenhafte Staatenlosigkeit – zu Recht – als Eigenart des frühen 20. Jahrhunderts, als Staaten erstmals Ausbürgerung in großem Umfang als Strafmaßnahme und als Mittel der Bevölkerungspolitik einsetzten. Die Fälle von

Staatenlosigkeit, die es auch im 19. Jahrhundert gab, gelten dagegen mit ebenfalls guten Gründen als ungewolltes Ergebnis inkompatibler Regeln, deren praktische Bedeutung angesichts der größeren Permeabilität von Grenzen und der geringeren Bedeutung von »Papieren« nicht so groß war. Staatsbürgerschaft, so Fahrmeir, kommt im 19. Jahrhundert nicht notwendigerweise allen Einwohnern eines Landes zu, sondern kann und soll als Strafe entzogen werden – der Verlust oder Nicht-Besitz von Staatsbürgerschaft war gleichwohl nicht gleichbedeutend mit einer drohenden Ausweisung.
Miriam Rürup befasste sich mit der Infragestellung der modernen Staatsangehörigkeitsentwürfe aus Sicht der »Verlierer«, zum Beispiel der Flüchtlinge und Vertriebenen, die Staatenlosigkeit als Entwurzelung, als Verlust von Rechten und Schutz erfuhren. Es ging um migratorische Gruppen zwischen staatlicher Schutzlosigkeit und (staats)bürgerschaftlichem Engagement; um die Staatenlosen in der Nachgeschichte der beiden Weltkriege. Und zugleich ging es um die Frage, ob und wie sich im Versuch, die Probleme mit der Staatenlosigkeit zu lösen, die internationale Politik veränderte und wie die neu entstehende, auf humanitäre Prinzipien pochende »Weltinnenpolitik« mittels internationaler Konventionen auf die Situation und Erfahrung von Staatenlosen in den Nationalstaaten zurückwirkte.
Die Geschlechtergrenzen moderner Staatsbürgerschaft verhandelte Kathleen Canning jenseits der juristischen Bestimmungen als neue Imagination von Politik, die während des Ersten Weltkrieges Gestalt annahm und in der Weimarer Verfassung ihre Gesetzesform erhielt. Die Inkraftsetzung der Staatsbürgerschaft ließ indes neue Vorstellungen von und Forderungen nach politischer Partizipation entstehen, soziale Ansprüche und Selbstrepräsentationen, die in eine durch Konsum, Massenmedien und Freizeit sich verändernde Öffentlichkeit eingingen. Staatsbürgerinnenrechte, wenn auch weit entfernt davon, die »Emanzipation« von Frauen herzustellen, zogen die politischen *gender boundaries* der Weimarer Republik in Zweifel.
Kirsten Heinsohn warf einen Blick auf die (jüdische) Diasporakultur als Möglichkeit einer Selbstinterpretation, als Weltbürger oder -bürgerin zu leben. Am Beispiel der Biographie von Eva Reichmann diskutierte sie, inwiefern weltbürgerliche Zugehörigkeitskonzepte im Zeitalter der Nationalstaaten jeweils ausschließlich individuelle Erfahrungen sein können. Außerdem wird mit Blick auf kritische Stimmen zur Staatsgründung und Staatsangehörigkeitspolitik Israels auch gefragt, ob die Erfahrungen von Verfolgung und Massenmord womöglich gerade eine Renaissance nationalstaatlicher Zugehörigkeitskonzepte hervorgebracht haben. Das Diktum der »Vollmacht der Menschenrechte« konnte zuweilen gerade dafür herangezogen werden, ein partikulares Recht auf Diaspora zu begründen.
Schließlich betrachtete Julia Kleinschmidt die Grenzen des Nationalen aus Sicht derjenigen, die aus ethischen, politischen oder wirtschaftlichen Gründen die Loslösung von nationalstaatlichen Zugehörigkeiten als Chance begriffen, oder gar eine kosmopolitisch verstandene Weltgemeinschaft anstrebten, in der der »Weltbürger« den »Staatsbürger« ablösen sollte. Sowohl bei den als »heimatlos« bezeichneten staatenlosen Flüchtlingen als auch bei den sich bewusst für eine supra-nationale Identität als »Weltbürger« entscheidenden Akteuren handelt es

sich um Personen, in deren Biographien und Einstellungen sich die Bedeutung der weltgeschichtlichen Entwicklungen von Globalisierung und Internationalisierung geradezu paradigmatisch aufzeigen lässt – bis hin zur Infragestellung und Überwindung der nationalstaatlichen Entwicklung der europäischen Moderne in radikalen Konzepten von Weltbürgertum und Kosmopolitismus.

Diese Sektion wird zudem im HSK-Querschnittsbericht »Geschichte jenseits des Nationalstaats – imperiale und staatenlose Perspektiven« von Benno Gammerl behandelt.

Die antidemokratische Mentalität im Blickfeld der kritischen Theorie – ein transatlantischer Transfer in den Sozialwissenschaften zwischen Emigration und Remigration

Teilgebiete: NZ, SozG, WissG, GMT

Leitung
Johannes Platz (Trier/Köln)
Tim B. Müller (Hamburg)

Autoritäre Einstellungen bei Arbeitern und Angestellten am Vorabend des Dritten Reiches – eine empirische Studie in den 1930er Jahren
Carsten Schmidt (Gaggenau)

Die Frankfurter Schule im amerikanischen Exil
Manfred Lauermann (Hannover)

Die Praxis und Dialektik der Aufklärung – Kritische Theoretiker als amerikanische »Gegnerforscher«: Von der »neuen deutschen Mentalität« zur Entspannungspolitik im Kalten Krieg
Tim B. Müller (Hamburg)

Die Heimkehrerstudie des Frankfurter Instituts für Sozialforschung – ein Gruppenexperiment zu antidemokratischen Einstellungen unter Wehrmachtsveteranen in den 50ern
Johannes Platz (Trier/Köln)

Kommentar
Gangolf Hübinger (Frankfurt an der Oder/München)

Zusammenfassung

Das Panel setzte sich zum Ziel, interdisziplinär zwischen Vertretern einer neuen Ideengeschichte, der Wissenschaftsgeschichte und -soziologie sowie der Politikwissenschaften klassische Werke der kritischen Theorie in ihren Entstehungszusammenhang der Zeiterfahrung von Exil und Remigration einzuordnen. Die verschiedenen Untersuchungsebenen in der Verarbeitung der nationalsozialistischen Erfahrung durch die empirische Sozialforschung wurden auf ihren Aussagewert über den nationalsozialistischen Antisemitismus, die Bedeutung autoritärer Persönlichkeitsstrukturen und die deutsche Mentalität der »Sachlichkeit« als Signum des Nationalsozialismus befragt. Dabei wurde der grenzüberschreitende Charakter der empirischen Forschungsarbeit und der Theoriebildung auf mehreren Ebenen untersucht.

Die Fragestellung des Panels richtete sich erstens in einem Ansatz, der Wissenschaftsgeschichte neu zu fassen versucht, auf die Praxis der kritischen Theorie. Bisher wurden in erster Linie die theoretischen Texte zum Kernparadigma der kritischen Theorie als einer Theorie der Gesellschaft auf ihren Aussagewert hin überprüft. Jüngere Forschungen, wie sie im Panel vorgestellt wurden, haben sich jedoch den praktischen Verwendungskontexten der empirischen Forschungsarbeiten des emigrierten und remigrierten Instituts für Sozialforschung unter der Leitung von Max Horkheimer zugewandt. Inspiriert sind einige dieser Arbeiten von der These der »Verwissenschaftlichung des Sozialen« (Lutz Raphael), worunter die langfristige Präsenz wissenschaftlicher Experten und ihrer Ordnungsvorstellungen in der gesellschaftlichen Praxis zu verstehen ist. Das Panel fragte demnach nach diesen konkreten Verwendungsorten und -kontexten sowie nach der empirischen Forschungspraxis des Instituts. Dabei wurden verschiedene Auftraggeber in den Blick genommen.

Zweitens fragten die Beiträge des Panels nach dem transatlantischen Transfer, der in Anknüpfungen an jüngere Forschungen in beide Richtungen untersucht wurde. Einerseits wurde nach dem Ideentransfer von europäischen Emigranten in die Kontexte des Gastlandes, in unserem Fall in die USA, gefragt. Andererseits war zu prüfen, inwiefern mit der Remigration des institutionellen Kerns, des Frankfurter Instituts für Sozialforschung, ein Transfer von Forschungskonzepten, -methoden und Ideen zur Amerikanisierung und Westernisierung der frühen Bundesrepublik beitrug.

Drittens wurden in den Beiträgen intellektuelle Netzwerkbildungen und Diskurskoalitionen als spezifische Akteurskonstellationen untersucht, die die Nutzung von Wissenschaft und Politik als *Ressourcen für einander* (Mitchell G. Ash) ermöglichten. Hier wurden einerseits die grenzüberschreitenden Kooperationen zwischen emigrierten Wissenschaftlern und etablierten Institutionen der USA, andererseits aber auch zwischen Besatzungsinstitutionen sowie politischen Institutionen in der BRD und den remigrierten Forschern analysiert.

Das 1924 gegründete Frankfurter Institut für Sozialforschung erhob unter der Leitung des Sozialphilosophen Max Horkheimer ab Ende der 20er Jahre einen interdisziplinär verfahrenden Materialismus, der die Ansätze von Soziologie, Geschichtswissenschaft, Ökonomie und Psychoanalyse unter der theoretischen Anleitung der Philosophie vereinigen sollte, zum Leitbild der wissenschaftlichen Praxis. Bereits mit der ersten empirischen Studie, Erich Fromms Untersuchung über »Arbeiter und Angestellte am Vorabend des Dritten Reiches« (1929–31), begann es diesen Anspruch einzulösen. Angeregt durch diese Forschungen und

beeinflusst durch die Epochenerfahrung der nationalsozialistischen Machtergreifung wandte sich das Institut nach der Emigration der Erforschung des autoritären Sozialcharakters (1936) zu.
Als im Krieg die Stiftungsmittel zur Neige gingen, suchte das Institut nach neueren Kooperationspartnern in Amerika, um den nationalsozialistischen Antisemitismus als epochale Herausforderung zu untersuchen. Zunächst stand dabei der deutsche Antisemitismus im Vordergrund. Aufgrund der Aushandlungsprozesse mit den Drittmittelgebern verschob sich aber der Aufmerksamkeitshorizont auf den innergesellschaftlichen Antisemitismus, von dem man annahm, dass er in der Kriegszeit zunehmen könne. In Kooperation mit dem *Jewish Labor Committee* machte man sich in Folge an die Untersuchung des *Antisemitism among American Workers* (1944). Diese wichtige Arbeit blieb jedoch unpubliziert. Als zweiter wichtiger institutioneller Unterstützer erwies sich das *American Jewish Committee*, das zum Förderer der fünfbändigen *Studies in Prejudice* wurde, unter denen als Markstein der Entwicklung der empirischen Sozialforschung das Gemeinschaftswerk *The Authoritarian Personality* herausragt.
Während einige Forscher aus dem Umfeld des Instituts für Sozialforschung wie Theodor W. Adorno, Paul Massing und Leo Löwenthal im Rahmen der *Studies in Prejudice* unterkamen, wechselten andere Wissenschaftler in amerikanische Regierungsdienste. Franz L. Neumann, Herbert Marcuse und Otto Kirchheimer gingen nach Washington zur *Research and Analysis Branch* des *Office of Strategic Services* (OSS). Hier legten sie Expertisen zur nationalsozialistischen Gesellschaft vor und waren an Planungen für die Militärregierung und die Nürnberger Prozesse beteiligt. Im Panel wurden ausgehend von einer Studie zur deutschen Mentalität von Herbert Marcuse die wissenschaftlichen und politischen Konsequenzen des Einsatzes in der amerikanischen »Gegnerforschung« untersucht und dabei die Verbindungslinien zur Nachkriegstätigkeit der OSS-Experten in den Mittelpunkt gerückt.
In der Nachkriegszeit remigrierte mit Horkheimer, Adorno und Pollock der Kern des Instituts für Sozialforschung und sorgte für seinen Wiederaufbau in Frankfurt. In ideeller und institutioneller Kontinuität zu den Forschungen der Kriegszeit unternahmen sie eine Inventur des demokratischen Potentials der jungen Bundesrepublik. Die erste, richtungsweisende Studie war eine Untersuchung im Auftrag von HICOG, dem amerikanischen Hochkommissariat für die Besatzungszone. Dieses war durch verschiedene Umfragen auf das antidemokratische Potential der Deutschen aufmerksam geworden und beauftragte darum eine Forschergruppe von jungen Nachwuchswissenschaftlern unter der Leitung von Theodor W. Adorno damit, die Einstellung zum Nationalsozialismus, zu den Juden und der Schuld an der Judenverfolgung, zum Besatzungsregime und zur institutionellen Verfassung der Bundesrepublik mittels der methodischen Innovation der Gruppendiskussionsmethode zu erheben. Die Gruppendiskussionsprotokolle sind eine ausgezeichnete Quelle zur Mentalitätsgeschichte der jungen Bundesrepublik. Mittels der Erhebungsmethode wurde das weitreichende Vorherrschen von Phänomenen der Abwehr offenbar.
Mittels des Gruppendiskussionsverfahrens erforschten die Frankfurter Sozialwissenschaftler in den Folgejahren so unterschiedliche Gegenstände wie die Hörer-

einstellungen von Radiohörern oder die Einstellung der Arbeiter zu Fragen der betrieblichen Mitbestimmung. Relevant waren diese Themen, weil es immer um die Reichweite der Zustimmung zu demokratischen Institutionen und Ordnungsvorstellungen ging. Im Auftrag der Bundeszentrale für politische Bildung (damals noch Heimatdienst genannt) untersuchte das Frankfurter Institut in Anknüpfung an die Untersuchungsergebnisse aus den *Studies in Prejudice* auch die Einstellungen zur Demokratie unter Wehrmachtsveteranen. Gerade vor dem Hintergrund der heutigen Debatten über antisemitische Einstellungen im deutschen Militär im Kontext der Untersuchung des nationalsozialistischen Vernichtungskrieges erscheinen diese Untersuchungen des demokratischen Potentials der Spätheimkehrer von besonderer Bedeutung für die Analyse von Vergangenheitspolitik in der frühen Bundesrepublik.

Vorträge

Autoritäre Einstellungen bei Arbeitern und Angestellten am Vorabend des Dritten Reiches – eine empirische Studie in den 1930er Jahren

Carsten Schmidt (Gaggenau)

Die 1929 begonnene Arbeiter- und Angestellten-Untersuchung stellte die erste explizite Untersuchung zum Nationalsozialismus innerhalb der frühen Kritischen Theorie dar.

Sie verfolgte die Intention einer empirischen Erforschung des Verhältnisses von sozio-ökonomischem Status und politischem Handlungsbewusstsein sowie die Erfassung politisch relevanter Charakterstrukturen innerhalb der erwerbstätigen Bevölkerung. Die Frage, wie die charakterologischen Dispositionen der Untersuchungsteilnehmer sich auf ihre Ideologierezeption und ihr politisches Handeln auswirkten, gewann vor dem Hintergrund des Triumphes der nationalsozialistischen Bewegung und der erklärungsbedürftig schwachen Widerstandskraft der Arbeiterbewegung zunehmend an Bedeutung.

Entsprechend dem theoretisch-methodologischen Zuschnitt der Studie galt der Fokus des Beitrags dem Einfluss, den die Charakterstruktur auf die Ideologierezeption und das politische Handeln dieser Bevölkerungsschichten ausübte.

Fromms Ergebnissen wurden neuere Untersuchungen gegenübergestellt, deren Augenmerk dem Zustand der Linksparteien und Gewerkschaften, aber auch dem verhaltensbestimmenden Einfluss der jeweiligen sozialen Milieuzugehörigkeit gilt. Hierbei stellte sich auch die Frage, inwiefern diese »sozial-moralischen Milieus« die Herausbildung und Vermittlung gesellschafts-charakterologischer Strukturen und das von ihnen bestimmte Handeln beeinflussten und selbst zu den Gesellschafts-Charakter formenden und modifizierenden Faktoren wurden. Ein weiterer Betrachtungsschwerpunkt galt dem durch diese Untersuchung ermöglichten ersten Einblick in die subjektive Verfassung der NSDAP-Wähler und der von ihr beeinflussten Wahrnehmung und Verarbeitung der gesellschaftlichen Realität.

Der Beitrag zeigte auf, dass die Arbeiter- und Angestellten-Untersuchung innerhalb der Frankfurter Schule zum Umdenken bezüglich des Triumphes der nationalsozialistischen Bewegung und der geringen Widerstandskraft der Arbeiterbewegung führte, weil sie die autoritären Charakteranteile in der Arbeiterschaft thematisierte. Die Studie war ein wichtiger praktischer Ausgangspunkt für die späteren Untersuchungen zur *Authoritarian Personality* im Rahmen der *Studies in Prejudice* und für die Untersuchungen zum *Antisemitism among American Workers.*

Die Frankfurter Schule im amerikanischen Exil
Manfred Lauermann (Hannover)

Jahrelang herrschte die Meinung, dass die Kritische Theorie, um an Horkheimers Begriffsvorschlag zu erinnern, im amerikanischen Exil an sozialwissenschaftlicher, empirischer Substanz verloren, was sie an philosophischer gewonnen hätte. Die berühmte *Dialektik der Aufklärung* (Max Horkheimer, Theodor W. Adorno) von 1944 [1947] schien unabhängig von soziologischen Fragestellungen als autonomer Text entstanden zu sein, in der Tradition deutscher Transzendentalphilosophie. Diese Annahme wird in einer neuen Arbeit gründlich widerlegt: Muster der amerikanischen Tätigkeiten des Instituts bleibt die empirisch angelegte und gesellschaftstheoretisch reflektierte Sozialforschung, wie sie paradigmatisch in *Autorität und Familie* (Paris: 1936) vorgelegt wurde. Erst die ausführliche Einbeziehung auch der ungedruckten Großstudie *Antisemitism among American Labor* (1449 Seiten; 1944/5) und die Rekonstruktion der inneramerikanischen Diskussion zu den fünf Bänden *Studies in Prejudice* – deren bekanntester die *Authoritarian Personality* ist – ermöglicht es Eva-Maria Ziege[1] ihre Gegenthese überzeugend vorzustellen. Zudem gelingt es ihr, eine weitere Besonderheit der Exilerfahrung zu thematisieren: das heterogene Wissensfeld der USA, in dem sie das sich als Kollektiv begreifende Institut sehr unterschiedlich einschreiben konnte. Gelungene Assimilation (Otto Kirchheimer, Herbert Marcuse, Erich Fromm) konnte gewissermaßen individuelle Unterrepräsentationen einzelner Schulmitglieder kompensieren. Und: Die empirischen Projekte der Schule wurden im Exil seit 36 stets von Paul F. Lazarsfeld (1901–1976) wie in einer Supervision begleitet und vorangetrieben; von *ihm* aber konnte das Exilland mehr lernen als sonst umgekehrt in der Regel die Exilanten, die oft zu produktiv Lernenden wurden (besonders in den Politikwissenschaften).

Die Praxis und Dialektik der Aufklärung – Kritische Theoretiker als amerikanische »Gegnerforscher«: Von der »neuen deutschen Mentalität« zur Entspannungspolitik im Kalten Krieg
Tim B. Müller (Hamburg)

Ein Teil der Gelehrten-Intellektuellen, die im amerikanischen Exil mit dem Institut für Sozialforschung verbunden waren, wurde nach dem Ausbruch des Zweiten Weltkrieges von amerikanischen Geheimdiensten rekrutiert – allen voran

Herbert Marcuse, Franz Neumann und Otto Kirchheimer. Im Mittelpunkt ihrer Gegnerforschung in den Staatsapparaten stand die Frage, welchen politisch-kulturellen Schaden der Nationalsozialismus in Deutschland angerichtet hatte, worin die Ursachen dafür bestanden und wie sie zu beheben wären. Herbert Marcuses Memorandum »The New German Mentality« (1942) etwa legte eine präzise Deutung der Dialektik von Binnenrationalität und Ideologie vor, die als mentalitätsgeschichtliche Ergänzung zu Franz Neumanns »Behemoth« (1942/44) zu lesen ist. Diese Analysen wurden zur Vorbereitung der Besatzungsherrschaft und zur Konzeptionierung der Re-education genutzt. In transformierter Gestalt kamen diese Deutungen jedoch ein zweites Mal zum politischen Einsatz – im Kalten Krieg, an dessen Anfang Marcuse und Neumann wichtige Expertenfunktionen im amerikanischen State Department innehatten. Als einflussreicher Deuter des Weltkommunismus erst in der geheimdienstlichen und dann in der regierungsnahen, stiftungsfinanzierten Gegnerforschung nutzte Marcuse die in der Aufklärung NS-Deutschlands entwickelten Analyseraster, um die Entwicklung in der Sowjetunion zu prognostizieren – mit fundamental abweichenden politischen Konsequenzen. Marcuse gehörte zu einer Gruppe von amerikanischen »Sowjetologen«, die schon früh das Liberalisierungs- und Reformpotential des Ostblocks betonten, langfristig ein Ende des Kalten Krieges für möglich hielten und dadurch zu Vordenkern der Entspannungspolitik wurden.

Die Heimkehrerstudie des Frankfurter Instituts für Sozialforschung – ein Gruppenexperiment zu antidemokratischen Einstellungen unter Wehrmachtsveteranen in den 50ern

Johannes Platz (Trier/Köln)

Der Vortrag untersuchte eine unveröffentlichte Studie zu antidemokratischen Einstellungen unter Spätheimkehrern aus russischer Kriegsgefangenschaft, die das Frankfurter Institut für Sozialforschung im Auftrag der Bundeszentrale für Heimatdienst (BzH), der Vorgängerin der Bundeszentrale für politische Bildung, zwischen 1956 und 1960 anfertigte. Die Bundeszentrale förderte die Integration und politische Bildung der Heimkehrer und war aus diesem Grund an einer Expertise über die demokratische Gesinnung dieser Personengruppe sehr interessiert. Angeregt wurde die Arbeit durch den ersten Vertreter der Politischen Psychologie und Gründungsvorsitzenden des Berufsverbandes Deutscher Psychologen (BDP), Walter Jacobsen, der in der BzH arbeitete. Er war aufgrund des ersten empirischen Nachkriegsprojekts, des sogenannten »Gruppenexperiments« über antidemokratische Einstellungen in der deutschen Bevölkerung auf das Frankfurter Institut für Sozialforschung aufmerksam geworden. Von der Bundeszentrale beauftragt, untersuchte das Frankfurter Institut die Demokratieverträglichkeit der im Verband der Heimkehrer (VdH) zusammengeschlossenen Spätheimkehrer aus sowjetischer Kriegsgefangenschaft. Es schloss damit an die Exilarbeiten zu Vorurteilen bei Veteranen im Rahmen der »Studies in Prejudice« mit einer an den Methoden der qualitativen Sozialforschung orientierten Studie an. Zur Forschergruppe gehörten unter anderen Ludwig von Friedeburg, Klaus Liepelt und Manfred

Teschner. Die Studie, die mit den Methoden des im Gruppenexperiment entwickelten Gruppendiskussionsverfahrens durchgeführt wurde, zeigte in Inhaltsanalysen das Nachwirken nazistischer Einstellungsmuster bei den Spätheimkehrern und damit, dass es sich keineswegs um Musterdemokraten aus totalitärer Erfahrung handelte. Dieses Ergebnis führte zu heftigen Kontroversen zwischen IfS, VdH und BzH um die Möglichkeit der Publikation der Studie. Das Paper zeigte auf, wie schnell kritische Sozialforschung an ihre Grenzen gelangte, wenn sie dem gesellschaftlichen Grundkonsens widersprechende Ergebnisse vorlegte.
Der Beitrag untersuchte die Studie zu antidemokratischen Einstellungen unter Wehrmachtsveteranen in vier Teilen. In einem ersten einführenden Teil wurde die Zusammenarbeit der BzH mit dem VdH im Feld der politischen Bildung beleuchtet. Die Kontaktaufnahme der BzH und die Rezeption des Gruppenexperiments in der BzH bildeten den zweiten Teil des Papers. Im dritten Teil wurde die Durchführung des Forschungsprojekts, das Forschungsdesign und die konkrete Erhebungsarbeit rekonstruiert. Im abschließenden vierten Teil wurden die Ergebnisse und ihre Aufnahme beim VdH sowie der anschließende wissenschaftspolitische Konflikt um die Publikation der Ergebnisse analysiert. Es zeigte sich, dass, entgegen der These von der »intellektuellen Gründung der Bundesrepublik« (Clemens Albrecht und andere), die vergangenheitspolitisch kritische Arbeit der Frankfurter an die Grenzen ihrer Einfluss- und Wirkungsmöglichkeiten stieß, sobald sie mit mächtigen Interessengruppen wie dem Verband der Heimkehrer in Konflikt geriet. So ist die *Praxis der kritischen Theorie* in der empirischen Sozialforschung von heftigen Widerständen im konservativ politischen Lager begleitet.

Anmerkungen

1 Ziege, Eva-Maria: Antisemitismus und Gesellschaftstheorie. Frankfurt am Main 2009.

Antiliberales Europa

Teilgebiete: NZ, RG, ZG, PolG

Leitung
Dieter Gosewinkel (Berlin)
Peter Schöttler (Paris)

Einführung
Dieter Gosewinkel (Berlin)
Peter Schöttler (Paris)

Europäisierung durch Gewalt? Kriegserfahrungen und die Entstehung Europas im 20. Jahrhundert
Robert Gerwarth (Dublin)
Stephan Malinowski (Dublin)

Der Zukunft rückwärts zugewandt: »Europa« im Katholizismus der Zwischenkriegszeit
Vanessa Conze (Gießen)

Antiliberales Europa oder Anti-Europa? Europakonzeptionen in der französischen Rechten 1940–1990
Dieter Gosewinkel (Berlin)

Dreierlei Kollaboration? Europa-Konzepte und »deutsch-französische Verständigung« zwischen Versailles und Elysée-Vertrag
Peter Schöttler (Paris)

Kommentar
Henry Rousso (Paris)

Zusammenfassung

Die Historiographie zur Entwicklung des heutigen Europa wird ganz überwiegend vom – vorläufigen – Ende her bestimmt: einem demokratischen, rechtsstaatlich geordneten, auf wirtschaftlichen Freiheiten, wachsendem Wohlstand, freiwilliger Mitgliedschaft und Expansion beruhenden politischen Integrationsgebilde, das von gemeinsamen Werten im Kanon klassischer Freiheitsgrundsätze und der Verpflichtung zum Frieden bestimmt ist. Darin spiegelt sich die Entgegensetzung des europäischen Integrationsprozesses nach 1945 zu der extremen Gewaltsamkeit, dem scharfen Nationalismus und der Freiheit vernichtenden staatlichen Lenkungspolitik während der ersten Jahrhunderthälfte. In den Motiven aller Protagonisten des europäischen Einigungsprozesses ist dieses Motiv der Abkehr von einer historischen Fehlentwicklung fassbar, vielfach verstärkt durch die Anknüpfung an demokratische Europakonzeptionen der Zwischenkriegszeit und die Europapläne des Widerstands gegen Nationalismus, Okkupation und Totalitarismus. Zusammengehalten werden diese Konzeptionen von einem liberalen, in der Sicherung von Freiheit und Frieden bestehenden Kern. Davon abweichende, gar entgegengesetzte Konzeptionen Europas werden nicht selten als *Anti-Europa* behandelt oder schlicht übergangen.
Ein genauerer Blick auf die historischen Quellen irritiert jedoch dieses Bild. Es gibt zahlreiche Belege für einen anderen Strang von Konzeptionen europäischer Einigung und Erfahrungen mit Europäisierung, die auf andere Ursprünge verweisen. Vielfach erzwungene Grenzüberschreitungen zwischen den Staaten Europas im Zuge der Weltkriege, gewaltsame Bevölkerungsverschiebungen und Okkupationen erzeugten millionenfach – und vielfach ungewollt – Erfahrungen mit transnationalen, europäischen Zusammenhängen. Vormodern, vielfach antimodern ausgerichtete religiöse Europakonzeptionen der Zeit vor und nach dem Zweiten Weltkrieg bekämpften den europäischen Nationalismus im Dienste einer zeitlosen abendländischen Ordnung, die gegen Demokratie und weltanschaulichen Pluralismus gerichtet war. Die europäische Zwangsordnung der nati-

onalsozialistischen Okkupation stützte sich nicht nur auf Waffengewalt, sondern auf Ideen der transnationalen Kollaboration in einem »Neuen Europa«, die insbesondere in Frankreich, aber auch in anderen europäischen Staaten vielfach bereits vor 1939 entwickelt wurden und nach 1945 Wirkung bewahrten.
Die Sektion setzte sich zum Ziel, diese in ihrem Kern antiliberalen Konzepte von und mit Europa zu erfassen und ihre Bedeutung nicht nur für den historischen, sondern auch für den gegenwärtigen »Diskurs« um die Integration Europas zu bestimmen. Es ging um die »dunkle«, antiliberale Seite moderner Europakonzeptionen und die nicht-intendierten Effekte zwangsweiser Europäisierung, die auf ambivalente Weise zum Prozess europäischer Integration beitrugen – und möglicherweise sogar eine der Bedingungen seines breiten Erfolges wurden.
Gegen die Annahme eines ungebrochen positiven Prozesses der politischen, sozio-ökonomischen und kulturellen Integration Europas im 20. Jahrhundert steht, so Robert Gerwarth und Stephan Malinowski in ihrem Vortrag, die millionenfach geteilte Erfahrung von Gewalt, ethnischen Konflikten und Bürgerkriegen. Diese Konflikte bedingten Erfahrungen und Bewegungen, die Kontakte und Transferbeziehungen über die europäischen Grenzen hinweg in der Zeit der Weltkriege und darüber hinaus auslösten. Eingedenk der Tatsache, dass diese kriegsbedingten Kontakte und Erfahrungen vielfach gewaltsam und erzwungen waren, trugen sie, so lautet die These, vielfach unintendiert zu einer Neuordung der *mental maps* und zur Konvergenz von Lebenserfahrungen in Europa bei, die neben ökonomischen Erfolgen und liberalen Institutionen zu einer der Grundlagen des europäischen Einigungsprozesses wurden.
Vanessa Conze untersuchte katholische Europa-Konzepte der Zwischenkriegszeit. Das Ende des Ersten Weltkrieges ließ das alte Europa in Trümmern zurück und stellte die Zeitgenossen vor die Herausforderung, neue Ordnungsmodelle für den Kontinent zu entwickeln. Dies geschah jedoch auch in eher konservativen Kreisen nicht ausschließlich in revisionistischer Grundhaltung. Gerade die Katholiken in Europa waren nach Kriegsende von einer Aufbruchsstimmung getragen, die sich aus der Hoffnung auf einen völligen Neubeginn speiste: Der Hoffnung, in Europa zu einer vormodernen, übernationalen und rechristianisierten Ordnung zurückkehren zu können. Daraus entwickelten sich im katholischen Lager eine Vielzahl von Europamodellen, die zwar durchaus unterschiedlich ausgeprägt sein konnten, jedoch durchgängig ein verbindendes Element besaßen: einen überzeugten Antiliberalismus und Antimodernismus. Kontinuitäten dieser katholischen Europakonzepte liefen in unterschiedlicher Form durch die Jahre des Zweiten Weltkrieges hindurch und prägten das Europadenken der zweiten Nachkriegszeit bis in die späten fünfziger Jahre hinein.
Dieter Gosewinkel ging in seinem Referat auf die Konzeptionen eines ethnisch homogenen, wirtschaftlich geeinten, gegen die USA und die Sowjetunion gerichteten europäischen Großraums in der deutsch-französischen Kollaboration (1940–1944) ein, die nach 1945 in der intellektuellen Rechten Frankreichs – zum Teil auch Deutschlands – fortwirkten. Diese Konzepte wandten sich in einer Hochkonjunktur des Europa-Gedankens während der 50er Jahre gegen den hergebrachten europäischen Nationalismus, plädierten enthusiastisch für ein wirtschaftlich geeintes, gegen das Großkapital gerichtetes und sozial gerechtes Europa.

Erst als sich die Übereinstimmung mit technokratischen Europakonzeptionen der Kriegs- und Nachkriegszeit in den 70er Jahren auflöste, geriet diese Konzeption einer realen »communauté européenne« in eine Frontstellung zu dem als rein ökonomisch gebrandmarkten *Europa von Brüssel.* Sie trat 1992, im Widerstand gegen den Vertrag von Maastricht, als »Anti-Europa« auf – und stand doch, so lautet die These, in der Tradition einer spezifisch antiliberalen Europakonzeption. Peter Schöttler analysierte am Beispiel von Gustav Krukenberg, der zunächst im Mayrisch-Komitee mitarbeitete, später Inspekteur der französischen SS-Division »Charlemagne« war und schließlich als Vorstandsmitglied des Heimkehrer-Verbandes für eine deutsch-französische Versöhnung im europäischen Rahmen eintrat, verschiedene Typen deutscher Verständigungs- und Europapolitik, die sich eher einer konservativ-autoritären als einer liberal-demokratischen Europa-Konzeption verdanken. Wie das Fragezeichen im Vortrag andeutete, galt es dabei, nach Kontinuitäten und Diskontinuitäten, nach Verwandlungen und Brüchen zu fragen, wie sie sich in der Biographie einer geradezu repräsentativen Hintergrundfigur spiegeln.

Clan-Strukturen und Policy-Akteure. Die Machtzentralen der staatssozialistischen Parteien zwischen Poststalinismus und Perestroika

Teilgebiete: NZ, PolG

Leitung und Moderation
Jens Gieseke (Potsdam)
Rüdiger Bergien (Potsdam)

Einführung
Jens Gieseke (Potsdam)

Dnpropetrovsk an der Macht. Clanstrukturen im ZK von Breschnjew bis Gorbatschow
Susanne Schattenberg (Bremen)

Die ZK-Abteilung für internationale Verbindungen der SED und der Eurokommunismus der PCI und PCF. Akteure, Funktionsweise, Probleme
Francesco Di Palma (Berlin)

Minderheitenpolitik im Kommunismus. Steuerungsprobleme und institutionelle Konflikte der ungarischen und rumänischen KP-Zentralen in den achtziger Jahren
Petru Weber (Szeged)

Policy-Akteure im »Großen Haus«. Der ZK-Apparat der SED und die Performativität kommunistischer Herrschaft
Rüdiger Bergien (Potsdam)

Kommentar
Christoph Boyer (Salzburg)

HSK-Bericht
Von Florian Peters (Zentrum für Zeithistorische Forschung Potsdam, Humboldt-Universität zu Berlin)

Ein nachgerade bilderstürmerischer Impetus lag der von Rüdiger Bergien und Jens Gieseke organisierten Historikertags-Sektion zu den zentralen Parteibürokratien im poststalinistischen Staatssozialismus zugrunde: An die Stelle verbreiteter Vorstellungen von sauber schnurrenden Apparaten, von nach außen hermetisch abgeschlossenen und nach innen homogenen Machtmaschinen sollten neue, akteurszentrierte Perspektiven gesetzt werden, die soziale Beziehungsgeflechte, Heterogenität und gegenläufige Dynamiken innerhalb der staatssozialistischen Machtzentralen in den Mittelpunkt der Betrachtung rücken. In diesem Sinne forderte Jens Gieseke (Potsdam), den positivistischen Glauben an die durch die Archivöffnung nach 1989 zur Verfügung gestellten Aktenmassen hinter sich zu lassen und sich methodologischen Alternativen zu öffnen. Zugleich betonte er, dass diese alternativen Ansätze nicht vollkommen neu zu erfinden sind, sondern sich ihrerseits durchaus auf Forschungstraditionen berufen können. Fragen nach »Kulturen des Politischen« und praxeologische Ansätze, die bisher vor allem auf die Basis diktatorischer Herrschaftssysteme bezogen worden seien, seien verstärkt auch für die Erforschung der Spitze staatssozialistischer Herrschaft in der Phase »zwischen Poststalinismus und Perestroika« fruchtbar zu machen.
Das Potential solcher Ansätze illustrierten vier Referate, die die Sowjetunion in der Breschnew-Ära, die DDR sowie die ungarisch-rumänischen Beziehungen in den 1980er Jahren in den Blick nahmen. Den Anfang machte Susanne Schattenberg (Bremen) mit ihrem Beitrag über die »dnepropetrinische Epoche« in der russischen Geschichte. So nämlich sei die Herrschaft Breschnews, die sich auf ein klientelistisches System von Gefolgsleuten aus dessen Heimatregion Dnepropetrowsk stützte, in einem zeitgenössischen Sprichwort bezeichnet worden – und dies nicht zu Unrecht, sei doch der breschnewsche Klientelismus keineswegs als systemwidrige Korruption zu fassen, sondern vielmehr als Kern des sowjetischen Systems in seinem damaligen Entwicklungsstadium. Zu verstehen sei dies nur im Kontext der Erfahrungen mit der terroristischen Führung unter Stalin einerseits und dem von der Parteielite als Bedrohung empfundenen Reformeifer Chruschtschows andererseits. Unter diesen Bedingungen könne Breschnew als »wandelnde vertrauensbildende Maßnahme« (Christoph Boyer) durchaus nicht als schwacher Führer gesehen werden. Dass beide Nachfolger Breschnews, Andropow und Tschernenko, dessen Protegés gewesen waren, beweise die nachhaltige Prägekraft des breschnewschen Patronagesystems ebenso wie das Scheitern der Reformen Gorbatschows. Denn diese hätten sich eben nicht, wie Gorbatschow meinte, gegen Deformationen des Sowjetsystems gerichtet, sondern gegen das eigentliche System.

Während Schattenberg sich auf die unmittelbare Spitze der sowjetischen Führung konzentrierte, richtete Francesco Di Palma (Berlin) den Blick auf eine untergeordnete Leitungsebene, und zwar die außenpolitische Abteilung des Zentralkomitees der SED. Sein Interesse galt den Spielräumen der SED in der Zusammenarbeit mit den kommunistischen Parteien Italiens und Frankreichs PCI und PCF, die aufgrund der programmatischen Differenzen zwischen dem moskautreuen PCF und dem eurokommunistischen, auf einen Dritten Weg orientierten PCI unter Enrico Berlinguer von besonderer Brisanz gewesen sei. War die Verurteilung der Niederschlagung des Prager Frühlings durch den PCI für die SED noch inakzeptabel, habe im Laufe der 1970er Jahre ein Wandlungsprozess stattgefunden, der den PCI als Mittler zwischen Ost und West zunehmend wertgeschätzt, die dogmatische PCF-Linie hingegen als Zeichen von Schwäche interpretiert habe. In diesem Zusammenhang seien die Bewertungen des außenpolitischen Ressorts der SED differenziert und die Kompetenzzuordnungen keinesfalls monolithisch. Als Ergebnis konstatierte di Palma eine partiell eigenständige internationale Politik der SED gegenüber den westeuropäischen kommunistischen Parteien.

Auch Petru Weber (Szeged) widmete sich den differenzierten Einflussfaktoren auf die Außenpolitik der Staatsparteien innerhalb des sowjetisch dominierten Ostblocks. Seine Darstellung der konfliktreichen ungarisch-rumänischen Beziehungen in den 1980er Jahren zeigte die zunehmend offen ausgetragenen Differenzen zwischen beiden Parteien auf, die sich im Wesentlichen an der Frage der bedeutenden ungarischen Minderheit in Rumänien entzündeten. In Folge der reformkommunistischen Öffnung in Ungarn 1988/89 habe insbesondere der sinkende Grad der Parteikontrolle über Medien und gesellschaftliche Initiativen in Ungarn zu Verstimmungen auf rumänischer Seite beigetragen. Von ihrem eigenen Handlungsrahmen ausgehend, habe die monolithisch strukturierte rumänische Führung unter dem »conducator« Ceaucescu kritische Berichte in der ungarischen Presse und die Tolerierung einer Großdemonstration für die Rechte der ungarischen Minderheit als Teile einer von oben gesteuerten antirumänischen Kampagne interpretiert. Andererseits sei auffällig, dass sich die ungarische Zensur bei rumänischen Themen grundsätzlich liberaler zeigte als bei inländischen Problemen. Insofern sei die Evolution der jeweiligen inneren Herrschaftspraxis in beiden Ländern als zentraler Faktor der beiderseitigen Beziehungen zu verstehen.

Mit seiner systematischen Analyse der »Brigadeeinsätze« der Abteilungen des SED-Zentralkomitees bei untergeordneten Parteiinstanzen thematisierte Rüdiger Bergien (Potsdam) am direktesten einen Aspekt der staatssozialistischen Parteiherrschaft, der im Rahmen der durch die Sektion zu hinterfragenden konventionellen Interpretationen für gewöhnlich als Instrument der von oben ausgeübten Disziplinierung und Kontrolle gedeutet wird. Solchen Bewertungen hielt Bergien entgegen, die Brigadeeinsätze seien vor allem als performative Inszenierungen zu verstehen, die sich keinesfalls in ihrem repressiven Charakter erschöpften. Die in der Regel nicht vom Politbüro, sondern von den Abteilungsleitern des ZK in eigener Verantwortung angeordneten Einsätze hätten mehrheitlich weniger den Charakter eines inquisitorischen Strafgerichtes gehabt, sondern vielmehr auf die inszenierte Wiederherstellung ideologischer Kohäsion zwischen verschiedenen Ebenen der Partei gezielt. Hierfür sei das bloße Zitieren des »autoritativen Diskurses« (Alexei Yurchak) seitens der untergeordneten Funktionäre ausreichend gewesen. Das Instrument der Brigadeeinsätze sei zugleich ein Symptom für die strukturelle Überforderung von Steuerungsorganen in staatssozialistischen Systemen, deren Funktionsfähigkeit nur mit Hilfe derartiger nicht-formalisierter Sondereinsätze zu gewährleisten gewesen sei.

Inwieweit allerdings im Rahmen dieser inszenierten Konsensherstellung individuelle Handlungsspielräume für die Beteiligten bestanden, wurde von Christoph Boyer (Salzburg) in seinem pointierten Kommentar in Frage gestellt. Die Struktur der Brigadeeinsätze wertete er als »subtil camouflierten Monolithismus«, dessen kommunikativ-figurativer Charakter von seiner Repressivität nicht zu trennen sei. Zudem belege gerade der nicht-formalisierte Status der Brigadeeinsätze im Vergleich zu den formalisierten Sonderverwaltungen des Nationalsozialismus den monolithischen Anspruch der staatssozialistischen Bürokratie. Grundsätzlich verwies Boyer auf die noch zu leistende theoretische Konzeptionalisierung des Gegensatzes von Hierarchie und Handlungsspielräumen sowie der Erklärung von Dynamik angesichts des vergleichsweise hohen Grades an paradigmatischer Festlegung im Staatssozialismus. Aus dieser Perspektive sei auch die personale Herrschaftspraxis Breschnews nur unter spezifischen systemischen Bedingungen möglich gewesen, nämlich auf der Grundlage des Immobilitätspaktes der Eliten eines Systems, das mit seinem Latein am Ende ist.

Dass dies für die Erforschung eben dieses Systems durchaus noch nicht gilt, wurde durch die Sektion gut illustriert. Die Beiträge demonstrierten insgesamt überzeugend, dass selbst die Funktionsmechanismen der Machtzentralen im weiteren Sinne für Fragestellungen jenseits des Paradigmas von Herrschaft und Repression gewinnbringend neu fokussierbar sind. Gerade die bisher eher vernachlässigte Phase zwischen dem Ende des Stalinismus und dem Beginn der Systemtransformation, für die sogar noch immer ein prägnanter Epochenbegriff fehlt, hält sowohl für empirische Forschungen als auch für die Theoriebildung noch eine Reihe von Herausforderungen bereit.

Creating a World Population: The Global Transfer of Techniques of Population Control

Teilgebiete: NZ, AEG, TG, SozG, MedG, GG

Leitung
Veronika Lipphardt (Berlin)
Corinna R. Unger (Washington)

Introduction: The Global Transfer of Techniques of Population Control in the 20th Century
Veronika Lipphardt (Berlin)
Corinna R. Unger (Washington)

The Globalization of Laparoscopic Sterilization
Jesse Olszynko-Gryn (Cambridge)

An Anglican Nun, New Hebridean Nurses and Indigenous Women: Assemblages in the Attempts to Increase the Population in the New Hebrides
Alexandra Widmer (Berlin)

Visualizing Population Changes: Pictorial Statistics and Global Demography
Sybilla Nikolow (Bielefeld)

Comment
Patrick Wagner (Halle)

Diese Sektion wird im HSK-Querschnittsbericht »*Humanitarismus* und *Entwicklung*« von Martin Rempe und Heike Wieters behandelt. Es liegt zudem ein HSK-Bericht von Maria Dörnemann vor.

Die Darstellung von Grenzen und Grenzen ihrer Darstellung. Karten in Ostmitteleuropa als Medium von Geschichtskultur und Geschichtspolitik

Teilgebiete: NZ, OEG, WissG

Leitung
Peter Haslinger (Marburg/Gießen)
Vadim Oswalt (Gießen)

Moderation
Vadim Oswalt (Gießen)

Raumkonzepte, Wissenstransfer und die Karte als Medium von Geschichtskultur und Geschichtspolitik
Peter Haslinger (Marburg/Gießen)
Vadim Oswalt (Gießen)

Gewinn durch Verlust und Verlust durch Gewinn – Wie wirklich ist die »Wirklichkeit« im Medium der Karte?
Ute Wardenga (Leipzig)

Ikonographien des Raumbilds Ukraine: Eine europäische Wissenstransfergeschichte
Veronika Wendland (Marburg)

Grenzen in ostmitteleuropäischen konventionellen und digitalen Geschichtskarten
Sebastian Bode (Gießen)
Mathias Renz (Gießen)

Die umkämpfte Stadt: Die Darstellung von Vilnius/Wilno/Wilna auf Russländischen ethnographischen und litauisch nationalen Karten, 1840–1918
Vytautas Petronis (Marburg)

Kommentare
Eckhardt Fuchs (Braunschweig)
Ute Schneider (Duisburg-Essen)

Zusammenfassung

Seitdem in den 1990er Jahren erste Werke den Konstruktcharakter territorialer Einheiten herausgearbeitet haben, ist Raum nicht mehr länger nur Verortungspunkt oder Schauplatz für historische Entwicklung. Wie auch einige Beiträge auf dem Historikertag in Kiel 2004 gezeigt haben, stehen die Bedingungen der kommunikativen Produktion, Kategorisierung und Institutionalisierung von Raumverhältnissen seither im Zentrum des wissenschaftlichen Interesses. Damit rücken das Moment der »Verräumlichung« als ein »Set kommunikativer Praktiken, mit dem Individuen Raumbezüge herstellen und sich entsprechend orientieren,« ebenso in den Blick wie die Vielzahl unterschiedlicher Strategien, mit denen historische Akteure im und über Raum kommunizieren und durch diese Praktiken neue räumliche Bezüge herstellen, ja mitunter gänzlich neue Raummuster entwerfen und popularisieren. Die Konsequenzen dieser Neubewertung von Territorialität für die historische Forschung sind jedoch nach wie vor umstritten: In der Frage, ob von einem *spatial* oder *topographical turn* gesprochen und ob raumbasierten Erklärungsmustern eine umfassende Erklärungskompetenz zugeschrieben werden können, überwiegen mittlerweile zurückhaltende Bewertungen.
Vor diesem Hintergrund bilden die vielfältigen Aspekte der Produktion und des Einsatzes von Karten in Ostmitteleuropa ein spannendes und in Teilen noch unerschlossenes Forschungsfeld, das darüber hinaus durch ein besonderes Maß an Pluriperspektivität und Interdisziplinarität gekennzeichnet ist: Einfluss hatte hier zum einen die dekonstruktivistische Perspektive vor allem angelsächsischer Geographen, die die »Scheinobjektivität« der Karte in vielfältiger Weise demonstriert und ihre Referentialität allein auf den Kartenredakteur zurückführt.
Zweitens ist die Diskussion um *mental maps* zu nennen, die Wirkungsweisen räumlicher Konzepte auf individuelle und kollektive Identitäten und Handlungsmuster beschreibt. Gerade an Beispielen Historischer Karten ist bisher auch das dialektische Wechselspiel zwischen Karte und Realität analysiert worden, ging doch der Konstruktion nationaler Räume vielfach ihre Konstruktion im Kartenbild voraus. Schließlich sind geopolitische Visionen und die mit ihnen korrespondierenden »Grenzbilder« noch nicht vergleichend auf die vielfältigen wechselseitigen Transfers und Translationen untersucht worden. Ebenso standen die auf Wirkungsmächtigkeit hin optimierten Vermittlungsstrategien aus transdisziplinärer Perspektive bisher noch nicht im Zentrum von vergleichenden Untersuchungen.

Visuelle Darstellungen erfüllen nicht nur die sekundäre Funktion einer bloß nachgeordneten Illustration, sondern stellen, wie Ute Wardenga in ihrem Vortrag ausführte, Produkte eines oft langwierigen und komplexen Herstellungs-, Aushandlungs- und Selektionsprozesses dar und tragen damit erheblich zur Formierung und Ordnung von Wissen bei. Als Schule des Wahrnehmens eignen sie sich dazu, Beobachtungsobjekte zu standardisieren und Prozesse typologischer Mustererkennung in Gang zu setzen. Mit und durch den Prozess der Kartenherstellung und die Praxis des Kartengebrauchs werden kollektive Muster des Sehens konstituiert, scheinbar divergente Wissensfragmente im Modus von Räumlichkeit aufeinander bezogen und so durch Exklusionen und Inklusionen visuell bestimmte Wirklichkeitsentwürfe geschaffen, die zu machtvollen Instrumenten von Sinnbildungsprozessen werden können. Der methodisch orientierte Eröffnungsvortrag sollte daher auf der Basis theoretischer Zugriffe und empirischer Beispiele aus der Praxis der Kartenherstellung und des Kartengebrauchs in der traditionellen und zeitgenössischen Geographie zwei Sachverhalten nachspüren: Erstens, wie und warum durch karteninhärente Generalisierung und Abstraktion auf der einen Seite Gewinne an Kohärenz und Eindeutigkeit erzielt und damit neues Wissen geschaffen wird. Zweitens wurde im Sinne einer Diskussion der Grenzen des Mediums gezeigt, wie und warum mit einer durch Karten gestützten Visualisierung auch Verluste an Wahrnehmungs- und Beobachtungsfähigkeit einhergehen, die sich letztlich als Schranken in der Erfassung von Komplexität und Kontingenz erweisen können.
Bei der Analyse von Visualisierungen und Repräsentationen von Grenz- und Raumbildern erweist es sich immer wieder als nötig, so Veronika Wendland in ihrem Referat, Einzelbeispiele als Kartenfolgen zu begreifen und ihren Genese-, Rezeptions- und Text-Bild-Beziehungen historisch zu kontextualisieren. Dies sollte in einer Perspektive der *longue durée* in diesem Vortrag für die von Ukrainern besiedelten Territorien Österreich-Ungarns und des Russischen Reiches bzw. später Polens und der Sowjetunion geleistet werden. Seit dem Ende des 19. Jahrhunderts gerieten die entsprechenden Räume und Abgrenzungsszenarien zunehmend ins Blickfeld geopolitischer Überlegungen. An der diskursiv-kartographischen Konstruktion und Visualisierung des Territoriums »Ukraine« in den uns heute geläufigen Umrissen waren ost- und westeuropäische Historiker, Geographen und politische Akteure beteiligt. Der Beitrag arbeitete am Beispiel intermedialer Beziehungen von Texten, Bildern und Karten heraus, welche grenzüberschreitenden Transfers dabei von Bedeutung waren. Die Fallbeispiele repräsentierten dabei einen Zeitraum von circa einem Jahrhundert: Die Genese von Karten/Bildern und »Gegen«karten/-bildern der Ukraine ab 1900, die Transformation wissenschaftlicher Karten in Propagandawerke 1914–1944, der Wissenstransfer aus osteuropäischen Spezialistenkreisen in die deutsche Ostforschung der 1930er/40er Jahre; Raumbilder der sowjetischen Peripherie im Kalten Krieg; aktuelle Raumbilder der Ukraine nach der EU-Osterweiterung.
Die Analyse von Darstellungen von Grenzdarstellungen in Geschichtskarten der ostmitteleuropäischen Staaten ist besonders ergiebig, da, so führten Sebastian Bode und Mathias Renz aus, durch ihre seit Anfang der 1990er Jahre wiedererlangte Souveränität und die damit verbundene geopolitische Neuausrichtung

nach Mittel- und Westeuropa dem Medium Karte eine zentrale Rolle als fester Bestandteil der staatlichen Geschichtskultur zukommt. In Ostmitteleuropa stellen Geschichtskarten als Bildungsmedium einen wichtigen Teil der Vermittlung von nationaler Geschichte dar, dienen sie doch zur historischen Legitimierung (oder Negierung) von existierenden staatlichen Grenzen sowohl im Sinne einer Inklusion als auch als Exklusion in Abgrenzung zum Nachbarn. Eine besondere Berücksichtigung fanden digitale Geschichtskarten, da sie den Kartenleser zum Kartennutzer werden lassen und ihm somit erlebbare historische Räume suggerieren. Im Gegensatz zu herkömmlichen Karten sind dynamische hypermediale Karten in der Lage, lineare Darstellungen zu enthierarchisieren und eine multiperspektivische Betrachtung zu ermöglichen.
Der Vortrag Vytautas Petronis widmete sich schließlich den Mitteln der Darstellung einer ethnisch und konfessionell stark gemischten Stadt im Kartenbild aus einer zweifachen Perspektive: aus der imperialen Sicht der Russländischen Kartographie und den kartographischen Produkten der litauischen Nationalbewegung. Auf der Grundlage der detaillierten Analyse von Karten aus den Jahren 1840 bis 1918 zeigte er, auf welche Schwierigkeiten sowohl die imperialen Behörden als auch die litauischnationale Bewegung bei der Kennzeichnung der Stadt als ihr *eigenes* Territorium jeweils stießen. Weiter untersuchte er, mit welchen darstellerischen Mitteln Kartographen die eigene Lesart der Zugehörigkeit zu unterstützen versuchten und in welcher Hinsicht der Bezug auf die kartographischen Produkte konkurrierender Akteure festzustellen ist.

Diese Sektion wird zudem im HSK-Querschnittsbericht »Geschichte jenseits des Nationalstaats – imperiale und staatenlose Perspektiven« von Benno Gammerl behandelt.

Entgrenzung und Begrenzung der Gewalt: Annäherungen an eine Morphologie tödlicher Zonen im Europa des 20. Jahrhunderts

Teilgebiete: NZ, ZG, MG, OEG

Leitung
Jörg Baberowski (Berlin)

Sklavenarbeit in der Todeszone: Die Be- und Entgrenzung von Gewalt in KZ-Außenlagern
Marc Buggeln (Berlin)

Zonierungen von Krieg und Massengewalt im Unabhängigen Staat Kroatien, 1941–1945
Alexander Korb (Leicester)

Tödliche Zonen ohne Grenzen? Russland im Bürgerkrieg, 1917–1921
Felix Schnell (Berlin)

Kommentar
Birthe Kundrus (Hamburg)

Allgemeine Bemerkungen zum Thema der Sektion

Gewalt war in der historischen Forschung lange Zeit keine selbständige analytische Kategorie. Sie wurde als extreme Form der Interessensdurchsetzung angesehen, als Instrument oder Folgeerscheinung, die durch vorgelagerte Motive vollständig zu erhellen war und deshalb nicht näher betrachtet werden musste. Solange die Geschichtsschreibung um handlungsmächtige Individuen kreiste und paradoxerweise auch noch, nachdem sozialgeschichtliche Ansätze das Individuum hinter Gruppen und Strukturen verschwinden ließen, stieß eine solche Betrachtung auf keine größeren Probleme. Seitdem »linguistic«, respektive »cultural turn« aber nahelegen, sowohl den Einzelnen als auch die Gemeinschaft nur mit komplexeren Modellen erfassen zu können, stellte sich auch die Frage der Gewalt in einem neuen Licht.
Dass Gewalt die Opfer verändert und prägt, ist unstrittig, aber dass Gewalt auch den Tätern nicht äußerlich bleibt, sondern integraler Bestandteil von Identitäten und sozialen Räumen und damit nicht nur *explanandum* sondern auch *explanans* werden kann – das ist eine relativ neue Erkenntnis mit bedeutenden Konsequenzen. Es zeigt sich, dass Akteure, Kontext und Situation in einem engen Zusammenhang gesehen werden müssen, wenn man konkrete Gewalthandlungen interpretieren und verstehen will. Von zentraler Bedeutung sind dabei die jeweiligen sozialen Räume, in denen sich Gewalt vollzieht und deren Bedingungen sowie implizite Verhaltensregeln Aufschluss über das Handeln von Individuen und Gruppen geben können. Wir gehen davon aus, dass es Räume gibt, in denen die Gewalt als Prinzip buchstäblich »regiert« und haben sie provisorisch »tödliche Zonen« genannt. Als Zonen haben sie per definitionem auch Grenzen, deren Eigenschaften, Wirkung und Funktion im Mittelpunkt der Sektion standen.
Unter »tödlichen Zonen« verstehen wir soziale Räume, in denen die Interaktion zwischen Individuen, Gruppen oder Gemeinschaften von physischer Gewalt geprägt ist. Grundsätzlich bedeutet die Gewalt hier eine ubiquitäre Bedrohung, doch zugleich auch eine Chance. Wer Gewalt ausübt, begibt sich in Gefahr, diese zu erleiden. Doch sind Gefahren und Chancen in solchen Räumen sehr unterschiedlich verteilt. Im Grenzfall, etwa in einem KZ, können die Machtverhältnisse Gefahren oder Chancen für einzelne Individuen oder Gruppen buchstäblich zum Verschwinden bringen und zu einer extremen Machtasymmetrie führen. In einer Bürgerkriegssituation hingegen sind die Möglichkeiten zur Gewaltausübung in der Regel gleichmäßiger verteilt.
Ob tödliche Zonen künstlich geschaffen werden oder aus krisenhaften Situationen entstehen – gewaltsames Handeln ist in beiden Fällen für sie konstitutiv. Tödliche Zonen sind durch die reziproke Wechselwirkung von sozialem Handeln und Handlungsbedingungen bestimmt. Handeln ist hier sowohl strukturbedingt als auch strukturschaffend. Das voluntaristische Element ist dabei gering, da Gewalt in tödlichen Zonen tendenziell alternativlos ist. Ihre Reproduktion ist daher in

der Regel schon die Folge davon, dass sich Einzelne oder Gemeinschaften »nur« zu den Bedingungen der tödlichen Zone verhalten. Zu ihrer Verstetigung trägt bei, dass Gewalt eher Gegengewalt als gewaltlose Interaktion hervorbringt.
Was die sozialen Prozesse innerhalb tödlicher Zonen betrifft, so ist erstens nach den Formen sozialer Vergemeinschaftung und Ordnung zu fragen, die in tödlichen Zonen entstehen, sie einerseits reproduzieren, andererseits aber die Überlebenschancen ihrer Mitglieder erhöhen; hier ist zu vermuten, dass sie in der Regel dem Primat der Einfachheit und Effektivität gehorchen und Formen geringer Komplexität begünstigen, die nach dem Führer-Gefolgschaftsprinzip aufgebaut sind. Zweitens interessiert der Zusammenhang von Grenzen und der Be-, beziehungsweise Entgrenzung von Gewalt in tödlichen Zonen. Hier ging es den Teilnehmern der Sektion um Gemeinsamkeiten und Ähnlichkeiten sehr unterschiedlicher, oberflächlich betrachtet vielleicht sogar »unvergleichbarer« Beispiele aus dem Bereich des Nationalsozialismus, der südost- und osteuropäischen Geschichte.
Tödliche Zonen haben Außen- und Binnengrenzen. Diese Grenzen müssen nicht physischer Natur sein und werden immer nur durch soziales Handeln wirksam. Auch die Kerkertür muss geschlossen werden, der Lagerzaun bewacht oder eine bewaffnete und gewaltbereite Gruppe in einem Gebiet präsent sein. Anzunehmen ist, dass Grenzen von und Grenzen in tödlichen Zonen dialektischen Charakter haben, da jede Grenze das Andere miteinschließt. Sie können daher sowohl Orte der Entgrenzung als auch der Begrenzung von Gewalt sein. Hier wurden in den Einzelbeiträgen insbesondere die Eskalationspotentiale, aber auch die Begrenzungseffekte von Grenzen sowie Existenz und Bedeutung »normativer Grenzen« der Gewalt in tödlichen Zonen untersucht.

Vorträge

Sklavenarbeit in der Todeszone: Die Be- und Entgrenzung von Gewalt in KZ-Außenlagern

Marc Buggeln (Berlin)

Konzentrationslager sind institutionell gegliederte tödliche Zonen, die allerdings auch ihre informellen Strukturen und Regeln haben. Sie zeichnen sich durch klare materielle Abgrenzungen aus, haben aber ebenso interne Zonierungen und in vielen Fällen auch »Metastasen«, die sich durch sehr viel flexiblere und mobilere Abgrenzungen auszeichnen. Das ist besonders bei den KZ-Außenlagern der Fall.
Ab 1942 mussten KZ-Häftlinge verstärkt für die deutsche Kriegswirtschaft arbeiten. Hierfür errichteten SS und Wirtschaftsbetriebe KZ-Außenlager, die häufig auf Betriebsgeländen oder mitten in Städten oder Ortschaften lagen. 1944 schließlich überzog ein Netz von mindestens sechshundert dieser Lager das Deutsche Reich. Die KZ-Außenlager waren Orte der Sklavenarbeit, massiver Gewalt und des Sterbens.

Die SS-Führung war in der Lage, das Ausmaß der Gewalt in den Lagern zu steuern und nach Bedarf zu intensivieren oder zu begrenzen. Nachdem die Gewalt 1942 zu solch hohen Todesraten geführt hatte, dass die kriegswichtigen Projekte gefährdet schienen, welche die SS mit der Arbeitskraft der Häftlinge betrieb, setzte die SS-Führung bestimmte Gewaltbegrenzungen in Kraft. Dies führte auch in den Außenlagern zum Rückgang bestimmter Gewaltphänomene, während andere Praktiken bedeutsamer wurden. Insgesamt kam es dadurch zu einem deutlichen Absinken der Sterblichkeitsraten in den KZ-Außenlagern. Erst im Herbst 1944 begann die SS mit der absehbaren Kriegsniederlage, die Gewaltanwendung wieder zu verschärfen. Die Folgen waren Gewalteskalationen, Massaker und ein dramatischer Anstieg der Sterblichkeitsziffern.
Man kann zeigen, dass sich im Regelfall die Häftlingsgesellschaft umso mehr atomisierte, je mehr Gewalt eingesetzt wurde. Dies führte auch zu steigender Gewaltausübung unter den Häftlingen selbst. Oft bildeten sich national organisierte Gewaltgruppen, die sich Überlebensvorteile gegenüber anderen Gruppen zu verschaffen versuchten.
Die KZ-Außenlager waren kein abgeschlossener Raum. Die Lagerverhältnisse wirkten in vielerlei Hinsicht auf die das Lager umgebende deutsche Gesellschaft ein, wie dies auch umgekehrt der Fall war. Da es sich bei den Außenlagern häufig um schnell errichtete Provisorien handelte, waren die Vorgänge dort für die deutsche Bevölkerung grundsätzlich sichtbar. Lagerzaun und SS-Wachmannschaften bildeten nur noch eine sehr durchlässige Grenze zwischen Häftlingen und deutscher Gesellschaft. So kam es zu vielfältigen Kontakten und auch zu gewaltsamen Übergriffen auf die Häftlinge.

Zonierungen von Krieg und Massengewalt im Unabhängigen Staat Kroatien, 1941–1945

Alexander Korb (Leicester)

Besatzungszonen haben in der Regel fest definierte Grenzen und dies war auch im besetzten Jugoslawien während des Zweiten Weltkrieges der Fall. In Kroatien waren die unterschiedlichen, durch die jeweilige Besatzungspolitik gesetzten Bedingungen entscheidend für Ausmaß, Folgen und konkrete Erscheinungen der Gewalt.
Um eine tödliche Zone analytisch erfassen zu können, ist es wichtig, ihre Zonierungen zu kennen. Der Balkan galt und gilt vielen zeitgenössischen Beobachtern als Ort der Gewalt par excellence, der nach der simplen Regel »Alle gegen alle« strukturiert war und ist. Im Unabhängigen Staat Kroatien (USK) 1941–1945 war Gewalt hingegen kein blindes und unkontrolliertes Wüten, sondern bewegte sich in einem komplexen sozio-politischen Gesamtzusammenhang. Kroatien war 1941 durch das Deutsche Reich und Italien auf den Trümmern Jugoslawiens gegründet worden. Regiert von der faschistischen Ustaša-Bewegung, war der USK in eine deutsche und in eine italienische Okkupationszone geteilt. Die Bevölkerung des USK war äußerst heterogen, und das designierte kroatische Staatsvolk stellte gerade einmal die Hälfte der Gesamtbevölkerung. Das Ziel der

Ustaša vom großkroatischen Nationalstaat lag in weiter Ferne. Der fragile Staat versank bald nach seiner Errichtung in Massengewalt. Die Ustaša war hierbei die treibende Kraft. Ihre Milizen verübten Vertreibungen und Massaker, die sich gegen ethnische Minderheiten in Kroatien richteten, namentlich gegen Serben, Juden und Roma. Daraus entstanden weitere Faktoren des Gewaltprozesses: Die serbische Bevölkerung erhob sich gegen den kroatischen Staat. Ihre Spaltung in kommunistische Partisanen und in nationalserbische Četnici führte indes in einen erbitterten Bürgerkrieg, in dem die Zivilbevölkerung vielfach das primäre Angriffsziel bildete. Reziproke ethnische Säuberungen, Partisanenkrieg, Sezessionskrieg und Bürgerkrieg sind die wichtigsten Gewaltebenen, in denen sich die größten Akteursgruppen im USK begegneten und bekämpften. Abhängig von der jeweils dominierenden Akteursgruppe und ihren Kriegszielen bildeten sich verschiedene Zonen der Gewalt heraus, die von Einflusssphären, geographischen und demographischen Faktoren abhingen. Diese Gemengelage ergibt eine Vielzahl von sich verändernden Zonierungen, die sowohl für das Überleben oder Sterben der Verfolgten wie auch für die Handlungsspielräume der Tätergruppen von entscheidender Bedeutung waren. Während Juden sowie Roma aus dem einen Gebiet deportiert wurden, vermochten sie sich in anderen zu bewaffnen oder sich auf andere Weise zu schützen. Wurden die Ustaša-Milizen in bestimmten Räumen entwaffnet, waren sie in anderen die einzige bewaffnete Macht.

Tödliche Zonen ohne Grenzen? Russland im Bürgerkrieg, 1917–1921
Felix Schnell (Berlin)

Tödliche Zonen müssen nicht unbedingt feste Grenzen haben – gerade auch die Abwesenheit von klar markierten und erkennbaren Grenzen kann gewaltfördernd sein. Im Russischen Bürgerkrieg war vor allem in der Ukraine die Form des Konflikts stark von der regionalen und kleinteiligen Organisation der Kriegsparteien geprägt.
Diese Kleinteiligkeit hatte ihre Wurzeln in der Tradition staatsferner Herrschaft im Zarenreich. Keine der vielen kleineren oder größeren Reformen hatte bis 1917 etwas daran ändern können, dass »das Land weit und der Zar fern« war und ein Gewaltmonopol des Staates auf dem Lande nur als Anspruch existierte. In der Praxis war Gewalt lokal verregelt – Staatsgewalt trat nur sporadisch, intensiv und demonstrativ auf. Diese Umstände erleichterten es den Dörfern im Jahre 1917, den Fortfall der zarischen Obrigkeit durch eigene Herrschafts- und Organisationsstrukturen zu kompensieren. Sie ermöglichten auch, Chaos bei der »Schwarzen Umverteilung« des Adelslandes zu verhindern und sie innerhalb der Bauernschaft weitgehend friedlich und einvernehmlich durchzuführen. Sie waren schließlich die Voraussetzung für eine Abwehr äußerer Eingriffsversuche durch die Bolschewiki, aber auch anderer Bürgerkriegsparteien.
Der Südwesten des ehemaligen Imperiums, in etwa das Gebiet der heutigen Ukraine, war eines der Hauptkampfgebiete des Russischen Bürgerkrieges. Frontlinien waren kaum auszumachen, allenfalls Kampfzonen. Hier vermochten weder »Weiße« noch »Rote« dauerhaft territoriale Hegemonie auszuüben. Die Macht

lag meist bei kleineren Kampfgruppen, die, von Atamanen geführt, in einer Region operierten, oder auch bei Banden oder einzelnen Dörfern. Für alle Akteure in diesen Räumen galt, dass Gewalt ubiquitäre Bedrohung, aber auch Chance war. Nur durch die Fähigkeit, sich gegen andere gewaltsam behaupten zu können, waren eigene Interessen zu wahren oder sogar die Existenz zu sichern. Gewaltexzesse, für die der Russische Bürgerkrieg notorisch ist, sind unmittelbar auf die extremen Bedingungen in solchen tödlichen Zonen zurückzuführen. Eine wichtige Rolle spielte dabei auch die scheinbare Grenzenlosigkeit. Die Machtsphären einzelner bewaffneter Gruppen waren kaum sicht- oder spürbar voneinander abgegrenzt. Sicht- oder spürbar war immer nur das konkrete Auftreten bestimmter Kriegsparteien. Für die Bevölkerung ergab sich hier oft ein Loyalitätsdilemma, weil sie nicht verschiedenen Kriegsparteien gleichzeitig treu sein konnten. Oft wurden sie von der jeweils anwesenden Macht für die vormalige Unterstützung der nun abwesenden Macht bestraft, die jedoch in naher Zukunft zurückkehren konnte. Somit standen Entgrenzung der Gewalt und Grenzenlosigkeit der Machtsphären im Russischen Bürgerkrieg in einem engen Zusammenhang.

Entgrenzungen (nationaler) Geschichte und Erinnerung: Historische Deutungskonflikte und Aussöhnung im Spannungsfeld von Wissenschaft, Öffentlichkeit und Politik

Teilgebiete: PD, KulG, PolG, ZG, D, WissG

Leitung
Eckhardt Fuchs (Braunschweig)
Simone Lässig (Braunschweig)

Moderation und Einführung
Eckhardt Fuchs (Braunschweig)

Geschichte und Konflikt

Innergesellschaftliche Konflikte um die Deutung nationaler Geschichte: Das Beispiel Spanien
Sören Brinkmann (Erlangen)

Bilaterale Deutungskonflikte im geeinigten Europa? Das Beispiel Ungarn-Slowakei
Gerhard Seewann (Pécs)

Geschichte als internationaler/multilateraler Konfliktherd: Das Beispiel Ostasien
Sven Saaler (Tokyo)

Geschichte und Aussöhnung

Erinnerung und Geschichte im Prozess der deutsch-französischen Verständigung nach 1945
Corine Defrance (Paris)
Ulrich Pfeil (St. Etienne)

Geschichte zwischen Konflikt und Aussöhnung?

Zwischen *History Wars*, Konfliktbewältigung und *cultural diplomacy*: Geschichtsschulbücher als Politikum
Simone Lässig (Braunschweig)

Kommentar
Christoph Marx (Essen)

HSK-Bericht
Von Hanna Grzempa und Thomas Strobel (Georg-Eckert-Institut für internationale Schulbuchforschung, Braunschweig)

Die Vorstellung getrennter Sphären von Wissenschaft und Politik war lange ein prägendes Wissenschaftsideal, das in der Geschichtswissenschaft bis heute nicht ganz obsolet ist. Die im Titel der Sektion benannte Trias von Wissenschaft, Öffentlichkeit und Politik steckte hingegen einen weiten Rahmen für die Austragung historischer Deutungskonflikte ab und ermöglichte es so, auch Verflechtungen und Ressourcentransfers zwischen den verschiedenen Sphären sichtbar zu machen.
Charakteristisch für die von Eckhardt Fuchs (Braunschweig) in seiner Einleitung angeführten Deutungskonflikte ist, dass diese »History Wars« über nationale Erinnerung und die Interpretation von Vergangenheit erheblich an politischer Brisanz und medialer Präsenz – hier vor allem durch die »historical cyber-culture« – gewonnen haben. Dabei geht der Anstoß zu historisch relevanten Kontroversen nicht mehr primär von Wissenschaftlern und Intellektuellen aus. Vielmehr sind es vielfach Politiker, verschiedene gesellschaftliche Interessengruppen, Medien oder gar staatliche Instanzen, die »Sinnbildung durch Geschichte« betreiben und damit historische Deutungskonflikte initiieren. Diese Auseinandersetzungen sprengen immer öfter die Grenzen der universitären Geschichtswissenschaft, werden sie doch vielfach an deren Rande oder gänzlich ohne die Mitwirkung von Wissenschaftlern ausgetragen. Nicht selten, so Fuchs, reichen sie in Inhalt und Wirkungen über die jeweiligen nationalen Grenzen hinaus.
Die anschließenden Vorträge befassten sich dementsprechend anhand systematisch ausgewählter und aktueller Fallstudien mit dem Spannungsverhältnis von Geschichtswissenschaft, Zivilgesellschaft, Politik und Staat in nationalen, bilateralen und multilateralen Kontexten. Im Zentrum der drei entsprechenden thematischen Blöcke standen Fragen nach einer öffentlichen Verhandlung und Nutzbarmachung von Geschichte, die unter bestimmten Konstellationen wechselseitiges Verstehen befördern, aber auch – und wie es scheint immer öfter – in handfeste Erinnerungskonflikte münden können.

Im ersten thematischen Block »Geschichte und Konflikt« wurden drei Konflikttypen mit je einem Fallbeispiel behandelt: Erinnerungspolitische Kontroversen, in die mehrere Staaten involviert sind; Geschichtskonflikte, die sich auf bilateraler Ebene entwickelt haben und schließlich Konflikte um die Deutung einer belasteten Vergangenheit, die innerhalb einer Gesellschaft ausgetragen werden.
Sören Brinkmann (Erlangen) skizzierte die spezifischen Bedingungen und die Entwicklung der Auseinandersetzung der spanischen Gesellschaft mit den Themen Bürgerkrieg und Franco-Regime. Die unmittelbar nach Francos Tod implizit getroffene Vereinbarung der demokratischen Kräfte, die Gesellschaft spaltende Themen aus der Vergangenheit ruhen zu lassen, sollte den gesellschaftlichen Frieden stabilisieren. Diese Zeit kollektiven Beschweigens endete erst nach 25 Jahren, als eine breit geführte öffentliche Debatte über die Bewertung der Franco-Zeit und die Frage der moralischen und rechtlichen Wiedergutmachung lange Zeit die politische und mediale Agenda dominierte. Diese Debatte ging in erster Linie von zivilgesellschaftlichen Kräften aus; die politischen Parteien beförderten diese jedoch aus politischem Kalkül. Im spanischen Fall führte der zeitliche Abstand zu den Geschehnissen nicht zur Abkühlung von Emotionen und zur Mäßigung von Positionen. Im Gegenteil: es kam zu einer intensiven Debatte, die aus dem dringlichen Wunsch der Gesellschaft entsprang, sich mit dem historischen Erbe auseinanderzusetzen.
Gerhard Seewann (Pécs) widmete sich bilateralen Spannungen und Deutungskonflikten. In seinem Vortrag zeichnete er die Entwicklung der slowakisch-ungarischen Beziehungen seit dem Ende des Sozialismus nach. Vor allem politische Akteure beider Länder seien es gewesen, die sich kultur- und geschichtspolitischer Elemente – Sprachenpolitik, Denkmalsfragen, Staatsbürgerschaft – bedient hätten, um Wähler zu mobilisieren. Im Kern handle es sich dabei um Identitätskonflikte und die Bewältigung sozialer Folgekosten des Transformationsprozesses. Das Störpotenzial historischer Themen werde vor allem von populistischen Parteien geschickt eingesetzt. Historiker spielten eher eine Neben- oder eine Marionettenrolle und unterzögen ihr Wirken aus dem Gefühl der Abhängigkeit vom Staat oft einer unbewussten Selbstzensur. Initiativen wie etwa die slowakisch-ungarische Schulbuchkommission setzten aber Zeichen einer kritischen Distanz zu staatlicher Geschichtspolitik und könnten so auch ohne politische Unterstützung wichtige Impulse der Versachlichung setzen. Konkrete Sachprobleme zwischen beiden Ländern seien, so Seewann, durchaus lösbar. Die Wirkungsmacht von Identitätskonflikten werde aber auf absehbare Zeit bestehen bleiben.
Sven Saaler (Tokyo), dessen Vortrag krankheitsbedingt von Eckhardt Fuchs zusammengefasst wurde, stellte die wichtigsten geschichtspolitischen Debatten zwischen Japan, Südkorea und China vor. Während bis in die 1980er Jahre eine Auseinandersetzung mit historischen Themen faktisch nicht stattgefunden habe, seien diese in den letzten beiden Jahrzehnten mit Wucht auf die Agenda gekommen und hätten sich vor allem an der belasteten Vergangenheit des Zweiten Weltkriegs entzündet. Die historischen Deutungskonflikte in Ostasien seien aber gegenwärtig, so Saaler, nicht mehr durch eine direkte Konfrontation, sondern durch einen bi- und trilateralen Dialog gekennzeichnet, der sich in zahlreichen

Initiativen auf staatlicher und zivilgesellschaftlicher Ebene äußert. Nicht zuletzt unterschiedliche nichtstaatliche Akteure – Historiker, NGOs, Fachverbände und Bürgerinitiativen – werden da, wo der politische Wille noch nicht ausreichend gegeben ist, zu Zugpferden des Dialogs. Beispielhaft hierfür nannte Saaler die von einer japanisch-chinesisch-südkoreanischen Kommission bis 2005 erarbeiteten Unterrichtsmaterialien unter dem Titel »A History that Opens up the Future: Modern and Contemporary History of Three East Asian Countries«. Gerade das ostasiatische Beispiel zeigt aber auch, wie die politische Deutungshoheit über die Geschichte und die Instrumentalisierung historischer Erinnerung immer wieder zu zwischenstaatlichen Spannungen führt.

Der zweite und dritte thematische Block zeigten, wie selbst aus schweren historischen Hypotheken ein Dialog über sensible geschichtliche Themen entstehen konnte und welche Interessen auf staatlicher wie zivilgesellschaftlicher beziehungsweise wissenschaftlicher Seite dahinterstanden. »Geschichte und Aussöhnung«, der zweite Komplex der Sektion, drehte sich um die Frage, inwieweit die Beschäftigung mit beziehungsweise die Verhandlung von Geschichte zur Überwindung von Spannungen zwischen zwei ehedem verfeindeten Gesellschaften und Staaten beitragen kann. Die von Corine Defrance (Paris) und Ulrich Pfeil (St. Etienne) vorgestellte Geschichte des deutsch-französischen Historikerdialogs begann schon in den 1920er Jahren und fand nach der Zäsur des Zweiten Weltkriegs seine Fortsetzung, unter anderem in gemeinsamen Schulbuchgesprächen. Diese langjährige und vertrauensbildende Zusammenarbeit, an der auch politische und gesellschaftliche Akteure beteiligt waren, schuf die Grundlagen für die Erarbeitung eines gemeinsamen Geschichtsbuches, dessen drei Bände in den Jahren 2003–2010 erarbeitet wurden. Die Entstehung dieses Lehrwerks, das regulär im Oberstufenunterricht beider Länder eingesetzt werden kann, hat eine hohe symbolische Bedeutung und war Impuls für die Konzipierung anderer bilateraler Schulbücher. In der Schulpraxis hingegen hat es sich nur bedingt durchsetzen können, was skeptische Stimmen von Seiten von Lehrern – etwa zur mangelnden Kompatibilität mit den Lehrplänen einiger Bundesländer – auch in der Diskussion bestätigten. Dass das Schulbuch, so Defrance und Pfeil, einen wichtigen Beitrag zu einem gemeinsamen europäischen historischen Bewusstsein leiste, stehe außer Frage. Ob die Schwierigkeiten des Einsatzes des gemeinsamen Geschichtsbuches in der Schulpraxis aber nicht auch Beleg für die andauernde Dominanz der nationalen Narrative in den europäischen Lehrplänen ist, gelte es noch weiter zu diskutieren.

Hieran schloss sich der dritte Komplex an, in dem beide Perspektiven zusammengeführt wurden. »Zwischen *History Wars*, Konfliktbewältigung und *cultural diplomacy*« war der Titel des Vortrages von Simone Lässig (Braunschweig), in dem sie den Januscharakter von Geschichtsschulbüchern thematisierte: Schulbücher könnten Erinnerungskonflikte verstärken, aber auch einen Beitrag zur Verständigung leisten. Dies ergebe sich nicht zuletzt aus den Spezifika dieses Mediums, das politische Orientierungen in hoher Verdichtung und in staatlich autorisierter Form vermittelt. Simone Lässig skizzierte die Geschichte des Schulbuchdialogs zwischen der Bundesrepublik Deutschland und seinen ehemals verfeindeten Nachbarn. Dabei fragte sie, unter welchen Rahmenbedingungen es gelungen ist, ehemals tiefgreifende Deutungskonflikte auf rationale Weise auszutragen oder über die Beschäftigung mit Geschichte sogar neue Formen der Verständigung zwischen ehemals verfeindeten Gesellschaften zu etablieren. Für den Dialog der alten Bundesrepublik mit westlichen Staaten sei, so Lässig, die Konstellation vergleichsweise günstig gewesen. Hier verwies sie auf das gebrochene Verhältnis der Deutschen zur Nation, auf die kritische Aufarbeitung der eigenen Geschichte in der Generation der Nachgeborenen und vor allem auf die fortschreitende West-Integration, die aus ehemaligen Feinden Partner gemacht hatte. Obwohl diese Konstellation für Polen nicht zutraf, habe auch die 1972 gegründete Gemeinsame deutsch-polnische Schulbuchkommission von neuen politischen Rahmenbedingungen (Neue Ostpolitik, Helsinki etc.) profitiert, allerdings ohne dass sie eine dezidiert politische Agenda verfolgt hätte. Im Gegenteil: Die bilateralen Historiker- und Schulbuchkommissionen waren deshalb erfolgreich, weil sie sich wissenschaftlichen Standards der Arbeit verpflichtet fühlten und – so scheint es beim derzeitigen Stand der Forschung – auch eigene Regeln der Kommunikation entwickelt haben.

Staat und Zivilgesellschaft erfüllen in derartigen Konstellationen, so Christoph Marx (Essen) in seinem Kommentar, je unterschiedliche Bedürfnisse: Während der Staat die Bearbeitung historischer Themen eher instrumentell angehe, gehe es der Zivilgesellschaft um Versöhnung mit der Geschichte und die Herstellung innergesellschaftlicher Homogenität. Für die Historikerzunft sei es dabei in nationalen wie transnationalen Aushandlungsprozessen zentral, eine Distanz zum jeweiligen Forschungsgegenstand zu bewahren, nationale Loyalitäten unter Umständen auch zurückzustellen und zur Versachlichung von Debatten beizutragen.

Den 2010 im »Archiv für Sozialgeschichte« dargelegten Modellen des Neben- und Miteinanders der Sphären von Wissenschaft und Politik, die seit 1945 deutliche Tendenzen der Verwissenschaftlichung der Politik und Politisierung der Wissenschaft aufzeigten, konnten in diesem Panel weitere aussagekräftige Fallstudien hinzugefügt werden. Es wurde deutlich, wie stark historische Themen und ihre Erinnerung bis heute innergesellschaftliche Verständigungsprozesse oder das Verhältnis zu Nachbarländern belasten und wie rasch dabei auch Schulbücher zum Politikum werden können. Deutlich wurde, wie bedeutsam politische Voraussetzungen beziehungsweise tragfähige diplomatische Beziehungen für einen Dialog über historische Themen einerseits und ein gewisser zeitlicher Abstand zu den Geschehnissen andererseits sind. Dabei prägen wissenschaftliche und andere nichtstaatliche Akteure diesen Dialog aber auf sehr unterschiedliche Weise – in Distanz zur Politik, eng mit ihr verknüpft oder in ständigen Aushandlungsprozessen.

Insgesamt zeigte sich allerdings, wie schwierig es im Einzelfall ist, Querverbindungen und Einflussnahmen zwischen Wissenschaft einerseits und innergesellschaftlicher beziehungsweise transnationaler Austragungsprozesse von Geschichte andererseits im Detail zu erfassen und nachzuzeichnen. Übergeordnete Kategorien, die es ermöglichen würden, Akteure und Phasen von Erinnerungskonflikten zuzuordnen, fehlen bislang. Modellhafte Formen von »best practice« des Dialogs über historische Themen, die in dem Panel immer wieder angemahnt wurden, sind nicht in Sicht, wären angesichts der Spezifik des jeweiligen Einzelfalls vermutlich aber auch kaum operationalisierbar.

Genealogien der Menschenrechte

Teilgebiete: NZ, EÜ, ZG

Leitung
Stefan-Ludwig Hoffmann (Potsdam)

Einführung: Zur Genealogie der Menschenrechte
Stefan-Ludwig Hoffmann (Potsdam)

Do Human Rights Have a Prehistory?
Samuel Moyn (New York)

Die Geschichte der Menschenrechte als Sakralisierung der Person
Hans Joas (Erfurt/Chicago)

Moralischer Interventionismus. Zur Neuerfindung von internationalem Menschenrechtsaktivismus in den 1970er Jahren
Jan Eckel (Freiburg)

Dissidence, Human Rights, and Liberal Nationalism in East Central Europe 1968–1989
Michal Kopecek (Prag)

Kommentar
Sandrine Kott (Genf)

Diese Sektion wird im HSK-Querschnittsbericht »*Humanitarismus* und *Entwicklung*« von Martin Rempe und Heike Wieters behandelt. Es liegt zudem ein HSK-Bericht von Lasse Heerten vor.

Geschichte Europas Online. Internet-Portale zur Forschung und Lehre

Teilgebiete: NZ, WissG, D, GMT, TG

Leitung
Hannes Siegrist (Leipzig)
Hartmut Kaelble (Berlin)
Jakob Vogel (Köln)

Europa in Quellen: Themenportal Europäische Geschichte. Ein Projekt des Vereins Clio-online – Fachportal für die Geschichtswissenschaften, Historisches Fachinformationssystem e.V.
Hannes Siegrist (Leipzig)
Rüdiger Hohls (Berlin)

Europa der Transfers: EGO – Europäische Geschichte online. Ein Projekt des Instituts für Europäische Geschichte Mainz
Irene Dingel (Mainz)
Joachim Berger (Mainz)

Europa in Schulbüchern: Eurviews. Europa im Schulbuch/Edumeres. Informations- und Kommunikationsportal für die internationale Bildungsmedienforschung
Simone Lässig (Braunschweig)

Nutzer und Verleger im Gespräch mit den Betreibern von Internetportalen

Statements:
Christian Jung (Heidelberg)
Isabella Löhr (Heidelberg)
Manuel Müller (Berlin)
Thomas Schaber (Stuttgart)

Zusammenfassung

Die Sektion griff das Motto des Historikertags 2010 auf. Das Podium überschritt Grenzen in vielfacher Hinsicht: Es wollte Europa als ein Thema der Grenzüberschreitung präsentieren, konnte dabei freilich auch Grenzverfestigung nicht übersehen. Es präsentierte mit dem Internet das Medium, das am leichtesten nationale Grenzen überschreitet, aber auch an Sprachgrenzen fest hängen kann. Es überschritt Binnengrenzen der Forschung und Grenzen zwischen Nutzergruppen. Herausgeber und Autoren von Internetportalen zur europäischen Geschichte diskutierten mit Hochschullehrern, Geschichtslehrern, Nachwuchsforschern, Studierenden und Verlegern. Insgesamt ging es weniger darum ein Novum vorzustellen, als um eine Zwischenbilanz auf der Suche nach neuen Themen, Methoden und medialen Formen in der europäischen Geschichte.
Das Podium »Geschichte Europas Online« stellte im ersten Block drei Internetportale vor, die das Wissen und die Materialien zur Geschichte Europas in jeweils spezifischer Weise aufbereiten, darstellen und für die Lehre, Forschung sowie den allgemeinen Gebrauch öffentlich zugänglich machen. Im Anschluss daran diskutierten die Portalverantwortlichen über inhaltliche Ähnlichkeiten und Unterschiede, Chancen und Probleme des Mediums, Synergien und Kooperationsmöglichkeiten. Der zweite Block wurde durch Statements von Nutzern, Prosumern (das heißt Inhaber hybrider Produzenten- und Konsumentenrollen) und Verlegern eingeleitet. Die dazu eingeladenen Geschichtslehrer, Wissenschaftler, Studierenden und Verleger diskutierten im Anschluss daran mit den »Produzenten« über Themen, Ziele und Methoden, Formen der Darstellung und Kommunikation sowie die Bedeutung für die Lehre und Forschung sowie das allgemeine Publikum. Es wurde durchaus kritisch gefragt, inwiefern sich die von Wissenschaftlern betreuten Fachportale zur europäischen Geschichte hinsichtlich der Themen und der Darstel-

lungsmethoden von anderen Präsentationen unterscheiden; welches der Nutzen des Publizierens im Open access ist; wie die Rechte und Interessen der Autoren gesichert werden; wie das Publikum von Forschern, Professoren, Lehrern, Studenten, Schülern und historischen Interessenten mit diesen Publikationen umgeht; und inwiefern Open access-Publikationen eine Alternative oder Ergänzung zu den traditionellen Printmedien und Publikationsverfahren darstellen.

Geschichten von Menschen und Dingen – Potenziale und Grenzen der Akteur-Netzwerk-Theorie (ANT) für die Geschichtswissenschaft

Teilgebiete: NZ, MedG, StG, KulG

Leitung
Christina Benninghaus (Bielefeld)

Heroin: Vom Hustenmittel zur illegalen Droge (1898–1912)
Klaus Weinhauer (Bielefeld)

Eine neue Art, unfruchtbar zu sein: Die Einführung der Tubendurchblasung um 1920
Christina Benninghaus (Bielefeld)

Browning, Mauser und Co als Startschuss einer neuen deutschen Waffenkultur
Dagmar Ellerbrock (Bielefeld)

Jenseits des Bauwerks: Professioneller Wandel und neue soziale Relevanz moderner Architekten nach 1918
Martin Kohlrausch (Bochum)

Kommentar
Martina Heßler (Offenbach)

Diese Sektion wird im HSK-Querschnittsbericht »Wissenschaftsgeschichte« von Désirée Schauz behandelt. Es liegt zudem ein HSK-Bericht von Catarina Caetano da Rosa vor.

Grenzen der Erinnerung an den Zweiten Weltkrieg

Teilgebiete: NZ, StG, WissG, MG

Leitung
Waltraud Schreiber (Eichstätt)
Felix Ackermann (Frankfurt an der Oder)

Moderation
Felix Ackermann (Frankfurt an der Oder)

Einführung
Waltraud Schreiber (Eichstätt)

Räumliche Erinnerungskultur in Dalmatien zwischen Partisanenkult und Nationalstaatlichkeit
Bernd Robionek (Berlin)

Skopje. Stadtraum und Erinnerung in einem multiethnischen Staat
Stephanie Herold (Berlin)

Vilnius, Minsk, Kiew. Städtische Erinnerungslandschaften des zweiten Weltkriegs
Rasa Balockaite (Kaunas)

Die Verteidigung der Festung Brest. Museale Repräsentation als Mythos?
Alena Paškovič (Brest)
Christian Ganzer (Kiew)

Kommentare
Stefan Troebst (Leipzig)
Monika Flacke (Berlin/Oldenburg)
Waltraud Schreiber (Eichstätt)

HSK-Bericht
Von Jakob Ackermann (Katholische Universität Eichstätt-Ingolstadt)

Mit dem programmatischen Untertitel »Interkulturelle Projektarbeit im Rahmen der Geschichtswerkstatt Europa als didaktisch-methodischer Ansatz zur Wahrnehmung, Analyse und Reflexion europäischer Erinnerungskulturen«[1] führte die Sektion »Grenzen der Erinnerung an den Zweiten Weltkrieg« die derzeitig stark betriebene Suche nach Möglichkeiten zur Erfassung und wissenschaftlichen Erschließung eines etwaigen *europäischen Gedächtnisses* im Rahmen des Historikertags fort.
Durch die Präsentation und Reflexion exemplarischer Projektverläufe aus dem Programm »Geschichtswerkstatt Europa« (GWE)[2] der Stiftung Erinnerung, Verantwortung, Zukunft (EVZ) wurde ein Förderungsansatz für fachwissenschaftlich betreute Geschichtsverhandlungsprozesse vorgestellt, die in ihrer Summe – so eine der Leitthesen – Elemente für die Formierung einer gemeinsamen Erinnerungskultur beitragen könnten. Dabei war insbesondere zu diskutieren, inwiefern die materielle, ideelle und methodische Förderung von kleinen interkulturellen Teams junger Geistes- und Kulturwissenschaftler auszurichten sei, um ihnen den notwendigen Spagat zwischen übernationaler Anerkennung sowie

regional- beziehungsweise lokalspezifischer Identifikationsmöglichkeit in Hinblick auf eine Ausdeutung des europäischen Gedächtnisses gelingen zu lassen – und das mit fachwissenschaftlichem Qualitätsanspruch.
Gerade Grenzerfahrungen ermöglichten es hierbei, das Phänomen *Europa* als Erfahrung und Erzählung zu verstehen, so die Grundthese von Felix Ackermann (Frankfurt an der Oder) in seinen einführenden Worten. Dass dabei der Untersuchungsfokus *Erinnerung* als Primat neben *Geschichte* treten müsse, entspricht den gängigen kulturwissenschaftlichen sowie gedächtnistheoretischen Erkenntnissen über die gegenwärtigen Interaktionsprozesse zwischen (nationaler) Geschichtspolitik, individueller Erinnerung und der fachwissenschaftlichen Historiographie. Ackermanns Erfahrung durch die Betreuung von circa 100 Projekten ließ ihn vermuten, dass gerade der enge Austausch innerhalb bi- und trinationaler Teams sowie die Kleinräumigkeit der Einzelmaßnahmen großes Potential für die Erschließung eines »europäischen Gedächtnisses« zu scheinen haben: Die übersichtlichen Strukturen böten den nötigen Erfahrungs- und Entfaltungsraum, um eine konstruktive Konfrontation mit der jeweiligen eigenen wie fremden soziokulturell geprägten Subjektivität herbeizuführen. Die dabei erkannten Differenzen und Grenzen könnten so thematisiert und gegebenenfalls auch leichter anerkannt werden. Besonders die Barrieren sprachlicher Kommunikation sowie die Grenzen historischer Erkenntnis und die Kompromisslosigkeit bestimmter Deutungen beziehungsweise Bedeutungszuweisungen seien so erfahrbar. Der so angeregte multiperspektivische Zugang zur Auseinandersetzung mit dem Zweiten Weltkrieg und seinen Folgen arbeite auch gegen eine Homogenisierung der europäischen Erinnerungskultur. Gleichzeitig sei die weiterhin bestehende Konjunktur von in sich abgeschlossenen, nationalistischen Deutungen gerade in Osteuropa kritisch zu analysieren und in einen historisch-politischen Rahmen einzuordnen sowie auch der deutsche Weg stets zu reflektieren.
Wie dabei gewährleistet werden kann, dass der Balanceakt zwischen Kritik und Sensibilität, Faktenglauben und Wissensgewinn, Selbstbewusstsein und Empathie von den Projektteilnehmern bewältigt werden kann, ohne beispielsweise in einen fortschrittsparadigmatischen oder ethnozentristischen »Wissenschaftsimperialismus« zu verfallen, wird wohl die entscheidende Herausforderung des Programms bleiben. Stellenweise bestätigten dies auch die vorgestellten Projekte. Bernd Robionek (Berlin) und sein Team fühlten sich beispielsweise in ihrem Projekt Erinnerungskulturen in Dalmatien dadurch herausgefordert, dass »der Umgang mit bestimmten Kapiteln der Vergangenheit weiterhin Kontroversen innerhalb der kroatischen Gesellschaft hervorruft« – sichtbar an einer heißen Debatte, die nach einem Zeitungsbericht im Internet gestartet war. Kommentare zum Projekt wie »Jene, die in unseren Gegenden gemordet haben und Millionen Juden in den Gaskammern vernichtet haben – Ihr wollt uns erzählen was wir zu tun haben?«[3] wurden als »nationalmotivierte Eigenwahrnehmung« erkannt und die in Kroatien vorhandene geschichtspolitische Polarität nachvollziehbar herausgearbeitet. Die begleitenden Analysen vereinfachten jedoch die Vielschichtigkeit der Erinnerungskultur Kroatiens und besonders die Ursachen für die Unterschiedlichkeit der grassierenden Meinungen. Gleichzeitig wurde die eigene (deutsche) Perspektivität innerhalb der Projektarbeit im Vergleich nur wenig

thematisiert. Auch der diagnostizierte Kontrast zwischen der deutschen und kroatischen Zeitgeschichte ist zwar wohl nachvollziehbar, die Schlussfolgerungen daraus bleiben jedoch oberflächlich (Zitat: »in Deutschland wird Aufarbeitung begrüßt«). Verfolgenswert bleibt die Empfehlung, dass bei transnationalen Projekten unbedingt die deutsche Erinnerungslandschaft parallel mit in den Untersuchungsfokus genommen werden sollte, um die Eigenperspektive im direkten Vergleich zu reflektieren und eine einseitige Außenwahrnehmung zu vermeiden. Dies entspräche auch den Bedürfnissen der multinationalen Teams, um sich auf Augenhöhe zu begegnen. Außerdem würde dies dem verbreiteten und problematischen Phänomen gerecht, dem sich jeder Versuch transnationaler Erinnerungskultur zu stellen habe, nämlich die »allergische Abstoßungsreaktion der fokussierten Länder«, wie Stefan Troebst (Leipzig) als wissenschaftlicher Experte der GWE in seinem Kommentar betonte. Auch angerissen wurde die Frage, inwiefern solche Anstöße von außen notwendig oder sogar unausweichlich seien. Definitiv schwierig bleibt, eine ausreichende Vorbereitung hinsichtlich eines angemessenen Kenntnisstands über die regionale Geschichte, Sprache, Motivik sowie politische Kultur für die Projektteilnehmenden zu gewährleisten, um interkulturellen Konflikten vorzubeugen und sie mit der oft komplexen Materie vor Ort im Vorfeld ausreichend vertraut zu machen. Das Beispiel für die unterschiedlichen Bedeutungen des »serbischen Grußes« innerhalb Europas war hier sehr eindrücklich. In dieser Richtung seien viele der Projekte auf jeden Fall stärker unterstützungsbedürftig. Begrüßenswert war es dementsprechend, dass die Veranstaltung darauf ausgelegt war, den von der Geschichtswerkstatt gesetzten »Rahmen zur Diskussion über die Grenzen der europäischen Erinnerung« weiterzuentwickeln und die methodische wie fachliche Projektbetreuung auszubauen.

»Europa ist eben ein Europa der Gedächtnisse« (Plural!) führte Waltraud Schreiber (Eichstätt) in ihrer theoretischen Einführung zur »Bildung von Geschichte(n)« weiter aus. Ein narrativistisches Verständnis sei dabei ein geeigneter Weg, um die Diversität der Perspektiven und konkurrierende Vergangenheitsdeutungen in ihrer jeweiligen Ausprägung wahr und ernst zu nehmen sowie ihnen ihre regionale, nationale, individuelle Bedeutung einzugestehen. Mit der Analyse durch Methoden der »De-Konstruktion«, das heißt dem schrittweisen Nachvollziehen der Konstitutionsprozesse von geschichtskulturellen Manifestationen, ließe sich deren Gebilde aus unterschiedlichen Vergangenheitsdeutungen, Gegenwartserfahrungen und Zukunftserwartungen auf sachlicher Ebene erschließen, sowie spezifische Sinnbildungsstrategien und deren Qualität (Triftigkeiten) erkennen. Dies ermögliche den jungen Forschern, neben einer erhöhten Sensibilität gegenüber anderen Positionen, das eigene wissenschaftliche Selbstverständnis und individuelle Geschichtsbewusstsein zu hinterfragen: »In allen Teams werden so die Partner zur Reflexion der eigenen und anderen Identität und Sozialisierung gezwungen.«

In den internen Diskussionen innerhalb des Forschungsteams um Rasa Balockaite (Kaunas) gab es von Anfang an Differenzen vor allem aufgrund des unterschiedlichen wissenschaftlich-theoretischen Hintergrunds und den entsprechenden Zugängen zu den »städtischen Erinnerungslandschaften von Minsk, Vilnius und Kiew«. Besonders die kategorialen Zugriffe während der Analyse von Stadtplänen zeigten sich als unterschiedlich besetzt, dabei jedoch fundamental forschungsleitend: Inwiefern kann ein Vergleich zielführend bleiben, wenn sich bei der empirischen Analyse einer der drei Untersuchungsgegenstände – hier Vilnius – von den anderen fundamental unterscheidet, die Untersuchungskategorien nicht mehr greifen und er dadurch nicht hinreichend durch das Analyseraster erschlossen werden kann? Wie flüssig muss/darf das Konzept eines terminologischen Feldes also sein? Diese erkenntnistheoretischen Fragen bereicherten zwar das Projekt und öffneten die Untersuchungsperspektive, dennoch sei es genau aus dieser ungelösten Kategorienfrage heraus schwierig, die wissenschaftlichen Schulen zusammenzubringen. Letztendlich folgten unüberwindbare Deutungsdifferenzen, ohne jedoch die Endergebnisse in ihrer grundsätzlichen Qualität zu mindern.

Auf Grenzen hauptsächlich in interkultureller Hinsicht stießen Christian Ganzer (Kiew) als in Deutschland ausgebildeter Museumsanalyst und Alena Paškovič (Brest) als in Belarus promovierte Historikerin während ihres Projekts über die Brester Festung: Neben wohl anfänglich unterschiedlichen Projektintentionen[4] zeigten sich auch hier kategoriale Dissonanzen – beispielsweise bei den Begriffen Mythos und Heldentum stießen die beiden jungen Forscher auf divergierende soziokulturell verwurzelte Konnotationen. Damit rückte schnell die Interpretation von Funktionen der jeweils eigenen und offiziellen Deutungsmuster über den Kampf um die Brester Festung in den Mittelpunkt der gemeinsamen Forschungsarbeit: Ist das Museum der Verteidigung der Brester Festung eher ein gemeinsamer, lokal wie überregional bedeutender Erinnerungsort für die postsowjetischen Gesellschaften und die Stadt Brest oder vielmehr eine emotionalisierende und tatsachenverfälschende Präsentation einer Herrschaftslegitimation aus Sowjetzeiten? Selbstverständlich war dieser prognostizierte Widerspruch in derartiger Gegenüberstellung nicht aufzulösen. Beide Positionen mussten zumindest in ihrer Wichtigkeit für die jeweiligen Rezipienten und nationalen Perspektiven stehen bleiben. Dies stellte sich in einem zweiten Schritt für den Projektverlauf als erstaunlich bereichernd heraus: Die Funktionsweise der in der eigenen Ausbildung und Gesellschaft angelegten Schemata, Deutungen und (Vor-)urteile konnte so beiden Seiten deutlich vor Augen geführt werden, dabei die Grenzen dieser eigenen Vorprägung klar aufgezeigt und durch die neue, fremde Perspektive bereichert werden – und das sowohl inhaltlich als auch theoretisch und methodisch. So wurde beispielsweise herausgearbeitet, dass die Festung in ihrer potenten Rolle in der lokalen Geschichtskultur die anderen Schichten der Erinnerung an die Stadtgeschichte verdecke, andererseits auch gründliche Archivarbeit Teile der (post-)sowjetischen Mythen nicht falsifizieren könne und so der Terminus »Held« als eine unerwartet facettenreiche Begriffskategorie für beide Seiten in Erinnerung bleibt.

Insgesamt erfordert eine solche Projektarbeit also ein hohes Maß an Flexibilität bei allen Beteiligten, sowohl in Bezug auf die unterschiedlichen Bedürfnisse und Gewohnheiten, die wissenschaftlichen Fertigkeiten und kulturellen Kenntnisse, aber besonders hinsichtlich der Reaktionsfähigkeit auf unerwartete Teilergebnisse und lokale Bedingungen. Die Komplexität solcher transnationalen und

multilingualen Aushandlungsprozesse – allein schon innerhalb der Projekte – war sogar bei den Präsentationen am Historikertag noch nachzuvollziehen, konnte jedoch in Bezug auf die Verständigung durch spontanes Dolmetschen souverän gemeistert werden.
Wie dynamisch sich der Umgang sowohl mit dem Untersuchungsgegenstand als auch den Methoden und Zugängen gestalten kann, zeigte das Projekt von Stephanie Herold (Berlin). Geplant war ein dekonstruktivistischer Ansatz, welcher in interkultureller Zusammenarbeit und bunter fachlicher Zusammensetzung die multiethnische Stadt Skopie mit ihrer Substanz und Struktur als Quelle in den Mittelpunkt rückte. Leitende These war, dass jedes historische Ereignis seine Spuren in der Erinnerungs- und Gedenkstruktur dieser Stadt hinterlassen habe – offensiv präsentiert durch Denkmäler oder aber wenigstens indirekt vorhanden, beispielsweise durch Abrisse. Während der Projektarbeit verschob sich trotz professioneller Einarbeitung in die Materie der Untersuchungsfokus von der Analyse konkreter Erinnerungsorte auf das Nachvollziehen von Mechanismen bei der Konstruktion von Identitäten und Manifestationen von Erinnerungen im öffentlichen Raum. Die Frage nach eigenen Partizipationsmöglichkeiten und der eigenen gesellschaftlichen Rolle in geschichtspolitischen Diskursen wurde zum leitenden Thema, was sich letzten Endes auch auf die Ergebnispräsentation – eine beeindruckende interaktive Ausstellung – niederschlug. Vom eigentlichen Projektvorhaben blieb jedoch nicht mehr viel übrig, die erinnerungskulturelle Vielfalt in Skopie wurde nur zu einem Bruchteil wahrgenommen (vergleiche den Kommentar von Stefan Troebst) und so verschwand gerade die multiethnische Dimension auf Grund der Konzentration auf die albanisch-slawische Bevölkerung. Zusätzlich, so Troebst weiter, sei die Stadt Skopie ein Spezialfall, da nach dem Erdbeben von 1963 eine ambivalente »tabula-rasa-Situation« geschaffen wurde. Trotz alledem waren die gewonnenen Erfahrungen für die Teilnehmenden durch die ernste, gemeinsame Auseinandersetzung mit Erinnerungsprozessen und politischer Partizipation wohl durchaus weiterführend für die eigene Biographie und wurden durch die Ausstellung auch ganz im Sinne der Stiftung vermittelbar.
Monika Flacke (Berlin/Oldenburg) führte die benötigte Flexibilität in der Auseinandersetzung mit europäischen Erinnerungskulturen darauf zurück, dass Erinnerung immer in Bewegung sei, sich ununterbrochen verändere. Und da die Methoden der historischen Wissenschaften und ihre Aneignung national verschieden seien, würden sich die daraus evozierten Geschichtsbilder unbedingt auch weiterhin unterscheiden und konkurrieren. Die historischen Deutungen in der Öffentlichkeit seien im Grunde genommen »alle ideologisch«, so dass sie der Kontextualisierung in Raum und Zeit bedürfen, als auch die durch sie angestoßenen Konflikte mit Vorsicht und Sensibilität behandelt werden müssen, aber durchaus notwendig seien. Selbst der hier propagierte De-Konstruktionsansatz sei auf den ersten Blick hart, könne man doch interpretieren, er stelle die Grundfesten einer Nation zur Debatte: »Es ist schwierig, diese Thematiken zerlegen zu können, ohne richtig Ärger zu bekommen«. Doch geht es dabei wirklich nur um die Analyse der multiplen Neucodierungen von Geschichte nach 1945 beziehungsweise 1989 oder vielmehr um Deutungshoheit? Flacke betont, dass die lokalen Gesellschaften Änderungen befördern oder behindern können, Anstöße

von außen aber erforderlich seien, sofern nicht durch Systemstürze neue Perspektiven offen ins Feld geführt werden. Ein offener und ehrlicher Diskurs sei der richtige Weg, auch wenn die Erinnerungen ein Kampfplatz bleiben würden, wie die Projekte eindrücklich schildern.
Dass dafür Stiftungen als potentiell überregionaler Rahmengeber, Initiator und Förderer dieser Aushandlungsprozesse eine nicht zu unterschätzte Rolle spielen, soll hier bewusst betont werden. Durch sie werden Grenzen durchlässig, können aber auch in ihrer Massivität und Sinnhaftigkeit verstanden und akzeptiert werden. Fremdverstehen und Selbstreflexion verbleiben dabei nicht als Worthülsen, sondern werden durch die Stiftungen in der Projektarbeit praktiziert.
Die Rolle der Wissenschaft muss es bleiben, den Arbeitsprozess an einem europäischen Gedächtnis theoretisch und fachlich zu begleiten und als Sachverständige und Mediator die Qualität der Ergebnisse im Auge zu haben.
Für die EVZ gelte es deshalb in Bezug auf die Weiterentwicklung der Geschichtswerkstatt Europa, so Waltraud Schreiber in ihrem Schlusswort, die Expertenbetreuung sowohl in inhaltlicher als auch in interkultureller Hinsicht auszubauen und gleichzeitig die Methodenebene stärker zu berücksichtigen, das heißt. besonders an der Effektivität der Analysemethoden zu arbeiten. Schreiber regte auch an, den Schatz der Ergebnisse der zahllosen Einzelprojekte tatsächlich als Sammlung und Quelle einer europäischen, transnationalen Erinnerungsarbeit zu verstehen und auch in dieser Hinsicht zu nutzen für das Zusammendenken europäischer Gedächtnisse.

Anmerkungen

1 So der propagierte Untertitel bei der Vorstellung des Panels. Vgl. www.geschichtswerkstatt-europa.org/veranstaltung-ansicht/items/id-48-historikertag-2010-in-berlin.html?file=media/downloads/aktuelles/Grenzen%20der%20Erinnerung.pdf, letzter Zugriff am 20. September 2011.

2 Unter diesem Titel führt die EVZ in Zusammenarbeit mit dem Institut für angewandte Geschichte und dem Global and European Studies Institute der Universität Leipzig ein Förderprogramm für junge Historiker und Geisteswissenschaftler aus Mittel- und Osteuropa durch. Vgl. www.geschichtswerkstatt-europa.org, letzter Zugriff am 20. September 2011.

3 Vgl. Projektpräsentation unter www.geschichtswerkstatt-europa.org/abgelaufenes-projekt-details/items/erinnerungskultur-dalmatien.html, letzter Zugriff am 20. September 2011.

4 Einerseits die Absicht, die Mechanismen des Museums zu untersuchen, wie es auf Besucher wirkt, andererseits das Vorhaben, den dort präsentierten Mythos zu zerlegen, was als »Helden wegnehmen« interpretiert wurde.

Grenzen überwinden – Die Systemgrenzen sprengende Kraft von Opposition und Widerstand in der DDR

Teilgebiete: NZ, OEG, PolG, ZG

Leitung
Helge Heidemeyer (Berlin)

Begrüßung und Einführung
Gerhard A. Ritter

Die Überwindung der Systemgrenzen im Innern der DDR
Ilko-Sascha Kowalczuk (Berlin)
Tomaš Vilímek (Prag)

Grenzüberschreitende Kontakte der mittelosteuropäischen Opposition
Krzysztof Ruchniewicz (Wroclaw)
Burkhard Olschowsky (Oldenburg)

West-Kontakte ostdeutscher und osteuropäischer Opposition
Bernd Florath (Berlin)
Helge Heidemeyer (Berlin)

Zusammenfassung

Die Abteilung Bildung und Forschung der BStU beteiligte sich mit einer eigenen Sektion am Historikertag 2010, der vom 28. September bis 1. Oktober 2010 in Berlin stattfand. Das Motto dieses Historikertages lautete »Über Grenzen«. Unter der Leitung von Helge Heidemeyer präsentierte sich die BStU mit Vorträgen und mittels einer Podiumsdiskussion zum Schwerpunkt »Grenzen überwinden – Die Systemgrenzen sprengende Kraft von Opposition und Widerstand in der DDR«. Der Historiker Gerhard A. Ritter verwies in seinem Einleitungsstatement darauf, dass es »niemals die Chance zur Schaffung einer demokratischen DDR« gegeben habe. Das Sondergebilde DDR litt zudem an der ungeklärten nationalen Frage: die Mauer und die Grenzen im System wurden zu Sinnbildern. Ilko-Sascha Kowalczuk stellte in seinem Beitrag die Frage nach dem »Reglement im Inneren« der DDR und ging auf die »Funktionsumwandlung von Grenzen in einer Diktatur«, aber auch auf die semantischen Deutungen der in diesen Grenzen Wohnenden ein. Tomaš Vilimek fragte unter anderem danach, warum sich große Bevölkerungsteile trotz ablehnender Grundhaltung an den politischen Ritualen beteiligten. Zudem referierte Krzysztof Ruchniewicz zu den grenzüberschreitenden Kontakten zwischen Polen und Ostdeutschen, den von ostdeutschen Oppositionellen – wie er ausführte – »hierbei gemachten besonderen Lernerfahrungen« sowie zur Wahrnehmung der jeweils anderen Seite. Bernd Florath ging im Folgenden auf das Sozialistische Osteuropakomitee in der Bundesrepublik und Westberlin ein, eine Initiative, die sich 1970/71 im Umfeld trotzkistischer Politaktivisten gründete. Abschließend fragte Helge Heidemeyer, dessen Thema die »Flucht aus der DDR« war, nach den Flucht- und Abwanderungsgründen und verwies darauf, dass Flucht und Übersiedlung nicht nur den SED-Staat, sondern ebenso die Opposition in der DDR geschwächt hätten.

Grenzgänge zwischen Wirtschaft und Wirtschaftswissenschaften. Zur Historischen Semantik einer gesellschaftlichen »Leitwissenschaft«

Teilgebiete: NZ, WissG, WG, GMT

Leitung
Jan-Otmar Hesse (Göttingen)
Roman Köster (München)

Einleitung
Jan-Otmar Hesse (Göttingen)
Roman Köster (München)

Das Scheitern der Historischen Schule an der sozialen Frage
Nils Goldschmidt (München)

Der Diskurs des »Praxisbezugs« in der deutschen Wirtschaftswissenschaft der 1920er Jahre
Roman Köster (München)

From Theory to Practice and Back: Assessing the Influence of the Schmalenbach-Society on German Business, 1920s to 1960s
Jeff Fear (Redlands, California)

»Alles was falsch und übertrieben ist bei Keynes habe ich viel früher und viel genauer gesagt« – Zum Verhältnis von geschäftlichem Erfolg und wirtschaftstheoretischem Misserfolg am Beispiel L. Albert Hahns
Jan-Otmar Hesse (Göttingen)

Crossing Borders in Game Theory: From Politics to Economics and Back
Esther-Mirjam Sent (Nijmegen)

Diese Sektion wird im HSK-Querschnittsbericht »Wirtschaftsgeschichte« von Mathias Mutz behandelt.

Grenzgänger – Imperiale Biographien in Vielvölkerreichen. Das Habsburger, das Russische und das Osmanische Reich im Vergleich (1806–1914)

Teilgebiete: NZ, OEG, PolG

Leitung
Dietrich Beyrau (Tübingen)

Einleitung und Moderation
Dietrich Beyrau (Tübingen)

Imperiale Biographien von Grenzgängern: Zur Einführung – Sokrat I. Starynkevic und Anton S. Budilovic: Warschau als Fronterfahrung oder letzte Ruhestätte. Zwei ungleiche Bürokraten und ihre Wanderschaften durch das Romanov-Imperium
Malte Rolf (Hannover)

The Return of Lieutenant Atarshchikov: Empire and Identity in Asiatic Russia
Michael Khodarkovsky (Chicago)

Habsburg Trieste: Pasquale Revoltella, Karl Ludwig Freiherr von Bruck, and the Case for a Maritime Empire
Alison Frank (Harvard)
Dieser Vortrag ist ausgefallen

Galizien und Wien: Der Abgeordnete Joseph Samuel Bloch und sein Werben für eine »Österreichische Identität«
Tim Buchen (Berlin)

Verwestlichung aus dem Osten? Das Beispiel von Omer-pasa Latas im Kontext des großen osmanischen Reformanlaufs im 19. Jahrhundert
Hannes Grandits (Graz/Berlin)

Kommentar
Jörg Baberowski (Berlin)

HSK-Bericht
Von Alexis Hofmeister (Universität Basel)

Abgesehen von Einzelbeiträgen waren Osteuropa und seine Geschichte auf dem 48. Deutschen Historikertag in Berlin vor allem durch eine Sektion vertreten, die sich mit den Imperien der Habsburger, der Romanovs sowie der Osmanen beschäftigte. Dabei wurden Lebensläufe und Karrieren ausgewählter Vertreter der Funktionseliten als Beispiele genutzt, um auf die Erkenntnispotentiale einer individualbiographischen Herangehensweise, die ganz bewusst auch auf autobiographische Texte setzt, hinzuweisen. Bis 1989 widmete sich die deutschsprachige Osteuropaforschung vor allem den vermeintlichen Konkurrenten der Imperien, den Nationalstaaten bzw. den sie legitimierenden Nationalismen. Heute hat sich ein breites Feld von Studien zu den europäischen Kontinentalimperien etabliert, und die entsprechende Literatur ist kaum zu übersehen.[1] Zur anhaltenden Konjunktur imperialer Themen tragen verschiedene Faktoren bei. Dazu zählen neben der wachsenden weltpolitischen Bedeutung Chinas die nachlassende Integrationskraft demokratischer Nationalismen, die Auseinandersetzung der Vereinigten Staaten mit ihrer imperialen Rolle sowie die ungebrochene Anziehungskraft supranationaler Integrationsmodelle wie der Europäischen Union. Dass Imperien als Räume der Gleichzeitigkeit des Ungleichzeitigen trotz ausgeprägter politischer, sozialer und kultureller Hierarchien über Jahrhunderte eine bemerkenswerte Stabilität aufwiesen, ist historisch mindestens ebenso erklärungsbedürftig wie die sich am Ende des 19. Jahrhunderts deutlich abzeichnende Krise imperialer Ordnung als staatliche Legitimierungsideologie. Mit dem von der historischen Nationalismusforschung bereitgestellten Instrumentarium lassen sich auch Imperien und Träger imperialer Ideologien untersuchen. Denn auch die bisher in den Blick genommenen (proto)nationalen Eliten waren in erheblichem Maße an der zeitgenössischen Diskussion um die Heterogenität der Imperien beteiligt.

Malte Rolf (Leibniz Universität Hannover) führte in die Sektion ein, indem er die Vorteile einer akteurszentrierten Perspektive für die Imperienforschung hervorhob. Unabhängig von individuellen Selbstbeschreibungen ließen sich bereits anhand der berufs- wie karrierespezifischen Mobilitätsmuster imperialer Eliten Erkenntnisse über das Funktionieren bzw. den Zusammenhalt der jeweiligen Reiche gewinnen, da die Möglichkeiten aber auch die Beschränkungen der jeweiligen Reichsverfassungen die »imperialen Biographien« maßgeblich bedingt hätten. Dies wiederum beeinflusste seinerseits die Wahrnehmung der Imperien bzw. des »imperialen Raumes« – so Malte Rolf. Die Praxis der Zirkulation der zarischen Beamten im gesamten Reich sowie ihres krönenden Aufstiegs ins imperiale Zentrum lege etwa im russländischen Fall die Wahrnehmung eines imperial gegliederten Raumes nahe, der in Kernland und Grenzsaum (russisch: *okraina*) zerfiel. Wolle man nun zugleich imperialen Selbstentwürfen und -beschreibungen auf die Spur kommen, sei man auch auf autobiographische Auskünfte etwa imperialer Funktionsträger angewiesen. Ihre Lebensläufe seien nicht nur aus Karrieregründen unauflöslich mit dem jeweiligen Imperium verbunden. Eine historische Analyse entsprechender Selbstzeugnisse zeige das Imperium als Vorstellungs- und Erfahrungsraum; sein Horizont habe professionelle und persönliche Erwartungen bestimmt. Dazu käme, dass bereits in der zeitgenössischen Wahrnehmung bestimmte Personengruppen für das Imperium gestanden hätten und es in gewisser Weise nachdrücklicher repräsentiert hätten als die jeweiligen Herrscherfiguren oder imperiale Symbole. Die Legitimität imperialer Herrschaft habe zwar traditionell auf persönlichen Bindungen an Herrscher bzw. ihre Vertreter vor Ort beruht.[2] Dies habe sich jedoch mit der Aufklärung, zunehmend aber im 19. Jahrhundert, geändert, als abstrakte Ideen wie etwa spezifische Zivilisierungsmissionen zur Legitimitätssicherung eingesetzt wurden. Insofern – so eine These Rolfs – sei das Imperium vor Ort zwar als trans- beziehungsweise extralokaler Akteur aufgetreten, blieb aber stets durch konkrete Personen verkörpert. Diese *homini imperii* wurden im Rahmen der Sektion als imperiale Grenzgänger bezeichnet. Rolf widmete sich im empirischen Teil seines Vortrags zwei hochrangigen Vertretern der russländischen Reichsbürokratie, die in der zweiten Hälfte des 19. Jahrhunderts in Warschau Dienst taten. Dabei zeige sich, dass die Erfahrungen der imperialen Grenzgänger bzw. die daraus abgeleiteten Schlussfolgerungen und Praktiken sich trotz vergleichbarer institutioneller Voraussetzungen durchaus nicht gleichen mussten. Anton Budilovič (1846–1908), ab 1881 Professor für Russisch und Altkirchenslavisch sowie zeitweise Dekan der Historischen Fakultät der Universität zu Warschau, beschrieb seine Zeit in Warschau

als »Fronterfahrung«. Dagegen erwarb sich der Ingenieur Sokrates Starynkevič (1820–1902) als von 1875 bis 1892 amtierender Warschauer Stadtpräsident durch den Ausbau der städtischen Infrastruktur einiges Ansehen unter der mehrheitlich polnischen Bevölkerung der Weichselmetropole und fand hier auch seine letzte Ruhestätte. Beide erlebten als nach Warschau entsandte Repräsentanten des Imperiums Konflikte, die ihnen im Hinblick auf andernorts gesammelte Erfahrungen nahe legten, das von Warschau aus regierte Königreich Polen in einer Homologie zu anderen Grenzregionen des Russischen Reiches zu sehen.
Michael Khodarkovsky (Loyola University Chicago) betrachtete die Geschichte des nördlichen Kaukasus' und seines Vorlandes im 19. Jahrhundert durch das Prisma des an Widersprüchen reichen Lebens eines exemplarischen Grenzgängers: Leutnant Semën Atarščikov. Dieser habe sich – so Khodarkovsky – als imperialer Mittler in der Pufferzone zwischen dem südwärts expandierenden Zarenreich und Transkaukasien bewegt. Dabei habe er sich im buchstäblichen Sinne als Übersetzer aus dem Russischen in kaukasische Sprachen, aber auch als Experte für lokale Sitten sowie die Kultur der Kaukasusvölker einen Namen gemacht. Im Auftrage des Generals Grigorij Christoforovič von Zass (1797–1883) operierte Atarščikov bei seinen Infiltrierungsmissionen weit jenseits der russischen Linien. Ohne erkennbaren Grund desertierte Atarščikov 1841. Wenige Monate später kehrte er zurück und bat in einem Schreiben an Zar Nikolaus I. um Verzeihung. Er erreichte durch von Zass' Fürsprache ein Pardon, wurde jedoch zum Dienst nach Finnland abkommandiert. Daraufhin floh Atarščikov erneut in die Berge. Er konvertierte zum Islam und beteiligte sich an zahlreichen Überfällen auf russische Grenzposten und Siedlungen. Bei einem dieser Überfälle wurde er 1845 von einem flüchtigen Kosaken erschossen, weil dieser sich von dem Mord an dem gefürchteten Plünderer einen Vorteil für seine eigene Rückkehr ins Zarenreich versprach. An die skizzenhafte Schilderung der fragmentierten Biographie Semën Atarščikovs schloss Khodarkovsky generelle Überlegungen zur Geschichte des russländischen Nordkaukasus' als imperialer *frontier* an. Um die ethnisch, religiös und sprachlich vielfach gespaltene Region dauerhaft zu befrieden und zu dominieren, hätte das Russische Reich einer ergebenen kaukasischen Elite bedurft. Beginnend im 18. Jahrhundert hätte man zunächst die Söhne der angesehensten einheimischen Familien in Petersburg ausbilden lassen. Diesen habe es allerdings an einer Gruppenidentität gefehlt. Zwischen der Heimat ihrer Vorväter und dem russischen Imperium hin und her gerissen habe es für diese imperialen Mittler keinen mentalen Platz gegeben. Dazu kam, dass die Elitenbildung offensichtlich nicht systematisch genug betrieben worden sei; die imperialen Grenzgänger aus dem Kaukasus fanden bei ihren Vorgesetzten mit ihren Vorschlägen nur selten ein offenes Ohr. Zu bedauern ist, dass Khodarkovsky neben Atarščikov keine weiteren Beispiele imperialen Grenzgangs vorstellen konnte. In der Person des baltendeutschen Generals von Zass wurde immerhin ein Vertreter der imperialen Funktionselite erwähnt, dessen imperiales Karrieremuster mit den von Malte Rolf skizzierten Beispielen vergleichbar ist.
Im Mittelpunkt des Beitrags von Tim Buchen (Technische Universität Berlin) stand der aus Galizien stammende Rabbiner, Politiker und Publizist Joseph

Samuel Bloch (1850–1921) und sein Werben für eine österreichische Identität. Bloch, der einerseits eine traditionelle jüdische Ausbildung genossen hatte und nach Meinung des Historikers Heinrich Graetz (1817–1891) über ungeheure Talmudkenntnisse verfügte, erwarb nicht nur rasch weltliches Wissen. Während seines etwa zehnjährigen Aufenthalts im Deutschen Reich konnte er aus nächster Nähe den Wandel von einem kulturellen und inklusiven zu einem ethnischen und exklusiven Nationsverständnis erleben. Bloch bekleidete als Rabbiner zunächst eine Stelle in Brüx (Most), später aber im Wiener Arbeitervorort Floridsdorf. Ab 1882 saß er mit dem Mandat der galizischen Kleinstädte Śniatyn (Snjatyn), Kolomea (Kolomyja) und Buczazcz (Bučač) versehen, im Wiener Reichsrat. Neben diesem Forum bediente sich Bloch laut Buchen auch der von ihm 1884 gegründeten »Österreichischen Wochenschrift« sowie der »Österreichisch-Israelitischen Union« als Bühne. Bloch verstand sich als Repräsentant aller Juden des Habsburgerreichs und erhob den Anspruch, in der Öffentlichkeit für sie zu sprechen. Buchen führte aus, dass die von Bloch propagierte österreichische Identität sich nicht in erster Linie auf die Monarchie und ihre Symbole stützte, sondern auf den übernationalen österreichischen Staat setzte. Sie speiste sich aus den Erfahrungen eines imperialen Grenzgängers, der nicht nur die innerhalb des Reiches verlaufende Grenze zwischen Ost- und Westjudentum überwand, sondern Österreich-Ungarn auch mit dem Deutschen Reich sowie den Vereinigten Staaten vergleichen konnte. Dieser durch Erfahrung konstituierte Erwartungshorizont formte die Sinnkonstitution Blochs, der nur im österreichischen Vielvölkerstaat eine Garantie für die Existenz bzw. Weiterentwicklung des widersprüchlichen und konfliktträchtigen Miteinanders im kulturell heterogenen Zentraleuropa sah.

Der von Hannes Grandits (Humboldt Universität zu Berlin) im abschließenden Sektionsbeitrag vorgestellte Militär Omer Paşa (1806–1871) repräsentierte die imperiale Funktionselite des Osmanischen Reichs. Der als Sohn eines habsburgischen Militärgrenzbeamten geborene Mihaijlo Latas überschritt mit 20 Jahren die Grenze zum Osmanischen Reich, trat zum Islam über und nahm den Namen Omer Lutfi an. Durch den Kronprinz und späteren Sultan Abdulmecid protegiert, machte er eine steile Karriere. Omer Paşa erzielte sowohl bei der Umsetzung der osmanischen Reformpolitik (*Tanzimat*), bei der Aufstandsbekämpfung sowie im Krimkrieg beachtliche Erfolge. Kurzzeitig leitete er 1868/69 das osmanische Kriegsministerium. Grandits skizzierte die bis heute mit dem Namen Omer Paşas verbundene Durchsetzung der *Tanzimat* in Bosnien und nahm sie zum Anlass für mehrere generalisierende Beobachtungen. Im Falle der südosteuropäischen Peripherie des Osmanischen Reichs sei die »Verwestlichung aus dem Osten«, aus der Hauptstadt Istanbul, gekommen. Diese habe zweitens versucht, die Modernisierung ohne Rücksicht auf örtliche Eliten bzw. regionale Traditionen durchzusetzen und dabei wenn nötig zur Gewalt gegriffen. Imperiale Funktionseliten hätten diese gewalttätige Modernisierung von oben exekutiert und sie verkörpert. Schließlich zeige das Beispiel Omer Paşas, dass die Modernisierung Südosteuropas nicht erst in der Epoche der Nationalbewegungen bzw. Nationalstaaten eingesetzt habe und sich daher das Bild des Osmanischen Reiches als Agent der Rückständigkeit nicht halten lasse.

Der Kommentar von Jörg Baberowski (Humboldt Universität zu Berlin) ordnete die in den Vorträgen vorgestellten Beispiele imperialer Granzgängerbiographien aus den europäischen Kontinentalimperien des 19. Jahrhunderts in eine längere historische Perspektive ein. Die Tatsache, dass jemand zu einer bestimmten Zeit an einem bestimmten Ort gewesen sei beziehungsweise eine bestimmte Grenze überschritten habe, erkläre – so Baberowski – noch gar nichts. In gewisser Hinsicht hätten alle Einwohner von Vielvölkerreichen eine imperiale Biographie. Um einen Vergleich der diskutierten Beispiele zu ermöglichen, sei die grundlegende Problematisierung der Heterogenität innerhalb der Imperien, wie sie im Laufe des 19. Jahrhunderts auch unter den imperialen Eliten um sich griff, zu berücksichtigen. In vormodernen Imperien sei die Fremdheit etwa von Religion aber auch ein Glaubenswechsel, wie ihn Omer Paşa vollzog, insofern nicht problematisch gewesen, als die Loyalität gegenüber dem Herrscher nicht in Frage gestellt worden sei. Für den modernen imperialen Staat und seine Eliten sei die Fremdheit der Untertanen zum Problem geworden, weil man sich nun in stärkerem Maße als zuvor als Teil einer Welt empfunden hätte. Baberowski bezweifelte, dass die zarischen Bürokraten die Ansprüche des imperialen Staates innerhalb der Bevölkerung des Zarenreiches nachhaltig hätten verankern können. Innerhalb weniger Tage sei 1917 nicht nur die Monarchie, sondern der imperiale Staatsapparat mitsamt seinen Repräsentanten verschwunden. Allein den Minderheiten sei durch den zunehmenden Homogenisierungsdruck die Fremdheit zur zweiten Identität geworden; mobile Diasporagruppen wie die Juden seien die eigentlichen imperialen Grenzgänger. Malte Rolf hielt dagegen daran fest, dass auch und gerade für die zarischen Bürokraten – vor allem für jene mit Reichsranderfahrung – das Imperium zum Überlebensrefugium geworden sei. Daher lohne sich gerade der Blick auf ihre Wahrnehmung des Imperiums. Hannes Grandits sprach sich gegen eine polarisierende Sicht der Unterschiede zwischen vormodernem und modernem imperialen Staat aus. Im Osmanischen Reich habe der Staat versucht, die Modernisierung mit vormodernen Mitteln zu erreichen. Dafür habe er sich der imperialen Grenzgänger bedienen müssen.

Die sich an Jörg Baberowskis Kommentar entzündende rege Publikumsdiskussion berücksichtigte vor allem die Verhältnisse im ausgehenden Zarenreich. Die Frage nach imperialen Integrationsprojekten rückte in den Mittelpunkt; nicht das Feld der Herrschaft, sondern der Gesellschaft sei für die imperialen Funktionseliten entscheidend gewesen. Dies gelte umso mehr, als es um die Wahrnehmung, nicht um die Performanz von Imperialität gehe. Ulrike von Hirschhausen (Universität Hamburg) verwies im Übrigen darauf, dass der herkömmlich angenommene Antagonismus von Imperialität und Nationalität nicht haltbar sei. Gerade die Biographien imperialer Grenzgänger zeigten, dass sich vielmehr Fusionen beider Diskurse ergeben hätten. Die soziale Umwelt, nicht wie von Baberowski angenommen die staatliche Funktionslogik, habe die imperialen Funktionseliten des Zarenreichs geprägt. Malte Rolf merkte an, dass der Abschied vom Projekt einer imperialen Gesellschaft im Falle des Königreichs Polen relativ illusionslos erfolgt sei. Vielmehr sei hier ein Projekt der kulturell und administrativ differenzierten Russifizierung diskutiert und partiell umgesetzt worden. Obwohl die

Betonung des Russischen im Russländischen für hochadlige Beamte am Ende des 19. Jahrhunderts zum Problem geworden sei, habe die Mehrheit der zarischen Bürokraten in Warschau das Zarenreich doch eher als ein russisches gedacht. Dies habe ihr Verhalten auch nach der Versetzung in andere Randregionen des Reiches beeinflusst. Michael Khodarkovsky betonte, dass es im Gegensatz zum *British Empire* im Zarenreich imperialen Grenzgängern zunehmend weniger gelungen sei, das Wissen der Peripherie im Zentrum zu Gehör zu bringen. Manfred Hildermeier (Universität Göttingen) erklärte die Frage nach dem Vorrang von Funktionslogik und imperialen Lebenswelten für offen. Eine chronologisch und regional differenzierende Betrachtung zeige, dass Ende des 18. Jahrhunderts die imperiale Funktionslogik im Zarenreich sehr wohl auf Kooperation mit peripheren Eliten und damit im begrenzten Maße auf Heterogenität gesetzt habe. Netzwerke und Kontakte zum regionalen Adel hätten sich bis weit ins 19. Jahrhundert hinein als wichtig für den Erfolg eines Bürokraten erwiesen. Nach der Zäsur der 1860er Jahre, die dem Zarenreich entscheidende Reformen brachten, habe sich die Lage allerdings gewandelt und sich immer mehr dem von Baberowski gezeichneten Bild angenähert. Ulrike von Hirschhausen kritisierte die Sicht des Imperiums als einheitlichem Rechts- und Herrschaftsraum. Die Unterschiede zwischen Finnland und dem Kaukasus seien offensichtlich, und daher müsse die Frage, wer das Imperium sei, beziehungsweise was *imperial agency* bedeute, regional differenziert beantwortet werden.
Trotz der Disparität der für die exemplarische Vorstellung mehrerer imperialer Biographien genutzten Quellen gelang der Sektion ein innovativer und anregender Einblick in ein junges Forschungsfeld. Die Funktionseliten der europäischen Kontinentalimperien stellen eine bisher von der Forschung vernachlässigte Personengruppe dar. Wie die einschlägigen Bibliographien zeigen, hat die Funktionselite des Zarenreichs umfangreiche autobiographische Materialien hinterlassen. Doch selbst für Persönlichkeiten wie den letzten Zaren Nikolaus II., aber auch für den Großteil seiner Minister liegen nahezu keine kritischen Biographien vor. Die Imperienforschung wird vom »biographic turn« profitieren, wenn es ihr gelingt, das bisher unberücksichtigt gebliebene Material im Sinne einer Selbstbeschreibung von Imperialität zu nutzen. Dabei müssen die Wahrnehmung des imperialen Raumes, seiner Grenzen, die Verhandlung imperialer Heterogenität in den Blick genommen werden. Die Bedeutung und die Performanz imperialer Erinnerungsorte, imperialer Symbole und imperialer Herrschaftsfiguren sowie ihr postimperiales Nachleben kann anhand autobiographischer Texte geprüft werden. Diese eröffnen im Übrigen durch ihre lebensgeschichtliche Konstruktion die Möglichkeit des synchronen und diachronen Vergleichs. Dabei sollte auch der Versuch unternommen werden, über den engeren sozialen Kreis der imperialen Elite hinaus zu blicken. Kriege und Revolutionen erschütterten als Krisenmomente der Imperien nicht nur die Ideologien der Funktionseliten, sie gaben der gesamten Bevölkerung Anlass zur autobiographischen Reflexion.

Diese Sektion wird zudem im HSK-Querschnittsbericht »Geschichte jenseits des Nationalstaats – imperiale und staatenlose Perspektiven« von Benno Gammerl behandelt.

Anmerkungen

1 Gerasimov, Il'ja V. u. a. (Hrsg.): Empire Speaks Out. Languages of Rationalization and Self-Description in the Russian Empire. Leiden 2009; Plamper, Jan u. a. (Hrsg.): Rossijskaja imperija čuvst: Podchody k kulturnoj istorii ėmocij [Das Russische Reich der Gefühle. Zugänge zu einer Kulturgeschichte der Emotion]. Moskau 2010; Aust, Martin u. a. (Hrsg.): *Imperium inter pares*: rol' transferov v istorii Rossijskoj imperii (1700–1917) [Die Rolle der Transfers in der Geschichte des Russischen Reichs]. Moskau 2010.

2 Dazu: Baberowski, Jörg u. a. (Hrsg.): Imperiale Herrschaft in der Provinz: Repräsentationen politischer Macht im späten Zarenreich. Frankfurt am Main 2008.

Grenzräume. Dimensionen der Berliner Mauer 1961–2010

Teilgebiete: NZ, SozG, StG, ZG

Leitung
Klaus-Dietmar Henke (Dresden)

Die Berliner Mauer im Zentrum des längsten Konflikts des Kalten Krieges zwischen 1958 und 1963
Manfred Wilke (Berlin)

Die Wechselwirkung von Grenzregime und Gesellschaftskonstruktion im SED-Staat
Thomas Lindenberger (Wien)

Fluchtverhinderung als gesamtgesellschaftliche Aufgabe
Gerhard Sälter (Berlin)

Die Bernauer Straße als deutscher Erinnerungsort
Axel Klausmeier (Berlin)

Die Berliner Mauer als globale Ikone: vom Bauwerk zum *lieu de mémoire*
Leo Schmidt (Cottbus)

HSK-Bericht
Von Sebastian Richter (Technische Universität Dresden)

Die Trennung beider deutscher Nachkriegsstaaten vereinigt auf sich wie kein zweites Thema das Ineinandergreifen von physischen, administrativen und weltanschaulichen Grenzen. Mit der Zäsur von 1989/90 hat die eigentliche deutsche Teilungsgeschichte einen zeitlichen Rahmen erhalten. Zwar wird die Überwindung der Mauer weithin als positiv bewertet. Gleichwohl ist die Erinnerung an sie bis heute durch Debatten geprägt, die sich alten, aber auch neuen gesellschaftspolitischen Grenzziehungen verdanken. Das Motto des 48. Deutschen

Historikertages »Über Grenzen« lud dazu ein, einerseits Errichtung, Funktionsweise sowie Ende des DDR-Grenzregimes zu thematisieren und sich andererseits dem wechselhaften Umgang mit den verbliebenen Grenzanlagen zu widmen. Speziell die Geschichte und Nachgeschichte der Berliner Mauer bilden ein eigenes komplexes Geschehen.

Die Sektion »Grenzräume. Dimensionen der Berliner Mauer 1961–2010« fand im Besucherzentrum der Gedenkstätte Berliner Mauer in der Bernauer Straße statt. Der Ort bot nicht nur den Vorteil des – gegenüber anderen Sektionen – geräumigen Veranstaltungsraumes. Publikum und Podium konnten mit direktem Blick auf die Überreste eines bekannten deutsch-deutschen Grenzabschnitts über das Grenzregime und den nachträglichen Umgang damit diskutieren. Klaus-Dietmar Henke (Dresden) bezeichnete den historischen Ort einleitend als eine »Bodenstation«; dagegen setzte er die »Imagination Mauer«. Während sie nach 1961 rasch eine vom eigentlichen Bauwerk abgehobene metaphorische Bedeutung für die Unterdrückung in der DDR angenommen habe, sei ihr symbolischer Haushalt 1989 um den Aspekt der erfolgreich erkämpften Freiheit angereichert worden. Die Mauer werde, spitzte Henke die Suche nach dem »richtigen« Umgang mit der ehemaligen Grenze zu, »immer präsenter, je länger sie verschwunden ist«.

Angesichts der Tatsache, dass der internationale Kontext, innerhalb dessen die Mauer einst errichtet wurde, immer weiter in Vergessenheit gerät, setzte sich Manfred Wilke (Berlin) mit der 1958 einsetzenden zweiten Berlin-Krise auseinander, die 1961 zum Mauerbau geführt hatte. Er betonte das Zusammenspiel von amerikanischen und sowjetischen Strategien, das bis heute unterschätzt werde: Während Ulbricht gegenüber der Sowjetunion auf den Abschluss eines Separatfriedens mit der DDR gedrängt habe, um das »Schlupfloch« West-Berlin selbst kontrollieren und die für das SED-Regime existenzbedrohende Fluchtwelle aus der DDR eindämmen zu können, sei die Berlin-Frage in Moskau eher geostrategisch als politischer Hebel gegenüber den USA betrachtet worden. Diese wiederum beschränkten in Form von Kennedys »Three Essentials« ihre Schutzmachtrolle auf den westlichen Teil Berlins. Die amerikanische, auf die neuen politischen Realitäten einregulierte Prinzipienfestigkeit habe dann den Weg zum Mauerbau geebnet, da Chruschtschow mit dem impliziten Einverständnis der USA Ulbricht die Abriegelung der innerdeutschen Grenze zugeben konnte, ohne dabei sowjetische Hoheitsrechte einzubüßen. Die Entscheidung zum Mauerbau sei, legte sich Wilke fest, am 20. Juli 1961 gefallen. In der Forschung gehen die Meinungen über dieses Datum allerdings auseinander, mehr noch als in der Frage, ob die Entscheidung zum Mauerbau eher Ulbricht oder Chruschtschow zuzuschreiben ist. Wilke erkannte hier, wie die meisten Forscher, auf die durchschlagenden Interessen der Sowjets.[1]

Wilke setzte sich zudem mit der Generationsgebundenheit der Mauer-Erinnerung auseinander. Er unterschied zwischen Mitgliedern der Erlebnisgeneration und jenen, die – bei unterschiedlichen Vorzeichen in Ost und West – im Schatten der Mauer aufgewachsen sind. Den Nachgeborenen wiederum, deren Perspektive, wenn überhaupt, vom Fall der Mauer geprägt ist, sei, so Wilke, die einst an der Demarkationslinie zwischen Ost und West virulente »Frage von Krieg und Frieden« nicht mehr bewusst. Als sichtbares Symbol für den in Europa zwischen

den Großmächten erreichten status quo sei die Mauer schließlich zum Ausgangspunkt für die Entspannungspolitik geworden.
Einen weitgehend anderen Akzent setzte Thomas Lindenberger (Wien) mit Überlegungen zu den Wechselwirkungen zwischen Grenzregime und Gesellschaftskonstruktion in der DDR. Während der Mauerbau seit 1961 weithin als »Bankrotterklärung« der Ost-Berliner Machthaber interpretiert worden ist, rückte Lindenberger deren Perspektive in den Mittelpunkt. Abschottung nach außen sei von der SED durchaus als eine notwendige Etappe beim »Aufbau des Sozialismus« angesehen worden. An seine Überlegungen zur »Diktatur der Grenzen« anknüpfend, verwies er auf das Gesellschaftskonzept der SED, in dem das Ineinander von rigider Beschränkung menschlicher Mobilität einerseits und von kanalisierten Mobilisierungsabsichten des Regimes andererseits, etwa im Arbeitsumfeld oder in staatlichen Organisationen, typisch gewesen sei.[2] Wer die von der Partei gesetzten Grenzen nicht verletzte, habe in der DDR Gestaltungsmöglichkeiten wahrnehmen können. Das Wissen um jene unsichtbaren Grenzen zwischen individuellem Aktionsraum und unantastbarer Machtsphäre habe in der DDR »Alltagswissen« dargestellt. Gespür für die Prärogative der Partei habe innerhalb der gesetzten Grenzen (statt neben der Macht) Freiräume geschaffen. Das Geflecht aus politisch-räumlichen Grenzen habe der Gesellschaft eine »lokalistische Soziabilität« aufgenötigt, die wiederum, so Lindenberger mit Blick auf den Transformationsprozess nach 1989/90, eine gewisse »Lebenstüchtigkeit« und einen auch im liberal-kapitalistischen System hilfreichen »Eigensinn« hervorgebracht hat.
Die anschließend von Manfred Wilke vorgebrachte Kritik, der Fokus Thomas Lindenbergers würde die entscheidenden Faktoren für den Mauerbau auf der internationalen Ebene nicht erfassen, zielte insofern ins Leere, als Lindenberger die Relevanz der alliierten Politik für den 13. August 1961 keineswegs bestritten hatte, sondern das Schließen der äußeren Grenze als eine mit dem SED-Gesellschaftskonzept vereinbare Maßnahme interpretiert hatte. Die offensive Art, in der die DDR-Führung den Bau des »antifaschistischen Schutzwalls« als Rettung des Weltfriedens nach 1961 alljährlich pries, ist sonst auch kaum erklärlich.
Wie kompatibel Lindenbergers Fokus ist, zeigte sich anhand des Beitrags von Gerhard Sälter (Berlin). Mit dem Mauerbau habe die SED auf ein mehrfaches Souveränitätsdefizit reagiert, das vor allem in der Fluchtbewegung gen Westen und dem – durch die bloße Möglichkeit zur Flucht begründeten – beschränkten Zugriff auf die Gesellschaft bestanden habe. Die SED hat, so Sälter weiter, Fluchtverhinderung stets als »gesamtgesellschaftliche Aufgabe« interpretiert und ihre Überwachungsstrategie gegenüber Flucht- beziehungsweise Ausreisewilligen mit einem zentralisierten Überwachungsapparat forciert. In die so genannte »Fluchtabwehr« seien neben den eigentlichen mit (Aus-)Reiseangelegenheiten befassten Stellen eine Vielzahl sonstiger Behörden, bis hin zur Wohnungswirtschaft, aber auch Zivilisten eingebunden gewesen. So sei es gelungen, etwa 80 Prozent aller Fluchtversuche im Vorfeld abzufangen. Zwar sei der Staat in seiner Absicht, die Gesellschaft zur Verhinderung von Fluchten zu gewinnen, nur partiell erfolgreich gewesen. Durch die Mitarbeit in so genannten »Grenzsicherungsaktiven« beziehungsweise »Kommissionen für Ordnung und Sicherheit« sei es

dem Einzelnen möglich gewesen, »systemzugewiesene Reputation« zu erwerben. Auf Dauer sei die Diskrepanz zwischen den Ordnungsvorstellungen des Staates und jenen in der Bevölkerung aber unüberbrückbar gewesen.
Im zweiten Sektionsabschnitt standen Fragen des Mauer-Gedenkens sowie ihre Umsetzung in der Gedenkstätte Berliner Mauer im Vordergrund. Deren Direktor Axel Klausmeier ging auf ihre Besonderheit als einziger Berliner Ort ein, an dem die Tiefenstaffelung der einstigen Sperranlagen noch nachvollzogen werden kann. Dass dieser Zustand inmitten des allgemeinen Abrissgeschehens nach 1989 erhalten werden konnte, ist zähem bürgerschaftlichen Engagement, insbesondere der von Pfarrer Manfred Fischer geleiteten Versöhnungsgemeinde, dem Verein Berliner Mauer und schließlich politischen Entscheidungen auf Landes- sowie auf Bundesebene zu verdanken. Erst dadurch wurde die großflächige Ausstellung an der Bernauer Straße ermöglicht. Deren erster Abschnitt, dessen Zentrum das »Fenster der Erinnerung« mit Photos der an der Grenze zu West-Berlin Getöteten bildet, wurde am 21. Mai 2010 im Beisein zahlreicher Opferangehöriger und des Regierenden Bürgermeisters eröffnet.
Die Bernauer Straße ist, so Axel Klausmeier, sowohl »historischer Ort«, an dem sich nach dem 13. August 1961 viele dramatische Fluchten abgespielt haben, als auch »Tatort«, an dem Menschen durch das Grenzregime zu Tode gekommen sind, und schließlich ein »Lern- und Bildungsort«. Auf die langwierigen Debatten um das Wie und Wo der Mauer-Erinnerung an der Bernauer Straße ging er, vielleicht aus Zeitgründen, nicht näher ein (Fürsprecher einer martialischer gehaltenen Wiedererrichtung der Grenzanlagen hatten gegen das letztlich umgesetzte Gedenkstättenkonzept zunächst ebenso gestritten wie ehemalige Eigentümer der für die Gedenkstätte vorgesehenen Mauergrundstücke sowie die um die Bewahrung ihres einstigen Friedhofs bemühte, im ehemals östlichen Teil Berlins beheimatete Sophiengemeinde). Klausmeier erläuterte, dass die zentrale Prämisse des Gedenkstättenkonzepts in »jeglichem Verzicht auf Rekonstruktion« liege. Nur so sei das Vertrauen der Besucher in die Authentizität des Ortes zu erhalten. Darum habe man sich mit archäologischer Akribie der Freilegung der erhaltenen Grenzspuren, seien es Mauerteile, alte Signalanlagen, Fluchttunnel oder freigelegte Bürgersteige, verschrieben. Der eigentliche Verlauf der Mauer wird dagegen, um sowohl die räumlichen Ausmaße als auch das Trennende der Grenzanlage zu verdeutlichen, mit zahlreichen aus Corten-Stahl gefertigten Streben markiert.
Die Frage nach dem Verhältnis von physischer und imaginierter Mauer aufgreifend, widmete sich Leo Schmidt (Cottbus) dem veränderlichen medialen Konstrukt Mauer, das von unterschiedlichen visuellen Perspektiven zu unterscheiden sei. Während der »antifaschistische Schutzwall« von der SED offiziell in Form des mit der DDR-Fahne drapierten »geschützten« Brandenburger Tores ikonisiert wurde, hätten DDR-Bürger selbst – wenn überhaupt – nur die in weiß-grau gehaltene Hinterlandmauer zu Gesicht bekommen. Der West-Blick auf die Mauer war dagegen von der mit Graffiti übersähten Außenmauer, ihrem eigentlichen »Hinterteil«, geprägt. Diese auf zahllosen Abbildungen festgehaltene bunte Mauer-Ansicht hat aber, so Schmidt, eher eine Spiegelung der westlichen Lebenswelt als eine Beschäftigung mit den Verhältnissen in der DDR dargestellt. Das

Brandenburger-Tor-Motiv habe sich längst weltweit als Ikone sowohl für die Teilung der Stadt als auch ihrer Überwindung etabliert. Typisch für den konstruktiven Charakter sei auch hier, dass weniger die konkrete Situation in Berlin, sondern die eigene Interpretation der historischen Ereignisse und das jeweils eigene Interesse daran thematisiert würden. Als Kontrapunkt zum Mauer-Gedenken nach 1989/90, das sich auf die bei Fluchtversuchen Getöteten und Geschädigten konzentriert, präsentierte Schmidt Filmaufnahmen vom militärischen »Kampfappell« in Ost-Berlin 1986, der anlässlich des 25. Jahrestags der Errichtung des »antifaschistischen Schutzwalls« abgehalten worden war.

Axel Klausmeier und Leo Schmidt erläuterten, dass die Planungen für die sogenannte »Mauer 2000« während der 1980er Jahre bereits in Angriff genommen worden waren. Dies hätte die – letztlich nicht mehr errichtete – 4. Mauer-Generation dargestellt. Unabhängig davon seien an der Mauer seit dem 13. August 1961 beständig Ausbesserungsarbeiten vorgenommen worden, da die einzelnen Betonsegmente lediglich eine Lebensdauer von etwa 20 Jahren besaßen. Mit Blick auf die Debatten um das Holocaust-Mahnmal am Brandenburger Tor berichtete Klausmeier, dass es auf dem weiträumigen Gelände der Mauer-Gedenkstätte bislang kein »Vandalismus-Problem« gegeben habe. Darauf angesprochen, warum es trotz der strikten Absage an Rekonstruktionsmaßnahmen zur Wiedererrichtung eines Wachturms gekommen ist, verwies er darauf, dass der Turm nicht im Gelände der neu eröffneten Open-Air-Ausstellung, sondern auf dem Areal des bereits 1998 eingeweihten Kohlhoff'schen Mauer-Denkmals stehe. Diese Lösung sei von den beiden Architekten ausdrücklich befürwortet worden.

Den in der Gedenkstätte an der Bernauer Straße verfolgten Ansatz zusammenfassend und die Mehrdimensionalität der Berliner Mauer nochmals vor Augen führend, wies Klaus-Dietmar Henke abschließend darauf hin, dass eine Rekonstruktion des Grenzregimes von seinen vorfindlichen Überresten ausgehen, dann aber im Kopf stattfinden müsse. Den Schrecken der Geschichte könne man nicht mit bloßem Nachbauen evozieren; die eigentliche Gefahr des Grenzregimes sei auch nicht von der Mauer selbst, sondern von ihren Bewachern ausgegangen, die sich niemand zurück wünsche. Das Mauergeschehen sei im Übrigen leichter zu vermitteln als die in NS-Gedenkstätten thematisierten Ereignisse. Dass die meisten Menschen heute das Bild von der gefallenen Mauer vor Augen haben, erinnere schließlich daran, dass dieser Teil der Geschichte letztlich gut ausgegangen ist.

Anmerkungen

1 Vgl. Wettig, Gerhard: Rezension zu: Harrison, Hope Millard: Driving the Soviets up the Wall. Soviet-East German Relations, 1953–1961. Princeton 2003. In: H-Soz-u-Kult (12. November 2003), hsozkult.geschichte.hu-berlin.de/rezensionen/2003-4-087, letzter Zugriff am 4. August 2011.

2 Vgl. Lindenberger, Thomas: Die Diktatur der Grenzen. Zur Einleitung. In: Ders. (Hrsg.): Herrschaft und Eigen-Sinn in der Diktatur. Studien zur Gesellschaftsgeschichte der DDR. Köln 1999, S. 13–44.

Grenzüberschreitungen an imperialen Randzonen. Biographische Zugänge zum transkulturellen Austausch

Teilgebiete: NZ, AEG, SozG, KulG

Leitung
Dittmar Dahlmann (Bonn)
Stig Förster (Bern)

James Achilles Kirkpatrick – Eine Liebesbeziehung und die prekäre britische Herrschaft in Indien
Stig Förster (Bern)

James Brooke – Vom Abenteurer zum Raja von Sawarak
Benedikt Stuchtey (London)

Emin Pascha – Ein Europäer als Administrator im Sudan
Tanja Bührer (Bern)

Baron Robert Ungern-Sternberg – Ein russischer Offizier als Erbe Tschingis Khans
Dittmar Dahlmann (Bonn)

Zusammenfassung

Die wirtschaftlichen, politischen und kulturellen Globalisierungsprozesse haben den modernen Nationalstaat in Frage gestellt. Das Präfix »post« wird nun als der Ausdruck des Zeitgeists gehandelt. Es signalisiert nicht nur die Überwindung nationaler Narrative, sondern auch binärer Denkkategorien und verweist stattdessen auf die jenseits davon liegenden Zwischenräume als innovative Schauplätze der Kommunikation und Kooperation, wo Identitäten entstehen und kulturelle Werte verhandelt werden. Solche Zwischenräume sind keine neuartigen Phänomene der Postmoderne mit ihren globalen Transfers und multikulturellen Gesellschaften. Sie hatten sich beispielsweise stets auch während des Epochen übergreifenden Prozesses der europäischen Expansion aufgetan, insbesondere an den fluiden Randzonen.
Zwar haben sich Begegnungen in imperialistischen Einflusssphären selten über längere Zeit als herrschaftsfreie Kontakte gestaltet. Edward Said sieht im realitätsprägenden westlichen Diskurs über den Anderen sogar einen elitären Monolog und hält den »Westen« seinem Wesen nach für unfähig, andere Kulturen authentisch wahrzunehmen. Der radikale erkenntnistheoretische Skeptizismus und der postmoderne Dekonstruktivismus mögen letztlich theoretisch nicht widerlegbar sein – aber in der Praxis der Geschichte. Es widerspricht Jürgen Osterhammel zufolge jeder historischen Kenntnis, dass die europäische Expansion unter kulturellem Autismus von statten gegangen sein soll. Bei den Übermittlungsleistungen

spielten Intermediäre, die darauf spezialisiert waren, Interessen zu vermitteln und kulturelle Codes zu übersetzen, stets eine zentrale Rolle. Nach den in den letzten Jahren zahlreich erschienenen diskurstheoretischen Analysen zu subjektlosen Repräsentationen von Alterität, zielt der gegenwärtige Forschungstrend daher verstärkt auf die konkreten institutionellen sowie personellen Träger und Kommunikationsnetzwerke transkultureller Beziehungen sowie transnationalen Wissens. Während Ronald E. Robinson, der bereits in den 1970er Jahren für die britische Expansion eine strukturelle Kontinuität der »Kollaboration« festgestellt hatte, sich noch auf die Politik der indigenen Mittelsmänner beschränkte, sind nun weiter ausdifferenziertere Sichtweisen auf die *cultural brokers* verschiedenster Herkunft und ihre multiplen Identitäten gefragt.
Die Sektion fokussierte auf spezifische Gestalten von Intermediären, die, ganz im Sinne des Tagungsthemas, als »Grenzüberschreiter« bezeichnet werden können. Konkret wurden Akteure europäischer Herkunft untersucht, die damit beauftragt waren, an imperialen Randgebieten in einer Sondermission die Interessen der Metropolen zu vertreten, in denen sie als relativ isolierte Minderheiten agierten. Es konnte sich sogar um fluide Sphären handeln, in denen sich gemäß lokaler Tradition politische Herrschaft nicht mit territorialstaatlicher Hoheit deckte und die auch noch nicht durch kolonialstaatliche Grenzlinien räumlich und politisch fixiert sowie kulturell homogenisiert waren. Damit wurde nicht so sehr der *frontier*-Begriff als eine sich durch Vorrücken von Siedlern und Militärs stetig vorschiebende Grenze angesprochen, sondern eben vielmehr ein Zwischenraum im oben beschriebenen Sinne, in den unsere Protagonisten hinein gestellt wurden.
Konkret wurde untersucht, ob sie die nationalen Interessen des Auftragsgebers konsequent verfolgten, oder ob sie sich zu Kollaborateuren indigener Interessengruppen entwickelten oder sogar dazu übergingen, sich eine eigene Herrschaftssphäre herauszubilden. Dabei sollte stets die Frage nach den damit korrelierenden Prozessen der Akkulturation sowie der Identitätsbildung gestellt werden. Inwieweit wurden kulturell-symbolische Verhaltensweisen adaptiert und konnte von einer, eventuell sogar familiären Vernetzung mit der lokalen Bevölkerung die Rede sein? Haben die Akteure im transkulturellen Zwischenraum neue Identitäten herausgebildet? Wurde ein »kultureller Überläufer« notwendigerweise auch zum »politischen Überläufer«? Waren sie eher als Entdecker oder Eroberer zu bezeichnen? Wie wurden sie von der indigenen Bevölkerung wahrgenommen? Verletzten sie auch nach jahrelanger Akkulturation immer noch unbewusst kulturelle Codes? Handelte es sich um Persönlichkeiten, die in ihrer heimischen Sozialisation Schwierigkeiten hatten, die sich der disziplinierenden Kontrolle, der homogenen Kultur und Identitätsbildung entziehen wollten und sich jenseits der Grenzen des Nationalstaates mehr Handlungsspielraum erhofften? Fanden sie sich, sofern sie von ihrer Sondermission zurückkehrten, in den heimischen Verhältnissen zurecht?
Stig Förster stellte James Achilles Kirkpatrick vor, der im Jahre 1790 als Angestellter der East India Company nach Indien kam. Er wurde zur britischen Residentschaft am Hofe des Nizam von Hyderabad versetzt. Der Resident, Kirkpatricks älterer Halbbruder William, war seit Jahren ein entschiedener Verfechter einer ausgreifenden Expansionspolitik, um durch die Errichtung einer *Pax Britannica*

die Sicherheitsprobleme Britisch Indiens dauerhaft zu lösen. Der 1797 neuernannte Generalgouverneur Richard Lord Wellesley ließ sich von W. Kirkpatricks Ansichten überzeugen und leitete eine radikale Wende in der britischen Indienpolitik ein. In den folgenden Jahren wurden zwei Drittel des Subkontinents unterworfen. Auch der Nizam musste einen »Subsidienvertrag« unterzeichnen, der ihn britischer Oberaufsicht unterstellte. J. A. Kirkpatrick, der bei den Verhandlungen mit dem Nizam eine entscheidende Rolle gespielt hatte, wurde als Belohnung zum Residenten in Hyderabad ernannt und erhielt damit eine zentrale Machtposition im Reich des Nizam. Doch als J. A. Kirkpatrick eine Liebesbeziehung mit einer schiitischen Prinzessin einging, kam es zu einem gewaltigen Skandal, den einige Würdenträger zu nutzen versuchten, um den britischen Einfluss in Hyderabad zu schwächen und interne Machtkämpfe auszutragen. Letztlich trat Kirkpatrick mit dem Segen Wellesleys zum Islam über und heiratete seine Geliebte. Fortan hieß der britische Resident Ahmed Jang und wurde zum Mittler zwischen zwei Welten. Diese Vorgänge zeigten, dass die britische Dominanz in Indien keineswegs vollständig war. Vielmehr musste auf die Interessen der Fürsten und ihrer Hofgesellschaft Rücksicht genommen werden. Dem Nizam und seinen Nachfolgern gelang es sogar, einen erheblichen Teil ihrer Macht zu erhalten und die Briten wiederholt für ihre Zwecke einzuspannen. J. A. Kirkpatrick (Ahmed Jang) hatte daran wesentlichen Anteil, denn er legte den Grundstein für die relativ starke Stellung des Nizam im britisch kontrollierten Indien. Als Grenzgänger trug er somit zur Stabilisierung der Lage im südlichen Indien bei.
Benedikt Stuchtey untersuchte James Brooke (1803–1868), den Sir Francis Grant 1847 auf der Höhe seines Ansehens malte, ein Mann, dessen Bildnis in der Londoner National Portrait Gallery davon Zeugnis ablegt, wie selbstbewusst Imperialismus im Gestus eleganter Gelassenheit darstellbar war: James Brooke, eine »Ikone des frühviktorianischen Imperialismus« (Dictionary of National Biography), Abenteurer im Gewand des Gentleman und Raja von Sarawak, dem ehemals niederländischen Gliedstaat Malaysias, der 1888 britisches Protektorat wurde: dieser mit höchsten Ehrungen überhäufte Offizier ihrer Majestät hatte Nation und Empire um eine Kolonie erweitert, die militärisch und wirtschaftlich unbedeutend war und von der britischen Regierung fast vollständig ignoriert wurde. Kiplings gleichnamiges Gedicht feierte die unbekannten Grenzgänger des Empires, die an den imperialen Randzonen die Grenzen überschritten. Sarawak aber war Symbol dafür, wie politisch und ökonomisch unerschlossen neu eroberter kolonialer Raum bleiben konnte. Das Colonial Office zeigte kein Interesse, während die Kolonialbeamten vor Ort unter Führung Brookes ein Ideal imperialer Herrschaft pflegten, das die britische Öffentlichkeit in ihnen sah. »Charakter« hatte Brooke bewiesen, indem er die Bewältigung des moralischen Dilemmas im imperialen Alltag an die vermeintliche Vorbildlichkeit seiner Person knüpfte. Der evangelikale Begriff der kolonialen Mentalität gründete auch auf der Vorstellung, die Kolonisierten nicht nur mit Gehorsam, sondern mit Liebe an sich zu binden. Brooke kultivierte diesen scheinheiligen Aspekt imperialer Herrschaft, weil er sich nicht entscheiden konnte zwischen der kolonialen Welt einerseits, von der er verlangte, dass sie sich mit ihm versöhnte, und dem britischen Empire andererseits, von dem er erwartete, dass es honorierte, was er repräsentierte.

Tanja Bührer stellte Emin Pascha vor. Erst nach monatelangen beschwerlichen Reisen traf im April 1886 die britische »Befreiungsexpedition« unter Henry Morton Stanley auf Emin Pascha, den durch den Aufstand der Mahdisten isolierten Gouverneur der südlichen Sudanprovinz »Äquatoria«. Stanley musste jedoch bald feststellen, dass Emin gar nicht gerettet werden wollte. Als Sohn eines jüdischen Kaufmanns in Schlesien aufgewachsen, hatte der gescheiterte Medizinstudent seinen beruflichen Werdegang alsbald ins Osmanische Reich verlegt. Während er in einem Brief nach Hause behauptete, aus Opportunismus zu einem angepassten Türken und Muslimen geworden zu sein, begründete er bei einem Tischgespräch seinen Religionswechsel damit, dass er ein Messer an der Kehle gehabt habe. Jedenfalls sollte Emin während seiner folgenden Tätigkeit im ägyptischen Sudan auch gegenüber Europäern stets als ein in Deutschland ausgebildeter Türke vorstellig werden. Nach dem Zusammenbruch der ägyptischen Vorherrschaft über den Sudan wurde Emin geradezu zum Repräsentanten »Äquatorias«, den Großbritannien und das Deutsche Reich gleichermaßen für ihre Expansionspläne zu vereinnahmen suchten. Emins Versuch, sich dem zu entziehen, mochte in seinem idealistischen Ziel eines Zentrums westlicher Zivilisation im Herzen Afrikas, frei vom arabischen Joch der Sklaverei und europäischer Ausbeutung, oder seinem egozentrischen Streben nach einem persönlichen Reich begründet gewesen sein. In einem Brief vom Oktober 1886 äußerte er jedenfalls die Hoffnung, dass die Briten ihn wie James Brooke (»der weiße Raja von Sarawak«, 1803–1868) weitgehend unabhängig wirken ließen. Aufgrund seiner bedrängten Lage musste Emin jedoch Äquatoria mit Stanley in Richtung Sansibar verlassen. Unterwegs ließ er sich von der deutsch-ostafrikanischen Schutzgebietsverwaltung für den Sonderauftrag abwerben, ihre Interessen gegenüber den arabischen Handelskolonien unter muslimischer Identität zu vertreten. Emin ging eigenmächtig vor, trat immer wieder mit den Briten in Verhandlung, und es war unklar, ob er sich nicht wieder auf den Weg in »seine Provinz« machte. Und womöglich hatte ihn gerade seine Erfahrung unvorsichtig gemacht: 1892 wurde er von arabischen Sklavenhändlern ermordet.
Robert Nikolaj Maximilian (im Russischen Roman Fedorovič) von Ungern-Sternberg, den Dittmar Dahlmann vorstellte, stammte aus einem alten deutsch-baltischen Adelsgeschlecht und wurde in Graz geboren. Über den Tag seiner Geburt herrscht einige Unklarheit, die Angaben schwanken zwischen dem 29. Dezember 1885 und dem 22. Januar 1886 nach dem gregorianischen Kalender. Am 15. September 1921 wurde er in Novonikolaevsk, heute Novosibirisk, nach einem kurzen Gerichtsverfahren am gleichen Tag, von einem bol'ševikischen Tribunal wegen konterrevolutionärer Aktivitäten zum Tode verurteilt und erschossen. Von Ungern-Sternberg begann seine Militärkarriere als 10-Jähriger in Marinekadettencorps, von 1908 bis 1913 diente er in Sibirien in kosakischen Regimentern, ließ sich dann in die Reserve versetzen, bereiste die seit zwei Jahren unabhängige Mongolei und zog sich danach auf seine Güter in Estland zurück. Mit Ausbruch des Ersten Weltkrieges meldete er sich zur russischen Armee zurück und wurde in den Kriegsjahren mehrfach ausgezeichnet. Seit Beginn seiner aktiven Militärzeit fiel er mehrfach durch Alkoholexzesse und Disziplinlosigkeit auf. In der Zeit der Revolution und des Bürgerkrieges erlangte von Ungern-Sternberg dann seine »Berühmt-

heit« als der »blutige weiße Baron« oder der »verrückte Baron«. Zunächst war es sein Ziel, die Dynastie der Romanov wiederzuerrichten, danach suchte er ein neues mongolisches Weltreich aufzubauen und sah sich selbst als eine Reinkarnation von Tschingis Khan. In einem überaus blutigen Kampf mit einer berittenen Truppe eroberte er für einige Monate die Mongolei. Seine Weltsicht bestand aus einer Mischung von Esoterik, Buddhismus, Antisemitismus, Antibolschewismus und Grausamkeit, die sich immer wieder in blutigen Exzessen und Folterungen entlud. Ungern-Sternberg war kein typischer Repräsentant der Weißen Bewegung im russischen Bürgerkrieg, sondern ähnelte eher dem Typus des »Warlords«, der von einer manischen Idee besessen war und für wenige Monate eine wirkliche Gefahr für die bol'ševikische Herrschaft in Sibirien darstellte.

Diese Sektion wird zudem im HSK-Querschnittsbericht »Geschichte jenseits des Nationalstaats – imperiale und staatenlose Perspektiven« von Benno Gammerl behandelt.

Grenzverschiebungen. Historische Semantik der 1960er und 1970er Jahre im deutsch-britischen Vergleich

Teilgebiete: NZ, ZG, PolG, WissG

Leitung
Elke Seefried (Augsburg/London)
Martina Steber (London)

Moderation
Andreas Wirsching (Augsburg)

Liberalismus – liberalism
Riccardo Bavaj (St Andrews)

Markt – market
Dominik Geppert (Bonn)

Demokratie – democracy
Holger Nehring (Sheffield)

Konservatismus – conservatism
Martina Steber (London)

Zukunft – future
Elke Seefried (London/Augsburg)

Kommentar
Willibald Steinmetz (Bielefeld)

HSK-Bericht
Von Nicole Kramer (Zentrum für Zeithistorische Forschung Potsdam)

Gleich zwei Grundfragen der jüngeren Zeitgeschichte verknüpften Elke Seefried (Augsburg/London) und Martina Steber (London) in der von ihnen geleiteten Sektion »Grenzverschiebungen. Historische Semantik der 1960er und 1970er im deutsch-britischen Vergleich«: Erstens richteten sie den Blick auf die 1960er und 1970er Jahre als Zeit tiefgreifender Wandlungsprozesse, für die Anselm Doering-Manteuffel und Lutz Raphael in ihrer Programmschrift »Nach dem Boom« sogar einen Strukturbruch diagnostizierten.[1] Zweitens fragte die Sektion nach dem Schwellenzeitcharakter der beiden Jahrzehnte und zeigte Wege einer begriffsgeschichtlichen Annäherung an das 20. Jahrhundert auf, die jüngst auch Christian Geulen in den Zeithistorischen Forschungen gefordert hatte.[2]
Welche Chance die Verbindung dieser beiden methodischen Überlegungen eröffnet, legten Seefried und Steber in ihrer Einleitung dar. Mit Blick auf Begriffe – so die beiden Historikerinnen – ließen sich langfristige soziokulturelle Veränderungen und ideelle Neuformierungen ausloten, die vor dem Hintergrund wirtschaftlicher sowie finanzpolitischer Prosperität und Krise ins öffentliche Bewusstsein gerückt seien. Begriffe, die Wandlungsprozessen unterworfen seien und diese prägten, könnten als Sonden fungieren, die die Dynamik und Reichweite der Veränderungen über nationale (Sprach-) Grenzen hinaus sichtbar machen. Mit »Liberalismus«, »Konservatismus«, »Demokratie«, »Markt« und »Zukunft« sowie ihren jeweiligen englischen Entsprechungen griffen die Beiträge der Sektion Vokabeln heraus, auf die bereits Reinhart Koselleck sein Konzept der »Sattelzeit« gestützt hatte. Zudem handele es sich um eine Auswahl von Begriffen, die nicht nur unter den deutschen Zeitgenossen der 1960er und 1970er Jahre besonders hart umkämpft gewesen seien. Die Sektion wählte Großbritannien, das ebenso wie die Bundesrepublik ökonomische Krise und ideologische Grabenkämpfe erlebte, als Vergleichsfolie. Ein akteurszentrierter Ansatz leitete Beiträge, wobei vor allem die Arenen von Partei, Parlamenten und Wissenschaft und in diesem Umfeld agierende Politiker, Intellektuelle und Publizisten im Mittelpunkt standen.
Drei Fragen gaben Seefried und Steber den Beitragenden in ihrer Einleitung mit auf den Weg: Erstens sollten die Begriffe – eine Grundfrage der Begriffsgeschichte – nach ihrem Verhältnis von Erfahrungsraum und Erwartungshorizont befragt und ganz allgemein Zeitstrukturen aufgezeigt werden. Zweitens ging es um – sich in den jeweiligen nationalen Kontexten möglicherweise auch unterscheidende – Binnenzäsuren. Schließlich galt es, Internationalisierungs- und Europäisierungsschübe auszumachen und zu ermessen, inwieweit sie nationale Bedeutungsbedingtheiten überlagerten.
Dem »Liberalismus« als »Kommunikationsraum« spürte Riccardo Bavaj (St. Andrews) in seinem Vortrag nach und setzte seine Untersuchung dafür vor allem im akademischen Feld an (Gegenwartsanalysen von Sozial- und Geisteswissenschaftlern, Lexikonbeiträge, zentrale Debatten in Zeitungen). Er zeigte am Beispiel deutschsprachiger Hochschullehrer – Bracher, Sontheimer, Fraenkel, Dahrendorf –, wie problematisch bereits in den 1960er Jahren die affirmative Verwendung des Liberalismusbegriffs war, der seine Verheißungskraft eingebüßt

hatte. Die Ereignisse von 1968, so Bavaj weiter, hätten in Deutschland zu einer Neukodierung des »Liberalismus« geführt und Fremd- und Selbstzuschreibung mancher Wissenschaftler verändert. »Aus Advokaten des Wandels wurden Kräfte der Beharrung«. Anders sah es hingegen in Großbritannien aus. Der Blick über die Grenzen – eher ein kurzer Abstecher – führte zur Erkenntnis, dass die Irritation der 1968er an den britischen Hochschulen fehlte und damit andere Herausforderungen, wie die strukturellen Veränderungen im Fahrwasser der Wirtschaftskrise, sprachlichen Wandel förderten. Auch wenn sich britische und deutsche Gelehrte unterschiedlich auf den Begriff des Liberalismus bezogen, teilten sie ähnliche politische Überzeugungen, wie der Referent mit Blick auf Bernard Crick und Sontheimer unterstrich.

Signifikant wich das deutsch-britische Vergleichspaar im Fall des in den 1960er und 1970er heiß umkämpften Begriffes »Markt« voneinander ab. Dominik Geppert (Bonn) untersuchte diesen als Teil der Wortfelder »Marktwirtschaft« und »Kapitalismus«, wobei er sich auf die parteipolitischen Debatten konzentrierte. Inwieweit Grenzen des Sagbaren auch Grenzen des Machbaren sind,[3] unterstrich seine Hauptthese, indem er zeigte, dass die marktradikale Wende in Großbritannien und deren Ausbleiben in Deutschland auch auf semantische Bedingtheiten und Begriffstraditionen zurückzuführen ist. Unter dem Einfluss von Think Tanks habe sich in Großbritannien ein positives oder zumindest neutrales Verständnis von Kapitalismus und Markt durchgesetzt. In Deutschland hingegen hätten nicht nur institutionelle Pfadabhängigkeiten tiefgehende Reformbemühungen verhindert; ebenso lasse sich Kontinuität der »sozialen Marktwirtschaft« eben auch auf sprachlicher Ebene feststellen. Erst Ende der 1990er Jahre sollte sich dies mit dem Ruf der SPD nach »mehr Markt« ändern.

Die Bedeutung von »Demokratie«/„democracy« beschäftigte die politisch interessierten und aktiven Zeitgenossen nicht minder. Holger Nehring (Sheffield) entwickelte seine Argumentation auf der Basis der Auseinandersetzungen in Politik und Massenmedien im Übergang von den 1960er zu den 1970er Jahren, wobei ihn weniger die übergreifende Frage der Sektion nach den sozialen Trägern als die nach Strukturen und Bedeutung der Semantiken interessierten. In der von amerikanischen Sozialwissenschaftlern angestoßenen Debatte um Regierbarkeit/Nichtregierbarkeit habe sich in der Bundesrepublik und ebenso in Großbritannien die Befürchtung einer zukünftigen Krise demokratischer Repräsentation und Entscheidungsfindung ausgebreitet. Zu einer semantischen Neuformulierung von Demokratie sei es aber nicht gekommen, sondern es habe vielmehr eine Auffächerung stattgefunden. Mögen sich die Strukturen der Semantiken auch gleichen, so konstatierte Nehring die nationalen Unterschiede in ihrer Bedeutung: Während in der Bundesrepublik die Demokratie durch rationale und wissenschaftlich fundierte Herrschaft gesichert sein sollte, gewann in Großbritannien eine Semantik an Bedeutung, die den Staat vor den Interessen und Forderungen Einzelner abgeschirmt wissen wollte.

Die sozio-kulturellen Umwälzungen der beiden Jahrzehnte machten auch vor dem »Konservatismus«/„conservatism« nicht Halt. In Martina Stebers Vortrag stand die Definition des »Konservativen« im Zentrum, worüber in Deutschland die gesamte Öffentlichkeit verhandelte, während sich in Großbritannien die

Debatte innerhalb der Conservative Party abspielte. Traditionsbestände, die mit der Rolle der Konservativen als Wegbereiter des Nationalsozialismus zu tun hatten, und dem Trend der 1960er Jahre zur Progressivität und Planbarkeit, drängten in den 1960er Jahren zu einer Verständigung darüber, was konservativ sei. Infolge der Debatten, die sich in den 1970er Jahren fortsetzten, erfuhr der Konservativmus eine Neuprägung. Während die Entwicklung in Deutschland durch eine Expansion des Wortfeldes gekennzeichnet gewesen sei, habe sich die britische Begriffsbedeutung verengt. Steber führte aus, dass sich die britischen Konservativen, frei von vergangenheitspolitischen Belastungen, auf die Frontstellung zum »Socialism« der Labour Party konzentrierten. Ebenso prägend sei die Aufnahme liberalen Vokabulars, wie des »individualism« gewesen, das zur Verfügung stand, da eine eigene liberale Partei fehlte. Steber bezog auch die europäische Ebene ein und behauptete, die semantische Grenzverschiebung sei durch die grenzüberschreitende Parteienkooperation begünstigt worden, die einen Definitionsprozess in Gang gesetzt habe.

Über den Begriff der »Zukunft« sprachen Vertreter jeder parteipolitischen Couleur, vor allem aber auch die Wissenschaftler, die sie erforschten, wie Elke Seefried in ihrem Vortrag darlegte. Am Beginn ihrer Ausführungen stand die Zukunftsforschung, die das Bewusstsein sensibilisierte, Zukunft zu erkunden und dafür sogleich Instrumente bereithielt. Technischer Fortschritt und sozialer Wandel, so die Referentin, hätten den Erfahrungsraum geprägt und die Vorstellung gefördert, die Zukunft sei offen, aber gestaltbar. Sie konstatierte, dass durch das Machbarkeitsdenken der Zeit aus »Zukunft« gestaltbare »Zukünfte« wurden. Bereits in den 1960er Jahren meldeten sich »normativ-kritische« Protagonisten der Zukunftsforschung zu Wort, die das Gefahrenpotential des technischen Fortschritts klar ansprachen, aber auch forderten, Verantwortung für die Gestaltung der Zukunft zu übernehmen und auf diese Weise Krisendiagnose und Machbarkeitsdenken verbanden. Dystopie- und Apokalypsevorstellungen verbreiteten sich aber erst 1971/72, allerdings noch vor dem Ölpreisschock, insbesondere in Form ökologischer und demographischer Schreckensszenarien. Die semantischen Grenzverschiebungen, so die These Seefrieds, gingen dabei den sozio-strukturellen und sozio-kulturellen Neuformierungen der 1970er Jahre nicht nur voraus, sondern bedingten diese. Mit Phrasen wie »die Grenzen des Wachstums« ließ sich die Krise erst sprachlich fassen. In Deutschland sei der Begriff der Zukunftsforschung schließlich zugunsten der Bezeichnung »Prognostik« in den Hintergrund gedrängt worden. In Großbritannien hätten die Zukunftsforscher hingegen eine pragmatischere Haltung eingenommen und hätten, auch wenn sie die Gefahren anerkannten, »future« oder »futures« offener interpretiert als in Deutschland.

Die Beiträge der Sektion boten nicht nur anregende Einblicke in die Geschichte einzelner Schlüsselbegriffe der politischen Kultur in Deutschland und Großbritannien. Sie lieferten zudem einen Teilentwurf für eine historische Semantik im 20. Jahrhundert, auf den der Kommentator sowie die anschließende Diskussion aufbauen konnten. Willibald Steinmetz (Bielefeld) knüpfte an die konzeptionellen Überlegungen der Einleitung an und gab Anregungen zum Weiterdenken beziehungsweise Präzisieren. Erstens reflektierte er die Auswahl der Begriffe, die allesamt der politischen Sprache entsprangen und sich bereits im Werk

»Geschichtliche Grundbegriffe« finden. Wissenschaftsbegriffe, so bemerkte Christoph Cornelißen in der Diskussion, fehlten hingegen und das, obwohl im 20. Jahrhundert die »Verwissenschaftlichung des Sozialen« einen zentrale Entwicklung darstellte. Zweitens nahm Steinmetz den Untersuchungsansatz in den Blick. Er wies darauf hin, dass nicht allein Begriffe die Ebene des Vergleichs bildeten, sondern auch die mit ihnen eng verbundenen Problemlagen. Neben den Akteuren ließe sich auch die Frage nach den Grundmustern der Argumentation als Zugriff operationalisieren. Steinmetz beendete seinen Kommentar mit der Aufforderung, über die Gründe der Veränderungen zu diskutieren. Welche Rolle spielten externe Faktoren wie das Wahlrecht, Koalitionsrealitäten oder aber neue Technologien für die Entwicklung von Begriffen? Welche Schwerkraft hat die Geschichte beziehungsweise wie bedeutsam sind die semantischen Pfadabhängigkeiten einzuschätzen?

Die Sektion zeigte, dass sich die Konzeptionierung einer Begriffsgeschichte im 20. Jahrhundert noch in den Anfängen befindet und dass über Fragen wie Auswahl, Binnenzäsuren oder die Verknüpfung mit Akteuren und Diskursen weiterhin Verständigungsbedarf bestehen wird. Die Sektion lieferte wertvolle Denkanstöße: Vor allem der Blick über die nationalen Grenzen hinaus, als Transfergeschichte aber auch in Form des klassischen Vergleichs, sollte in der noch jungen Debatte eine größere Rolle als bisher spielen.

Erkenntnisfördernd ist vor allem auch der Vorschlag, den Strukturbruch der industriegesellschaftlichen Moderne, der sich im Übergang von den 1960er zu den 1970er Jahre vollzogen haben soll, begriffsgeschichtlich zu untersuchen. Ob dies tatsächlich eine »semantische Schwellenzeit« war, bleibt zwar noch zu beweisen. Die Richtung und Reichweite des Wandels in diesen Jahrzehnten lassen sich mit den Methoden der historischen Semantik jedoch untersuchen. Ob es sich bei der Zeitgeschichte immer weniger um die »Nachgeschichte vergangener, sondern um die Vorgeschichte gegenwärtiger Problemlagen« handele,[4] wie Hans Günter Hockerts es formulierte, könnte mit den Koselleckschen Kategorien »Erfahrungsraum« und »Erwartungshorizont« analysiert und dargestellt werden.

Anmerkungen

1 Doering-Manteuffel, Anselm; Raphael, Lutz: Nach dem Boom. Perspektiven auf die Zeitgeschichte seit 1970. Göttingen 2008.

2 Geulen, Christian: Plädoyer für eine Geschichte der Grundbegriffe des 20. Jahrhunderts. In: Zeithistorische Forschungen/Studies in Contemporary History. Online-Ausgabe 7, 1 (2010), http://www.zeithistorische-forschungen.de/16126041-Geulen-1-2010, letzter Zugriff am 29. September 2011.

3 Steinmetz, Willibald: Das Sagbare und das Machbare. Zum Wandel politischer Entscheidungsspielräume: England 1780–1867. Stuttgart 1993.

4 Hockerts, Hans Günter: Rezension von: Doering-Manteuffel, Anselm; Raphael, Lutz: Nach dem Boom. Perspektiven auf die Zeitgeschichte seit 1970. Göttingen 2008. In: sehepunkte 9, 5 (2009), http://www.sehepunkte.de/2009/05/15019.html, letzter Zugriff am 29. September 2011.

Grenzziehungen. Projektionen nationaler Identität auf Migranten in europäischen Städten nach 1945

Teilgebiete: NZ, StG, AEG, ZG

Leitung
Bettina Severin-Barboutie (Gießen)

Orte der Migration. Stadt und Nation im Einwanderungsprozess
Roberto Sala (Erfurt)

Koloniale Nationalitäten und ihre europäischen Grenzen: Wahrnehmung und Kategorisierung von Migranten in Frankreich und Großbritannien (1945–1965)
Imke Sturm-Martin (Köln)

Transnationale Netzwerke und nationale Ressourcen: Zur Verortung von Deutschen und Marokkanern in Brüssel
Martin Zillinger (Siegen)

Banlieue und Nation. Jugendliche Migranten in französischen Großstädten
Susanne Grindel (Braunschweig)

A new form of border: The case of asylum seekers in Strasbourg
Patricia Zander (Straßburg)

HSK-Bericht
Von Olga Sparschuh (Freie Universität Berlin)

Europäische Städte wurden im Rahmen der großen Urbanisierungsprozesse des 20. Jahrhunderts im besonderen Maße zum Ziel von Migration. Die Zuwanderung erfolgte dabei aus unterschiedlichen Kontexten – aus ländlichen Regionen innerhalb von Nationalstaaten, aus anderen Ländern an der Peripherie Europas oder aus den ehemaligen Kolonien – und stellte für viele Kommunen eine große materielle und kulturelle Herausforderung dar. Trotz der divergierenden Herkunft der Migranten erfolgte ihre Klassifizierung häufig nach nationalen Zugehörigkeiten, und auch in der Forschung wurden Migrationsbewegungen in den letzten Jahrzehnten vornehmlich nach nationalen Kategorien untersucht.
In der von Bettina Severin-Barboutie (Gießen) geleiteten Sektion der »Gesellschaft für Stadtgeschichte und Urbanisierungsforschung« ging es deshalb darum, das Verhältnis von Migration, Nation und Stadt genauer zu beleuchten und zu versuchen, den »methodologischen Nationalismus«[1] der Migrationsforschung zu überwinden. Zwar sei bei der wissenschaftlichen Erforschung von Migration die Nation als Kategorie nicht mehr unbestritten, so Severin-Barboutie in ihrer Einleitung, aber sie spiele noch immer eine wichtige Rolle. Deshalb sei es das Ziel

der Sektion, den Einfluss nationaler Zuschreibungen auf Grenzziehungen innerhalb von Städten zu ermitteln. Dabei sollten einerseits die Migranten selbst, andererseits die Zielstädte der Migration als Akteure in den Mittelpunkt rücken.[2]
Roberto Sala (Erfurt) setzte sich methodisch mit der Nation als Analysekategorie für die Erforschung von Migrationsprozessen auseinander. Anhand des Beispiels der italienischen Arbeitsmigration in die Bundesrepublik zeigte er, dass »Italiener in Deutschland« vielfach als selbstverständliche Bezeichnung verwendet werde, obwohl sie zumindest missverständlich sei. Einerseits sei diese Kategorie aus Sicht der deutschen Mehrheitsgesellschaft konstruiert worden, für welche die nationale Zugehörigkeit der italienischen Minderheit das intuitive Unterscheidungsmerkmal dargestellt habe. Diese Einteilung sei in der Folge der Ausgangspunkt für ausländerpolitische Maßnahmen geworden und auch von der wissenschaftlichen Forschung übernommen worden. Andererseits sei der Diskurs über Italiener in Deutschland von den italienischen Vereinigungen in der Bundesrepublik geprägt worden. Deren Vertreter seien von einer nationalen *comunità italiana* in Deutschland ausgegangen, die sie bewahren müssten. Dabei erweise sich jedoch die unterschiedliche soziokulturelle Herkunft dieser »Elitenitaliener« und der Arbeitsmigranten als problematisch: Während die ersteren sich und ihre »Landsleute« in Deutschland viel stärker in Kategorien des Nationalen wahrnahmen und präsentierten, sei für die Arbeitsmigranten, die per Kettenmigration in die Bundesrepublik einreisten, die lokale Herkunft viel bedeutsamer gewesen. Sala warnte deshalb davor, von monolithischen nationalen Einheiten auszugehen, die es in dieser Form nicht gegeben habe, und schlug erneut den Begriff der »Nationalisierung in der Fremde« vor, der beschreibt, dass die Arbeitsmigranten erst in Deutschland zu Italienern geworden seien.[3]
Gerade bei der Erforschung von Migrantennetzwerken im urbanen Raum, so Sala, sei es möglich, das Verhältnis zwischen der Wirksamkeit sozialer Strukturen aus der dörflichen Herkunftsgemeinschaft und der Relevanz nationaler Zugehörigkeit zu beleuchten. Gleichzeitig wies er jedoch scharf auf einige Defizite bisheriger stadtbasierter Studien hin, die oft den Konstruktionscharakter der Nation nicht diskutierten oder sich häufig auf offizielle Quellen wie Unterlagen von Stadtverwaltungen stützten und dabei den mehrheitsgesellschaftlichen Blick auf die Arbeitsmigranten reproduzierten. Zudem pressten sie die Arbeitsmigranten vielfach in dichotomische Schemata von deutsch beziehungsweise italienisch und ließen so selbst ein mangelndes Gespür für die Differenziertheit der Herkunft der Migranten erkennen. Insgesamt müsse die nationale Herkunft bei der Erforschung von Migrationsprozessen eine Variable unter mehreren werden und dürfe nicht länger pauschales Bestimmungskriterium sein.
In den folgenden beiden Beiträgen standen koloniale beziehungsweise postkoloniale Wahrnehmungen von Migranten im Mittelpunkt. Imke Sturm-Martin (Köln) widmete sich Zuwanderern, die aus den (ehemaligen) Kolonien nach Frankreich und Großbritannien kamen.[4] Im Zentrum ihrer Untersuchung standen zeitgenössische Kategorien für die Bezeichnung von Migranten sowie die Frage, welche Rolle die Nation für diese Zuschreibungen spielte. In beiden Fällen waren die Haupt- und Industriestädte die Ziele der Migration. Übereinstimmend sei der städtische Raum in beiden Aufnahmegesellschaften als überfüllt und belagert

wahrgenommen worden und Migranten seien zunächst Ziel pauschaler Zuschreibungen geworden: Dabei seien die Annahmen, sie wären in höherem Maße kriminell, übertrügen Krankheiten und hätten abweichende Sitten, unabhängig von der nationalen Herkunft gewesen und hätten die Kategorisierung nicht beeinflusst. Sturm-Martin zeigte, dass die Minderheiten aus den Kolonien, die als *British Subjects* frei nach Großbritannien einreisen durften, dort in den 1950er Jahren als *coloured* betitelt und in den 1960er Jahren hauptsächlich als *immigrant, coloured* oder *colonial immigrant* erfasst wurden. Vor dem Hintergrund der Hautfarbe und der Kolonialvergangenheit der Migranten, welche zum Beispiel das nationale britische Bildungssystem durchlaufen hätten, sei die Abgrenzung anhand der Kategorie Nation weniger bedeutsam gewesen. In Frankreich stammten die Zuwanderer aus den nordafrikanischen Kolonien, vor allem aus Algerien. Da die Algerier seit 1947 die französische Staatsbürgerschaft hatten, sei die Kategorisierung einerseits nach religiösen Kriterien, andererseits nach regionalen Gesichtspunkten erfolgt: sie wurden als *musulman* bezeichnet oder unter den Begriff *Nord-Africain* subsumiert. Durch den Dekolonisierungsprozess – der Algerienkrieg dauerte von 1954 bis 1962 – habe sich jedoch eine neue nationale Identität der Algerier entwickelt, die sich auch in der französischen Wahrnehmung durchzusetzen begann. Für die Migranten selbst sei die regionale Identifikation häufig stärker gewesen als die nationale – damit grenzten sie sich ihrerseits gegen andere Zuwanderergruppen aus demselben Nationalstaat und nationale Zuschreibungen im Aufnahmeland ab. Da die Kategorie Nation sich für die ehemaligen Kolonialreiche als problematisch erwies, speisten sich die Zuschreibungen aus anderen Einflüssen: In Großbritannien und Frankreich waren für die Wahrnehmung der Migranten aus den Kolonien deshalb »rassische«, koloniale und religiöse Komponenten wesentlich.

Susanne Grindel (Braunschweig) beschäftigte sich mit der heutigen Situation der (post)kolonialen Migranten und ihrer Nachkommen.[5] Am Beispiel der französischen Nationalmannschaft zeigte sie, wie diese vom Vor- zum Spiegelbild der französischen Gesellschaft geworden sei: Während *les bleus* beim Weltmeisterschaftserfolg 1998 als Muster der Integration angesehen worden seien, repräsentierten sie durch die Skandale und die Niederlage 2010 nun das Scheitern des republikanischen Integrationsmodells. Dieses Modell untersuchte Grindel anhand des französischen Schulsystems und verschiedener Geschichtslehrmittel. Im zentralisierten französischen Schulsystem sei die Schule die Institution, welche die Kultur der Republik vermitteln solle, und damit ein wesentliches Integrationsinstrument. Besonders die Unruhen von 2005 hätten aber ihr Scheitern in den *banlieues* gezeigt, da sich die Angriffe der Jugendlichen besonders häufig gegen Schulen richteten. Dies erkläre sich dadurch, dass das Gleichheitsversprechen der republikanischen Schule von den Jugendlichen der Vorstädte als Heuchelei angesehen werde. Das französische Integrationsmodell, welches von einem homogenen Nationsverständnis ausgehe und von Zuwandernden Anpassung fordere, sei gleichgültig gegenüber Differenzen und beschränke religiöse und kulturelle Abweichungen auf den privaten Raum. In der Praxis habe dies zu gravierenden Unterschieden in den Bildungs- und Lebenschancen und zur Segregation der Migranten und ihrer Nachkommen in den Vorstädten geführt. Durch die Einführung sogenannter *zones d'éducation prioritaire* sei versucht worden, diese Probleme zu mildern. Dabei seien aber die Bedürfnisse der Jugendlichen nach Anerkennung ihrer Geschichte als ehemals Kolonisierte unberücksichtigt geblieben, während sie zu Objekten einer technokratischen Bildungspolitik geworden seien.

In den französischen Schulbüchern komme Migration zwar seit einigen Jahren vor, das Thema werde aber nicht eigenständig, sondern im Rahmen der sozialen Veränderungen nach 1945 behandelt. Migration werde dabei stets in ihrer Bedeutung für die französische Gesellschaft dargestellt, die Erfahrungen der Migranten selbst spielten keine Rolle. Das zeige sich auch darin, dass die kolonialen Hintergründe der Migration kaum thematisiert, Migration und Kolonisation/Dekolonisation nicht aufeinander bezogen würden, was das Gefühl der Exklusion bei den migrantischen Jugendlichen verschärfe. Sowohl im Schulsystem als auch in den Schulbüchern würden also koloniale Beziehungen reproduziert und das Paradigma von der Entwicklungs- und Anpassungsbedürftigkeit der migrantischen Adressaten genährt.

Interdisziplinär ergänzt wurde die Sektion durch den Beitrag von Martin Zillinger (Siegen). Er betonte, dass auch die Ethnologie Migrationsbewegungen zunehmend jenseits nationaler Zuschreibungen erforsche. Dabei gebe es inzwischen nicht nur transnationale Ansätze und die Untersuchung nach ethnischen Kategorien, sondern es werde zunehmend gefordert, »Kosmopoliten« in den Mittelpunkt des Interesses zu rücken. Diese knüpften in stark durch Migration beeinflussten Städten, sogenannten *gateway cities*, ihre Netzwerke offen in alle Richtungen. Beiden Möglichkeiten spürte Zillinger in seinen Untersuchungen zu migrantischen Netzwerken in Brüssel nach.[6] Während der nationale Rahmen für die Mehrheitsgesellschaft Möglichkeiten erschließe, errichte der Staat im Gegensatz dazu für die transnationalen Netzwerke der Migranten Grenzen. Durch die Rechtsunsicherheit der Migranten in europäischen Rechtsstaaten erwiesen sich diese als »die Nation der Anderen«. Um die ungleiche Ressourcenverteilung in Handlungsspielräume zu verwandeln, müssten Migranten Techniken finden, mit denen sie die daraus resultierenden Risiken abmildern können. Dabei werde häufig auf Strukturen zurückgegriffen, die im mediterranen Herkunftsraum bereits seit Generationen erprobt seien: Verwandtschaftsbeziehungen, Freundschaftsnetzwerke und Patronageverhältnisse.

Näher beleuchtete Zillinger eine ethnische Migrationsökonomie von Marokkanern und ein heterogenes religiöses Netzwerk arabischer Christen unterschiedlicher Nationalität. Am Beispiel der Migrationsbewegung aus dem marokkanischen Meknes nach Brüssel, zeigte er, dass an den Etappen der Wanderungsbewegung vor allem lokale aber auch ethnische und nationale Beziehungen für die Ausbildung von Netzwerken zwischen Migranten entscheidend seien. Gleichzeitig demonstrierte er anhand der Organisation arabischer Christen in Brüssel, dass sich im Ausland auch ganz neue Verbindungen ergeben können. Obwohl die Christen aus unterschiedlichen Regionen, Nationalstaaten, Sprachgruppen und religiösen Kontexten des arabischsprachigen Mittelmeerraumes stammten, versammelten sie sich in der arabisch-evangelikalen Kirche von Belgien und integrierten sich in dichten Kontexten religiöser Vergemeinschaftung. Während einerseits auf ethni-

schen Zugehörigkeiten fußende Netzwerke existierten, bildeten sich andererseits in der Migration neue, hier auf religiösen Zugehörigkeiten beruhende Geflechte.
In allen vier Vorträgen wurde deutlich, dass nationale Zuschreibungen aus Sicht der Mehrheitsgesellschaft als Unterscheidungsmerkmal innerhalb von Städten einen starken Einfluss auf die Grenzziehung zwischen dem Eigenen und dem Fremden hatten. Allerdings stellte die nationale Zugehörigkeit nur eine unter mehreren Abgrenzungsmöglichkeiten dar: Wenn andere, weiter gefasste Kategorien wie die Zugehörigkeit zu Kolonialimperien, zu Religionsgemeinschaften oder phänotypische Merkmale wie die Hautfarbe für die Beschreibung der Migranten griffen, erschienen die nationalen Perspektiven als zu parzelliert und traten in den Hintergrund. Dies besonders, wenn in den ehemaligen Kolonialimperien die Abgrenzung nach nationalen Kriterien nicht mehr sauber durchzuführen war, da die Bewohner der Kolonien die Staatsangehörigkeit der Kolonialmacht erhalten oder ihr Bildungssystem erfolgreich durchlaufen hatten. Andererseits erwiesen sich die nationalen Projektionen auf die Migranten, die von Seiten der Mehrheitsgesellschaft – und in der Folge auch von der wissenschaftlichen Forschung – verwendet wurden, als zu grob. Durch die Einbeziehung der migrantischen Perspektive erschienen die lokalen, regionalen und ethnischen oder auch sozialen und politisch-weltanschaulichen Bindungen viel wesentlicher als die nationalen. Es wurden also Einheiten relevant, die kleinteiliger und damit genauer sind als die oftmals unzulässig homogenisierenden nationalen Klassifizierungen. Besonders bei der Konzentration auf einzelne Städte wurde deutlich, dass es durch Kettenmigration aus eng begrenzten Herkunftsgebiete in klar definierte Zielgebiete zu einer Reproduktion der migrantischen Ausgangsgesellschaften in den Großstädten kam: Die moderne industrialisierte Stadt wurde durch Migration zum Container für traditionale Dorfgemeinschaften, eröffnete zugleich aber auch neue Handlungsoptionen für deren Mitglieder. Die Vielfältigkeit der Migrantengruppen spiegelte sich jedoch nicht in den Zuschreibungen der Mehrheitsgesellschaften, sondern wurde in den Wahrnehmungen der Aufnahmegesellschaften durch nationale, koloniale, rassische und religiöse Kategorien überschrieben. Die Projektionen bestimmter Annahmen auf Migranten richteten sich dabei nach den Kriterien, anhand derer eine Grenzziehung zwischen Eingesessenen und Zuwandernden möglich war.
Während dem Desiderat der Migrationsforschung, die Migranten selbst als Akteure in den Blick zu nehmen, in allen Beiträgen entsprochen wurde, blieb die Stadt als Akteurin im Gegensatz dazu verhältnismäßig blass: Sie wurde abstrakt als Untersuchungseinheit herangezogen, um in ihrem kompakten Rahmen eine Gesellschaftsanalyse zu ermöglichen, um die »Eigenlogik der Städte«[7] ging es weniger. In der Diskussion wurde deshalb gefordert, zu ermitteln, welche Rolle die Städte an sich spielten und welche Faktoren die Migranten – außer den verwandtschaftlichen Netzwerken – bewegt hätten, bestimmte Städte zum Ziel ihrer Wanderung zu machen. Inwiefern es für die Migrationsforschung von Nutzen sein kann, die konkreten Konstellationen in bestimmten Städten stärker herauszuarbeiten, müssen künftige Untersuchungen zeigen.
Städte bieten die Möglichkeit, die dominierende Rolle der Nation bei der Erforschung von Migration zu relativieren. Durch die Konzentration auf die Interak-

tion von Aufnahmegesellschaft und Zuwandernden in der Stadt wird die Nation als bestimmende Untersuchungskategorie umgangen und es wird möglich, Analyseeinheiten offenzulegen, die sowohl unter- als auch oberhalb der nationalen Ebene liegen können. Bei ausreichender methodischer Reflexion kann die Stadt als Dreh- und Angelpunkt von Migrationsbewegungen zur idealen Untersuchungseinheit werden, um die Nation als bestimmende Kategorie für die Erforschung von Migrationsprozessen abzulösen.

Anmerkungen

1 Wimmer, Andreas; Glick Schiller, Nina: Methodological nationalism, the social sciences, and the study of migration. An essay in historical epistemology. In: International Migration Review 37 (2003), S. 576–610.

2 Bettina Severin-Barboutie bereitet an der Universität Gießen gegenwärtig ein Forschungsprojekt vor, in dessen Mittelpunkt die vergleichende Untersuchung städtischer Migrationsgeschichte in Europa nach 1945 steht. Vgl. dies.: Entre idéal et réalité. L'histoire comparée face aux sources. In: Baby, Sophie; Zancarini-Fournel, Michelle (Hrsg.): Histoires croisées. Réflexions sur la comparaison internationale en histoire. Paris 2010, S. 75–86.

3 Vgl. dazu Sala, Roberto: Die Nation in der Fremde. Zuwanderer in der Bundesrepublik Deutschland und nationale Herkunft aus Italien. In: IMIS-Beiträge 11 (2006), S. 99–122.

4 Vgl. dazu Sturm-Martin, Imke: Zuwanderungspolitik in Großbritannien und Frankreich. Ein historischer Vergleich 1945–1962. Frankfurt am Main 2001.

5 Der Vortrag von Susanne Grindel steht in Zusammenhang mit ihrem am Georg-Eckert-Institut für internationale Schulbuchforschung in Braunschweig verfolgten Forschungsprojekt »Europa als koloniale Erinnerungsgemeinschaft? Die Darstellung des europäischen Kolonialismus in deutschen, französischen und englischen Schulbüchern«.

6 Vgl. dazu demnächst Zillinger, Martin: Die Trance, das Blut, die Kamera. Trance-Medien und Neue Medien im marokkanischen Sufismus. Bielefeld 2011 (i. E.).

7 Berking, Helmuth; Löw, Martina (Hrsg.): Die Eigenlogik der Städte. Neue Wege für die Stadtforschung. Frankfurt am Main 2008.

»Humanitäre Entwicklung« und Rassismus in Afrika südlich der Sahara 1920–1990

Teilgebiete: NZ, AEG, MedG

Leitung
Hubertus Büschel (Gießen)
Daniel Speich (Zürich)

Moderation
Rebekka Habermas (Göttingen)

Kulturen des Helfens. Die deutsche katholische Mission und die »Entwicklung« Afrikas in der Zwischenkriegszeit
Richard Hölzl (Göttingen)

»Rasse« und Rassismus in den »Humanitären Entwicklungswissenschaften« in Tansania, Togo und Kamerun 1920–1970
Hubertus Büschel (Gießen)

Rassismus und makroökonomische Theorie um die Mitte des 20. Jahrhunderts
Daniel Speich (Zürich)

Medical Aid as a Subject of the Cold War History: Development, Race, and the Global Cold War
Young Sun Hong (New York)

»Die Afrikanisierung eines Spitals«. Aus der Praxis medizinischer Entwicklungshilfe im ländlichen Tansania der 1970er und 80er Jahre
Marcel Dreier (Basel)

Kommentar
Patrick Harries (Basel)

Diese Sektion wird im HSK-Querschnittsbericht »*Humanitarismus* und *Entwicklung*« von Martin Rempe und Heike Wieters behandelt.

Humanitäre Intervention und transnationale Öffentlichkeiten seit dem 19. Jahrhundert

Teilgebiete: NZ, AEG, GMT, PolG

Leitung
Martin H. Geyer (München)

Grenzüberschreitungen: Humanitäre Intervention und transnationale Gerichtsbarkeit im 19. Jahrhundert
Fabian Klose (München)

»Grenzenlos humanitär« – Amerikanische Nichtregierungsorganisationen und international relief 1890–1940
Daniel Maul (Giessen)

Humanitäre Intervention und die Funktionen der Weltnachrichtenordnung seit der Mitte des 19. Jahrhunderts
Volker Barth (Köln)

Kommentar
Samuel Moyn (New York)

Diese Sektion wird im HSK-Querschnittsbericht »*Humanitarismus* und *Entwicklung*« von Martin Rempe und Heike Wieters behandelt.

Im Grenzbereich zwischen Quellenproduzenten, Archiven und historischer Forschung: Heutige Anforderungen an eine archivalische Quellenkunde

Teilgebiete: NZ, D, GMT, WissG

Leitung
Rainer Hering (Schleswig/Hamburg)
Robert Kretzschmar (Stuttgart/Tübingen, VdA – Verband deutscher Archivarinnen und Archivare)

Hilflose Historikerinnen und Historiker in den Archiven? Zur Bedeutung einer zukünftigen archivalischen Quellenkunde für die universitäre Lehre
Robert Kretzschmar (Stuttgart/Tübingen)

Digitale Quellen und historische Forschung
Rainer Hering (Schleswig/Hamburg)

Quellenbewertung im vorarchivischen Bereich. Vom Nutzen und Nachteil der Recherche in Registraturen
Malte Thießen (Hamburg)

Verplant und Vermessen. Karten, Pläne und Modelle als Quellen für die Geschichtswissenschaft
Sylvia Necker (Hamburg)

Kommentar
Peter Haber (Basel)

HSK-Bericht
Von Janina Fuge (Universität Hamburg)

Es sind wesentliche und für die historische Methodendiskussion brandaktuelle Themen, denen sich die Sektion »Im Grenzbereich zwischen Quellenproduzenten, Archiven und historischer Forschung: Heutige Anforderungen an eine archivalische Quellenkunde« auf dem diesjährigen Historikertag in Berlin widmete. Einerseits ging es um Nutzen und Nachteil einer Reihe von bisher für die historische Forschung selten genutzten Quellen wie Bildern, Stadtplänen oder Registraturen, andererseits standen Herausforderungen des digitalen Zeitalters für die Archivierung und historische Auswertung zur Debatte. Dass es für die vielen Fragen in diesem Zusammenhang einen großen Klärungsbedarf gibt, zeigte der enorme Zulauf an Interessierten, die damit Rainer Herings Einführungs-Wort bestätigten, dass es sich hier um einen Bereich handele, der »bis dato viel zu wenig thematisiert wird.« Zum Auftakt formulierte Robert Kretzschmar (Stuttgart/Tübingen) sogleich ein entscheidendes Forschungsdesiderat – nämlich die Erarbeitung einer »zeitgemäßen Quellenkunde«, die sich als Historische Hilfswissenschaft neuer Art etablie-

ren müsse, um jenen Besonderheiten und Forschungsanforderungen von einer Vielzahl neuerer Quellengattungen – darunter audiovisuelle Unterlagen, Datenbanken, Websites, elektronische Fachverfahren und damit zunehmend »genuin digitale Unterlagen« – Rechnung zu tragen. Kretzschmar warf einen kurzen Blick zurück in die Geschichte der Aktenkunde als historischer Hilfswissenschaft und grenzte sie ab zu den Aufgaben der archivalischen Strukturlehre, die sich im Gegensatz zu ersterer nicht mit dem einzelnen Dokument, sondern den Strukturen ganzer Aktenbestände und Akteneinheiten befasst. Hiervon ausgehend skizzierte Kretzschmar eine Zusammenführung beider als »Nukleus einer auch kulturgeschichtlich auszurichtenden Archivalienkunde des 21. Jahrhunderts«, in der unter anderem eine »Aktenkunde der E-Mail mit einer archivalischen Strukturlehre der elektronischen Fachverfahren aus quellenkundlicher Perspektive« zu verbinden seien. Ansätze hierfür gäbe es bereits – wie beispielsweise einen Arbeitskreis im Verband deutscher Archivarinnen und Archivare, gleichzeitig plädierte Kretzschmar für eine Weitung der Perspektive: Eine dezidierte Beschäftigung der Archivarinnen und Archivare mit dem Themenfeld mitsamt einer entsprechenden Vermittlung archivwissenschaftlicher Kenntnisse an Universitäten. In der direkt anschließenden, von Kommentator Peter Haber (Basel) inspirierten wie strukturierten Diskussion konturierte Kretzschmar weiterhin sein Anliegen und wünschte sich einen »Diskurs über digitale Aktenkunde« dezidiert zwischen Archiven und Wissenschaft. Es kristallisierte sich heraus, dass ein solcher zu fördern sei und idealerweise in Kooperationsprojekten zwischen historischer Forschung und Archiven münden könne, um gemeinsam »Grundstrukturen zu erarbeiten« und Basisarbeit zu leisten – beispielsweise in Klärung der Frage: »Was ist eigentlich eine E-Mail?«
Rainer Hering (Schleswig/Hamburg) nahm in seinem Vortrag diesen Faden auf und konzentrierte sich auf die Herausforderung der Archiv- wie Geschichtswissenschaften durch die digitale Welt. Anhand eingängiger Praxisbeispiele, konzentriert auf den zentralen Bereich »Verwaltung«, führte Hering lebendig aus, vor welchen Aufgaben Archive wie Geschichtswissenschaften stehen: Was ist für ein Archiv zu tun mit angebotenen 10.000 E-Mails von der Festplatte leitender Verwaltungsangestellter, wie die zahlreichen Ordner mit Titeln wie »Verschiedenes« oder »Besonderes« systematisieren, was ist zu tun, wenn von Sitzungen statt Ergebnis- oder Verlaufsprotokollen nur Powerpoint-Präsentationen bleiben? Hering zeichnete ein aktuelles, plastisches Szenario und formulierte Kernprobleme, zu denen beispielsweise die Mehrung so genannter Hybridüberlieferung zählt – so würden manche Register nur noch digital, die dazugehörigen Akten jedoch analog geführt, dazu komme das Problem einer systematischen Ablage und Archivierung von E-Mail-Korrespondenzen oder auch die grundsätzliche Thematik der »Echtheit« von Dokumenten. Für eine geordnete Schriftgutverwaltung, die wiederum historisches Arbeiten ermöglicht und gleichzeitig umfassend die rechtlichen Anforderungen an die Nachvollziehbarkeit von Verwaltungshandeln erfüllt, sei noch viel zu tun: Eine »Mentalitätsoffensive« forderte Hering für den Verwaltungsbereich, um ein neues Bewusstsein auch für die Dokumentation im Zeitalter neuer Überlieferungssysteme zu generieren. Auch hier statuierte Hering die Notwendigkeit von Kooperationen: Archivarinnen und Archivare

seien gefordert, Behörden und Ämter bei »der Einführung von Dokumentenmanagementsystemen so zu begleiten, dass eine geordnete Schriftgutverwaltung gesichert sei«.

Die folgende Diskussion schärfte die Perspektive für tatsächliche und angenommene Veränderungen durch Digitalisierungsprozesse: Auch in früheren Zeiten, umriss Hering, sei auch nicht immer alles gespeichert worden, heute jedoch gäbe es ein geringeres Bewusstsein für die Dokumentation. Die Debatte brachte dabei das »Integralspeichermediumphantasma« auf – jene Suggestion, dass via Copy-Funktion zumindest in der Theorie alles behalten werden kann. Dass es jedoch einer Sortierung, Bewertung und auch eines geordneten »Vergessens« bedarf, offenbarte sich gleichsam als konsensuale Erkenntnis, für die Kretzschmar und Hering als Archivare die Notwendigkeit einer »neuen Form der Bewertungsarbeit« unterstrichen.

Malte Thießen (Hamburg/Oldenburg) blickte in seinem Beitrag vom Standpunkt des Zeithistorikers aus auf die Notwendigkeit quellenkundlicher Horizonterweiterungen – denn je näher der Historiker an der Gegenwart arbeitet, desto mehr unterliegen Aktenbestände Schutzfristen, was das Heranziehen anderer Möglichkeiten erfordert. Als Ausweg aus diesem zeithistorischen Quellendilemma schlug Thießen den Umgang mit Registraturen vor – Quellensammlungen von Behörden, Parteien und Vereinen, die noch nicht von einem Archiv übernommen und bearbeitet wurden. Anhand eigener Forschungen zur Hamburger Erinnerungskultur seit den 1950er Jahren gab Thießen Einblicke in den Erkenntnisgewinn durch Nutzung solcher Unterlagen und stellte fest, dass entsprechende erinnerungskulturelle Forschungen sich nicht nur auf Archivbestände stützen könnten: Bis in die 1970er Jahre seien aussagekräftige Akten zur öffentlichen Erinnerungen kaum in den Archiven erhalten, als Historiker sei man auf Zufallsfunde angewiesen. Diese Erfahrung gab für Thießen den Ausschlag nachzudenken über die »Grenzen des Archivs« in der zeitgeschichtlichen Forschung und einen von ihm geforderten »bewussten Umgang mit Lücken«.

War Thießens Vortrag zunächst konzentriert auf seinen Plädoyer-Charakter für die Nutzung außer-archivalischer Bestände, ging es in der Diskussion zudem um die Schattenseiten der Arbeit mit Registraturen – und Fragen wie nach der Überprüfbarkeit dieser Quellen oder der Gefahr, mit der Nutzung schließlich die Entscheidung über eine Archivwürdigkeit des Materials vorwegzunehmen. Schnell wurde jedoch konstruktiv deutlich, dass es nicht auf ein klares »Entweder-Oder« in der Nutzung ankäme, sondern auch klare Nutzungsordnungen wie beispielsweise einer »sensiblen Quellenkritik« oder dem Gebot einer Registernutzung nur dort, wo sie vergleichbar mit einem Archiv ist. In jedem Fall ginge es langfristig um die Modi einer »Institutionalisierung der Arbeit mit Registraturen«, die Notwendigkeit eines »stringenten Regelwerks für den Umgang damit« (Kretzschmar) und eine nachhaltige Debatte um die »Transparenz von archivalischen Bewertungsentscheidungen« (Hering). Auch hier zeigte sich Konsens, vielleicht ja sogar im Sinne eines »Beginns einer neuen Freundschaft« zwischen Archivaren, Registratoren und Zeithistorikern.

Sylvia Necker (Hamburg) ergänzte die Quellendebatte abschließend um eine visuelle Ebene – als »Best-practice-Beispiel« führte sie anhand eigener Forschun-

gen zur »topographischen Kontinuität am Hamburger Lohseplatz«, von dem aus Hamburger Jüdinnen und Juden sowie Sinti und Roma aus ganz Norddeutschland zwischen 1941 und 1945 deportiert worden waren, ein in die Nutzbarmachung von Karten, Plänen und Modellen für die Geschichtswissenschaft. Als innovativen Umgang mit dieser Quellengattung zeigte sie ein von ihr selbst gewähltes Vorgehen: Der »normalen« Erzählung wissenschaftlicher Arbeit stellte sie einen »äquivalenten Erzählstrang der Bilder« zur Seite, sprich: Auf den rechten Seiten findet sich die textliche Ausarbeitung, dem ist linksseitig eine Präsentation der Ergebnisse lediglich anhand einer Bildstrecke sowie erläuternder Bildunterschriften gegenübergestellt, die textunabhängig verständlich ist. Anschaulich schilderte Necker, wie auf diese Weise Erkenntnisse greifbarer und deutlicher werden; in Zusammenarbeit mit entsprechendem stadtplanerischem Fachverstand arbeitete sie mit Überlagerungen von Karten, die wiederum deutlich werden ließen, welche ungeheuren Möglichkeiten für die historische Forschung hier liegen. Sylvia Necker verstand ihren Vortrag gleichsam als »Appell an Archive und Lehrende«, mehr Aufmerksamkeit diesen bisher von der Geschichtswissenschaft trotz eines nahenden *Visual Turns* stiefmütterlich behandelter Quellengattungen mehr Aufmerksamkeit zu widmen. In der Diskussion betonte Necker die Notwendigkeit, zukünftig eine eigene Quellenkunde für Modelle und Karten zu generieren; einbeziehen könne dies in der Folge auch Fragen von Digitalisierungen, die hinsichtlich der Überlieferungen ursprünglicher Maßstäbe, Größen und Darstellungsqualitäten wiederum neue Fragen für das Genre aufwerfen.
In seinem Fazit verwies Peter Haber auf den roten Faden, der sich durch alle Vorträge zog – auf der einen Seite sah er diesen in der unbedingten Notwendigkeit, Grenzen für Forschung, Quellen und Archive neu zu definieren: »Was ist das Must Have der historischen Kompetenzen, was das Nice to Have?« brachte er es auf den Punkt, der insbesondere auch die Lehre herausfordere: Im weiteren kulturwissenschaftlichen Bereich gäbe es enormen Bedarf, in den Curricula der historischen und archivischen Forschung auf die Bedürfnisse der Zeit angemessen und zügig zu reagieren. Konsens stellte er zu recht in der Akzeptanz jener Notwendigkeit fest, neue Kooperationen und Austauschforen zwischen Archiven und historischer Forschung zu etablieren. Der Anfang hierzu, stellte Rainer Hering in seinem Schlusswort fest, sei gemacht: »Wir haben ein komplexes Themenfeld vor uns, wir sind diskussionsbereit – und haben den Dialog begonnen.«

Bericht im Archivar 64 (2011)
Von Robert Kretzschmar (Stuttgart/Tübingen)

»Über Grenzen« lautete das Motto des 48. Historikertags 2010 in Berlin, auf dem der Verband deutscher Archivarinnen und Archivare (VdA) am 28. September wiederum – wie schon 2004 in Konstanz und 2006 Dresden – mit einer eigenen Sektion vertreten war. »Im Grenzbereich zwischen Quellenproduzenten, Archiven und historischer Forschung: Heutige Anforderungen an eine archivalische

Quellenkunde« war die dreistündige Veranstaltung überschrieben, die das Motto des Historikertags aufgriff, um in dessen Programm archivische Themen zu verankern, die in gleicher Weise für die historische Forschung von Relevanz sind. Obwohl die Sektion am Nachmittag des letzten Kongresstages – an einem Freitag um 15.00 Uhr – angeboten wurde, hatte sie mit über 100 Teilnehmern einen so großen Zulauf, dass der Platz im dicht gefüllten Hörsaal kaum ausreichte.

Das Ziel der Veranstaltung bestand darin, den Dialog zwischen Archiven und historischer Forschung zu fördern und gemeinsam Perspektiven für eine zeitgemäße Archivalienkunde zu entwickeln. Die von Peter Haber, Universität Basel, moderierte Sitzung trug dem Rechnung, indem sie vier zehnminütige Kurzreferate vorsah, an die sich jeweils in einem »Interview-Teil« eine Befragung des Referenten beziehungsweise der Referentin durch den Sitzungsleiter anschloss, um dann die allgemeine Diskussion zu eröffnen. Vor dem Hintergrund des Abbaus der Historischen Hilfswissenschaften an den Hochschulen skizzierte Robert Kretzschmar eingangs die Bedeutung einer noch zu entwickelnden zeitgemäßen archivalischen Quellenkunde, die insbesondere auch digitale Überlieferungen einzubeziehen hätte, für die universitäre Lehre; dabei verwies er auch auf die laufenden Aktivitäten des VdA-Arbeitskreises »Aktenkunde des 20. Jahrhunderts«. Rainer Hering, der zusammen mit Kretzschmar die Sektion für den VdA konzipiert hatte, gab unter dem Titel »Digitale Quellen und Historische Forschung« konkrete Beispiele für entsprechende Überlieferungen und ihren Quellenwert. Persönliche Erfahrungen reflektierend sprach sodann Malte Thießen, Universität Oldenburg, über »Quellenbewertung im vorarchivischen Bereich. Vom Nutzen und Nachteil der Recherche in Registraturen«; aus der Sicht der Forschung ging er dabei auch auf Fragen der archivischen Überlieferungsbildung ein. Sylvia Necker, Universität Hamburg, umriss auf der Grundlage eigener Studien den spezifischen Quellenwert von Karten, Plänen und Modellen für die Geschichtswissenschaft.

Von der Möglichkeit zur Diskussion wurde nach allen Beiträgen so rege Gebrauch gemacht, dass die Liste der Wortmeldungen jeweils geschlossen werden musste. Dabei wurde ein großes Interesse an quellenkritischen Fragestellungen deutlich, die mit einer zeitgemäßen Archivalienkunde verbunden sind. Der Hinweis eines Diskussionsteilnehmers, dass eine solche nur entwicklungsfähig ist, wenn nachhaltig ein regelrechter wissenschaftlicher Diskurs darüber entsteht – an diesem fehle es derzeit in weiten Bereichen der Historischen Hilfswissenschaften und der allgemeinen Quellenkunde – ist ebenso als wichtiger Merkposten festzuhalten wie die These, dass für eine fortgeschriebene archivalische Quellenkunde nicht nur der Dialog zwischen historischer Forschung und Archiven unverzichtbar sei, sondern auch Kommunikationswissenschaftler und Informatiker einzubeziehen wären. Mehrfach wurde der Wunsch artikuliert, entsprechende Fragen auf weiteren Historikertagen und anderen historischen Tagungen zu vertiefen. Darüber hinaus wurde aus dem Teilnehmerkreis wiederholt angeregt, Fragen der archivischen Überlieferungsbildung und der Sicherung digitaler Unterlagen mit historischen Fachkreisen zu diskutieren; hier zeigte sich auch ein hoher Informationsbedarf. Insgesamt hat die Sektion dazu ermutigt, auf weiteren Historikertagen mit entsprechenden Veranstaltungen präsent zu sein.

Immigrant Entrepreneurship. The German-American Experience in the 19th and 20th Century

Teilgebiete: NZ, AEG, GG, WG, KulG

Leitung
Hartmut Berghoff (Washington)
Uwe Spiekermann (Washington)

What is so Special about Immigrant Entrepreneurship? Theories and Question for the German-American Business Biography, 1720 to the Present
Hartmut Berghoff (Washington)

The German Triangle. Entrepreneurial Networks in 19th Century Midwestern United States
Giles Hoyt (Indianapolis)

Unexceptional Women. Female Immigrant Entrepreneurs in Mid-Nineteenth Century Albany, New York
Susan Ingall Lewis (New York)

Creating Hollywood's Dream World. The Contribution of Carl Laemmle
Cristina Stanca-Mustea (Heidelberg)

Shaping Modern California. The Case of the Spreckels Family
Uwe Spiekermann (Washington)

Diese Sektion wird im HSK-Querschnittsbericht »Wirtschaftsgeschichte« von Mathias Mutz behandelt.

Die innerdeutsche Grenze als Realität, Narrativ und Element der Erinnerungskultur

Teilgebiete: NZ, ZG, D, GMT

Leitung
Carl-Hans Hauptmeyer (Hannover)
Detlef Schmiechen-Ackermann (Hannover)

Einführung
Carl-Hans Hauptmeyer (Hannover)

Teilung – Gewalt – Durchlässigkeit. Die innerdeutsche Grenze 1945–1989 als Thema und Problem der Zeitgeschichte
Detlef Schmiechen-Ackermann (Hannover)

Die Gedenkstätte Deutsche Teilung Marienborn – Ort der Erinnerung und der Begegnung
Rainer Potratz (Marienborn)

Man sieht nur, was man weiß... Strategien der Vermittlung von »Grenzbildern« in Geschichtsmuseen
Thomas Schwark (Hannover)

Die fotografierte Grenze – Fotografie über Grenzen?
Ines Meyerhoff (Hannover)

Die Narrativisierung Berlins durch Berliner Mauerfilme
Hedwig Wagner (Jena)

Die Wirklichkeit hinter den Bildern – Kommentar
Jürgen Reiche (Bonn)

Leitung der Abschlussdiskussion und Resümee
Carl-Hans Hauptmeyer (Hannover)

HSK-Bericht
Von Ines Meyerhoff (Leibniz Universität Hannover)

Für Berlin als Tagungsort des 48. Historikertags hatte der Titel »Über Grenzen« eine besondere Bedeutung. Nur wenige Tage vor dem 20jährigen Jubiläum der Wiedervereinigung behandelten mehrere Sektionen Aspekte der Teilung Deutschlands. Die Sektion »Die innerdeutsche Grenze als Realität, Narrativ und Element der Erinnerungskultur« fokussierte dabei konkret die Grenze, die Deutschland und Berlin über vier Dekaden teilte und beleuchtete sie aus unterschiedlichen Perspektiven.
Schon seit 2008 beschäftigt sich eine studentische Gruppe der Leibniz Universität Hannover im Rahmen eines Kooperationsprojektes mit dem Historischen Museum Hannover und der Gedenkstätte Deutsche Teilung Marienborn mit der Geschichte sowie der Erinnerung an die innerdeutsche Grenze. Ihre Arbeit an der Ausstellung »Grenzerfahrungen«, die im April 2011 in Hannover eröffnet wird, wird seit Sommer 2010 von einem Forschungsprojekt unterstützt, das die mediale Form der Grenze im Spiegel von Film und Foto untersucht. Im Laufe des mehrjährigen Projektes haben sich Forschungsschwerpunkte herauskristallisiert, die im Juni 2010 bereits die internationale Tagung »Grenze: Konstruktion, Realität, Narrative« in Hannover bestimmten. Mit Unterstützung von Rainer Potratz (Marienborn), Hedwig Wagner (Jena) und Jürgen Reiche (Bonn) präsentierte sich das Grenzprojekt in Berlin.
Der Sektionsleiter Carl-Hans Hauptmeyer (Hannover) verwies bereits in der Einführung auf die zentrale Bedeutung visueller Quellen für die Geschichtswissenschaft. Nicht zuletzt Werke wie Gerhard Pauls »Das Jahrhundert der Bilder« verdeutlichten den medialen und erinnerungskulturellen Stellenwert von Geschichtsbildern. Im medialen Zeitalter gelte es, die Grenze im Spannungsfeld

von Realität und politischer Instrumentalisierung, ihrer Konstruktion und Erinnerungsformen, zu untersuchen, so Hauptmeyer. Die unterschiedlichen Beiträge der Vormittagssektion rekurrierten allesamt auf das Simmel'schen Diktum der Grenze: »Die Grenze ist nicht eine räumliche Tatsache mit soziologischen Wirkungen, sondern eine soziologische Tatsache, die sich räumlich formt.«[1] Der Titel der Sektion »Die innerdeutsche Grenze als Realität, Narrativ und Element der Erinnerungskultur« gab sogleich deren Struktur vor.

Schmiechen-Ackermann (Hannover) eröffnete das Panel mit seinem Vortrag »Teilung – Gewalt – Durchlässigkeit. Die innerdeutsche Grenze 1945–1989 als Thema und Problem der Zeitgeschichte«. Sein detaillierter Überblick über den Forschungsstand zur Grenze zeichnete Forschungsentwicklungen der drei im Titel verankerten Themenkomplexe nach und verwies darüber hinaus auch auf zentrale Forschungsdesiderate. Trotz Konjunktur der Grenzforschung in den Geschichts- und Kulturwissenschaften im internationalen und deutschen Raum sowie der starken Präsenz der Mauer, des Mauerfalls und der Fluchtgeschichten in den Medien, sei die Geschichte der deutsch-deutschen Grenze vergleichsweise schlecht beziehungsweise »sehr ungleichgewichtig« erforscht worden. Erst seit jüngster Zeit entdeckten FachhistorikerInnen diese im kollektiven Gedächtnis stark verortete Thematik, während die DDR-Forschung in den 1990er Jahren einen regelrechten Forschungsboom erlebte. Forschungen zur Teilung seien stark auf die Berliner Mauer fixiert, obwohl quantitativ mehr Menschen entlang der deutsch-deutschen Grenze lebten. Als Standardwerke, die diesen Trend umgehen, nannte er die erinnerungskulturell ausgerichtete Arbeit von Maren Ullrich sowie Roman Grafes erweiterte Grenzchronik. Schmiechen-Ackermann betonte das Ungleichgewicht zwischen wirtschaftlichen, strukturpolitischen und sozialen Forschungsschwerpunkten und den weniger erforschten kulturwissenschaftlichen Aspekten zum Alltag, der Politik und der Gesellschaft im westlichen Zonenrandgebiet. Unter dem Aspekt Gewalt an der Grenze sei die Untersuchung der Grenzopfer ein zentraler Aspekt, dessen juristische Aufarbeitung bereits erschöpfend untersucht worden ist, die Zahl der an der innerdeutschen Grenze und Ostsee getöteten Flüchtlinge bilde jedoch noch ein Desiderat. Neben Standardwerken wie Jürgen Ritter und Joachim Lapp zum Ausbau und Entwicklung der Grenze sowie Rainer Potratz' und Inge Bennewitz' Untersuchung zu Zwangsaussiedlungen markiere die soziologische Untersuchung zu Grenzsoldaten von Gerhard Sälter eine Erweiterung des Forschungshorizonts. Der Historiker appellierte an die Schließung der Forschungslücke zur Untersuchung der Zentralen Erfassungsstelle in Salzgitter, bevor er über den Forschungsstand zur Durchlässigkeit referierte. Neben punktuellen Betrachtungen beziehungsweise feuilletonistischen Beiträgen, etwa zum »Westbesuch« in der DDR und der genehmigten Reise in den Westen, zum »Westpaket« lassen andere Aspekte des Reise- und Warenverkehrs bisher eine systematische Erfassung vermissen. Die Arbeit von Astrid M. Eckert zum Phänomen des Grenztourismus greife das Interesse am Blick nach »drüben«, zum sogenannten Anderen auf und bediene einen zentralen Aspekt der Durchlässigkeit, der bisher unberücksichtigt blieb.

Anschließend rückte die Grenze als Element der Erinnerungskultur in den Fokus. Rainer Potratz (Marienborn) stellte unter dem Titel »Die Gedenkstätte

Deutsche Teilung Marienborn – Ort der Erinnerung und Begegnung« ihre Genese von der ehemaligen Grenzübergangsstelle (GÜSt) Marienborn zur Gedenkstätte vor und fokussierte die zentralen Aufgaben der Gedenk- und Erinnerungsarbeit. Die Bedeutung der Gedenkstätte als »Seismograph der deutsch-deutschen Beziehungen« ergebe sich zum einen aus ihrer zentralen Lage an der Transitstrecke Braunschweig-Berlin sowie der Bahnverbindung Braunschweig-Magdeburg-Berlin. Bis 1982 nutzen 66 % der von West-Berlin Reisenden die Grenzübergänge Marienborn/Helmstedt. Zum anderen markierte Potratz das Alleinstellungsmerkmal Marienborns als »authentischer« Ort, da andere ehemalige GÜSt wie beispielsweise Teistungen nicht mehr existieren. Als »Bollwerk und Nadelöhr« zwischen den beiden deutschen Staaten stehe der Ort exemplarisch für die gesamte innerdeutsche Grenze, deren Opfern es zu gedenken gilt. Dabei verfolge die Gedenkstätte, die 1990 unter Denkmalschutz gestellt wurde, neben der Dokumentation, dem Gedenken und dem Erinnern besondere pädagogische Konzepte. Als Ort der politisch-historischen Bildung, der sich zum Ziel setze diktatorische Systeme zu mahnen, zeichne sich Marienborn neben Ausstellungen, einer Bibliothek und Seminarräumen als Ort der Begegnung aus: Multiperspektivität soll verhindern, dass sich jemand angegriffen fühle und das Leben falsch erinnert werde, so Potratz. Die Begegnungsangebote richten sich dabei sowohl an ältere Besuchergruppen als auch an Schüler. Treffen zwischen ehemaligen Zöllnern und Reisenden, Kontrolleuren und Opfern, sowie Schülerprojekte mit Zeitzeugen sollen den Austausch zwischen Ost und West, Alt und Jung fördern. So treffen sich unter dem Motto »Was klöppelst denn Du?« ost- und westdeutsche Klöpplerinnen, um ihre Erfahrungen »über ein gelebtes Leben in einem anderen Deutschland« auszutauschen und gemeinsam an einer Sache zu arbeiten.
Über eine weitere Form der Erinnerung an die Grenze referierte Thomas Schwark, Direktor des Historischen Museums Hannover, mit dem Titel »Man sieht nur was man weiß ... Strategien der Vermittlung von ‚Grenzbildern‹ in Geschichtsmuseen.« In gewisser Weise stellte sein Beitrag eine Brücke zwischen der Erinnerung an die Grenze und dem Narrationscharakter von Grenzbildern, insbesondere Fotografien, dar. Zunächst betonte er die Verantwortung des Museums, da es als bildungspolitische Institution Geschichtsbilder für die Besucher konstruiere. Die Nutzung von Bildern als bloße Illustration, als materialgeschichtliche Zeugnisse, greife nicht mehr und erfordere didaktische Eingriffe. Dem Besucher müssen weitere Bildkompetenzen vermittelt werden, um in Bildern mehr zu sehen als eine scheinbare Wirklichkeit. Als Beispiel präsentierte er ein Fotoalbum des Grenzkommandos Nord aus dem Jahr 1973. Der Besuch ranghoher DDR-Offiziere der neu eingerichteten Grenzübergangsstelle Salzwedel ist darin dokumentiert. Als historische Quelle gewinne das Fotoalbum jedoch durch seinen Konstruktionscharakter an Bedeutung, da einzelne Bilder beschriftet seien, die Fotografien seriell angeordnet seien und eine besondere Auswahl erfolgte. Das Fotoalbum sei keine sachliche Dokumentation, sondern gebe als Narrativ die ideologische Perspektive der Grenztruppen wieder. Erst durch die Kontextualisierung und Erweiterung der konventionellen Bildpräsentation eröffne sich dem Besucher das Bedeutungsspektrum. Museale Arbeit bestünde somit auch darin dem Besucher die Aneignung einer nachhaltigen Bildkompetenz zu ermöglichen. Das Fotoalbum als haptisch erfahr-

bares Medium, dass den Besucher auffordere aktiv zu blättern, sei eine geeignete Form für den Vermittlungsansatz von Geschichts- beziehungsweise Grenzbildern. Ines Meyerhoff (Hannover) knüpfte an Fotografien der innerdeutschen Grenze an, um zum einen ihren Quellenwert zu verdeutlichen und zum anderen aufzuzeigen, inwieweit Grenznarrative bei der Konstruktion der sogenannten »Grenze im Kopf« eine Rolle spielten. Unter der Leitfrage »Die fotografierte Grenze – Fotografien über Grenzen?« stellte sie unterschiedliche Beispiele vor, um zu beweisen, dass ein einheitliches Grenzbild nicht existiere, sondern diese von heterogenen Faktoren und Perspektiven abhängig seien. Probleme im Umgang mit fotografischen Quellen treten durch den positivistischen Glauben an die Realitätswiedergabe von Fotografien auf. Der Deckmantel der »Wirklichkeit«, der dem Medium anhafte, sowie seine ästhetische Wirkungsmacht machten aus der Fotografie ein politisches Instrumentarium. Weiterhin müsse die aktive Rolle des Rezipienten berücksichtigt werden, da Fotografien erst durch ihn an Bedeutung gewinnen. Die Deutungsoffenheit des Mediums exemplifizierte Meyerhoff anhand einer Fotografie eines Schäferhundes des westdeutschen Zolls, der das Schild »Achtung Zonengrenze« attackiert. Datiert auf das Ende der 1950er Jahre, der Hochphase des Kalten Krieges, oszilliere das Foto zwischen Schnappschuss und gezielter Hetze. Während es für den westdeutschen Zöllner eine willkommene Abwechslung im oft ereignislosen Dienst bedeuten konnte, drückte es in den Augen der SED aggressives Potenzial aus. Nach der Behandlung methodischer Probleme stellte sie exemplarisch zwei westdeutsche Fotografien aus unterschiedlichen Jahrzehnten gegenüber. Die offizielle Fotografie des Ministeriums für gesamtdeutsche Fragen aus dem Jahr 1959 entspreche in seiner inszenierten Dramatik, Emotionalisierung und der symbolischen Verwendung des Stacheldrahtes der westdeutschen Haltung im Kalten Krieg: Die Diffamierung und Brutalisierung der Grenze stellvertretend für die ganze DDR. Als Kontrast diente eine Fotografie eines Grenztouristen aus den 1980er Jahren, die keinen konstruierten, sondern einen unterbewussten privaten beziehungsweise gesellschaftlichen Blick auf die Grenze widerspiegelte. Das Selbstportrait vor der Grenze verdrängte zunehmend den Blick nach »drüben«, der in den 1960er Jahren so präsent war. Die »domestizierte Grenzwahrnehmung« in den 1980er Jahren sei auf Entspannungspolitik und Generationswechsel zurückzuführen, so Meyerhoff. Die Rolle von Fotografien als gezielt inszenierte Grenznarrative sowie als Spiegel unterbewusster mentaler Grenzziehungen sei so von enormer Bedeutung.
Hedwig Wagner (Weimar) berichtete über Grenznarrative in bewegten Bildern. »Die Narrativisierung Berlins durch Berliner Mauerfilme« stellte sie am Beispiel zweier Spielfilme vor, nachdem sie zunächst auf die Wirkungsmacht von Filmbildern bei der Herstellung von »affektiven, emotional getönten Vorstellungen« einging. (Re)produzierte Bilddiskurse und Narrative konstruierten maßgeblich Vorstellungen und flössen somit in die politische Praxis ein. Grenznarrative beziehungsweise Mauernarrative generierten sich stark durch die Konstruktion des Anderen, die abgrenzende Effekte erziele. Wagner verdeutlichte dies am Beispiel des bis 1961 vorherrschenden Mauernarrativs im westdeutschen Dokumentarfilm: Während im Osten ein Bildverbot der Grenze vorherrschte, stellte der voyeuristische Kamerablick des Westens auf die Grenze die DDR als Volksge-

fängnis dar. Am Beispiel der Filme »Redupers« von Helke Sander und »Der geteilte Himmel« von Konrad Wolf arbeitete Wagner die Mauernarrative für das Genre Spielfilm heraus. Die Sichtbarmachung der Mauer in Sanders Film erfolge durch Selbstreflexivität des Narrativs. Intermediale Bezüge zwischen Foto und Film sowie anderen Medien wie Text und Karte brächen den konventionellen und touristischen Blick auf die Mauer, der im westdeutschen Bilddiskurs lange dominant war: Die Protagonisten des Films, mehrere Fotografinnen, stellen Fotografien der Mauer direkt vor diese. Der häufige Medienwechsel entblöße so das Voyeuristische des Fremdblicks und mache politische Einsicht möglich. Bei Wolfs Film konzentrierte sie sich verstärkt auf den Form-Inhalts-Bezug, die Übereinstimmung von ästhetisch-ideologischen Inhalten, sowie seine Rezeptionsgeschichte. Wurde dem Film vor der Wende Intellektualismus und Surrealismus seitens der SED vorgeworfen, wurde ihm nach der Wende eine Form-Inhalts-Kongruenz attestiert. In dieser Verschiebung der Interpretation resümiert Wagner, dass die »Vielschichtigkeit nicht-linearer Erzählweise« des Films als »mediales Narrativ zu politischem Bewußtsein führen kann.«
Im anschließenden Kommentar bestätigte Jürgen Reiche vom Haus der Geschichte in Bonn das Forschungsdesiderat der Grenze. Er transformierte die Diskussion über Grenznarrative auf eine allgemeine Ebene und fokussierte sich auf die mediale Inszenierung von Bildern und ihre ästhetische Wirkungsmacht. Das 20. Jahrhundert sei das Jahrhundert der politisch manipulierten Bilder. Er zielte dabei besonders auf die medienwirksamen Ikonen ab, bei denen er ein untrennbares Zusammenspiel von Politik, Macht und Bild verortete. Als Zukunftsprognose befürchtete Reiche den verstärkten politischen Einsatz von Bildern als »Waffe« in einer globalisierten Welt. Als Beispiel diente ihm die 9/11-Fotografie Thomas Hoepkers, auf der die brennenden Tower des World Trade Centres den Hintergrund für ein alltägliches Szenario darstellen: Eine Gruppe junger Leute erholt sich am Hudson River. Der Kontrast der Szene von Alltäglichem und Katastrophe verdichte sich in diesem Bild aufs äußerste. Während die Ikonen der brennenden Tower seit Beginn den öffentlichen Bilddiskurs bestimmten, gelangte das Bild erst 2004 an die Öffentlichkeit. Reiche plädierte im Umgang mit dem Visuellen für eine verstärkte Medienkompetenz und eine medienkritische Perspektive sowohl in der Forschung als auch im Museum, das eine große Verantwortung bei der Vermittlung von Geschichtsbildern und Botschaften trage. Eine multiperspektivistische Betrachtung sei dabei erforderlich, um den konstruierten und subjektiven Charakter von Bildern insbesondere Fotografien zu brechen und als Quelle nutzbar zu machen. Letztendlich sei Bildkompetenz, die Fähigkeit »die Wirklichkeit hinter den Bildern« zu sehen, ein Ziel, das in der alltäglichen Wahrnehmung erreicht werden solle.
In der abschließenden von Carl-Hans Hauptmeyer moderierten Diskussion ging es zunächst zentral um das Ausstellungsprojekt. Die Einbindung einer studentischen Gruppe in die Konzeptionalisierung und Realisierung einer Ausstellung wurde gelobt und fand große Zustimmung. Des Weiteren wurde in diesem Zusammenhang insbesondere der reflektierte Medieneinsatz des Projektes begrüßt. Die Fachleiterin der Fachdidaktik aus dem Geschichtslehrerverband sprach sich dafür aus, dass Museen mit innovativen Konzepten und Strukturen für Lehrer zugänglich gemacht werden sollten. Schmiechen-Ackermann korrigierte, dass es dem Ausstel-

lungsprojekt nicht in erster Linie darum gehe, neue Strukturen zu schaffen, sondern mit einer Gruppe von Schuldidaktikern ein Schülerprogramm zu betreuen, das mit Workshops und Führungen Lernziele erstrebt. Für eine stärkere Zusammenarbeit von Schule und Museum sprach sich auch Schwark aus, der jedoch an die LehrerInnen appellierte, selbst verstärkt den Kontakt zu Museen zu suchen.
Im weiteren Verlauf der Diskussion wurde auf die ästhetische Eigenschaft abgehoben. Die Reflexion von Medien stieß vor allen Dingen bei den anwesenden Lehrern auf große Zustimmung. Auf die Frage, ob der medienkritische Einsatz dem Besucher bewusst werden soll, wies Schwark auf die Schwierigkeit der Dekonstruktionsleistung hin, die der Besucher leisten müsste. Die Diskussion endete mit einer methodischen Frage im Umgang mit Medien und zielte auf die Probleme der Rezeptionsforschung ab: Inwieweit sei die höchst unterschiedliche Rezeption Einzelner für eine repräsentative Analyse und die Ermittlung einer durchschnittlichen Rezeption möglich? In der regen Diskussion negierte Reiche die Allgemeingültigkeit einer Methode und hob damit die Schwierigkeiten und Herausforderungen der Medienwirkungsanaylse hervor.

Anmerkungen

1 Simmel, Georg: Aufsätze und Abhandlungen 1901–1908, Bd. 1 (= Gesamtausgabe, herausgegeben von Ottheim Rammstedt, Bd. 7). Frankfurt am Main 1995, S. 141.

Krisenwahrnehmungen und gesellschaftlicher Wandel in den 1970er und 1980er Jahren in transatlantischer Perspektive

Teilgebiete: NZ, AEG, SozG, PolG

Leitung
Christof Mauch (München)

Beziehungskrise? Amerika, Europa und die postindustrielle Herausforderung des Westens
Ariane Leendertz (München)

Globalisierung links-gestrickt und rechts-gestrickt: Zur politischen Ökonomie Europas und der Vereinigten Staaten, 1979–2009
Michael Geyer (Chicago)

»Going Transnational«: Die transatlantische Nuklearkrise der 1980er Jahre in der Mediendemokratie
Philipp Gassert (Augsburg)

Die westdeutschen Friedensbewegung und die Krise der transatlantischen Sicherheitsgemeinschaft
Holger Nehring (Sheffield)

Kommentare
Uta Balbier (Washington D.C.)
Adelheid von Saldern (Hannover)

Zusammenfassung

Die Sektion leistete einen Beitrag zur Historisierung der jüngsten Zeitgeschichte. Im Mittelpunkt stand die Frage, welche gesellschaftlichen wie kulturellen Wandlungsprozesse und neuen Konstellationen zwischen Gesellschaft, Politik und Wirtschaft die modernen westlichen Industriegesellschaften in der Umbruchphase der 1970er und 1980er Jahre kennzeichneten. Um sich den Antworten auf diese Frage anzunähern, wählte die Sektion eine transatlantische und interdisziplinäre Perspektive. Die Referentinnen und Referenten betrachteten gesellschaftlichen Wandel auf verschiedenen Ebenen und gingen dabei nicht von einzelnen nationalstaatlichen Entwicklungen aus, sondern setzten an internationalen und transnationalen Phänomenen und Untersuchungsgegenständen an. Als wichtiger, aber nicht zwingend erkenntnisleitender Ausgangspunkt diente die Wahrnehmung und das Bewusstsein von Krisen.
Ariane Leendertz konzentrierte sich auf Reflexionen und Diagnosen über den Stand der amerikanisch-europäischen Beziehungen in den 1970er Jahren sowie die Versuche der Zeitgenossen, vermeintlich zunehmende Konflikte in den transatlantischen Beziehungen zu erklären. Ausgangsthese war, dass die Rede von Konflikten eine Reaktion auf grundlegend veränderte gesellschaftliche und wirtschaftliche Rahmenbedingungen darstellte. Die USA und Westeuropa sahen sich in zahlreichen Bereichen – ob lokal, national oder global, wirtschaftlich, gesellschaftlich oder militärisch – mit neuen Herausforderungen und Problemen konfrontiert, die weitaus komplexer und schwerer zu lösen erschienen als zuvor. Die 1970er Jahre bildeten, wie es scheint, eine Phase der Neuorientierung im Verhältnis zwischen den USA und Westeuropa, eine Phase, die auch im Bereich der Internationalen Beziehungen von Suchbewegungen, Unsicherheiten und Ambivalenzen geprägt war, als sich die bisherigen materiellen Grundlagen und Selbstverständnisse der Beziehung veränderten.
Michael Geyer versuchte, der Verarbeitung des »Global Shock« der siebziger Jahre und dann der beschleunigten Globalisierung in den folgenden Jahrzehnten nachzuspüren. Erstens wurde die Debatte über die Spielarten des Kapitalismus eingebettet in die Debatte betreffs Globalisierung. Dies heißt, genauer nach den Rahmenbedingungen und Interaktionen sowie nach historisch signifikanten Entscheidungen und Momenten zu fragen, welche diese Spielarten, wenn nicht generiert, dann doch zumindest geprägt haben. Zweitens nahm er eine Diskussion über die interne Differenzierung der »Amerikas« beziehungsweise (Kontinental-)Europas auf, denn die Differenzierung innerhalb dieser Räume war kaum geringer als diejenige zwischen ihnen. Drittens eruierte Geyer, wie unterschiedliche Strategien der Wirtschafts- und Finanzpolitik durchgesetzt wurden und welche Rolle in diesem Zusammenhang unterschiedliche und gegeneinander ausgespielte Gesellschaftsentwürfe spielten.

Der Grenzen und Systeme überschreitende gesellschaftliche Konflikt über Atomwaffen im Umfeld des NATO-Doppelbeschlusses. so Philipp Gassert in seinem Vortrag, wurde von einer Proliferation nuklearer Untergangszenarien in der Populärkultur (Film, Musik, Belletristik), aber auch auf dem Theater und in der »seriösen« Literatur begleitet beziehungsweise vorangetrieben. Der Beitrag untersuchte erstens kulturelle Manifestationen des »nuklearen Tods«. Welche Zusammenhänge bestanden zwischen kulturellen Entwicklungen auf der einen Seite und politischen und sozialen Entwicklungen auf der anderen Seite? Stand die »Nuklearkrise« für ein größeres »Unbehagen an der Kultur«, fokussierte sie ein allgemeines Krisenbewusstsein im Kontext der neokonservativen Wenden (in den USA und Großbritannien) beziehungsweise des Umschwungs von der sozialliberalen zur christlich-liberalen Koalition? Zweitens wurde danach gefragt, welche transnationalen beziehungsweise internationalen Verbindungen durch das nukleare Krisenszenario hergestellt wurden, sowohl seitens der Protestbewegung als auch auf Seiten des politischen Establishments – und wie eine entsprechende Bildregie der Akteure sowie entsprechende mediale Repräsentationen so etwas wie eine gesamteuropäische, transatlantische und tendenziell sogar globale Schicksalsgemeinschaft schufen. Wie trugen international rezipierte visuelle Codes zur Legitimierung der jeweiligen politischen und sozialen Anliegen bei?
Holger Nehring widmete sich im letzten Vortrag der Sektion der westdeutschen Friedensbewegung und der Krise der transatlantischen Sicherheitsgemeinschaft.

Kulturen des Wahnsinns: Grenzphänomene einer urbanen Moderne

Teilgebiete: NZ, MedG, WissG, SozG, KulG

Leitung
Rüdiger vom Bruch (Berlin)
Volker Hess (Berlin)

Ver/rückte Evidenzen. Transferraum Trance
Gabriele Dietze (Berlin)
Dorothea Dornhof (Berlin)

Grenzüberschreitungen: Wahnsinn in Erzählungen der Großstadt um 1900
Sophia Könemann (Berlin)

Grenzräume. Die Poliklinik und das Aufnahmebüro der Berliner Nervenklinik um 1900
Volker Hess (Berlin)
Sophie Ledebur (Berlin)

»Grenzzustände«. Zur medizinischen und erziehlichen Behandlung psychopathischer Jugendlicher in der Weimarer Republik
Thomas Beddies (Berlin)

Diese Sektion wird im HSK-Querschnittsbericht »Wissenschaftsgeschichte« von Désirée Schauz behandelt.

Nationalismus, Internationalismus und Transnationalismus im deutschsprachigen Zionismus

Teilgebiete: NZ, RG, PolG, KulG

Leitung
Stefanie Schüler-Springorum (Hamburg)

Zionismus und Weltpolitik: Die Auseinandersetzung der deutschen Zionisten mit dem deutschen Imperialismus und Kolonialismus
Stefan Vogt (Beer Sheva)

Der Zionismus im Ersten Weltkrieg
Ulrich Sieg (Marburg)

Messianismus und Weltbürgertum: Hans Kohns Theorien des Nationalismus als Versuche der Einhegung und Aufhebung
Michael Enderlein (Hamburg)

Zwischen Zionismus und Universalismus: Prag und die Entstehung der Nationalismusforschung
Lutz Fiedler (Leipzig)

Das dämonische Antlitz des Nationalismus: Robert Weltschs Deutung des Zionismus angesichts des Nationalsozialismus
Christian Wiese (Falmer/Frankfurt am Main)

Kommentar
Francis R. Nicosia (Burlington)

HSK-Bericht
Von Ivonne Meybohm (Freie Universität Berlin)

Seit einigen Jahren herrscht in der Forschung Konsens darüber, dass sich Zionismus als eine besondere Form des europäischen Nationalismus verstehen lässt.[1] Gleichzeitig hatte der Zionismus eine internationale Struktur, da seine Mitglieder aus den unterschiedlichsten Ländern der Erde kamen. Innerhalb der zionistischen Bewegung wurde um eine ideelle Bestimmung der jüdischen Nation, eine eigene Definition eines speziell jüdischen Nationalismus gerungen. Die deutschen und deutschsprachigen Zionisten orientierten sich dabei zum einen an den unterschiedlichen Ausprägungen der europäischen Nationalbewegungen, zum anderen

entwarfen sie auch eigene Ideen und Vorstellungen über die mögliche Beschaffenheit eines spezifisch jüdischen Nationalismus. Diese Ideen waren geprägt von humanistischen Grundsätzen, Leitgedanken der Aufklärung, säkularen wie religiösen Vorstellungswelten und orientierten sich an den die Zionisten in ihren Herkunftsländern umgebenden zeitgenössischen Diskursen wie Kolonialismus, Kulturkritik oder völkischem Ideengut. Absicht des Panels »Nationalismus, Internationalismus und Transnationalismus im deutschsprachigen Zionismus« war es, diese Orientierungen an den verschiedenen Nationalbewegungen und den unterschiedlichsten innerdeutschen Diskursen aufzuzeigen und die daraus entstandenen eigenen Entwürfe eines jüdischen Nationalismus zu analysieren.
Nach einer kurzen Einführung durch die Leiterin des Panels, Stefanie Schüler-Springorum (Hamburg), zeigte Stefan Vogt (Beer Sheva), inwiefern der Kolonialdiskurs und die Kolonialpolitik des Deutschen Reiches von den deutschen Zionisten rezipiert, mitformuliert und auf ihre eigenen Ziele übertragen wurde. Die zentrale These seines Vortrags lautete, dass sich die Zionisten dabei zugleich als Kolonisierer und als Kolonisierte verstanden. Als Kolonisierer übernahmen sie einige der Modelle für die kolonisatorische Praxis wie auch die dahinterstehende Ideologie, insbesondere das Argument der »Kulturmission«. Auch standen zentrale Konzepte des zionistischen Projekts, wie »Kolonisierung«, »Sozialreform«, »Nation« oder »Rasse« in einem engen Kontext mit den deutschen Kolonialdiskursen. Eine Unterstützung ihres Projekts erhofften sich die deutschen Zionisten dabei unter anderem davon, dass sie es mit den weltpolitischen Ziele des Deutschen Reiches verbanden: Eine jüdische Kolonisation in Palästina, so glaubten die Zionisten, würde zur wirtschaftlichen Entwicklung und politischen Stabilisierung des Osmanischen Reiches beitragen, was wiederum im weltpolitischen Interesse des Deutschen Reiches liege.
Als Kolonisierte hätten sich die Zionisten laut Vogt vor allem deshalb verstanden, weil die zionistische Kolonisation nicht imperialistische Ziele verfolgte, sondern die Zionisten sich selbst in der Rolle der indigenen Bevölkerung einer Kolonie sahen. Demnach ginge es nicht in erster Linie darum, ein fremdes Territorium zu erobern, sondern sich aus einem solchen zurückzuziehen und in das eigene zurückzukehren. Im Gegensatz zum deutschen Kolonialdiskurs sei der Diskurs der deutschen Zionisten jedoch nicht von Vorstellungen einer Überlegenheit gegenüber der anderen »Rasse« und einem ewigen Kampf zwischen den »Rassen« gekennzeichnet gewesen. Stattdessen sei die Haltung zur arabischen Bevölkerung zumeist von Ignoranz, teilweise aber auch von Idealisierungen oder gar Identifizierungen geprägt gewesen. Eine Diskussion dieses höchst problematischen und widersprüchlichen Selbstverständnisses sei laut Vogt vor allem deshalb lohnenswert, weil Ansätze einer Überwindung der Grenzen nationalistischen und kolonialistischen Denkens darin angeklungen seien.
Im Anschluss referierte Ulrich Sieg (Marburg) über den Zionismus im Ersten Weltkrieg, ein Thema, das aufgrund der transnationalen Struktur der Bewegung, die sich schlecht in die nationalen Narrative einfügen ließ, bislang wenig bearbeitet wurde. Anhand der anfänglichen Kriegsbegeisterung der jungen Zionisten, deren Kriegserfahrungen in Osteuropa, der so genannten »Judenzählung« (1916) sowie der Balfour Deklaration (1917) stellte Sieg das ambivalente Verhältnis her-

aus, das sich für die deutschen Zionisten in Bezug zu Deutschland aus der Kriegssituation ergab. Sie befanden sich in dem Zwiespalt zwischen deutschem Patriotismus und der Zugehörigkeit zum Zionismus als einem dezidiert internationalen Phänomen, dessen ideelle Grenzen teilweise durch die kriegsbedingten Allianzen konterkariert wurden. In einem Zwiespalt sahen die Zionisten sich aber auch deshalb, weil ihr deutscher Patriotismus durch die 1916 vom preußischen Kriegsminister Wild von Hohenborn in Auftrag gegebene Judenzählung von innen in Frage gestellt wurde. Die Haltung der deutschen Zionisten zur Balfour Deklaration spiegelte ihre Zerrissenheit zwischen einer jüdisch-nationalen und einer deutsch-nationalen Identität besonders deutlich wider: Während sie als Zionisten die Erklärung befürworteten, konnten sie sich als deutsche Patrioten keine Stellungnahme für den englischen Kriegsgegner erlauben. Von einer »semantischen Enteignung« der deutschen Zionisten durch die Balfour Deklaration zu sprechen, ginge indes zu weit, betonte Sieg. Während der *Centralverein deutscher Staatsbürger jüdischen Glaubens*, durch den die Mehrheit der deutschen Juden sich repräsentiert fühlte, im Ersten Weltkrieg einen Bedeutungsverlust in der Öffentlichkeit hinnehmen musste, konnten die deutschen Zionisten in und nach dieser Zeit verstärkte öffentliche Aufmerksamkeit und Zustimmung in Deutschland verzeichnen. Gleichzeitig verminderte sich aber auch ihre Bedeutung für die Bestimmung der Palästina-Idee innerhalb der internationalen Zionistischen Organisation mit der Verkündung der Balfour Deklaration.

Francis R. Nicosia (Burlington) griff im ersten Teil seines Kommentars die in beiden Vorträgen angesprochene Aufgeschlossenheit deutscher Zionisten gegenüber völkischen und rassischen Ideologemen, sofern diese nicht von eindeutig antisemitischen Motiven dominiert waren, auf. Er verwies auf die These George Mosses, der in seiner Studie »Germans and Jews: The Right, the Left, and the Search for a Third Force in Pre-Nazi Germany« bereits 1970 auf die Übernahme von Elementen des völkisch-deutschen Nationalismus durch die deutschen Juden aufmerksam gemacht hatte. Die Zionisten entwickelten daraus, laut Mosse, einen speziell jüdisch-völkischen Nationalismus. Die jüdisch-deutsche Geschichte und damit die Geschichte des deutschen Zionismus müsse immer als Teil der allgemeinen deutschen Geschichte verstanden werden, deren Diskurse, Vorstellungen und Entwicklungslinien sie sowohl aufgriff als auch aktiv mitbestimmte.

Zu Vogts These merkte er zudem die Bedeutung der von Walter Laqueur als »The Unseen Question«[2] bezeichneten Frage an, welche Rolle die arabische Bevölkerung in Palästina im Siedlungskonzept der Zionisten spielte. Außerdem sei zu fragen, wie die deutschen Zionisten ihre Rolle als Kolonisierte verstanden hätten, wenn sie selbst nicht vorhatten, nach Palästina auszuwandern, sondern Palästina hauptsächlich als ein Exil für die osteuropäischen Juden vorsahen. Nicosia plädierte zudem für einen differenzierteren Blick auf die Rolle der Einwohner Palästinas: Es komme darauf an, welcher Bezugsrahmen in dem Dualismus Kolonisierer und Kolonisierte gewählt werde, die arabische Bevölkerung oder die osmanische Regierung beziehungsweise britische Mandatsmacht. Beide Vorträge, so Nicosia, bezeugten eine » gewisse philosophische beziehungsweise politische Isolation des deutschen Zionismus vor sowie während des Ersten Weltkrieges«. Diese Isolation bezog sich zum einen auf die deutsche Gesellschaft

und zum anderen auf die jüdische Gemeinschaft beziehungsweise den internationalen Zionismus.
Den Auftakt der zweiten Hälfte des Panels bildete der Vortrag von Lutz Fiedler (Leipzig), der sich mit der Biographie Hans Kohns und deren Einfluss auf Kohns Nationalismusforschung beschäftigte. In seinen Prager Studentenzeiten hatte sich Kohn (1891–1971) im Rahmen des *Vereins der jüdischen Hochschüler Bar Kochba*, einem zionistischen Studentenzirkel, mit der Frage befasst, wie Menschen unterschiedlicher nationaler Herkunft in einem gemeinsamen Territorium gleichberechtigt miteinander leben könnten. Am Beispiel Prags, das um die Jahrhundertwende durch die verschiedenen national-kulturellen Einflüsse von Tschechen, Juden und Deutschen geprägt war, entwickelte Kohn seine Vorstellung eines Nationalismus. Die zunehmenden Konflikte zwischen Deutschen und Tschechen, in denen die Prager Juden eine Zwischenstellung einnahmen, ließen in ihm die Erkenntnis reifen, dass besonders der territoriale Aspekt des Nationalismus Auslöser von Konflikten war. Folglich könne ein harmonisches Zusammenleben verschiedener Nationen nur dann funktionieren, wenn der Nationalismus von seiner territorialen Fixiertheit gelöst wurde. Damit wäre auch zugleich die Minderheitenproblematik gelöst. Bezogen auf den Zionismus bedeutete dies die Forderung nach einem »jüdisch-nationalen Kollektivbewusstsein jenseits des Territorialen«, oder, mit Kohns Worten, dem Zionismus als einer »Heimat im Geiste«. Mit diesen Überlegungen traf sich Kohn ideologisch mit Martin Buber und den Kulturzionisten, die eine Neubelebung jüdischer Kultur in der Diaspora forderten. Anhand der jüdischen Minderheit führte Kohn 1922 in seiner ersten Schrift über den Nationalismus vor, dass in Zukunft die Nation unabhängig vom oder neben dem territorialen Staat existieren würde. Seit seiner Übersiedlung nach Palästina 1925 engagierte sich Kohn aktiv im *Brit Shalom*, wo er seine theoretischen Ideen auf einen binationalen Staat hin konkretisierte, in dem diese Trennung von Staat und Nation verwirklicht werden könnte. Die politische Realität in Palästina ließ ihn jedoch um 1930 enttäuscht mit dem Zionismus brechen. 1934 siedelte er in die USA über, wo er sich wissenschaftlich weiter den Möglichkeiten einer Überwindung des Nationalstaats durch imperial verfasste Entitäten widmete, die er in den USA, der Sowjetunion oder dem Britischen Empire angelegt sah.
Eine ergänzende Herleitung von Hans Kohns Nationalismusbegriff schlug Michael Enderlein (Hamburg) vor. Enderlein legte den Schwerpunkt auf die spezifische Verbindung von politischen und religiösen Vorstellungen Kohns und zeigte die messianischen Elemente im Denken Kohns auf. Er analysierte zunächst das soziale Milieu, in dem sich Kohn in seiner Studentenzeit bewegt hatte, den kulturzionistisch inspirierten Prager Kreis und dessen Einfluss auf das Denken Kohns. Kohn ging es bei seiner Beschäftigung mit dem Messianismus, wie Enderlein deutlich machte, nicht um eine systematisch gedachte Theologie, sondern vielmehr um eine auf die Gegenwart bezogene innerweltliche Erlösung, die in den Dienst der Politik gestellt werden konnte und sollte. Das Judentum verstand Kohn in diesem Zusammenhang nicht mehr als Religion, sondern als diskursoffenen »ethisch-politischen Habitus«. Charakteristika des Kohnschen Messianismus waren Demokratie, Gleichheit, Frieden und die Überwindung bisher gekannter Machtstrukturen. Aus diesen am jüdischen Messianismus orientierten

Überlegungen, den damaligen philosophischen Diskursen über die säkulare Moderne und Kulturkritik sowie Bubers kulturzionistischem Programm einer »Jüdischen Renaissance« entwarf Kohn seine politische Forderung nach einem Nationalismus als »humanistischem Kosmopolitismus«. Der Zionismus war für ihn die ins Politische konkretisierte Form des Messianismus.
Einen weiteren Vertreter des *Prager Kreises* stellte Christian Wiese (Falmer/ Frankfurt am Main) vor. Der Journalist Robert Weltsch (1891–1982) versuchte in den 1930er Jahren, der Nazi-Ideologie mit einer humanistischen jüdischen Version des Nationalismus auf der Basis von Gerechtigkeit und friedlicher Koexistenz mit anderen Völkern entgegenzutreten. Weltsch gehörte wie Kohn dem *Brit Shalom* an und setzte sich in diesem Rahmen für einen binationalen Staat in Palästina ein, der durch politische Parität, kulturelle Autonomie und sozioökonomische Koexistenz gekennzeichnet sein sollte. Auch nach den schweren Gewaltausbrüchen zwischen Juden und Arabern in Palästina in den 1920er Jahren hielt er im Gegensatz zu Kohn trotz Zweifeln am Zionismus fest. Ab 1933 sah er sich jedoch mit der Situation konfrontiert, dass sich gleichzeitig die Lage der Juden in Deutschland stetig verschlechterte, aber auch in Palästina der Konflikt mit der arabischen Bevölkerung sich zuspitzte. Wie sollte angesichts dieser doppelten Bedrohung der von ihm verfochtene moralische Charakter des jüdischen Nationalismus erhalten bleiben? Sein Plan einer langsamen und kontrollierten jüdischen Einwanderung nach Palästina bei gleichzeitiger Konzentration auf eine geistig-kulturelle Revitalisierung des Judentums in der europäischen Diaspora drohte angesichts der Zwangslage der europäischen Juden zu scheitern. Zudem wurde er für seine ambivalente Haltung zur jüdischen Emigration nach Palästina zunehmend angegriffen.
Der deutsche Nationalsozialismus galt Weltsch zeitlebens als Negativfolie, als die dämonische Variante des Nationalismus, der es eine humanistische, positiv konnotierte Variante gegenüberzustellen galt, an der er den jüdischen Nationalismus maß. Seit der Staatsgründung Israels 1948 waren Weltschs journalistische Texte wie auch seine Privatkorrespondenz von der Verzweiflung über das Zerbrechen seiner Idee eines humanistischen Nationalismus geprägt. Der Regierung David Ben Gurions unterstellte Weltsch, eine jüdische Variante des Faschismus zu propagieren und einen israelischen »Rassenstaat« errichten zu wollen. Wiese schloss mit der Frage, ob Weltschs Vorstellung eines humanistischen Nationalismus eine naive Illusion gewesen sei oder ob sie relevante Erkenntnisse für die Bearbeitung des israelisch-palästinensischen Konflikts in der Gegenwart eröffnen könnte.
Im zweiten Teil seines Kommentars ging Francis R. Nicosia noch einmal auf die »Unseen Question« ein. Er fragte, inwieweit die Mitglieder des *Brit Shalom* den Ethnonationalismus als ein einseitiges jüdisches Problem behandelten und ob der arabische Nationalismus mit seinen eigenen, ausschließlichen politischen und territorialen Forderungen eine Rolle für sie spielte. Wenn dies nicht der Fall sei, mutmaßte Nicosia, müsste man dann nicht auch den Mitgliedern des *Brit Shalom* unterstellen, dass ein Teil der Frage, wie der Zionismus mit den in Palästina lebenden Arabern umgehen sollte, auch für sie unsichtbar blieb?
Die darauf folgende Plenumsdiskussion widmete sich neben der Frage nach dem Fortleben von Kohns Nationalismustheorien vor allem der von Christian Wiese

angesprochenen Thematik, inwieweit die Ideen des *Brit Shalom* illusorisch gewesen seien. Es wurde zudem angemerkt, dass eine osteuropäische Perspektive auf den jüdischen Nationalismus gefehlt habe.
Das Schwerpunktthema des diesjährigen Historikertags, »Über Grenzen« hat sich für die Zionismus-Sektion als besonders gewinnbringend erwiesen. Jeder einzelne Beitrag lotete die sehr unterschiedlichen Grenzziehungen der jeweils besprochenen zionistischen Akteure oder Gruppierungen aus und machte auf deren Hintergründe, vor allem aber auch deren inneren Widersprüche oder Chancen aufmerksam. Allein die diversen zionistischen Untergruppierungen, die sich in der Zionistischen Weltorganisation sammelten, zeigen, wie stark die Organisation bereits von innen durch Grenzziehungen bestimmt war. Transfer scheint deshalb geradezu ein Schlüsselbegriff zu sein, der sich für die weitere wissenschaftliche Analyse des Zionismus anbietet. Besonders im Zuge einer regelrechten Konjunktur der Ideen des *Brit Shalom* für die Geschichtswissenschaft seit einigen Jahren, ist in dieser Hinsicht eine Fülle neuer Forschungsergebnisse zu erwarten. Die besondere Herausforderung für die Zionismusforschung wird dabei sein, den zionistischen Nationalismus in seiner Heterogenität zu erfassen und ihn in die jeweiligen zeitgebundenen Diskurse einzuordnen. Dabei wird es vor allem auch darauf ankommen im Sinne einer transnationalen Geschichtsschreibung die Verflechtungen zwischen den verschiedenen Vorbildern, Ideen und Diskursen, die in der Zionistischen Weltorganisation aufeinandertrafen, offenzulegen. Bei einer Ausweitung der Perspektive, beispielsweise auf den Zionismus in Osteuropa und dessen Verflechtung mit den west- wie auch osteuropäischen zeitgenössischen Diskursen, dürften so noch weitere spannende Ergebnisse erlangt werden.

Anmerkungen

1 Ben-Israel, Hedva: Zionism and European Nationalisms. Comparative Aspects. In: Israel Studies 8, 1 (2003), S. 91–104; dies.: Herzl's Leadership in a Comparative Perspective. In: Shimoni, Gideon; Wistrich, Robert S. (Hrsg.): Theodor Herzl. Visionary of the Jewish State. Jerusalem 1999, S. 147–164; Hroch, Miroslaw: Zionismus als eine europäische Nationalbewegung. In: Stegemann, Ekkehard W. (Hrsg.): 100 Jahre Zionismus. Von der Verwirklichung einer Vision. Stuttgart 2000, S. 33–40.

2 Laqueur, Walter: A History of Zionism. London 1972, S. 209–269.

Ökonomien der Aufmerksamkeit im 20. Jahrhundert. Eine transnationale Perspektive auf Techniken der Messung, Vermarktung und Generierung von Aufmerksamkeit

Teilgebiete: NZ, KulG, ZG, SozG

Leitung
Christiane Reinecke (Berlin)
Malte Zierenberg (Berlin)

Der Zuschauer. Die Konstruktion einer Figur der Aufmerksamkeitsökonomie im 20. Jahrhundert
Malte Zierenberg (Berlin)

Der Markt der politischen Meinungen: Meinungsforschung und Öffentlichkeit in transnationaler Perspektive, 1930–1960
Bernhard Fulda (Cambridge)

Meinung mit und ohne Markt. Zur Rolle der Umfrageforschung in DDR und Bundesrepublik
Christiane Reinecke (Berlin)

Kartographierung sozialer Unterschiede: Zur Messung und Vermarktung soziokultureller Daten in Großbritannien
Kerstin Brückweh (London)

Aufmerksamkeit für Europa. Eurobarometer, empirische Sozialforschung und die Europäische Kommission, 1962–1979
Anja Kruke (Bonn)

Kommentar
Axel Schildt (Hamburg)

Diese Sektion wird im HSK-Querschnittsbericht »Wissenschaftsgeschichte« von Désirée Schauz behandelt. Es liegt zudem ein HSK-Bericht von Regina Finsterhölzl vor.

Public History – Geschichte in der Öffentlichkeit. Das zwanzigjährige Jubiläum von »1989« im Spannungsfeld von akademischer und öffentlicher Zeitgeschichte

Teilgebiete: NZ, PolG, D, GMT, ZG

Leitung
Martin Sabrow (Berlin/Potsdam)
Irmgard Zündorf (Berlin)

Moderation
Irmgard Zündorf (Potsdam)

Einführung
Simone Rauthe (Köln)

Historiker als Journalisten
Sven Felix Kellerhoff (Berlin)
Frank Bösch (Gießen)

Historiker in Museen/Gedenkstätten
Rosmarie Beier-de Haan (Berlin)
Olaf Hartung (Gießen)

Historiker als »Aufarbeiter«
Anna Kaminsky (Berlin)
Edgar Wolfrum (Heidelberg)

Historiker als Filmemacher
Thomas Schuhbauer (Hamburg)
Hanno Hochmuth (Berlin)

Kommentar
Martin Sabrow (Berlin/Potsdam)

HSK-Bericht
Von Ruth Rosenberger (Stiftung Haus der Geschichte der Bundesrepublik Deutschland)

Proppevoll war es im Hörsaal 2097, als Irmgard Zündorf und Martin Sabrow vom Zentrum für Zeithistorische Forschung, Potsdam, am Donnerstagvormittag auf dem Historikertag zur Sektion »Public History – Geschichte in der Öffentlichkeit« einluden. Selbst Podium und Rednerpult waren von Zuhörern geradezu belagert – das spricht eindeutig für das Thema. Doch vielleicht steht dieses Bild auch dafür, dass angesichts des boomenden Felds der »Public History« die praktisch vermittelnden Historiker den akademischen ganz schön auf den Pelz gerückt sind. Die grundsätzliche Idee der Sektion bestand darin, angesichts des anhaltenden breiten Interesses an Geschichte in den verschiedensten Medien, Praktiker dieser Vermittlung mit Vertretern der akademischen Geschichtswissenschaft zusammen zu bringen, um die Zusammenarbeit, ihre Grenzen und das Selbstverständnis als Historiker in diesem Spannungsfeld zu erörtern. Thematischer Schwerpunkt sollte dabei der Umbruch von »1989« sein, der anlässlich des zwanzigjährigen Jubiläums einen Höhepunkt »medialer Wucht« erreicht habe.
Martin Sabrow (Potsdam/Berlin) konkretisierte in seiner Begrüßung, es gehe um »Public History« als Geschichte für die Öffentlichkeit und in der Öffentlichkeit. Sie habe der akademischen Geschichtswissenschaft und ihren Ergebnissen die öffentliche Durchschlagskraft gegeben, die die Beschäftigung mit Mauerfall und Regimekollaps zu einem geschichtskulturellen »Mega-Event« und das Wort »Aufarbeitung« zu einer Alltagsformel gemacht habe. Die Frage, was das für das Fach Geschichte in Forschung, Lehre und Wissenstransfer bedeute, sei daher unabdinglich. Welche Rolle kommt Vertretern der akademischen Geschichtswissenschaft zu?
Dem anvisierten Debattencharakter der Sektion gemäß war die Veranstaltung als breite Podiumsdiskussion angelegt. Zum Auftakt führte Simone Rauthe (Köln) in die Thematik »Public History« ein. Sie erläuterte die Entwicklung der US-ameri-

kanischen *Public History* von einer Laien gestützten Bewegung seit den 1970er Jahren zu einem dienstleistungsorientierten Tätigkeitsfeld. Als Fachdidaktikerin stellte sie die durchaus berechtigte Frage, wer eigentlich die Adressaten der deutschen Geschichtswissenschaft seien. In vier nach Tätigkeitsfeldern geordneten Einheiten wurden dann für die weitere Diskussion Impulse gegeben, jeweils von einem Profi-Vermittler und einem akademisch reflektierenden Vertreter der Zunft: Historiker als Journalisten, Historiker in Museen/Gedenkstätten, Historiker als »Aufarbeiter« und Historiker als Filmemacher.

Frank Bösch (Gießen) und Sven Felix Kellerhoff (»Die Welt«, Berlin) diskutierten auf dem Podium über die Rolle von Historikern als und in Zusammenarbeit mit Journalisten. Während Bösch unter anderem drei Problemfelder der *Public History* identifizierte: den unreflektierten Umgang mit Quellenmaterial, unhinterfragte Heldengeschichten und die Vernachlässigung von Kontexten zugunsten der Pointierung eines Themas, vertrat auch Kellerhoff zugespitzte Thesen. Er stellte seinen Ausführungen voran, dass nur öffentlich wahrgenommene Erkenntnis relevant sei. Als eingängige Formel journalistischer *Public History* benannte er das Dreigestirn von sachgerechter, mediengerechter und publikumsgerechter Aufarbeitung eines Themas. Kellerhoff skizzierte zudem ein Szenario der Zusammenarbeit zwischen Zeitungsjournalisten und Fachhistorikern, bei dem die Wissenschaftler Themen und Hintergrundinformationen liefern, während der Journalist allein die Form der Vermittlung bestimmt und damit zum Torwächter der Öffentlichkeit wird, indem er potentiell breite Aufmerksamkeit gewährt. Dass solches Ansinnen nicht widerspruchsfrei blieb, versteht sich.

Rosmarie Beier-de Haan (Deutsches Historisches Museum, Berlin) und Olaf Hartung (Gießen) beleuchteten das Tätigkeitsfeld von Historikern in Museen und Gedenkstätten. Dabei wies insbesondere Rosmarie Beier-de Haan dezidiert zurück, dass dem Museum als Vermittlungsinstanz allein die Funktion der Mediation akademischer Forschungsergebnisse zukomme. Museen seien vielmehr eigenständige »Agenturen der kulturellen Bildung, Zentren der objektbezogenen Forschung und Foren der Begegnung«. Um diese Orte zu gestalten, seien historische Kernkompetenzen in Kombination mit spezifischen Fertigkeiten – wie kuratorischen, gestalterischen, restauratorischen usw. – notwendig. Zwar ist die Vehemenz dieses Hinweises nicht zu übersehen. Doch schien insgesamt die historische Fachwissenschaft Museen als Institutionen der Geschichtsvermittlung weniger skeptisch gegenüber zu stehen als den meisten anderen mit breitem Adressatenkreis.

Der Filmproduzent Thomas Schuhbauer (Hamburg) und Hanno Hochmuth (Berlin) erörterten auf dem Podium, über welche Kompetenzen und Rollenbilder Historiker im Kontakt mit Film und Fernsehen verfügen sollten. Während Schuhbauer betonte, dass es für Historiker im Filmgeschäft unerlässlich sei, nicht nur Sendeschemata, sondern auch die Produktionsbedingungen eines Films zu kennen sowie über journalistische Fertigkeiten in der Aufbereitung eines Themas zu verfügen, entwickelte Hochmuth eher analytisch ausgerichtet ein konstruktives Szenario herkömmlicher und neuer Rollenbilder. So identifizierte er die inhaltliche Detailkritik im Stile von »Vier historische Fehler in Walküre« und die

Knopp-Kritik mit Tendenz zur generellen Skepsis gegenüber populärer Vermittlung als wenig zielführend. Ästhetische Kritik an Film- und Fernsehproduktionen durch Fachhistoriker sei prinzipiell zwar aufschlussreich, de facto jedoch zumeist problematisch, da sie qua Ausbildung zumindest nicht über entsprechende Kompetenzen verfügten. Als produktiv hingegen schlug Hochmuth drei Ansätze vor: erstens die medienhistorische und geschichtspolitische Historisierung von Filmen mit historischem Inhalt, zweitens eine systematische Reflexion und Einübung von Vermittlungsformen (hier Filmen) als Bestandteil von Studienangeboten sowie drittens Historiker als Fachberater für Inhalte, Materialien und Themenschwerpunkte bei Filmproduktionen. Dass diese drei Ansätze weniger Orientierung für individuelles Handeln als vielmehr strukturelle Maßnahmen darstellen, zeigt nicht nur die Ernsthaftigkeit des Anliegens der neuen Debatte, sondern auch, dass sie bereits Früchte getragen hat.

Während es in den drei bisher beschriebenen Einheiten eher um das Selbstverständnis der Historiker ging, stand in der Gesprächsrunde, die Edgar Wolfrum (Heidelberg) und Anna Kaminsky (Stiftung Aufarbeitung, Berlin) einleiteten, das Thema »1989« stärker im Vordergrund. Zwar berichtete Kaminsky überzeugend aus ihrer Arbeitserfahrung, dass Skepsis und Befürchtungen nach einem »Zu Viel« an Aufarbeitung auf Seiten der Berufshistoriker nicht mit dem tatsächlichen Bedarf auf Seiten der Adressaten übereinstimmte. Die Gemüter erhitzten sich jedoch vor allem in der Diskussion, die Wolfrum mit seinen zugespitzten Einwänden zur Wahrnehmung von »1989« im westlichen Teil der Bundesrepublik anstieß. Er bezweifelte den vollständigen Siegeszug des Narrativs der friedlichen Revolution. Im Westen sei es als Signum von »1989« nicht angekommen. Vielmehr halte sich hier noch immer die Erfolgsgeschichte der »Staatskunst Helmut Kohls«. Es stelle sich daher die Frage, inwieweit das individuelle Gedächtnis systematisch durch ein kulturelles überformt werden dürfe, das vermittels eingängiger Darstellungen wenig Raum für persönliche Interpretationen lässt. Einig wurde man sich über diese Grenze (der Wirksamkeit) von *Public History* nicht.

Martin Sabrow betonte in seinem abschließenden Kommentar nochmals, dass der akademischen Geschichtswissenschaft eine Doppelrolle als Beobachterin und Teilnehmerin der Erinnerungskultur zukomme. Denn gerade sie verfüge über die besseren Möglichkeiten zur theoretischen Selbstreflexion. In der Tat – nicht zufällig wurde diese Selbstverständnisdebatte im Rahmen des Historikertags geführt. Insofern überzeugte der hier gewählte Ansatz als Anknüpfungspunkt für eine Erweiterung der Disziplin um den neuen Zweig der *Public History*. Zumal es tatsächlich nicht nur um Deutungshoheit geht, sondern mit der Einrichtung des neuen Studiengangs *Public History* an der Freien Universität Berlin systematisch auch Wege erschlossen werden, die Perspektiven für Historiker bieten jenseits von Uni, Lehramt und Archiv.

Diese Sektion wird zudem im HSK-Querschnittsbericht »Didaktik der Geschichte« von Martin Lücke behandelt.

Staatsausbau als Grenzüberschreitung: Das Vordringen der Staatsgewalt auf die lokale Ebene. Ein europäisch-globaler Vergleich mit Blick auf das 19. und 20. Jahrhundert

Teilgebiete: NZ, PolG

Leitung
Jörg Ganzenmüller (Jena)
Tatjana Tönsmeyer (Berlin)

Einführung
Joachim von Puttkamer (Jena)

Aushandlungsorte lokaler Herrschaft in England und Böhmen: Lokalverwaltungen und Gerichte zwischen Staat, Adel und lokaler Bevölkerung
Tatjana Tönsmeyer (Berlin)

Von der dynastisch-katholischen Weltmacht zum spanischen Nationalstaat: Leistungen und Schwierigkeiten des Staatsausbaus in Spanien
Jesús Millán (Valencia)

Die doppelte Grenzüberschreitung: Territoriale Expansion und Staatsausbau im Zarenreich und in Bayern
Jörg Ganzenmüller (Jena)

Probleme lokaler Staatlichkeit in der nachkolonialen Welt – eine Vergleichsoption?
Patrick Wagner (Halle)

Kommentar
Jörn Leonhard (Freiburg)

HSK-Bericht
Von Jörg Neuheiser (Eberhard Karls Universität Tübingen)

Wie schreibt man die Geschichte des Staates im 21. Jahrhundert? Mit der Frage nach dem »staatlichen Vordringen« in ländliche Regionen knüpfte die von Tatjana Tönsmeyer und Jörg Ganzenmüller organisierte Sektion zunächst ganz bewusst an traditionelle Perspektiven auf die Entstehung von Staatlichkeit an. Schon in seiner Einleitung am Beginn der Sektion skizzierte Joachim von Puttkamer (Jena) die klassische Darstellung vom Prozess des Staatsausbaus: Auch heute noch werde er häufig als Entwicklung gesehen, die ihren Ausgang vom Monarchen beziehungsweise Landesfürsten und seinem bürokratischen Apparat nahm, und von dort immer weitere gesellschaftliche Felder und soziale Räume durchdrang: vom konfessionellen Territorialstaat über den aufgeklärten Staat bis hin zum totalen Staat des 20. Jahrhunderts. Mit Blick auf die im Titel aufgeführte Metapher vom »Staatsausbau als Grenzüberschreitung« machte er allerdings deutlich, dass es den Teilnehmern nicht darum ging, aus einer Perspektive der Provinz einmal mehr die alte große Erzählung vom Werden des modernen Staats zu skizzieren.

Entsprechend nannte v. Puttkamer neben dem Interesse an einer zeitgemäßen Form des historischen Vergleichs vor allem zwei Motive für die Sektion: Erstens gehe es darum, jüngeren kulturgeschichtlichen Ansätzen zu folgen, die gegen eine traditionelle Schilderung des Staatsausbaus die kommunikative Dimension von Herrschaft betonten und dabei deutlich machten, dass die Geschichte der Staatlichkeit sich nicht mehr ausschließlich als Geschichte von Institutionen oder dem Auf- und Ausbau des Gewaltmonopols eines bürokratischen territorialen Zentralstaats schreiben ließe. Gerade mit Blick auf ländliche Regionen gelte es, Herrschaft als wechselseitigen Aushandlungsprozess zwischen Herrschern und Beherrschten zu verstehen. Die dabei hervortretenden Überlappungen und Mischformen zwischen bürokratisch-rechtlicher Verwaltung und älteren Herrschaftsformen verwiesen bereits auf den zweiten Impuls für die Sektion: Man wolle der neueren Adelsforschung folgen und den Ausbau von Staatlichkeit mit der Frage nach Formen der Elitentransformation verbinden. Notwendig sei es, die alte Vorstellung vom Abwehrkampf des grundbesitzenden Adels gegen den vermeintlich »bürgerlichen« Staat hinter sich zu lassen und die Hinweise auf ein spezifisches Modernitätspotential adeligen Grundbesitzes in ländlichen Regionen in das Bild der Entwicklung moderner Staatlichkeit zu integrieren.

Die weiteren Beiträge bemühten sich im Folgenden durchweg um einen Blick jenseits der Grenzen alter Perspektiven auf die Geschichte des Staats. Die von v. Puttkamer aufgeworfene Frage nach der Rolle des Adels im Prozess des Staatsausbaus stellten vor allem die beiden Organisatoren in den Mittelpunkt ihrer Fallstudien; sie wurde aber auch im Beitrag von Jesús Millán berührt. Ganz andere Grenzüberschreitungen unternahm schließlich der theoretische Beitrag von Patrick Wagner, der mit Hinweis auf die Erfahrungen mit (versuchten) Staatsimplementierungen nach europäischem Vorbild in der Dritten Welt einen neuen Blick »zurück« auf die Geschichte des Staats in Europa forderte.

Die Analyse lokaler Aushandlungsprozesse im ländlichen England und Böhmen prägte den Beitrag von Tatjana Tönsmeyer (Berlin). Anhand der Rolle von Gerichten und Lokalverwaltungen in lokalen Rechtskonflikten untersuchte sie klassische Prozesse des Staatsausbaus wie die Verrechtlichung der Verwaltung von Land und Leuten und die Ablösung aristokratischer Herrschaft durch professionell-bürokratische Eliten. Sowohl in England als auch in Böhmen musste der Staat beim Vordringen in ländliche Regionen vor allem die Machtstellung von hochadeligen Eliten ablösen. Während der böhmische Adel seine Führungsrolle allerdings neben Landbesitz und Vermögen bis 1848 auch auf ständische Vorrechte begründete, beruhte die elitäre Position der englischen Peers letztlich schon seit dem Mittelalter ausschließlich auf der sozioökonomischen Führungsrolle lokaler Großgrundbesitzer. Trotz solcher Unterschiede gelang es beiden Gruppen im späten 19. Jahrhundert, gegenüber dem Ausbau staatlicher Institutionen auf dem Lande ihre privilegierte Stellung zu wahren.

In ihrer detaillierten Schilderung lokaler Handlungsspielräume und aristokratischer Strategien förderte Tönsmeyer ein ungewöhnliches Bild zu Tage: Aus ihrer Sicht erschien das vermeintlich traditionell-aristokratisch geprägte Böhmen häufig wesentlich moderner als das üblicherweise als Modell des modernen liberalen Staats geltende England. Lokale Eliten konnten in England länger und in größerem Maße Einfluss und Autorität wahren; zudem gelang es ihnen in zähen Aushandlungsprozessen, für Einschnitte in ihre traditionelle Vorrangsstellung etwa in Gerichten und Grafschaftsräten Kompensationen zu erlangen. Lange Zeit blieb der moderne Staat in ländlichen Regionen Englands deshalb deutlich weniger präsent als in Böhmen, wo die Revolution von 1848 früher zu einem Vordringen des Staats in die Fläche führte. Tönsmeyer betonte so die Bedeutung von lokalen Aushandlungsprozessen und schilderte die Entwicklung des Staatsausbaus nicht als linearen Prozess, sondern als ein Wechselspiel von Kompromissen und Kompensationen zwischen staatlichen Behörden und alten Eliten, das etablierte Strukturen lange Zeit in Takt ließ.

Fragte Tönsmeyer gezielt nach lokalen Schauplätzen und gewissermaßen »von unten«, kennzeichnete den Beitrag von Jörg Ganzenmüller (Jena) ein Blick »von oben«. Ihm ging es um die Fragen, unter welchen Bedingungen die Implementierung staatlicher Normen in neu gewonnenen Territorien im frühen 19. Jahrhundert gelingen oder scheitern konnte und welche staatlichen Strategien und Konfliktkonstellationen zum einen oder anderen Ergebnis führten. Verglichen wurde der weitgehend misslungene Versuch, die nach der dritten polnischen Teilung an Russland gefallenen Gebiete rechtlich und administrativ in das Zarenreich zu integrieren, und die üblicherweise als gelungen geltenden Maßnahmen zur Vereinheitlichung des nach 1806 neu entstandenen beziehungsweise nach Westen und Norden verschobenen bayerischen Königreiches. Warum kam es im russischen Fall zu einer Spannung zwischen russischer Staatsgewalt und polnischem Adel, der sich in der späteren nationalistischen Überformung zum nationalen polnischen Abwehrkampf stilisieren ließ? Warum entstand in Bayern ein relativ einheitliches und in sich geschlossenes Territorium?

Ganzenmüller argumentierte, dass paradoxerweise gerade die Zusammenarbeit mit alten Eliten in den polnischen Gebieten zum Scheitern der russischen Reformen führte. Als Beispiel dienten die in beiden Staaten durchgeführten Adelsrevisionen und der jeweilige Ausbau lokaler Verwaltungsinstanzen. Angesichts der Größe und der relativen Armut des polnischen Adels strebte St. Petersburg im frühen 19. Jahrhundert die Schaffung einer einheitlichen grundbesitzenden aristokratischen Elite an. Die Erstellung einer neuen Adelsmatrikel fand aber weitgehend unter Selbstverwaltung des polnischen Adels statt. In der Folge konnte sich fast der gesamte polnische Adel in die neue Matrikel einschreiben und zwang den Staat so zu immer neuen Revisionen, die zu dauerhafter Verunsicherung der einzelnen Adeligen über ihre Stellung führten. In Bayern gelang es dagegen, die Harmonisierung des Adels konsequent unter zentraler Führung und mit strenger staatlicher Kontrolle durchzuführen. Anders als in Russland erfasste die Adelsrevision hier nicht nur die neu hinzugewonnenen Gebiete, sondern den ganzen Adel des Königreichs und erlangte dadurch wesentlich höhere Akzeptanz bei den Beteiligten.

Der Erfolg der Reformen in Bayern, das zeigte auch der Blick auf den Ausbau lokaler Verwaltungsstrukturen, lag letztlich darin, dass Bayern nach seiner territorialen Veränderung die gesamten Strukturen des Staates einer zentral geführten Erneuerung unterzog, während im Zarenreich nur die neuen polnischen Territorien reformiert wurden, bevor sie endgültig in einen unveränderten Gesamtstaat integriert werden sollten. Obwohl in beiden Fällen alte Eliten auch den Kern der neuen Führungsschichten bildeten und bestehende Führungsansprüche nicht grundlegend angegriffen wurden, führte der bayerische Weg zum Erfolg, weil dem Abbau alter Vorrechte klare neue Partizipationsmöglichkeiten gegenüberstanden. Dagegen produzierten die verschleppten Reformen in Polen vor allem Unsicherheit und Zurückhaltung der polnischen Adeligen gegenüber dem russischen Staat.

Anders als die bereits geschilderten Beiträge verzichtete das Referat von Jesús Millán (Valencia) auf eine vergleichende Perspektive. In seiner Darstellung der spanischen Staatsentwicklung im 19. Jahrhunderts bemühte er sich, das traditionelle Bild eines »gescheiterten Staatsausbaus« zu differenzieren und verwies mit der Enteignung der Kirche, der Abschaffung der Erbämter und der Aufhebung der Fideikommisse auf typische Elemente der Überwindung vormoderner Herrschaft, die auch in Spanien im Laufe des 19. Jahrhunderts durchgesetzt wurden. Die Entstehung eines modernen Staats setzte für Millán mit dem Verlust des spanischen Kolonialreiches ein, der schon aus finanziellen Gründen zum Aufbau einer schlankeren Verwaltung und einem zentralisierten Staatsapparat zwang. Neben den langwierigen Bürgerkriegen, die üblicherweise für das »Scheitern« des spanischen Staates verantwortlich gemacht würden, stellten sich vor allem zwei Probleme: Zum einen verlangte die komplexe Machtstruktur auf der iberischen Halbinsel immer nach regionalen Sonderrechten und lokalen Ausnahmen, die den Aufbau eines rechtlich und bürokratisch einheitlichen Territoriums unmöglich machten. Zum anderen hatte die rhetorisch-diskursive Figur des »nationalen Interesses«, die in anderen Staatsbildungsprozessen meist als Instrument des Staatsausbaus und der Zentralisierung angeführt wurde, in Spanien den gegenteiligen Effekt. Zwar galt auch hier in der politischen Öffentlichkeit der »nationale Wille« zunehmend als höchste Machtinstanz, er wurde aber in der öffentlichen Wahrnehmung gerade vom »liberalen Volk« verkörpert und konnte politisch regelmäßig gegen staatliche Instanzen instrumentalisiert werden. Die »Nation« stellte das Handeln des Staats in Frage und der »nationale Wille« wurde zur Triebkraft des Widerstands gegen die Zentralmacht, untergrub die jeweils gültigen Verfassungen und schwächte die Autorität der Behörden.

Obwohl Millán in seinem Fazit noch einmal auch Erfolge des Staatsausbaus in Spanien betonte, verwies sein Aufriss der dortigen Probleme beim Staatsausbau bereits auf Aspekte, die Patrick Wagner (Halle) in seinem Beitrag aus postkolonialer Perspektive deutlich machte. So können unterschiedliche beziehungsweise gegensätzliche Sprach- und Handlungsmuster bei der Begegnung zwischen regional-lokalen Eliten und den Sachwaltern des Staatsausbaus fatale Folgen – vom Scheitern des Aufbaus staatlicher Strukturen bis hin zu ausufernder Gewalt – haben. Wagner entwickelte diesen Punkt als Teil einer Reihe von Beobachtungen

zu Erfahrungen mit (gescheiterten) Versuchen, europäische Staatlichkeit als vermeintlich heilsbringendes Vorbild in die Dritte Welt zu exportieren.
Sein Vortrag war eine doppelte »Grenzüberschreitung«, weil er einerseits den Blick über kontinentale Grenzen lenkte und andererseits eine Umkehrung der eurozentrischen Perspektive einklagte: Aus der Analyse nachkolonialer Gesellschaften ließen sich Fragen ableiten, die zu einem neuen Blick auf »klassische« Staatsbildungsprozesse in Europa führten. Seine anregenden Ausführungen verdeutlichten etwa die ständige Reversibilität von »Nationsbildungsversuchen« und mahnten gegen teleologische Annahmen von vermeintlich zwangsläufigen Entwicklungen beim Ausbau des Staates. Dazu gehöre auch die gängige Bewertung der Abwesenheit des Staates in ländlichen Provinzen als Vollzugsdefizit staatlicher Autorität – Beispiele aus Afrika lehrten etwa, auch danach zu fragen, warum selbstversorgende Bauern sich überhaupt nach dem »modernen Staat« sehnen sollten und welche Rolle »fehlende Nachfrage« bei der Erklärung der marginalen Präsenz des Staates in der Provinz spielen könne. Nicht nur, wenn regionale Eliten mit ihren spezifischen Interaktionsmustern ins Spiel kämen, erwiesen sich staatliche Durchdringungsversuche als hochkomplexe Übersetzungsaufgaben mit ungewissem Ausgang. Insgesamt machte Wagners Vortrag deutlich, wie fruchtbar der Blick aus der Dritten Welt auf den europäischen Staat sein kann.
Die Diskussion am Ende der Sektion – eingeleitet durch einen fulminanten Kommentar von Jörn Leonhard (Freiburg) – kreiste schließlich um die Möglichkeiten, über die verschiedenen Formen des Vergleichs neue Perspektiven auf die Geschichte des Staats zu gewinnen. Leonhard unterstrich, dass die Beiträge der Teilnehmer das große Potential einer zeitgemäßen Geschichte des Staates aufgezeigt und die unveränderte Relevanz der klassischen Frage nach seiner Entwicklung deutlich gemacht hätten. Zugleich kritisierte er, dass die einzelnen Referate über Einzelbefunde nicht zu einem neuen Modell vorangeschritten seien. Dass das im Rahmen der Sektion kaum zu leisten war, verstand sich von selbst; deutlich wurde aber auch, dass die vorgetragenen Ergebnisse nicht recht zusammenpassen wollten und bisweilen nach wie vor im Rahmen klassischer Perspektiven verharrten. Leonhard machte dies etwa am Begriff der »Agency« klar: Es reiche nicht, auf Aushandlungsprozesse und Handlungsspielräume lokaler Eliten zu verweisen, wichtig sei vielmehr, noch genauer zu zeigen, welche Akteursgruppen hinter den vermeintlich abstrakten Staatsbildungsprozessen stünden.
Damit benannte er einen wichtigen Punkt, denn trotz aller Betonung des Lösens von teleologischen Perspektiven und klassischen Erzählungen vom langsam-zwangsläufigen Werden des modernen Staats blieb »der Staat« als abstrakt-anonymer Akteur in den Beiträgen stets präsent. Allzu oft erschien ein Staat als handelndes Subjekt, der scheinbar losgelöst von ihn tragenden Interessensgruppen, aber auch von in seinem Namen handelnden Kollektivakteuren wie Bürokraten, Richtern, Abgeordneten, Ministern, etc. in Konflikte mit alten Eliten oder nicht- beziehungsweise vorstaatlichen Gruppen geriet und sein Werden betrieb. In solchen Momenten wurde deutlich, dass eine zeitgemäße Untersuchung des modernen Staats im 19. Jahrhundert vielleicht eine weitere Grenz-

überschreitung notwendig macht – die zur frühen Neuzeitforschung, wo seit einigen Jahren am Beispiel des Alten Reiches darüber diskutiert wird, was der Staat jenseits seiner Repräsentation und der Vorstellung von seiner Existenz in den Köpfen der in seinem Namen agierenden Menschen eigentlich gewesen sein soll.[1] Patrick Wagners Beitrag wies in eine solche Richtung und ließ aufscheinen, wohin eine neue Geschichte des modernen Staats in Zukunft führen könnte.

Anmerkungen

1 Stollberg-Rilinger, Barbara: Des Kaisers alte Kleider. Verfassungsgeschichte und Symbolsprache des Alten Reiches. München 2008.

Die Technisierung der Ernährung und die Grenzen des »Natürlichen«. Beiträge zur Technikgeschichte der Ernährung vom ausgehenden 19. bis ins 21. Jahrhundert

Teilgebiete: NZ, TG, WG, KulG, ZG

Leitung
Helga Satzinger (London)

Kommentar
Helga Satzinger (London)

Von der klassischen Pflanzenzüchtung zur grünen Gentechnik. Transformationen des biopolitischen Raums
Thomas Wieland (München)

Grenzenlose Machbarkeit und unbegrenzte Haltbarkeit? Das »friedliche Atom« im Dienst der Land- und Ernährungswirtschaft
Karin Zachmann (München)

Die gescheiterte Neugestaltung der Alltagskost. Eiweißpräparate und Lebensmittelsurrogate im späten Kaiserreich
Uwe Spiekermann (Washington)

Have Your Cake and Eat it too: Visions of Techno-Nature in the Marketing of Nutra Sweet
Carolyn de la Peña (Davis)

Substitut – Imitat – Surrogat: Soft-Drink-Innovationen im Nationalsozialismus und in der DDR
Uwe Fraunholz (Dresden)

HSK-Bericht
Von Ulrike Thoms (Institut für Geschichte der Medizin, Berlin)

Die Veränderungen der Ernährungssysteme sind ein wesentlicher Bestandteil des technischen, sozialen und kulturellen Wandels der Moderne. Die Ernährungsgeschichte, in ihren Anfängen vielfach belächelt, hat sich in den letzten drei Jahrzehnten zu einem boomenden Feld historischer Forschung entwickelt. Die Gründe dafür sind auf verschiedenen Ebenen zu suchen: Einerseits stellt die Ernährung das Bindeglied zwischen Natur und Kultur dar: Der Mensch ist ein Teil der Natur; zugleich verleibt er sich im Essen mehrfach täglich einen Teil der von ihm mitgestalteten Natur ein. Diese Einverleibung wiederum unterliegt kulturellen Regeln, die sich nach Zeit, Region und Sozialraum unterscheiden. Veränderungen der Ernährung gehen ebenso auf Veränderungen der Natur wie Veränderungen der Kultur zurück; zugleich spiegeln sich darin Veränderungen im Verhältnis zum menschlichen Körper. Damit erlaubt die historische Analyse eine multiperspektivische Betrachtung der komplementären Bereiche des alltäglichen Lebens in ihrer Verknüpfung mit den Bereichen von Politik, Wirtschaft, Wissenschaft und Technologie. Die Sektion beschränkte sich mit ihrem Blick auf die technologischen, institutionellen und organisatorischen Innovationen freilich auf nur einen Aspekt dieses breiten Feldes. Ziel war es, die Technisierung der Ernährung als Bestandteil des Industrialisierungsprozesses zu interpretieren, in dem die Grenzen des Natürlichen neu vermessen und technologisch überwunden wurden. Es war zu zeigen, dass die Versorgung und der Verbrauch von Nahrungsmitteln die Entstehung von immer komplexeren technischen Systemen bewirkte und gleichzeitig zur Aufladung des Essens mit neuen Bedeutungen führte. Dabei ging es dem Panel auch darum, zu überprüfen, wieweit im Zusammenwirken von Wissen und Macht neue Konsumenten geformt wurden, die selbstbewusst, informiert und reflektiert Entscheidungen zur Ernährung treffen. Der Reigen der fünf Beiträge wurde von Thomas Wieland vom Münchener Zentrum für Wissenschafts- und Technikgeschichte eröffnet, dessen Studie mit der Pflanzenzüchtung eines der ersten Glieder in der Nahrungskette behandelte. Ausgehend von Nicolas Roses Begriff der Biopolitik diskutierte sein Vortrag am Beispiel der Züchtungsforschung Verschiebungen auf epistemischer, sozialer und politischer Ebene. Er konzentrierte sich dabei auf die Forschung zu Transposons, die springenden Gene, deren Fähigkeit, ihre Position im Genom zu verändern, Mitte der 1940er Jahre entdeckt wurde, zuerst bei Pflanzen und seit Mitte der sechziger Jahre bei Bakterien. Transposons wurden und werden genutzt, um Gene für ein bestimmtes Merkmal zu identifizieren, zu isolieren und auszuschalten. Nach Wielands Aussagen blieb die Forschung an den Transposons in den folgenden 20 Jahren zunächst reine Grundlagenforschung. Führende Forscher wandten sich nach der Entdeckung der Transposons von der Bakteriengenetik ab und der Pflanzengenetik zu. Damit war ein Wechsel des Experimentalsystems verbunden. Je mehr man über Struktur und Funktion der Transposons lernte, desto interessanter wurden sie als Werkzeuge der Gentechnik und für anwendungsorientierte Fragen. Das erklärt die Nähe dieser Forschung zur Pflanzenzüchtung, die eine kommerzielle Verwertung erlaubte, zugleich aber auch zur

Rechtfertigung der Forschung diente. Mit dem Gelingen der Übertragung eines Gens aus einem Bakterium auf eine höhere Pflanze begann 1983 die sogenannte Grüne Gentechnik, die beansprucht, einen maßgeblichen Beitrag zur Lösung des Welternährungsproblems zu leisten. Tatsächlich kam 1994 die erste transgene Pflanze auf den Markt. Inzwischen haben transgene Soja-, Mais-, Raps- und Baumwollpflanzen konventionell gezüchtete Sorten in Ländern wie den USA, Argentinien, Brasilien, Indien und Kanada weitgehend verdrängt. Trotz dieser Nähe zur Pflanzenzüchtung betonte Wieland das Hervorgehen dieser Forschungsrichtung aus der Molekularbiologie, was er sodann auf der epistemischen Ebene, das heißt der Entwicklung bestimmter Forschungstechniken, und der sozialen Ebene, das heißt anhand der Karrierewege der beteiligten Wissenschaftler, zeigte. Gleichwohl gab es intensive Wechselbeziehungen und Austauschverhältnisse zwischen der Genetik und Pflanzenzüchtung, die letztlich zur Auflösung disziplinärer Grenzen beitrugen. Dabei rückten die Molekularbiologen vom Rand ins Zentrum des Geschehens, während die klassische Züchtungsforschung an Bedeutung verlor. Mit den 1984 einsetzenden öffentlichen Auseinandersetzungen um die Gentechnik ging ein Wandel des diskursiven Feldes einher. Im Zuge dieses Wandels wurde die Pflanzengenetik in den Risikodiskurs um die Gentechnik eingebunden. Bis heute ist die grüne Gentechnik umstritten, wobei die öffentliche Diskussion von einem Schwarz-Weiß-Denken in fest gefügten Lagern geprägt ist. Im Vordergrund dieser Diskussion stehen soziale, politische und vor allem ökologische Risiken, die im Zusammenhang mit Freisetzungsversuchen von lokalen Protestbewegungen thematisiert werden. Dabei ist die damit einhergehende Politisierung der gentechnisch veränderten Organismen laut Wieland prinzipiell nichts Neues, da schon im Nationalsozialismus die Züchtung ertragreicher, eiweißreicher Pflanzen in den Dienst der Autarkie und damit der Politik gestellt wurde und zu Pfadabhängigkeiten führte. Die Transposonforschung setzte alte Forschungen fort, bedeutete zugleich aber auch den Beginn einer neuen Forschungsrichtung, die gleichzeitig an Konjunkturen von Experimentalsystemen gebunden war.

In der Diskussion wurde die Technisierung pflanzlicher Organismen und die Verwissenschaftlichung der Primärproduktion thematisiert. Die kritische Rückfrage, ob es denn überhaupt Grundlagenforschung gebe, wurde mit dem Hinweis auf entsprechende Selbstverortungen der Forscher beantwortet.

Karin Zachmann von der TU München führte in ihrem Vortrag über das »friedliche Atom« im Dienst der Land- und Ernährungswirtschaft diese Geschichte weiter in die Vergangenheit zurück. Denn der sich im Bereich der Anwendung der Kerntechnik in der Land- und Ernährungswirtschaft entwickelnde Zugriff einer neuen Forschungsdisziplin auf ein etabliertes Forschungsfeld nahm eine Situation und deren Konflikte vorweg, die sich circa 30 Jahre später in der grünen Gentechnik wiederholten. Eisenhower erwähnte in seiner Rede vor der Generalversammlung der UN im Jahr 1953 zur »Atoms for Peace«-Initiative auch den Agrarbereich als ein potentielles Anwendungsfeld zur friedlichen Nutzung des Atoms. Dies forcierte die Etablierung nationaler und transnationaler Atomprogramme für die Land- und Ernährungswirtschaft. Die *Food and Agriculture Organization* der Vereinten Nationen (FAO) gründete im Januar 1955 eine Arbeitsgruppe zur Atomenergie in der Landwirtschaft. Damit steckte sie ihren eigenen Kompetenzbereich als neues Arbeitsfeld ab und gab den Rahmen für die Kooperation mit der in Gründung befindlichen Internationalen Atomenergiebehörde IAEA vor. Die Kooperation der beiden UN-Spezialorganisationen erwies sich allerdings als überaus konfliktreich, da Kernphysiker der IAEA bei der Anwendung der Kerntechnik in der Land- und Ernährungswirtschaft andere Ziele verfolgten als die Agrarexperten in der FAO. Während es den Kernphysikern in der IAEA generell um die Weiterentwicklung der Kerntechnik als Spitzentechnologie ging, sahen Agrarexperten der FAO Kerntechnik und Strahlungsforschung als potentielle Werkzeuge, deren Brauchbarkeit sich im konkreten regionalen Kontext und in Konkurrenz zu konventionellen Methoden in der Land- und Ernährungswirtschaft sich zunächst noch erweisen musste. Als 1964 die *Joint FAO/IAEA Division of Atomic Energy in Agriculture* errichtet wurde, um für eine effiziente Zusammenarbeit zu sorgen, erlangten schließlich die Kernphysiker einen dominanten Einfluss. Das führte zu fragwürdigen und verlustreichen agrarpolitischen Entwicklungsprojekten, wo konventionelle Methoden viel effizienter zur Überwindung von Ernährungsproblemen beigetragen hätten.

Im zweiten Teil ihres Vortrages lenkte Zachmann den Blick auf die europäische Ebene. Hier institutionalisierten Wissenschaftler am Ende der 1960er Jahre eine blockübergreifende Kooperation zur Förderung nuklearer Methoden in der Landwirtschaft. Dabei funktionierte die 1969 gegründete *European Society for Nuclear Methods in Agriculture* (ESNA) als ein internationales Forschernetzwerk. Zu einer Zeit, zu der Kerntechnik und Kernforschung im jeweiligen nationalen Rahmen unter starken Legitimationszwang gerieten, stabilisierten die Mitglieder so ihre Positionen und Projekte durch internationale Zusammenarbeit. Die Durchsetzung als einen neuen Arbeits- und Forschungsbereich – in Analogie zur Nuklearmedizin – gelang der ESNA aber dennoch nicht. Dazu trug das Ende der Wachstumseuphorie nach 1970 maßgeblich bei, dem wachsende Skepsis gegenüber Wissenschaft und Technik und das Aufkommen der neuen Umweltbewegung folgte. Zusammen mit dem im Ganzen geringen Interesse der Ernährungsindustrie an nuklearen Arbeitsmethoden wie zum Beispiel der Lebensmittelbestrahlung verhinderte dies den Erfolg der Protagonisten einer nuklearen Landwirtschaft. Aber mit der Kerntechnik eingeführte Experimentalsysteme haben die Gentechnik maßgeblich vorbereitet. Und vor allem hat die politisch motivierte Aufwertung der Kerntechnik die Autorität von Wissenschaft und Technik gegen Erfahrungswissen und regional angepasste Problemlösungen in der Land- und Ernährungswirtschaft mächtig gestärkt.

Im Mittelpunkt von Uwe Spiekermanns Vortrag über die Geschichte der Eiweißpräparate und Lebensmittelsurrogate im späten Kaiserreich stand nicht der Erfolg, sondern der Misserfolg des stoffbasierten, utopischen Projektes der Ernährungswissenschaften. Der weitreichende Wandel der Ernährungsgewohnheiten seit 1880 und der Zuwachs an neuen wissenschaftlichen Erkenntnissen bot die Folie für weitreichende Gestaltungs- und Machbarkeitsträume der jungen Ernährungswissenschaften, die in neuen Produkten und Produktgruppen Gestalt annahm, wie zum Beispiel in Produkten zur Säuglingsernährung und eben den Eiweißprodukten. Vor allem im aufgeklärten Bürgertum wurden diese fort-

schrittsoptimistisch als Vorboten einer neuen, chemisch definierten und industriell hergestellten Kost betrachtet, die die moderne Küche durch Labore ersetzt, in denen die ideale Kost nachgebildet wird, um den Verzehr von Speisen durch die Einnahme von Nahrungspillen zu ersetzen. Damit verbunden war das Versprechen, der Hunger habe ein Ende. Die Bemühungen konzentrierten sich dabei vor allem auf das Eiweiß und Eiweißpräparate, die als Vorboten dieser grundlegenden Umgestaltung galten. Begleitet von umfangreichen Forschungsanstrengungen wurden Nahrungsmittel chemisch nachgebildet. Auf diese Weise wurde die industrielle Verwertung von Restprodukten, die Erschließung eines Nischenmarktes für Diätprodukte durch die Pharmaindustrie sowie die Herstellung so innovativer Kernprodukte wie Tropon aus billigen Rohstoffquellen ermöglicht. Diese Ansätze folgten nicht allein einer industriellen Gebrauchsnutzen- und Gewinnlogik. Vom Ideal einer freien Bürgergesellschaft bestimmt, welche auf der Grundlage wissenschaftlichen Wissens neue Werte schafft, trugen sie auch sozialutopischen Charakter. Dass dieses Projekt dennoch scheiterte, lag einerseits in der Qualität der Produkte selbst, deren Geschmack die Zeitgenossen wenig begeisterte, andererseits aber auch am Symbolcharakter des Fleisches, kurz an der Ignoranz der intendierten Kunden, die es wenig ansprechend fanden, kein Fleisch mehr auf dem Teller zu finden. Zudem – so ist im Gegensatz zu Spiekermanns Ansicht, es sei um die Fabrikation bezahlbarer Produkte gegangen – gelang es nicht, die Produkte zu bezahlbaren Preisen herzustellen; sie waren schlicht zu teuer für die breite Bevölkerung.
In der anschließenden, lebhaften Diskussion wurde unter anderem der Bezug dieses Konzeptes zur Lebensreformbewegung um 1900 hinterfragt. Im Gegensatz zu der vom Auditorium geäußerten Erwartung, die Künstlichkeit dieser Produkte könne Widerstand hervorgerufen haben, vertrat Spiekermann die Ansicht, die Lebensreform habe mit ihrer Fixierung auf das Stoffparadigma auf das gleiche Prinzip rekurriert, auf das auch die Produzenten des Eiweiß-Surrogates setzten. Für die Entwicklung eines vorsorgenden Verbraucherschutzes, so machte er deutlich, hatten diese Produkte schon durch die Skandalisierung von Betrugsfällen eine erhebliche Bedeutung. Insgesamt förderten sie den Ausbau der chemisch-physiologischen Grundlagenforschung ebenso wie die Bemühungen, Geldwert und physiologischen Wert in Beziehung zueinander zu setzen und Kriterien zur Beurteilung von Geschmack zu objektivieren.
Ausgangspunkt für die Überlegungen von Carolyn de la Peñas Vortrag über das Marketing des Süßungsmittels Nutra-Sweet war die Beobachtung, dass entgegen der Versprechungen reuelosen Genusses das Körpergewicht der Amerikaner eben nicht gesunken, sondern parallel zum beispiellosen Anstieg im Verbrauch künstlicher Süßungsmittel seit Beginn der 1980er Jahre angestiegen ist. Dass dies überhaupt möglich war, erklärte de la Peña auf der diskursiven Ebene. Obwohl der Bedarf des Menschen an Nährstoffen und seine Verdauungsfähigkeit Grenzen hat, verlangt die wirtschaftliche Wachstumslogik auch vom Nahrungsmittelsektor steigende Absätze. Diesen Gegensatz löste das Marketing von Nutra-Sweet auf, indem es Nutra-Sweet als ein natürliches Produkt darstellte, das grenzenlosen Genuss ohne Reue ermöglicht. Zugleich hoben die Marketingexperten auf den Gegensatz zum Konkurrenten Saccharin als chemische Substanz mit viel dis-

kutierten Risiken ab, von denen vor allem das Krebsrisiko von Belang war. Nutra-Sweet als ein Surrogat für dieses gefährliche Nahrungsmittel sei mehr als ein diätetisches Lebensmittel für Kranke. Es wurde als ein von der Natur bereitgestelltes Hilfsmittel offeriert, um die negativen Konsequenzen des zu vielen Essens scheinbar natürlich und völlig ohne Anstrengungen zu vermeiden. Nutra-Sweet avancierte zur technologischen Lösung für das Problem des permanenten Überangebots an Nahrungsmitteln. Mit Nutra-Sweet konnte mehr gegessen und genossen und gleichzeitig ein schlankerer Körper produziert werden. Damit kam das Produkt vor allem dem weiblichen Bedürfnis nach der Kontrolle des Körpers entgegen. Gleichzeitig entsprach es der amerikanischen Sicht, dass Gesundheit dem einzelnen nicht einfach zu eigen sei, sondern hergestellt werden müsse. Mit dieser Vereinbarkeit scheinbar paradoxer Forderungen kam es auch den soziopolitischen Befindlichkeiten und Forderungen zu Beginn der wirtschaftspolitisch schwierigen Reagan-Ära entgegen, in der Forderungen nach mehr Konsum der Notwendigkeit von Verzicht entgegenstanden. In dieser Situation, so de la Peña, erlaubte Nutra-Sweet den Ruf nach Konsumzurückhaltung mit Reagans Aufruf zu mehr Konsum zu vermählen. Dennoch wurden auch Klagen über unerwünschte Nebenwirkungen durch den Konsum von Aspartam laut, etwa über Benommenheit, Übelkeit und Sehschwierigkeiten. Untersuchungen zeigen, dass diese Nebenwirkungen wissenschaftlicher Überprüfung nicht standhalten und zumeist mit exzessivem Konsum einhergingen. Gerade weil sich diese »Aspartam-Krankheit« als massenmedial erzeugtes und verbreitetes Konstrukt darstellt, lässt sie sich gleichsam als Chiffre der tiefgreifenden Probleme und Widersprüchlichkeiten der Modernisierung und der Umgestaltung der menschlichen Beziehungen zur Natur lesen.

Anschließend beschäftigte sich Uwe Fraunholz mit der Geschichte jener Produkte, in denen im letzten Drittel des 19. Jahrhunderts der von Carolyn de la Peña diskutierte Süßstoff zum Einsatz kommen sollte. Die Soft-Drink-Innovationen im Deutschland des 20. Jahrhunderts eignen sich in seinen Augen besonders für eine kulturwissenschaftlich informierte Innovations-, Technik- und Konsumgeschichte, da sie deren Perspektiven auf Innovation, Produktion und Konsum und seine Differenzierungen zu bündeln vermögen. Er diskutierte die Geschichte dieser Getränke vorrangig im Kontext der historischen Innovationsforschung und der von Ulrich Wengenroth vertretenen These, Deutschland habe in einer »Flucht in den Käfig« im 20. Jahrhundert den Anschluss an die weltweite Entwicklung verloren und insbesondere im Dritten Reich mit seiner Autarkieorientierung Zweitklassiges mit enorm hohem Aufwand hergestellt. Die DDR habe daran festgehalten, während sich die BRD nach 1950 offenkundig stark am amerikanischen Modell orientiert habe. Gleichwohl sei eine gemeinsame Tradition von Werten, Normen, Einstellungen unübersehbar, so dass es trotz grundlegender Unterschiede auch viele Gemeinsamkeiten und Ähnlichkeiten in der Entwicklung gegeben habe. Wolfgang König folgend schrieb Fraunholz den Substituten jedoch nicht allein Eigenschaften des Minderwertigen zu, sondern hob ihre Funktion für die Entwicklung des Massenkonsums heraus, da Surrogate durchaus eigenständigen Charakter gewinnen oder wie die Margarine zum gefragten Life-Style-Produkt aufsteigen könnten. Für die Zeit des ausgehenden 19. und frühen 20. Jahrhunderts untersuchte er sodann drei Fälle: Sinalco diente ihm dabei als Beispiel für ein Getränk, das im Zusammenhang der Lebensreformbewegung von Eduard Bilz als Alkoholersatz neu erfunden wurde. 1908 von der Sinalco-Aktiengesellschaft produziert, stieg Sinalco zum erfolgreichsten deutschen Erfrischungsgetränk und Exportschlager auf. Die 1940 entwickelte Fanta dagegen wurde als Surrogat für Coca-Cola eingeführt, die nach Kriegseintritt der Amerikaner nicht mehr in Deutschland abgefüllt wurde. Von seiner Grundidee war das Rezept für den Grundstoff nicht neu; es basierte vor allem auf Molke, die im Rahmen der Käseproduktion anfiel. Im Nationalsozialismus etabliert, wurde Fanta 1960 als erste neue Produktlinie von Coca-Cola auf dem amerikanischen Markt lanciert. Auch dieses Surrogat war also über das Ende des Nationalsozialismus und seinem Autarkiestreben hinaus sehr erfolgreich. Mangel an Coca-Cola veranlasste schließlich auch die DDR-Regierung, ein Surrogat herstellen zu lassen. 1954 entwickelt, kam 1958 die Vita-Cola auf den Markt, der mit Blick auf die Schwierigkeiten bei der Versorgung mit Obst und Gemüse Vitamin C zugesetzt und eine deutliche Zitrusnote verliehen wurde. Damit strebte die DDR nach einem eigenständigen und besseren Produkt mit zusätzlichem Gesundheitsnutzen. Dieses Produkt war ungeheuer beliebt; immer wieder entstanden Versorgungsengpässe. Daher wurde auf staatlichen Beschluss Club-Cola als ein ganz ähnliches Geränk entwickelt. Diesem geschmacklich eigenständigen Getränk verpasste man wiederum einen eigenständigen, durchaus national gefärbten Auftritt. Ein einheitliches Markenimage allerdings fehlte wegen der lokalen Abfüllung und der daraus resultierenden verschiedenen Etikettierung. Beide Sorten sind noch heute auf dem Markt, beide haben, vor allem in den östlichen Bundesländern, ihre Fans. Aus diesen drei Beispielen folgerte Fraunholz, dass sich für Deutschland nur bedingt von einer persistenten deutschen Innovationskultur sprechen lasse, zumindest nicht für die beteiligten Privatfirmen. Für die staatlichen Akteure im Nationalsozialismus und der DDR allerdings sah er durchaus ein Verharren in der tradierten Innovationskultur, entschieden sie sich doch bewusst dafür, den alkoholfreien Erfrischungsgetränken einen festen Platz in der Mangelwirtschaft zuzuschreiben und so eine Ersatzstoffkultur zu etablieren. Allerdings, so lässt sich kritisch festhalten, verlor sich der Ersatzcharakter dieser Getränke sehr bald. Gerade in der Jugendkultur erreichten sie spätestens in den 1950er Jahren eine eigenständige Stellung.

In gewisser Weise, so lässt sich resümieren, befassten sich alle fünf Beiträge mit der Utopie, eine auskömmliche, ansprechende und gesunde Ernährung für alle auf technologischem Wege herstellen zu können. Dabei standen bei den Beiträgen von Uwe Spiekermann und Thomas Wieland sowie auch von Karin Zachmann letztlich der Aspekt der Fortifizierung im Vordergrund: Bei Wieland ging es um die Verstärkung erwünschter Eigenschaften von Pflanzen, bei Zachmann um die Vermehrung des weltweiten Nahrungsmittelbudgets durch höhere Ernten und Verringerung der Lagerungsverluste, bei Spiekermann dagegen um die (kostenneutrale) Erhöhung des Eiweißanteils als dem eigentlich wertgebenden Bestandteil der Nahrungsmittel im Zuge der sekundären Produktion, also der Lebensmittelverarbeitung. De la Peña und Fraunholz beschäftigten sich dagegen mit Produkten, die sich gegen unerwünschte Konsumfolgen richteten, den Alkoholismus beziehungsweise

die Fettleibigkeit. Ursprünglich als Surrogat gedacht, erlangten die daraus hervorgehenden Produktionsinnovationen jedoch eigenständigen Charakter und große Dauerhaftigkeit. Damit haben die Beiträge die Paradoxien der modernen, hoch technisierten Ernährung sehr deutlich herausgearbeitet und – wie Helga Satzinger in ihrem Kommentar betonte – klar gemacht, wie differenziert eine Technikgeschichte der Ernährung sein kann, wie viele historische Zusammenhänge am Beispiel der Ernährung deutlich gemacht werden können. Ein Aspekt ist dabei ist, wie fluide aber auch die Grenzen zwischen Natürlichkeit und Künstlichkeit sind. Schon in dem Moment, wo Menschen begannen, Nahrung zu erhitzen, war ein entscheidender Schritt der kulturellen Evolution gemacht und nie kam »Natur pur« auf den Teller. Sie legte allerdings großen Wert auf die Feststellung, dass es bei den jeweiligen Modifikationen von Nahrungsmitteln qualitative Unterschiede hinsichtlich ihrer gesundheitlichen und ökologischen Risiken gebe, die im einzelnen sehr genau geprüft und bewertet werden müssen.
Die abschließende Diskussion drehte sich denn auch vorrangig um das Verhältnis von Kultur und Natur. Insbesondere Uwe Spiekermann verwies darauf, dass »Natur« eine semantische Illusion sei, dass Ernährungsweisen nie nur instrumental, sondern stets auch in ihrer sozialen Dimension diskutiert worden sind. So seien die Eiweißpräparate immer auch unter dem Aspekt von Geschmack und Genuss betrachtet worden. In diesem Zusammenhang forderte Karin Zachmann unter Verweis auf die *Actor-Network-Theory* dazu auf, dass man bei der Diskussion der Grenzen zwischen Natur und Kultur den Akteuren folgen müsse. Dabei erweise sich, dass die Technisierung unterschiedlich tief in verschiedene Bereiche der Ernährung eingedrungen sei. Daraus leitete sie den Appell ab, Begriffe auch semantisch zu untersuchen und zu fragen, wie Innovationen in die Öffentlichkeit getragen wurden. Damit rücken dann auch zeitgebundene Konfliktlagen in den Fokus. Es wird die Entwicklung eines Risikodiskurses deutlich, der allerdings nicht verdecken darf, dass die Industrialisierung entscheidend geholfen hat, dem früheren Ernährungsmangel abzuhelfen, die Versorgung zu verstetigen und überhaupt Wahl- und Gestaltungsmöglichkeiten zu schaffen.

Territoriale Grenzziehungen und Grenzüberschreitungen: Eine transnationale Geschichte Europas

Teilgebiete: NZ, ZG, PolG

Leitung
Matthias Middell (Leipzig)

Moderation
Hartmut Kaelble (Berlin)

Territorialisierung und Entterritorialisierung in Europa im Zeitalter der Französischen Revolution
Matthias Middell (Leipzig)

Europa in der zweiten Globalisierungswelle: Entterritorialisierung und Grenzziehung 1970–2010
Michael Geyer (Chicago)

Die Transnationalität Europas in der Europa- und in der Weltgeschichtsschreibung der letzten Dekaden – einige historiographiegeschichtliche Beobachtungen
Katja Naumann (Leipzig)
Steffi Marung (Leipzig)

Kommentar
Michael Mann (Berlin)

Zusammenfassung

Territoriale Grenzen markieren gesellschaftliche und politische Ordnungsräume. Grenzen bieten aber immer auch Durchgänge und Übergange. Nicht zuletzt werden sie regelmäßig um- und hintergangen, und sie können auch Gegenstand von Auseinandersetzungen werden. Mit Grenzziehungen werden Ansprüche auf Kontrolle und Entscheidungsgewalt erhoben und durchgesetzt. Grenzüberschreitungen hingegen schaffen querliegende Räume und Netze sozialen, wirtschaftlichen, kulturellen Handelns, die gemischte oder zusammengesetzte gesellschaftliche wie politische Organisationsformen artikulieren.
Die Gleichsetzung von Territorialität und Nationalstaatlichkeit, wie sie sich in der Historiografie seit dem 19. Jahrhundert etabliert hat, verkürzt die zentrale Herausforderung, der sich Gesellschaften seit dem späten 18. Jahrhundert gegenüber gestellt sahen: Aus der großen revolutionären Krise, die Europa im späten 18. Jahrhundert erschütterte, erwuchs ein unhintergehbarer weltweiter Zusammenhang übergreifender Räume von Wirtschaft, Gesellschaft, Kultur und selbst Politik, die nationalstaatliche Territorialisierung ebenso beförderten wie gleichzeitig aufhoben.
Das entscheidende Problem war dabei, eine Balance zu finden zwischen der Bewahrung von Souveränität und Autonomie – nationalen Politik/Macht- und Identitätsräumen – einerseits und der Einbindung in globale Verflechtungs- und Interaktionsprozesse andererseits. Der Nationalstaat setzte sich unter den Bedingungen einer rapide beschleunigten Expansion von inter- und transnationalen Beziehungsräumen durch. Dass es dabei (quasi *natürlich*) zu einer Unterordnung querliegender Raumbezüge gekommen sei, kann nicht von vorn herein angenommen werden, auch wenn das der methodologische Nationalismus nahelegt, der weite Teile des 20. Jahrhunderts beherrschte. Territorialisierungsstrategien blieben zu keiner Zeit unangefochten. Die relative Offenheit des Nationalstaates war Gegenstand permanenter Auseinandersetzungen auf einer Vielzahl von Gebieten. Ängste vor einem Verlust von Autonomie wurden immer wieder mobilisiert und drückten sich mehr und mehr in der Furcht vor einer inneren Unterwanderung durch scheinbar externe soziale Mächte aus. All das legt nahe, die

Engführung von Territorialität und Souveränität auf das Nationale – die John Agnew als *territorial trap* bezeichnete – zu überdenken.
In der historischen Regionalisierungs- und Globalisierungsforschung ist dem Zusammenhang von Transnationalisierungs- und Nationalisierungsprozessen mittlerweile erhebliche Aufmerksamkeit zuteil geworden. Es hat sich zunehmend eine Sichtweise durchgesetzt, dass beide in einer dialektischen Beziehung zu einander standen und stehen und nicht getrennt voneinander gedacht werden können. Grund genug also, der scheinbar paradoxen Transnationalität von Territorialisierung und Souveränität nachzugehen und sich dabei insbesondere auf zwei Dimensionen zu konzentrieren:
Zum einen auf das Ineinandergreifen von nationalstaatlichem Ordnungsbestreben in Form territorialer Grenzziehungen sowie die beständige Überschreitung dieser Mechanismen der kontrollierenden Steuerung durch Vernetzungszusammenhänge jenseits gesetzter politischer Grenzen: Noch jeder Nationalstaat wurde von vielfältigen Austausch- und Wanderungsbewegungen von Menschen, Gütern und Ideen durchzogen.
Zum anderen auf Perioden beschleunigten Wandels, in denen sich die Territorial-Ordnungen, die sich aus einer Pluralität von Raumbezügen verfestigt und durchsetzt hatten, konflikthaft in Frage gestellt wurden, etwa der Umbruch von imperialen Strukturen hin zu nationalstaatlichen oder aber die zunehmende Herausforderung eines auf nationaler Souveränität beruhenden internationalen Systems durch transnationale Bewegungen.
Die erste Blickrichtung ermöglicht es, einer auf genetischen oder modernisierungstheoretischen Annahmen beruhenden Geschichte über die Entstehung und Durchsetzung des Nationalen eine Historisierung der Nationalstaatsbildung entgegen zu stellen, die diese als spezifische Positionierungsstrategie in weltweiten Zusammenhängen und Globalisierungsprozessen begreift und sie somit historisch einordnet, anstatt sie als den Fluchtpunkt der allgemeinen Geschichte zu postulieren. Komplementär dazu gestattet die zweite Perspektive einen diachronen Vergleich der Herausbildung neuer politischer Ordnungsmuster jeweils in Reaktion auf sich verändernde globale Bedingungsgefüge verbunden mit der Bestimmung der Bedeutung, die grenzüberschreitenden Interaktionen in der Formierung von Räumen der Souveränität zukam.
Beide Aspekte wurden in dem Panel am Beispiel der europäischen Geschichte thematisiert. Aus drei Gründen: Erstens ist Europa jene Weltregion, in der sich Souveränität und Nationalstaatlichkeit im 19. und 20. Jahrhundert besonders eng mit der Transnationalisierung und in der Tat Globalisierung von Handlungsräumen verbunden haben, weshalb sich das Ineinandergreifen von Transnationalisierung und Nationalisierung besonders gut fassen lässt. Zweitens lässt sich an der Verräumlichung europäischer Souveränitäten das Zusammenspiel paralleler Territorialisierungsmuster aufzeigen, denn einerseits wurde im Kontext des Kolonialismus die nationalstaatliche Ordnung alsbald von imperialen Ergänzungsräumen flankiert, andererseits wurden gerade in den Kolonien jene Instrumente erprobt, mit denen man versuchte, politische Souveränität auch angesichts fortschreitender weltweiter Integration aufrechtzuerhalten. Und drittens schließlich bietet sich, wenn man Territorialität und Souveränität in Beziehung zu den

globalen Zusammenhängen setzt, die Möglichkeit Europa tatsächlich zu provinzialisieren, denn einem solchen Verständnis nach ist Globalisierung kein europäisches Projekt, sondern wird »Europa« zu einer Antwort auf weltweite Dynamiken von Vernetzung und Integration.

Zwei Zeitabschnitte wurden dabei diachron verglichen: die Periode zwischen 1770 und 1820 sowie die Periode zwischen 1970 und 2010. Beides sind Perioden dramatischer Um- und Aufbrüche, in denen intensiv um neue räumliche Ordnungsmuster für Europa und für die Rolle Europas in der Welt gerungen wurde. Dass die erste Periode so gewaltsam und die zweite Periode so relativ friedlich war, bleibt zu beachten und herauszustreichen. Aber was zählt, ist der Umstand, dass in diesen beiden Phasen die Grundelemente einer neuen, europäischen Raumordnung artikuliert und institutionalisiert wurden. Die Zukunft der ersten, aus den Kriegen der französischen Revolution geborenen Raumordnung liegt inzwischen hinter uns. Die Zukunft der nach 1970 im Entstehen begriffenen Raumordnung liegt natürlich noch vor uns. Aber dennoch können wir schon jetzt beide Perioden als Transitionsphasen im Aufbruch zu einer neuen Ordnung charakterisieren.

Matthias Middell führte in seinem Vortrag aus, dass zum Ausbruch der Revolution von 1789 bekanntlich die Weigerung der französischen Eliten beitrug, dem Staat die nötigen Ressourcen verfügbar zu machen, um weiter in einem globalen Wettstreit mit dem englischen Konkurrenten mithalten zu können. Hier schürzte sich der Knoten einer seit Mitte des Jahrhunderts zu beobachtenden Stärkung des Staates und der Rationalisierung seiner Strukturen, der in eine komplette Reorganisation des Hexagon sowie seiner Beziehungen zu den Kolonien in Indik und Karibik mündete. Ein neues Muster der Territorialisierung wurde in kürzester Zeit durchgesetzt und bildete eine Herausforderung vor allem für die Anrainerstaaten in Zentral- und Südeuropa, aber auch für die Unabhängigkeitsbewegungen in den Amerikas. Trotzdem setzte sich das französische Muster der Neubegründung von Souveränität durch straffe Territorialisierung nicht universell durch. Parallel bemühten sich das spanische und das portugiesische Empire um eine Neuordnung der Beziehungen zu den Kolonialgebieten in Mittel- und Südamerika, ebenso wie Großbritannien seine Beziehungen zu den nun unabhängigen USA überarbeitete und Russland wiederum eine koloniale Expansion nach Osten sowie teilweise auch nach Süden und Westen startete. Am Ende einer extrem verdichteten Serie von Revolutionen und Kriegen hatten die meisten europäischen Gesellschaften ihre Selbstorganisationsmuster grundlegend neu gestaltet, aber von der Durchsetzung eines einzigen Territorialisierungsmusters, das die ältere Historiographie im Nationalstaat französischen Formates vermutet hatte, war der Kontinent weit entfernt.

Middell betrachtete diese Phase unter zwei Gesichtspunkten: Einerseits interessierte die Verursachung der Mobilisierung von Selbstorganisationskräften aus einer globalen Krise, die sich eben nicht auf Europa beschränkte. Andererseits ging es ihm um den spezifischen Platz dieser Periode in einer Globalgeschichte, der zahlreiche Autoren ab der Mitte des 19. Jahrhunderts aufgrund der dann beschleunigten Kommunikationsmöglichkeiten und der einsetzenden Industrialisierung eine neue Qualität zumessen. Dagegen scheint, so die Hypothese,

die Phase zwischen 1770 und 1830 diejenige gewesen zu sein, in der eine Debatte um geeignete Muster der Neukonstituierung von Souveränität angesichts einer zwar noch langsamen, aber doch unvermeidlich erscheinenden globalen Vernetzung geführt und mit verschiedenen Mustern experimentiert wurde. In dieser Suchbewegung, in der sich zugleich der Gedanke Bahn brach, in *einer* Welt zu leben, ähnelt die Periode derjenigen, die wir seit den 1970er Jahren beobachten. Michael Geyer erinnerte daran, dass die überbordenden Erwartungen der achtziger Jahre, dass Globalisierung zu einer Welt ohne Grenzen führen würde, sich nicht erfüllt haben. Doch kann man Charles S. Maier zustimmen, dass das territoriale Regime des kurzen 20. Jahrhunderts mit seinen harten Staatsgrenzen und seinen vielleicht noch härteren ethnischen und rassischen Grenzen ebenfalls nicht mehr existiert. Wie die neuen Grenzziehungen, die gleichermaßen porös und hart sind, und die sich daraus ableitende territoriale Ordnung in der Gegenwart gestaltet sind, ist Gegenstand einer ausufernden Diskussion in allen Sozial- und Geisteswissenschaften. Geyer unternahm es in seinem Vortrag, als erstes diese diffuse, in vielen Disziplinen geführte Diskussion auf einen Nenner zu bringen und eine Begrifflichkeit zu finden, die der Komplexität intersektioneller Räumlichkeiten gerecht wird. Dazu bedarf es dann aber zweitens einer empirischen Grundlage, für die die sich verändernde Gestalt von europäischen Politik-(Macht- oder Herrschafts-)Räumen seit den siebziger Jahren herangezogen wird. Dabei interessieren insbesondere die Bereiche der Sicherheit, der Wirtschaft/Finanzen und der Staatsbürgerschaft als zentrale Politikbereiche des Nationalstaates.
Man kann nicht sagen, dass die nationale Politik hier drastisch an Bedeutung verloren hat. Ganz im Gegenteil, sie hat etwa in Fragen der Sicherheit eher an Bedeutung gewonnen. Aber gleichzeitig gibt es keine nationale Entscheidung in diesen drei Politikfeldern, die nicht in einen Komplex internationaler Entscheidungsbildung eingebettet wäre, beziehungsweise von ihr abhängig ist, oder in denen nationale Entscheidung nicht über internationale oder transnationale Einflussnahme getroffen würde. Und dennoch ist dieser erweiterte Raum der Politik keineswegs diffus. Er hat seine äußeren und inneren Grenzen. Er betrifft nicht gleichermaßen alle, sondern immer nur Teile. Er setzt sich mehr oder minder deutlich ab von dem Rest der Welt. Es gibt also durchaus eine territoriale Ordnung der Politik, die zwar über den Nationalstaat hinausreicht, aber auch wiederum nicht grenzenlos in die Welt hinein diffundiert.
Katja Naumann und Steffi Marung gingen in ihrem Vortrag der Frage nach, in welcher Form die Transnationalität europäischer Territorialisierungsprozesse in zwei Forschungssträngen der Historiographie thematisiert wird: 1) In der Geschichtsschreibung über die Europäische Union wurden politische Integrationsprozesse innerhalb Europas lange Zeit ohne Referenz auf Verflechtungen mit außereuropäischen Weltregionen historisiert. Europa, insbesondere das EU-Europa erschien dort – stark vereinfachend formuliert – entweder als Resultat regional-kontinentaler Dynamiken (etwa des *deutsch-französischen Motors*) oder wesentlich von einzelnen Akteuren wie Robert Schuman oder Jean Monet initiiert. Erst mit dem Ende des Kalten Krieges gerieten diese Interpretationsmuster in Bewegung, wurden der Blick auf außereuropäische Zusammenhänge geweitet und Deutungen formuliert, die die EU-politische Integration nunmehr auch als eine

Reaktion auf globale Konstellationen und Vernetzung begreifen. 2) Innerhalb der Welt- und Globalgeschichtsschreibung wurde kulturübergreifenden und transkontinentalen Verflechtungsprozessen, und damit der Verbundenheit europäischer Geschichte mit jener Außereuropas eine größere Aufmerksamkeit zu Teil. In den letzten zwei Dekaden sind die Rückwirkungen der imperialen und kolonialen Konstellationen auf europäische Gesellschaften näher untersucht worden, ebenso wie jene eurozentrische Sichtweise aufgebrochen wurde, die globale Integration als ein von Europa hervorgebrachtes und vorangetriebenes Projekt beschrieben hatte. Jedoch finden sich in den Bemühungen um eine Provinzialisierung Europas kaum Ansätze, innereuropäische Integrationsprozesse aus globalen Bedingungsgefügen heraus zu deuten. Die zaghafte Öffnung der EU-Geschichtsschreibung gegenüber transnationalen und globalen Dynamiken einerseits und die Randständigkeit von Europäisierung innerhalb des neuen globalhistorischen Interesses andererseits legt die Vermutung nahe, dass eine Integration beider Perspektiven Anregungen für die Rekonstruktion der Transnationalität von europäischen Territorialisierungsprozessen – in ihrer inneren wie nach außen gerichteten Dimension – zu geben vermag. Jedoch provoziert zugleich die relative Unverbundenheit dieser beiden Debattenstränge die Frage, ob sich dahinter Spannungen in den konzeptionellen Anlagen und den theoretischen Annahmen in Bezug auf historische Territorialisierungsprozesse verbergen.
Michael Mann ergänzte in seinem Kommentar die Beiträge durch eine gelungene Konfrontation mit der Entwicklung in Indien, die in mehrfacher Hinsicht als Kontrastfolie dienen kann: Als alternativer Entwicklungspfad; als divergierender Deutungshorizont und als sich synchronisierende postkoloniale Erfahrung. Hartmut Kaelble konzentrierte sich wiederum mit seinen Einführungs- und Schlussbemerkungen auf den aktuellen Stand der europageschichtlichen Debatte und markierte die Punkte, an denen eine stärkere Integration von global- und europageschichtlichen Diskussionssträngen Erkenntnisfortschritte verspricht.

Transitorische Räume: Arbeit an Grenzen in der Moderne

Teilgebiete: NZ, KulG, WG

Leitung
Monika Dommann (Basel)

Grenz-Passagen. Von Nicht- und Erinnerungsorten der Migration
Joachim Baur (Berlin)

Prospektives Transitorium: Der Zivilschutzraum als un/wirklicher Übergangsraum zur postapokalyptischen Zukunft
Silvia Berger (Zürich)

Waren in Transit: Warenlager als Objekte einer Kulturgeschichte des Welthandels
Monika Dommann (Basel)

Grenze und Verbindung. Der Suezkanal zwischen Europa, Asien und Afrika
Valeska Huber (Konstanz/London)

Schwellenräume: Architektonische und andere
Laurent Stalder (Zürich)

Kommentar
Dirk van Laak (Gießen)

Zusammenfassung

Was geschieht in Grenzgebieten, Zwischenwelten und Randzonen, mit denen sich bereits 1909 Arnold van Gennep beschäftigt hatte und die beinahe hundert Jahre später bei Marc Augé als supermoderne Nicht-Orte ohne Eigenschaften mitten in einem dichten Netz von Transportinfrastrukturen beschrieben werden? Welcher kulturgeschichtliche Gewinn könnte aus der Analyse jener Praktiken entstehen, die sich an »Grenzen« in einem weit gefassten Sinn abarbeiten? Ein Beispiel dafür sind etwa die Flughäfen des post 9/11, wo neben den traditionellen Transiträumen nun Warteräume, Sicherheitsbereiche, Konsuminseln etc. den Übergang von einem Land ins andere regeln.
Das Panel ging von der These aus, dass sich transitorische Räume nur in den Grenzgebieten traditioneller Disziplinen wie Architektur, Geschichte und Museumswissenschaft analysieren lassen und dabei die Beziehungen zwischen materiellen Kulturen und sozialen Praktiken (wie Rituale und Routinen) zentral sind für das Verständnis der Funktion transitorischer Räume für moderne Gesellschaften. Eine Diskussion über mögliche analytische Konzepte stand dabei im Vordergrund.

Vorträge

Grenz-Passagen. Von Nicht- und Erinnerungsorten der Migration
Joachim Baur (Tübingen)

Historische Einwanderer-Kontrollstationen, wie Ellis Island vor Manhattan oder Pier 21 im kanadischen Halifax, verwandelten sich in den letzten Jahrzehnten in Museen der Migration. In diesem Übergang mutierten sie von identitäts- und eigenschaftslosen Nicht-Orten zu hypermythisierten, monumentalen Erinnerungsorten, die in ihrem Kern eben Identität, namentlich die »imagined community« der Einwanderernation inszenieren. Ihre Plausibilität gewinnt diese geschichtspolitische Operation erstens aufgrund einer »Passage« der Grenz-Orte, ihrer spezifischen Transformation in der Zeit, die mit der Ablösung und Neuablagerung von Bedeutungsschichten einhergeht und zweitens aufgrund eines »Schwellenzaubers«, der die transitorischen Nicht-Orte zu Schau-Plätzen individueller und kollektiver *rites de passage* mythisiert. Dies gelingt einerseits durch eine bewusste, geschichtspolitisch motivierte Aufladung, anderseits aber nur vor dem Hintergrund einer vorgängigen, kulturell tief eingekerbten Ahnung vom »Schwellenzauber«.

Prospektives Transitorium: Der Zivilschutzraum als un/wirklicher Übergangsraum zur postapokalyptischen Zukunft
Silvia Berger (Zürich)

Der Kalte Krieg brachte einen neuen Typ existentieller Räume hervor: die Atomschutzbunker. Als Gehäuse des Übergangs sollten sie das Überleben während der atomaren Apokalypse garantieren. Auf den ersten Blick teilen die unterirdischen Betonzellen zentrale Merkmale mit anderen transitorischen Räumen. Bunker sind profane, monofunktionale Bauten, sie markieren eine autonome Zeitzone, fallen nach ihrer Passage weg und: sie muten an neutrale Räume ohne kulturelle Prägung, Bearbeitung und Regulation (»Nicht-Orte«, Marc Augé). Das Referat hinterfragte diese Zuschreibungen und arbeitete die Spezifik der Überlebenskapseln heraus, indem mit Fokus auf die Schweiz – das Bunkerbauland *par excellence* – die techno-wissenschaftlichen Raumkonzepte, die Codes und Routinen des gesellschaftlichen Raumgebrauchs sowie die individuellen Raumaneignungen beleuchtet wurden.

Waren in Transit: Warenlager als Objekte einer Kulturgeschichte des Welthandels
Monika Dommann (Basel)

Um das Warenlager historisch zu erforschen, muss es als materieller Raum, als epistemische Praktik und als ökonomische Organisation untersucht werden. Dieser multiperspektivische Zugang könnte hilfreich sein, um Prozesse zu verstehen, die bislang zwar mit Konzepten wie post-industrielle Gesellschaft gesellschaftstheoretisch gefasst, aber noch wenig historisiert wurden. Denn im Warenlager fließen zwei grundlegende Funktionen moderner Ökonomien (Produktion und Distribution) zusammen, vermischen sich dabei und avancieren zu einem Nadelöhr des modernen Welthandels. Dabei manifestiert sich die Vision des reibungslosen Flusses der Waren genauso, wie die Möglichkeit ihres Unterbruchs durch Pannen oder Streiks.

Grenze und Verbindung. Der Suezkanal zwischen Europa, Asien und Afrika
Valeska Huber (Konstanz/London)

Der Suezkanal fungierte um 1900 als eine Schleuse, die für Beschleunigung und für die Vernetzung der Welt stand, gleichzeitig aber auch zu einem Ort der Verlangsamung und des Staus werden konnte. Hier bildeten sich spezifische *rites de passage* heraus, die den imperialen Raum rhythmisierten. Zudem wurden in der Kanalzone die Kontrollschwierigkeiten, die mit der neuen Mobilität assoziiert wurden, besonders sichtbar. Durch die Untersuchung eines konkreten empirischen Beispiels konnten die sich überlagernden Wahrnehmungen, Deutungen und Funktionen eines solchen Grenz- und Übergangsorts besonders deutlich gemacht werden.

Schwellenräume: Architektonische und andere
Laurent Stalder (Zürich)

Die Schwelle trennt öffentlichen von privatem Raum, Privateigentum von Allgemeingut, selbstbestimmtes von fremdbestimmtem Tun. Als architektonisches Bauteil oder räumliche Konstellation markiert sie historisch spezifische, kulturell bedingte Zonen des Übergangs, in denen bestimmte Gesten und Handlungen ausgeführt werden. Über die Beschäftigung mit den konkreten, materiellen Mikroelementen wurde eine Diskussion der für die Architektur relevanten Themen wie Öffentlichkeit/Privatheit, Sicherheit, Hygiene und Konsum geführt.

Über Grenzen – Transnationale Parteienkooperation in Europa

Teilgebiete: PD, MedG, KulG, ZG

Leitung
Wilfried Loth (Duisburg-Essen)
Jürgen Mittag (Bochum)

Begrüßung und Einführung
Wilfried Loth (Duisburg-Essen)

Die transnationale Parteienkooperation christdemokratischer und konservativer Parteien
Michael Gehler (Hildesheim)

Die transnationale Parteienkooperation liberaler Parteien
Guido Thiemeyer (Cergy Pontoise)

Sozialistische und sozialdemokratische Parteienkooperation im 20. Jahrhundert
Jürgen Mittag (Bochum)

Transnationale Kooperation rechtsextremer Parteien in der zweiten Hälfte des 20. Jahrhunderts
Janosch Steuwer (Bochum)

Transnationale Parteienkooperation in der politischen Praxis: Die Sozialistische Internationale im 20. und 21. Jahrhundert
Christoph Zöpel (Dortmund)

Das Potenzial von Ansätzen der Netzwerkforschung
Christian Salm (Portsmouth)

Kommentar und Diskussion
Wilfried Loth (Duisburg-Essen)

HSK-Bericht
Von Benjamin Legrand (Ruhr-Universität Bochum)

Die großen politischen Strömungen des 19. und 20. Jahrhunderts waren nie rein nationale Phänomene – ihre Organisationen dagegen, die Parteien, waren so nationalstaatlich organisiert wie ihre wissenschaftliche Rezeption orientiert. Politische Parteien waren und sind in den Staaten verankert, trotz eines politischen, wirtschaftlichen und kulturellen Entgrenzungsprozesses in Europa in der zweiten Hälfte des 20. Jahrhunderts. Die Kooperation von Parteien über Grenzen hinweg kulminiert in den europäischen Parteien, ihre Triebkräfte und ihre Widerstände wurden bislang jedoch nur selten aufgearbeitet.
Die Sektion »Über Grenzen – Transnationale Parteienkooperation in Europa« versuchte diesem Desiderat Rechnung zu tragen und erste Schneisen zu schlagen. Dabei wurde nicht nur nach Entwicklungsstufen, Erfolgen und Hindernissen gefragt, sondern auch die Wechselwirkung zwischen der transnationalen Parteienkooperation und des europäischen Einigungsprozesses sowie deren Institutionen untersucht.
Einzelne Parteienfamilien – namentlich die konservativ-christdemokratische, die sozialdemokratische und die liberale – wurden in einem ersten Schritt synchron zueinander vergleichend dargestellt. In der zweiten Hälfte der Sektion wurden verstärkt methodisch-theoretische Überlegungen vorgenommen und Bezüge zur Gegenwart sowie zur praktischen Politik geknüpft. So wurden auch hier Grenzen überwunden – zwischen Wissenschaft und Praxis einerseits und andererseits zwischen den Disziplinen Sozialwissenschaften und Geschichtswissenschaft.
Vier rote Linien durchzogen dabei fast alle Vorträge: Auffallend war die in allen Parteienfamilien ausgeprägte Orientierung auf den Rahmen des Nationalstaates. Besonders bei den Liberalen, aber selbst bei den Sozialdemokraten. Ost-West-Konflikt und Exilerfahrungen prägten die transnationale Kooperation gerade in einer ersten Phase nach dem Zweiten Weltkrieg. Wichtigster Impulsgeber durch die gesamte zweite Hälfte des 20. Jahrhunderts waren jedoch die institutionellen Erweiterungsschritte des europäischen Einigungsprozesses. Die Einbindung von sowohl materiellen wie kulturellen Netzwerken bereichert die Analyse von Transnationalisierung europäischer Politik.
Informelle Netzwerke, insbesondere von einzelnen Persönlichkeiten, betrieben Europäisierung effektiver als formelle Netzwerke, so eine Beobachtung des Panels. Netzwerke, so eine Schlussfolgerung, müssten historisiert werden, schließlich seien sie zeitgenössisch geprägt. Der Netzwerkbegriff der Politikwissenschaft, so wurde in der Diskussion dieser Sektion klar, sei zu statisch, um neue Dimensionen aufzutun. So könnte eine historiographische Untersuchung der

Parteienkooperation ein Weg sein, europäische Geschichte anders zu erzählen, so Wilfried Loth (Bochum), der diese Sektion moderierte.
Über Institutionen und deren Strukturen und Strukturbrüche fasste Michael Gehler (Hildesheim) die Entwicklung von Parteikooperationen konservativer und christdemokratischer Parteien nach dem Zweiten Weltkrieg zusammen.
Diese Zeitenwende hatte insofern Einfluss auf die Kooperation, weil die Erfahrung von Krieg, Totalitarismus und Diktatur den Kohäsionsstoff der ersten Jahrzehnte der Parteienarbeit auf europäischer Ebene gewesen waren. Den *Genfer Kreis*, 1945 gegründet, bildeten mittelosteuropäische Exilanten. Die *Nouvelles Equipes Internationales* (NEI) etablierten Schweizer, Belgier sowie Franzosen, deren christlich-konservative Organisationen den Krieg überstanden hatten. Ihr Motiv war das Ziel einer »doppelten Einheit«, in der die Verwirklichung einer europäischen Einigung als erster Schritt hin zu einer Weltunion verstanden wurde.
Angesichts dieser Zielvisionen kann es nicht verwundern, dass die reale europäische Einigung die Organisationsstrukturen stark beeinflusste – zumal der Einfluss von Antikommunismus und Exilerfahrung als Kohäsionsmittel spätestens in den 1960er Jahren spürbar nachgelassen hatte. Schon die Gründung der Europäischen Gemeinschaft für Kohle und Stahl (EGKS, 1951) hatte der Parteienkooperation in Form der NEI Wind aus den Segeln genommen, so Gehler. Ausdruck fand diese Verschiebung der christlich-demokratischen Parteien hin zu den europäischen Institutionen in der Gründung der *Europäischen Union Christlicher Demokraten* (EUCD) 1965, die die transnationale Kooperation der Parteien an die Arbeit ihrer Abgeordneten in Versammlung und Europäischem Parlament anband. Die so begonnene enge Abstimmung mit Parteifreunden in Kommission und Mitgliedstaaten wurde stetig ausgebaut, besonders nachdem angesichts der ersten Direktwahlen zum Europäischen Parlament 1976 die Europäische Volkspartei gegründet wurde. Seit 1983 trafen sich Regierungschefs der EVP-Mitgliedsparteien zur Vorbereitung von Gipfeln, kurz darauf auch Fraktionschefs und Fachminister.
Einen stärker theoriegeleiteten Zugriff auf die Geschichte der transnationalen Parteienkooperation präsentierte Guido Thiemeyer (Cergy Pontoise). Für seine Untersuchung liberaler Parteien übertrug er drei etablierte Theorien der Politikwissenschaft in Bezug auf nationale Parteien auf die Ebene der transnationalen Kooperation.
Mit dem Ansatz Rudolf Hrbeks, der institutionelle Rahmenbedingungen in den Vordergrund stellt, erklärte Thiemeyer die Geschichte der Kooperation liberaler Parteien besonders durch den Einfluss der europäischen Institutionen. Demnach führte die Gründung der EGKS zur Etablierung des *Mouvement libéral pour l'Europe unie* (MLEU), in dem seit 1952 Parteien aus den sechs Staaten der neu gegründeten EGKS zusammenarbeiteten, mit dem Ziel ein supranationales Zentrum zu etablieren. Der Haager EG-Gipfel 1969 war wiederum Anlass, aus dem Rahmen der Liberalen Internationalen (LI) die Liberale Parteiführerkonferenz einzuführen. Ähnlich wirkte die erste Direktwahl für das Europäische Parlament, in deren Vorfeld 1976 die *European Liberal Democrats* (ELD) als Parteiföderation aus der LI hervorgingen.

Erzählt man die Geschichte der Kooperation unter den Gesichtspunkten von Persönlichkeiten und Ideologien, dem Ansatz Angelo Pianebiancos folgend, findet man Ansatzpunkte für hemmende Elemente in der Entwicklungsgeschichte. So sei die LI jahrelang durch den italienischen Vorsitzenden Giovanni Malagodi geprägt worden, der sich lange gegen eine Beschränkung auf die EGKS gewehrt hatte. Dadurch sei die Konkurrenz zwischen Parteienkooperationen wie der LI und dem MLEU verstärkt worden. Scharfe Rivalitäten der verschiedenen Auslegungen und Betonungen des Liberalismus, begründet durch die divergierende, nationalstaatlich orientierte Genese des europäischen Liberalismus, verhinderten tiefergehende gemeinsame Erklärungen.
Wie Gehler für die christdemokratischen und konservativen Parteien sah auch Thiemeyer im Antikommunismus eine einende Klammer für Kooperation. Insgesamt war es die gemeinsame Trennlinie zum Totalitarismus, die Liberale zusammenführte. Diese Trennlinie, so Thiemeyer dem *Cleavage*-Ansatz von Seymour Martin Lipset und Stein Rokkan folgend, sei als Erklärungsansatz für die liberale Kooperation besonders in den ersten Jahrzehnten nach dem Krieg prägend, in denen der Kommunismus sowjetischer Prägung und das Regime Francos in Spanien noch stärker bedrohlich wirkten.
Aus allen drei Ansätzen der nationalen Parteienforschung konnte Thiemeyer Erklärungsmuster für die Entwicklung liberaler Parteienkooperation gewinnen, wenn auch mit unterschiedlich starken Aussagen. Gewinnbringend war dabei vor allem die These Hrbeks, die Entwicklung mit Institutionen zu erklären. Dieser Ansatz zeigte erneut die enorme Bedeutung der EGKS/EG-Institutionen für die Entwicklung der Parteienkooperationen.
Wie bei den genannten Parteienfamilien stellte Jürgen Mittag (Bochum) auch bei den sozialdemokratischen Parteien zum einen die Impulsfunktion der europäischen Institutionen, zum anderen die Dichotomie einer globalen und einer europäischen Zielsetzung der transnationalen Parteienkooperation fest.
Mit einem Fokus auf die deutsche Sozialdemokratie skizzierte Mittag die transnationale Kooperation, die auf das Kommunistische Manifest zurückgehend als die älteste Kooperation gilt. Die Älteste war jedoch nicht die Festeste, sondern eher ein Forum für einen lockeren Meinungsaustausch. Erst mit dem Ende des Zweiten Weltkriegs begann ein neuer Zeitabschnitt der Kooperation, so Mittag, die zudem stärker auf die europäische Integration ausgerichtet war.
Mit der Sozialistischen Internationale hatte sich zunächst 1951 ein Forum mit globaler Perspektive etabliert. Aus diesem heraus entstand wiederum das *European Committee*, initiiert durch die Verhandlungen über die EGKS. Das *Committee* sollte die Zusammenarbeit der sozialistischen Parteien der Mitgliedstaaten und der sozialdemokratischen Fraktion in der EGKS sicherstellen. Anlässlich der Unterzeichnung der Römischen Verträge wurde das *Committee* zu einem Verbindungsbüro weiterentwickelt. Doch wie der Ausbau der europäischen Institutionen die Parteienkooperation bestärkte, so verflachte sie ebenso durch die Verringerung der Integrationsbemühungen auf EG-Ebene ab Mitte der 1960er Jahre. Der Plan, eine schlagkräftige europäische Partei zu gründen, schlug fehl, auch als 1974 der *Bund der sozialdemokratischen Parteien in der Europäischen Gemeinschaft* etabliert wurde. Diese zu Beginn lockere Kooperation

wurde im Gefolge der Direktwahlen zum EP intensiviert und mündete 1992 in die Neukonstitution als *Sozialdemokratische Partei Europas* (SPE). Bilaterale Kooperationen spielten, wie Mittag am Beispiel der deutschen SPD und der französischen SFIO zeigte, zu allen Phasen eine untergeordnete Rolle. Zusammenfassend fand Mittag ein ambivalentes Bild in der Parteienkooperation sozialdemokratischer Parteien: Einerseits hatte die SPE ihre Interaktionsstrukturen vertieft und stellt heute kein unverbindliches Gesprächsforum dar. Andererseits ist sie weiterhin selbst Spielball innenpolitischer Interessen. So zeige sich, dass trotz des Bedeutungszuwachses der Parteiorganisationen auf europäischer Ebene weiterhin die nationalen Parteien die Strukturen der transnationalen Kooperation prägten.

Einen Einblick in die Praxis der transnationalen Kooperation der sozialdemokratischen Parteien gewährte Christoph Zöpel (Bochum/Berlin), der die SPD im Exekutivkomitee der Sozialistischen Internationale (SI) repräsentierte. Er umschrieb das Arbeiten in dieser Organisation als das »Nutzen eines Netzwerkes bei konkreten Problemen«.

Institutionelle Arrangements wie die halbjährlichen *Council Meetings*, bei denen Vertreter der weltweit 140 sozialdemokratischen und linksdemokratischen Mitgliedsparteien zusammenkommen, dienten funktional als Knoten in einem Netzwerk. Dieses Netzwerk stelle bilaterale Kontakte zur Verfügung, die je nach Problemlage abgerufen würden: zu Wahlkampfhilfen, zu innerstaatlichen Konflikten wie in lateinamerikanischen Staaten oder zwischenstaatlichen Konflikten wie in Nahost. Auch sozialdemokratische Führungspersönlichkeiten in internationalen Organisationen wie UNHCR oder IWF sind Teil dieses SI-Netzwerkes. Wie Zöpel betonte, funktioniere das Netzwerk SI nicht über Programme oder Resolutionen, sondern vor allem auf der praktischen Ebene.

Historisch entwickelte sich die SI aus einer Spaltung der Internationale im Ersten Weltkrieg und nach der Russischen Revolution. Die SI in ihrer heutigen Form entstand 1951 im Gegensatz zur von der KPdSU dominierten Kommunistischen Internationale durch 34 vorwiegend europäische Mitgliedsparteien. Diese Eurozentrierung herrschte bis in die 1970er Jahre vor, bis – eng verbunden mit den Persönlichkeiten Willy Brandt und Jürgen Wischnewski – der Prozess der »Enteuropäisierung« eingeleitet wurde. Dieser Prozess war mit drei globalgeschichtlichen Prozessen verbunden: dem Ost-West-Konflikt und seiner Überwindung, die Gegnerschaft zu rechtsautoritärer Herrschaft und der Ausweitung des Verständnisses linksdemokratischer Parteien über das westeuropäische Selbstverständnis hinaus.

Praktische Folgen hatten diese Veränderungen bei neuen Aufgaben der SI, bei der Überwindung rechtsautoritärer Regime in Südeuropa und Südamerika sowie bei der Bildung linksdemokratischer Parteien in Osteuropa nach 1990. Insgesamt habe die Aufnahme vieler außereuropäischer Parteien das Spektrum an Positionen innerhalb der SI deutlich erweitert, so Zöpel.

Grenzüberschreitende Kooperationsformen finden sich auch bei der extremen Rechten. Eine Analyse dieser Entwicklung, die Janosch Steuwer (Bochum) skizzierte, erscheint lohnenswert, weil sie sich der systematisch-orientierten Parteienforschung im Kontrast zur Entwicklung der demokratischen Parteienfamilien als Vergleichsfolie anbietet. Auch antidemokratische und rassistische Gruppen hatten eigene Vorstellungen einer Europäischen Integration, so Steuwer. Dadurch werden zwei Erkenntnisse ermöglicht: Das positiv besetzte Masternarrativ der europäischen Integration kann selbst historisiert werden. Der Faktor »Programmatik« wird stärker betont, schließlich nahm die transnationale Kooperation dieser Parteien im Gegensatz zu anderen Parteienfamilien über die Jahrzehnte ab.

Steuwer stellte dazu die Entwicklungsgeschichte dieser Kooperation in drei Phasen dar. Die erste Phase wurde eingeleitet durch ein Treffen rechtsextremer Parteien 1951 in Malmö. Wenige Wochen nach der Unterzeichnung des EGKS-Vertrages, vor allem aber nur wenige Jahre nach dem Ende der Herrschaft des Nationalsozialismus sollte es dazu dienen, ein eigenes Konzept europäischer Einigung zu erarbeiten. Einerseits wurde dies mit einer traditionellen Strömung versucht, die unter Bezug auf Europa lediglich eine Möglichkeit sah, weiterhin eine nationalistische Politik zu vertreten. Andererseits entwickelte sich auch eine progressive Strömung, die eine Überwindung des am Nationalstaat orientierten Nationalismus thematisierte.

Die zweite Phase war ab der Mitte der 1960er Jahre durch zwei auseinanderstrebende Entwicklungen gekennzeichnet, die an die vorigen Strömungen anknüpften. Zum einen zeigten Erfolge nationalistischer Parteien wie der NPD, dass klassisch nationalistische Programmatik wieder Erfolge feiern konnte. Zum anderen wirkten die Diskussionen um die Modernisierung der rechtsextremen Programmatik fort. Eine Neue Rechte, die als Reaktion auf linke Studenten- und Bürgerbewegungen entstand, rückte statt eines Einigungsprozesses die kulturelle und historische Einheit Europas in den Mittelpunkt.

Durch die Vertiefung des Europäischen Einigungsprozesses begann die dritte Phase der Entwicklung. Vom Scheitern der gemeinsamen rechten Wahlplattformen *Destra* bei der ersten Direktwahl über die bloße Bildung einer gemeinsamen Fraktion 1984 bis hin zu einer Abnahme der gegenseitigen Besuche in den 1990er Jahren nahm die Parteienkooperation der rechten Parteien in dieser Phase stetig ab.

Welchen Nutzen die sozialwissenschaftliche Netzwerkanalyse für die Geschichtswissenschaft haben könnte, diskutierte Christian Salm (Portsmouth) anhand der transnationalen Zusammenarbeit europäischer Parteien. Der Wert dieses Ansatzes sei nach Stand der Literatur weiterhin umstritten, zumal interdisziplinäre Ansätze zur Erforschung der EU noch rar sind. Dabei könne der analytische Blick der Politikwissenschaft der Geschichtswissenschaft helfen, den informellen Charakter von Auseinandersetzungen besser zu beleuchten. Umgekehrt könne die Geschichtswissenschaft der Politikwissenschaft den »naiven Blick austreiben«, schließlich nehme die Politikwissenschaft Netzwerke erst ab den 1980er in den Blick, dabei seien Netzwerke schon viel früher Bestandteil des Einigungsprozesses gewesen.

Bislang habe das Narrativ der EU-Geschichte die Rolle der Nationalstaaten und der Regierungen in den Fokus gestellt. Dagegen sei die Rolle von nicht-staatlichen Akteuren und deren Einfluss auf die Supranationalisierung von Politikfeldern lange übersehen worden. Eine Untersuchung der informellen transnationa-

len Parteiennetzwerke könne zu einem kompletteren Verständnis der Entstehung der EU beitragen.
Vor- und Nachteile der Netzwerkanalyse würden sich gegenseitig bedingen. Der Vorteil des Ansatzes, keine geschlossene Theorie zu sein, zwinge dazu, bei jedem Forschungsprojekt immer wieder neu zu definieren, inwiefern das Konzept gewinnbringend genutzt werden kann. Orientiert an vorliegendem Quellenmaterial und Fragestellung müsse das Netzwerkkonzept jeweils neu austariert werden. Politikwissenschaftliche Definitionskriterien von Netzwerken könnten dabei helfen. Der Vorteil der Netzwerkanalyse sei die Flexibilität, die eine Bearbeitung sehr unterschiedlicher Quellenlagen ermöglicht.
Sowohl die Vorträge als auch die sich anschließenden Diskussionsbeiträge haben verdeutlicht, dass erste Pfade zur Vermessung des Forschungsfeldes eingeschlagen wurden. Weitere offene Forschungsfragen und konzeptionelle Ansatzpunkte gibt es jedoch hinreichend, wie gerade die letzten drei Beiträge dieser Sektion zeigten. Hierzu zählen etwa Untersuchungen zur Bedeutung transnationaler Persönlichkeiten oder der Transfer von Ideen und Ressourcen. Um das Spannungsfeld zwischen Nationalgeschichte und Geschichte der Europäisierung auflösen zu können, ist es gleichermaßen unerlässlich, auch die Wechselwirkungen zwischen Zivilgesellschaft und den politischen Institutionen vermehrt zu untersuchen. Dafür müsste die politische Geschichte wieder stärker in den Blick genommen werden, so ein Fazit der Sektion. Nur so würden die Perspektiven auf Europäisierung deutlich erweitert.

Wie schreibt man Deutsche Geschichte im Zeitalter der Transnationalität? Die Neukonzeption des *Oxford Handbook of Modern German History* in der Diskussion

Teilgebiete: NZ, WissG, GMT, PolG

Leitung
Thomas Mergel (Berlin)

Die Konzeption des Oxford Handbook
Helmut Walser Smith (Nashville)

Beispiel: 19. Jahrhundert/Religion
Rebekka Habermas (Göttingen)

Beispiel: 20. Jahrhundert/Politik
Thomas Mergel (Berlin)

Beispiel: 20. Jahrhundert/Wirtschaft
Adam Tooze (New Haven)

Kommentar
Dieter Langewiesche (Tübingen)

HSK-Bericht
Von Thomas Werneke (Humboldt-Universität zu Berlin)

Braucht es ein weiteres Handbuch zur deutschen Nationalgeschichte und lässt sich ein transnationaler Ansatz mit dieser verbinden? Herausgeber Helmut Walser Smith und die Autoren des *Oxford Handbook of Modern German History* bejahen beide Fragen. Auf dem Historikertag stellte Smith zusammen mit einigen der Autoren das Konzept und ausgewählte Kapitel aus der 2011 zu erwartenden Publikation vor. Das Novum beim *Handbook* liegt in der explizit vertretenen transnationalen Perspektive. Mit ihr erhofft sich Smith neue Erkenntnisse für eine deutsche Nationalgeschichte.

In seinen einführenden Bemerkungen hob Sektionsleiter Thomas Mergel (Berlin) die Nationalgeschichte hervor. Sie werde immer noch vorrangig geschrieben. Der Begriff »transnational« diene dagegen häufig als Label in der Nischenforschung für Theorieaufsätze. Mergel nannte hier unter anderem die *histoire croisée* und *entangled history*-Ansätze. Nur selten werde eine transnationale Perspektive tatsächlich auch eingenommen. Dies liege nicht zuletzt auch an einer nationalen Ordnung von Wissen: in Bibliotheken, Archiven, Forschungsinstitutionen etc. Dennoch hätten die Arbeiten mit vergleichender Perspektive speziell bei Transferprozessen, beispielsweise bei der Migration zugenommen. Mergel sah daher eine Aufgabe des Handbuchs darin, die Spannungen nationaler und transnationaler Geschichte zu beschreiben und darzustellen. Er betonte, beides seien keine Gegensätze. Das Handbuch liefere eine nationale Geschichte in der Dimension des Transnationalen, mit dem Blick auf den Anderen. Mergel widersprach jedoch dem Telos der Anpassung und steten Zusammenführung von Nationalgeschichten. Die relationale Bedeutung der Geschichte müsse auch ein Umdenken in der Historiographie zur Folge haben.

Helmut Walser Smith (Nashville) stellte daraufhin die Konzeption des 2011 erscheinenden Handbuchs vor, das sich von anderen Handbüchern zur deutschen Geschichte abheben soll. Smith legte großen Wert auf die Erwähnung der internationalen Autorenschaft. Auch wenn es sich eher um ein anglo-amerikanisch-deutsches Handbuch handele, wie Smith einschränkte und in der Diskussion auch Wilfried Nippel feststellte, so sei dies dennoch ein Novum. Mit dieser Autorenschaft und dem transnationalen Fokus verknüpfe sich der Anspruch an das Handbuch, einerseits die Spannungen zwischen nationalen und internationalen Handlungs(spiel)räumen herauszuarbeiten und andererseits die Ähnlichkeiten der Nationalgeschichten Europas im 19. und 20. Jahrhundert hervorzuheben. Dabei soll keine Lösung auf die Frage geboten werden, wie man transnationale Geschichte schreibt, sondern verschiedene Strategien hierzu sammeln. Das Leitmotiv sei es, mehr die Konvergenz der deutschen Geschichte mit den Geschichten der anderen zu ermitteln und weniger deren Abtrennung. So sprach er die gemeinsamen Gewalterfahrungen sowie die Okkupationspolitik in diesem Sinne an. Mit dieser Aussage provozierte er die Frage aus dem Publikum, wie es denn um den deutschen Sonderweg bestellt sei, worauf Smith erwiderte, dass die Sonderweg-These mit dem Handbuch keineswegs gestützt werden solle – aber auch nicht gemindert.

Rebekka Habermas (Göttingen) stellte daraufhin ihren Beitrag »Religion« vor. Ein Ergebnis ihrer Untersuchungen lautet, dass die Konfessionalisierungsthese im 19. Jahrhundert, ähnlich wie die Modernisierungs- und Säkularisierungsthese, an Überzeugung verloren hätte. Habermas kritisierte, dass oft die Wahrnehmungen der Deutschen im 19. Jahrhundert durch die Forschung reproduziert würden, statt jene einer Analyse zu unterziehen. Wesentlich sei eine globale Perspektive auf Religion sowie die Erforschung der Semantik von Begriffspaaren wie etwa »heilig« und »profan« beziehungsweise »religiös« und »säkular«. Diese seien nur auf den ersten Blick Gegensatzpaare. Ebenso wenig dürfe man dem zeitgenössischen Gegensatz von Naturvolk (Fetisch) und Kulturvolk (Religion) aufsitzen.
Auch die Vorstellung von klarer Trennung von Staat und Kirche sei ein »Selbstmissverständnis« des 19. Jahrhunderts. Es habe zwar auch die »gemischten Dinge« in der Wahrnehmung gegeben, doch gerade jenseits dieser Mischformen sei die Trennung keineswegs so klar gewesen, wie sie empfunden wurde. So hätten protestantische Schulen absurderweise als weniger religiös gegolten als katholische Schulen. Während mit dem Katholischen Aberglaube, Fetischismus und Prozessionen verbunden worden sei, alles also, was gegen die Moderne sprach und nur im Privaten gepflegt werden sollte, so hätten sich die protestantischen Landeskirchen dagegen selbst als objektiv und modern wahrgenommen und nichts Bedenkliches darin gesehen, den öffentlichen Raum zu durchdringen. Wolfgang Hardtwig ergänzte dies in der Diskussion, indem er erläuterte, dass sich die Protestanten eher als liberal denn als protestantisch verstanden hätten. Diese Semantik hätte einen spezifischen Nutzen gehabt und man müsse bedenken, ob nicht so durch die Hintertür wieder die Säkularisierungsthese Einzug halte. Es darf aber nicht vergessen werden, dass auch der Begriff »liberal« quasireligiöse Semantik auf sich ziehen konnte. Dies spricht doch wieder für Habermas' These, dass Religion auch dort wirkte, wo die Zeitgenossen sie nicht vermutet haben. Zuletzt wies Habermas darauf hin, dass auch religiöse Bedeutungen nicht immer als religiös von den Zeitgenossen wahrgenommen worden seien. Habermas stellte hier zwei Beispiele vor. Das Religiöse verbarg sich beispielsweise in der Semantik, wenn Friedrich Engels die »soziale Frage« mit religiöser Metaphorik auflud und sie als Moral statt Religion identifizierte. Oder es wurde transferiert über Bilder, etwa durch Missionare, die Fotos von frisch getauften beziehungsweise zu taufenden Außereuropäern zeigten.
Thomas Mergel (Berlin) folgte mit einer Präsentation seines Beitrags für das Handbuch. Mergel beschäftigt sich darin mit den vermeintlichen Gegensatzbegriffen Demokratie und Diktatur während der Weimarer Republik. Er bemängelte, dass die Politikgeschichte Deutschlands immer noch sehr national eingestellt sei. Ganz besonders würde dies für die Zeit der Weimarer Republik gelten. Außerdem würde zumeist der unfaire Vergleich mit den Vorzeigedemokratien der Geschichte angestrengt, statt mit den zeitgenössischen Entwicklungen. Ebenso lägen kaum Vergleiche über grenzüberschreitende Diskurse vor (mit Ausnahme Mark Mazowers).
Eine wesentliche Gemeinsamkeit in vielen europäischen Ländern der Zwischenkriegszeit sei zum einen die relative Nähe der Begriffe von Diktatur und Demokratie gewesen. Für beide sei das Volk die Basis aller politischen Legitimation

gewesen. Auch der Homogenitätsdiskurs ließe sich in vielen Ländern, sogar in Großbritannien wiederfinden. Was jedoch das Volk sei, diese Frage sei unterschiedlich beantwortet worden. Auch hätten sich die Nationen intensiv bei der Demobilmachung, in der Krise und bei Interventionen beobachtet. Eine weitere Gemeinsamkeit sei die besagte Kriegserfahrung gewesen, wobei Wolfgang Hardtwig in der anschließenden Diskussion zu Recht darauf hinwies, dass es hier den fundamentalen Erfahrungsunterschied der deutschen Niederlage gebe. Dennoch habe, so Mergel, der Krieg überall in Europa zum Zusammenbruch stabiler, symbolischer Muster geführt. Oft sei als Folge daraus der Diktatur eher zugetraut worden, die Probleme lösen zu können, als der Demokratie. In Deutschland habe es eine mehrschichtige Souveränitätskonstruktion gegeben, in der die Demokratie als Normalfall und die [kommissarische – Anm. Autor] Diktatur als Notfall galt. Dabei habe das Parlament mehr der Repräsentation des Volkes gedient und weniger als demokratisches Steuerungsorgan. Hier sei der Begriff Volksfeind eine Beleidigung für alle politischen Lager gewesen und die politischen Parteien hätten unter dem Generalverdacht gestanden, die Volksgemeinschaft durch Partikularinteressen zu zerstören. Die Besonderheit des Nationalsozialismus habe in der Zuspitzung bereits bekannter Muster gelegen. Bis 1939 sei der NS eine Volksdiktatur auf breiter Basis gewesen, die sich von anderen Diktaturen vor allem durch eine einzigartige rassistische Exklusion unterschieden habe. Demnach sei der NS auch nicht allein aus einer transnationalen Perspektive erklärbar. Abschließend stellte Mergel die These auf, dass vielleicht die relative Verspätung der NS-Diktatur eine Erklärung für deren Radikalität liefern könne. Hier habe der NS vielleicht von den Erfahrungen der frühen Diktaturen profitieren können.
Adam Tooze (New Haven), Professor für Wirtschaftsgeschichte von der Yale University, schloss die Kapitelexempel mit seinem Beitrag »Wirtschaft« ab. Trotz Toozes Ablehnung klarer Epochengrenzen, datierte er das Projekt, aus der deutschen Volkswirtschaft eine Macht zu machen, zwischen 1917–1945. Dennoch sei für diese Zeit eine rein wirtschaftliche Teleologie unbefriedigend.
In Deutschland hatte der Krieg eine radikale Wirkung auf die Wirtschaftsverwaltung. Mit der Gründung des Reichswirtschafts- sowie Reichsarbeitsministeriums und mit der Umstrukturierung der Reichsbank sei es nun erstmals möglich gewesen, Wirtschaftspolitik umfassend auf nationaler Ebene zu steuern. Tooze sah gerade auf dem Feld der Wirtschaft eine dialektische Verbundenheit von Transnationalisierung und Nation. Als Belege führte er drei Beispiele an. Erstens, die Schwerindustrie, welche vom Markt her global, jedoch von den Standorten der Rohstoffgewinnung und -verarbeitung her national beziehungsweise sogar regional operiert habe. Als zweites nannte Tooze den Arbeitsmarkt, wo die Vernationalstaatlichung der Arbeitsmärkte weltweit auf Arbeitsmigrationsphänomene wie Zwangs- und Gastarbeit getroffen sei. Deutschland sei hierfür ein zwingendes und radikales Beispiel. Schließlich wies Tooze auch auf die Kapitalmärkte hin. Diese seien radikal auf wenige Knotenpunkte konzentriert gewesen, in Deutschland auf Hamburg, Frankfurt und Berlin sowie international auf New York und London. Gleichzeitig sei der Spielraum von London und New York zwischen 1930 und 1960 stark eingeschränkt gewesen. Diese Finanzzentren hätten eher nach einer technokratischen Lösung gestrebt, denn der eines freien

Marktes. Tooze hielt die Globalisierungstendenzen unter anderem dieser Beispiele für anonym, womit die Frage nach der *Agency*, im Sinne einer Wirtschaft als Subjekt, ausgeblendet wird. Mit der deutschen Unterlegenheitsneurose sei immer wieder die Frage einhergegangen, ob man wirtschaftlich Subjekt oder Objekt einer globalen Ordnung sei. Zuletzt beschäftigte Tooze die Leitfrage des Handbuchs: Wie schreibt man unter den Zeichen des Transnationalen von Wirtschaftsgeschichte nationale Geschichte? Zunächst dürfe der Bezug zu Macht und eigener Macht der Akteure nicht vernachlässigt werden. Dabei müsse man auch die Eigendynamiken ökonomischer Prozesse berücksichtigen und vor allem bescheiden vorgehen. Globalisierung sei keine abgemachte Sache, sondern eine Herausforderung. Tooze mahnte auch, dass die Krise von 2008 gezeigt habe, dass wieder nur nationale Wirtschaftsprogramme beschlossen worden und die internationale Gemeinschaft kaum einen Schritt weiter gekommen seien.

Den Kommentar zur Sektion lieferte Dieter Langewiesche (Tübingen), welcher mit allgemeinen Bemerkungen zum Transnationalen einstieg. Die Situation im gegenwärtigen Europa sei nicht transnational. Auch supranational und andere Begriffe könnten die Tatsache nicht eindeutig benennen, dass in Europa erstmals einzelne Staaten Teile ihrer Souveränität an ein größeres Gebilde abgegeben hätten. Der Autor dieses Sektionsberichtes wundert sich sehr, dass der Begriff föderal hier nicht fiel – zumal Langewiesche wenig später kritisierte, dass die föderative Hauptlinie der deutschen Geschichte im Handbuch zu kurz käme.

Langewiesche hat für den transnationalen Blick der Forschung zwei Varianten ausgemacht. Zum einen eine sogenannte »sektorale Transnationalität«, das heißt dass bekannte historische Zusammenhänge mit der transnationalen Perspektive neu erschlossen würden, wobei neue Erkenntnisse vielleicht geringer ausfallen könnten, als erwartet. Als Vertreterin nannte er Rebekka Habermas' Beitrag zur Religion. Smith bestätigte in der Diskussionsrunde, dass er diesen Ansatz für das Handbuch im Sinne habe und eben nicht transnationale Geschichte. Zum anderen sah Langewiesche eine Variante, in welcher Räume mit transnationaler Perspektive komplett neu erschlossen werden sollten (etwa der deutsche Raum). Mergel mache aber eher nationalgeschichtliche Linien als Erklärung stärker. Dieser erwiderte, dass es ihm eben nicht um die Geschichte der Transnationalität gehe, sondern dass er Transnationalität als Methode des Historikers sehe, auch um Nationalgeschichte zu schreiben.

Langewiesches konkrete Äußerungen und Kritiken zum Handbuch reduzierten sich weitestgehend auf fehlende thematische Felder. Neben der bereits erwähnten föderativen Hauptlinie bemängelte er auch das Fehlen von Revolutionen im Konzept sowie beide Weltkriege. Siegfried Weichlein ergänzte dies in der Diskussion um die thematische Integration von Selbstverständnissen in noch nicht geschlossenen Räumen. Gerade die Reichsgründung von 1871 wäre aus transnationaler Perspektive ein lohnendes Anschauungsbeispiel. Langewiesche bemerkte abschließend, dass bis dato keine umfassende transnational gefasste Nationalgeschichte vorliege.

Es bleibt abzuwarten, ob es dem *Oxford Handbook of Modern German History* gelingen wird, mit der internationalen Autorenschaft eine Synthese zur deutschen Geschichte zu erstellen und kein zerstückeltes Gesamtwerk, wie Volker

Sellin warnte. Ebenso gespannt darf man sein, ob die gesammelten Strategien einer transnationalen Methode, wie sie von den Autoren vertreten werden, dieser Synthese zuträglich sein werden. Gewiss und zur Erinnerung: das Werk heißt bewusst nicht *Oxford Handbook of Modern German Histories.*

Zeitgeschichtliche Forschungen über Fächergrenzen und die Grenzen des Fachs

Teilgebiete: NZ, WissG, ZG, GMT

Leitung
Rüdiger Graf (Bochum)
Kim Christian Priemel (Berlin)

Moderation
Willibald Steinmetz (Bielefeld)

Theorien der Politik in der Zeitgeschichte. Internationale Beziehungen und Energie in den 1970er Jahren
Rüdiger Graf (Bochum)

Empirische Sozialforschung als »Erkenntnisgegenstand« und »Quellenmaterial«
Benjamin Ziemann (Sheffield)

Medienwissenschaftliche Studien als Herausforderung der Zeitgeschichte
Christina von Hodenberg (London)

Strukturwandel. Transfergeschichte eines wirtschaftswissenschaftlichen Konzepts
Kim Christian Priemel (Berlin)

Kommentar
Andreas Wirsching (Augsburg)

HSK-Bericht
Von Felizitas Schaub (Humboldt-Universität zu Berlin)

Grenzziehungen zwischen Disziplinen sind nicht nur im Sinne einer Abgrenzung und Distanznahme zu verstehen. Denn Prozesse der Definition enthalten auch ein Moment der Selbstreflexion über die Besonderheit und Eigenheiten der Fächer und bergen Potential für eine disziplinäre Standortbestimmung. Die von Rüdiger Graf (Bochum) und Kim Christian Priemel (Berlin) organisierte Sektion »Zeitgeschichtliche Forschungen über Fächergrenzen und die Grenzen des

Fachs« nutzte das Thema »Über Grenzen« des Historikertags in Berlin, um das interdisziplinäre Feld auszuloten, auf dem sich die Zeitgeschichte bewegt, wobei das Verhältnis von Zeitgeschichte und den Sozialwissenschaften im Zentrum stand. Verflochten mit diesem Anspruch fokussierte die Sektion auf Fragen nach der Spezifik einer (zeit-)historischen Perspektive in fächerübergreifenden Forschungen und damit nach ihrer Rolle in einem konstruktiven Dialog der Disziplinen.

Auf die Notwendigkeit, über das spezifische Potential der Zeitgeschichte nachzudenken, wies Rüdiger Graf (Bochum) in seinem Eröffnungsvortrag vor allem für theoriegeleitete Forschungen hin. Die Tatsache, dass sich zeithistorische Studien häufig Theorien und Methoden bedienten, die aus den Sozialwissenschaften stammen, führe dazu, dass der Zeitraum, der Erkenntnisgegenstand der Zeithistoriker/-innen ist, und der Zeitraum, in dem diese theoretischen und methodischen Konzepte entstanden, kongruent seien. Die sich daraus ergebende Konstellation sei insofern problematisch, dass es Forschenden schwerer falle, die wirklichkeitskonstituierende Kraft dieser Theorien zu erkennen und sich von ihnen kritisch zu distanzieren, weil sie unsere Form der Weltaneignung bis heute prägen. An der Interdependenztheorie von Robert Keohane und Joseph Nye veranschaulichte Graf diese These. Die amerikanischen Politikwissenschaftler Keohane und Nye hatten in den frühen 1970er Jahren in einer Studie zur Transformation der internationalen Ölwirtschaft komplexe, globale Abhängigkeitsverhältnisse aufgezeigt und damit eine multipolare Welt und das Ende der US-amerikanischen Hegemonie propagiert. Unterschiedliche Publikationen neuesten Datums, auch aus der Geschichtswissenschaft, die die Thesen Keohanes und Nyes nahezu unverändert übernommen haben, belegen die scheinbar »seismographischen Fähigkeiten« ihrer Autoren und machen die Frage nach dem »spezifischen Mehrwert« einer zeithistorischen Analyse gegenüber zeitgenössischen politik- und sozialwissenschaftlichen Untersuchungen überdeutlich. Graf betont in diesem Zusammenhang die Wichtigkeit, nebst der klassischen historischen Verfahrensweisen der Historisierung und Kontextualisierung auch die Wirkung politischer Begriffe und Theorien auf unsere Wahrnehmung abzuschätzen, um nicht in ihren Paradigmen zu verbleiben. Außerdem müsse der Blick dafür geschärft werden, ob und weshalb bestimmte Darstellungen besondere Überzeugungskraft erlangten. Dazu sei es unerlässlich, sich der Vielfalt der zeitgenössischen Theoriebildung in ihrer jeweiligen politischen Verortung bewusst zu sein. Daraus folgert Graf die Forderung einer konsequenten Behandlung politik- und sozialwissenschaftlicher Gegenwartsdiagnosen als Quellen in ihrem Diskurskontext und nicht als zeitgenössische Darstellungen, um eine eigene disziplinäre Identität der Zeitgeschichte zu formen. Indem die Zeitgeschichte auch Theorien aus anderen Sozialwissenschaften in ihre Forschungen miteinbeziehe, könne sie außerdem »verschiedene Weisen der Welterzeugung miteinander korrelieren und ihre wirklichkeitskonstituierende Funktion sichtbar machen.« Unter diesen Prämissen wären für Zeithistoriker/-innen Voraussetzungen geschaffen, um über eine einfache empirische Ausmalung der Theorieerwartungen hinauszugehen.

Benjamin Ziemann (Sheffield) nahm in seinem Vortrag die Ambivalenz auf, die der empirischen Sozialforschung als »Erkenntnisgegenstand« und »Quellenmaterial« zeithistorischer Untersuchungen anhaftet. Anhand der Datenreihen von Sozialforschungen zum deutschen Katholizismus, die seit 1915 von der »Zentralstelle für kirchliche Statistik« erhoben wurden und in aktuelle Forschungen immer noch Eingang finden, sowie anhand von Konzepten der »Pfarrei- und Pastoralsoziologie« der 1960er Jahre wies Ziemann auf die chancenreiche, aber auch problematische Verschränkung zeitgenössischer empirischer Sozialforschung und zeithistorischer Forschung hin. Dabei sei nicht nur mit den erhobenen Daten ein kritischer Umgang angezeigt. Vielmehr gelte dies auch für »breiter angelegte soziologische Veröffentlichungen mit einigem sozialtheoretischen Anspruch«, die auf diesen empirischen Daten basieren. Dass diese Darstellungen in einem wissenschaftlich kontrollierten Rahmen entstanden sind, dürfe nicht dazu verführen, vorbehaltlos auf sie zurückzugreifen. »Darstellungen«, die sozialwissenschaftliche Datenreihen zur Grundlage haben, sowie die Daten selbst, bezeichnete Ziemann dabei als »forschungsproduzierte Quellen« (in Abgrenzung zu »prozessproduzierten Quellen«, die sich aus der alltäglichen Arbeit von Institutionen ergeben). Mit der Bezeichnung dieser Darstellungen als Quellen distanziert sich Ziemann von der These Lutz Raphaels und Anselm Doering-Manteuffels,[1] sozialwissenschaftliche Diagnosen seien für den Zeithistoriker gleichzeitig Quellen und Darstellung, die »Sozialdaten und Fakten« lieferten. Das Potential soziologischer Forschungen für die Zeitgeschichte sieht Ziemann vielmehr in ihrer Eigenschaft als Selbstbeschreibungen der modernen Gesellschaft. So handle es sich nicht um ein »soziales Faktum«, wenn »die Kirchensoziographie männliche Arbeiter als defiziente Sozialgruppe im Sinne des Kirchenbesuchs« identifizierte. Eher sei darin das Resultat eines unter Soziologen und Theologen verfestigten pastoralen Blicks zu erkennen, der eine »Anpassung der Kirche an die Realität einer als ›Industriegesellschaft‹ beschriebenen Umwelt forderte.« Eine konsequente Historisierung soziologischer Forschungen bedeute, nach dem Wandel der Semantiken zu fragen, mit denen Gesellschaften sich selbst beschreiben. Gleichzeitig würden mit dieser Herangehensweise die notwendigen Grenzziehungen zwischen Sozialwissenschaft und zeithistorischer Forschung aufrechterhalten.

Für eine Annäherung im Sinne einer verstärkten gegenseitigen Wahrnehmung von Medienwissenschaften und der Zeitgeschichte appellierte Christina von Hodenberg (London). Gründe für die verhaltene Beziehung zwischen den beiden Fächern sieht von Hodenberg in den divergierenden Erkenntnisinteressen der beiden Disziplinen. So würden medienwissenschaftliche Forschungen vor allem auf die Eigenart bestimmter Medien und ihren Einfluss auf kulturelle Systeme fokussieren. Historiker/-innen betrachteten Medien hingegen häufig auf ihre Rolle in gesellschaftlichen Wandlungsprozessen hin, wobei sie zu einem bloßen »Funktionselement« neben anderen degradiert würden. Eine echte Konsonanz der Begriffe stellte von Hodenberg nur in wenigen Bereichen fest, wobei die Forschungen zu Medialisierungsprozessen eine Ausnahme bildeten. Auch in ihrer Methodik würden die Disziplinen von großen Unterschieden getrennt: Während medienwissenschaftliche Studien auf Generalisierbarkeit und Empirie ausgerichtet seien, plädierten Zeithistoriker/-innen für eine Mediennutzung als individuellen, aktiven Aneignungsprozess, der empirisch kaum rekonstruierbar sei. Welchen Wert medienwissenschaftliche Studien als Quellen und/oder Darstellung für

die Zeitgeschichte jedoch haben könnten, illustrierte von Hodenberg anhand ihres eigenen Forschungsprojektes, in dem sie untersucht, ob Fernseh-Unterhaltungsserien aus den 1960er und 1970er Jahren den sozialen Wandel beschleunigt oder qualitativ beeinflusst haben. Die Auseinandersetzung mit dem umfangreichen Material der zeitgenössischen medienwissenschaftlichen Untersuchungen zur Wirkung dieser Serien auf verschiedene Publikumsgruppen bestätigten, dass Zeithistoriker kritisch mit den Fragestellungen und Interpretationen dieser Forschungen umgehen müssten. Der Entstehungskontext der Studien müsse historisiert, die Durchsetzung bestimmter Deutungen hinterfragt werden. Im Gegensatz zu Benjamin Ziemann betrachtete von Hodenberg diese Untersuchungen aus den Medienwissenschaften nicht nur als Selbstbeschreibung. Vielmehr zeigte sie sich davon überzeugt, dass es eine »soziale Welt jenseits der Selbstbeschreibungen« gebe, die in den empirischen Datenreihen durchscheine. Obwohl diese Daten keine klaren Konturen lieferten, sei es Zeithistoriker/-innen doch möglich, sie gegen den Strich zu lesen und damit Erkenntnisse zu gewinnen, die nicht dem eigentlichen Erkenntnisgegenstand der Studien entsprechen müssten. Der spezifische Mehrwert zeithistorischer Untersuchungen gegenüber Medienforschungen liege dann in der Ergänzung der verwendeten Methoden und Theorien durch historische Zugänge, die sich durch die Deutung medialer Phänomene im Rahmen (und zur Überprüfung) zeithistorischer Leitthesen auszeichne. Ihr Potential und ihre Spezifik würden aber vor allem in den Zugängen deutlich, die aus akteurszentrierten, diachronen und vergleichenden Perspektiven erfolgen können.
Wie ein historisierender Umgang mit Theorien aus anderen Disziplinen aussehen könnte, der diese als Quelle und nicht als Darstellung versteht, illustrierte Kim Christian Priemel (Berlin) an einem Beispiel aus den Wirtschaftswissenschaften. Das Modell des Strukturwandels als sektoraler Wandel sei seit den 1980er Jahren als Deutungsmuster in der Geschichtswissenschaft etabliert. Der begriffs- und ideengeschichtliche Hintergrund dieser Konzeptionen werde dabei von den Zeithistoriker/-innen meistens nicht zur Kenntnis genommen. Priemel wies in einem Einblick in die komplexe Geschichte der Genese und Transferprozesse des Konzepts darauf hin, dass die Verwendung des Begriffs »Strukturwandel« bereits für das 19. Jahrhundert festgestellt werden könne. Die Drei-Sektoren-Theorie, die Berufsverhältnisse schematisch in die drei Sektoren Agrarwirtschaft, Industrie und Dienstleistungen einteilt, werde zumeist den Ökonomen Allan Fisher (NZ), Colin Clark (UK/Aus) und dem Sozialwissenschaftler Jean Fourastié (F) zugeschrieben und frühestens auf das Jahr 1935 datiert. Ihre Ursprünge reichten jedoch deutlich weiter zurück, wobei Priemel den amerikanischen Statistiker A. Ross Eckler heraushob, der 1929 in seiner Studie zur Berufsstruktur der USA zwischen 1850 und 1920 die Kategorien der »agriculture« und »manufacturing« um die des »rendering of services« ergänzt hatte. Das Verhältnis der drei Sektoren zueinander wurde dabei als Gradmesser der gesellschaftlichen Entwicklung im Sinne einer Technologisierung der Güterproduktion gelesen, die mit einem wachsenden Anteil der Berufstätigen im Bereich der Dienstleistungen korreliere. Diese modernisierungstheoretischen Annahmen seien auch späteren Schematisierungen von Volkswirtschaften inhärent, die zwar in der theoretischen Herleitung jeweils unterschiedlich seien, die

aber meistens auf das Drei-Sektoren-Modell rekurrierten. Die breite Verwendung des Modells solle dabei nicht darüber hinwegtäuschen, dass es innerhalb der wirtschaftswissenschaftlichen Disziplin kontrovers diskutiert wurde. Umbau- und Alternativvorschläge zur Drei-Sektoren-Theorie würden außerhalb des wirtschaftswissenschaftlichen Fachs in der Regel jedoch kaum wahrgenommen. In der Zeitgeschichte sei es zumeist die soziologische Adaption des Strukturwandels als sektoraler Wandel, der Eingang in die Forschungen finde. Da nicht konsequent historisierend an diese Konzeptionen herangegangen werde, würde der »Strukturwandel« als »Blackbox« verwendet, anstatt in einer Untersuchung von Berufen und Tätigkeiten, von Produktionsweisen und Produkten, von Technologien und Konsummustern etc. der Frage nachzugehen, welche Strukturen sich wandelten und wie dieser Wandel jeweils strukturiert sei. Eine solche Forschungsleistung setzte die Distanzierung von sozialwissenschaftlichen Analysen voraus, um ihre wirklichkeitskonstituierende Wirkung zu erkennen. Hier, und nicht so sehr in der von Hans Rothfels propagierten mangelnden emotionalen Distanz, liege die Herausforderung für Zeithistoriker/-innen, der durch eine dichte und präzise Aufschlüsselung von zeitgenössischen Entstehungsbedingungen, Denk- und Diskussionszusammenhängen begegnet werden könne.
Als Plädoyer für eine »umfassende und erneuerte Zeitgeschichte« und eine »erneuerte Quellenkritik« fasste Andreas Wirsching (Augsburg), der kurzfristig für Mary Fulbrook (London) eingesprungen war, die Vorträge der Sektion in seinem Kommentar zusammen. Die Referate hätten sich alle auf eine konstruktive Art und Weise mit der Frage befasst, wie Zeithistoriker/-innen besser einen distanzierten Blick realisieren können, um eine unkritische Übernahme von Theorien, Begriffen, Modellen und empirischen Daten aus den Nachbardisziplinen zu vermeiden. Dass sowohl ihre Historisierung als auch Kontextualisierung dazu von größter Bedeutung sei, hätten alle Referate deutlich gemacht. Was das konkret für die Arbeit in der Zeitgeschichte bedeute, dazu hatte Wirsching den Vorträgen drei Antworten entnommen. Zum einen sei es die Chronologie von Ereignissen, sozialen Konstellationen, Ideengebäuden usw., die reflektiert werden müsse, die aber gleichzeitig zum »Mehrwert« der Historiker/-innen beitrage. Durch die Chronologie würde eine diachrone Lesart der unterschiedlichsten Phänomene möglich. Zum anderen betonte Wirsching das Potential, das einer akteurszentrierten Perspektive der Zeitgeschichte inhärent sei. Sie würde dazu führen, »Blackbox«-Begriffe der Sozialwissenschaften, wie zum Beispiel »Individualisierung«, zu hinterfragen. Außerdem ermögliche die Offenheit der Geschichte, überlieferte Narrative zu stören und etablierte Deutungen von Wirklichkeit zu dekonstruieren. Mit dem kritischen Einwand, ob eine Geschichtsschreibung unter diesen Prämissen nicht dem reinen Individualitätsprinzip entspreche und sich auf ein letztlich überholtes Prinzip des bloßen Verstehens zurückziehe, leitete Wirsching zu der Frage über, ob die Zeitgeschichte denn grundsätzlich theoriefähig sei.
Dieser Einwand spricht einen wichtigen Punkt an, der in der Sektion, die durch eine hohe Kohärenz, gleichzeitig aber auch durch eine große Vielfalt der Themen beeindruckte, bis zu diesem Moment ein Desiderat geblieben war. Die Frage nämlich, inwieweit die Geschichtswissenschaft und hier explizit die Zeitgeschichte

nicht nur mit Theorien aus anderen Disziplinen in der diskutierten Weise arbeiten sollte, sondern auch selbst zur Weiterentwicklung dieser theoretischen Konzeptionen oder zur Bildung neuer Theorien beitragen kann. In der Diskussion sprachen sich die Referierenden für einen aktiven Beitrag der Geschichtswissenschaft in der Theoriebildung aus, indem Ergebnisse aus der eigenen Forschung in den Prozess der Theorieformulierung eingeflochten werden sollten, um diesen in einem konstruktiven Dialog der Disziplinen mitzugestalten. Nur auf diese Weise könne ein reziprokes Verhältnis zwischen den Fächern entstehen. Die Voraussetzung dafür sei die Rezeption möglichst vieler verschiedener Theorien aus den unterschiedlichen Disziplinen. Eine solche Praxis würde sich von der Tendenz in der Geschichtswissenschaft unterscheiden, bereits die Fragestellungen aus der Theorie abzuleiten. Ein weiterer Punkt, der in den Vorträgen nicht angesprochen wurde, war die Reflexion über die Standortgebundenheit der forschenden Person. Die Vorträge hatten darauf rekurriert, dass das spezifische Problem der zeithistorischen Forschungen die epistemologische Nähe zu den Kategorien der Sozialwissenschaften sei. Auch wenn darauf hingewiesen worden war, dass durch die vorgestellten Möglichkeiten der Historisierung sozialwissenschaftlicher Theoreme nicht Objektivität, sondern immer nur neue Partikularität entstehe, konnte der Eindruck nicht ganz vermieden werden, dass Forschungszugänge aus anderen Bereichen der Geschichte höhere Chancen für einen objektiven Blick böten. Wird aber der Subjektivierung der Herangehensweise Rechnung getragen, die bereits bei der Wahl des Erkenntnisgegenstandes beginnt und gezwungenermaßen jede Forschung prägt, kann das Problem, wie ein Verfremdungseffekt[2] erzielt werden kann, auf die gesamte Geschichtswissenschaft übertragen werden und verliert die Spezifik für die Zeitgeschichte. Ebenfalls im Zusammenhang mit der Selbstverortung der Forschenden stand die Frage, inwiefern das gesellschaftliche Bedürfnis nach historischer Deutung für ihre Arbeit eine Rolle spiele und wie sich dieses mit der hier propagierten Praxis für Zeithistoriker/-innen vereinbaren ließe. Nicht zuletzt klang damit an, ob die Diskussion der Sektion als eine spezifisch deutsche einzuordnen sei — hier wäre eine Einschätzung Mary Fulbrooks besonders wertvoll gewesen. Wenn auch die Fragen nach dem Verlauf der Grenzen innerhalb des Fachs nicht ganz geklärt werden konnten, hat die Sektion zu ihrem primären Anspruch, die Möglichkeiten der Zeitgeschichte in Bezug, aber auch in einer reflektierten Abgrenzung zu den Sozialwissenschaften aufzuzeigen, einen anregenden und konstruktiven Beitrag geleistet.

Anmerkungen

1 Doering-Manteuffel, Anselm; Raphael, Lutz: Nach dem Boom. Perspektiven auf die Zeitgeschichte seit 1970. Göttingen 2008.

2 Zum Prozess der Verfremdung sei an dieser Stelle auf die Soziologen Klaus Amann und Stefan Hirschauer verwiesen, die sich programmatisch mit der »distanzierenden Befremdung des Allzuvertrauten« auseinandersetzen. Vgl. Amann, Klaus; Hirschauer, Stefan: Die Befremdung der eigenen Kultur. Ein Programm, in: dies. (Hrsg.): Die Befremdung der eigenen Kultur. Zur ethnographischen Herausforderung soziologischer Empirie. Frankfurt am Main 1997, S. 7–52.

Die Zentralität der Peripherie

Teilgebiete: NZ, OEG, AEG

Leitung
Charlotte Lerg (München)

Moderation
Michael Hochgeschwender (München)

Polish Periphery? The Case of the Carpathian Mountains
Patrice M. Dabrowski (Amherst)

Die Peripherie zwischen den Zentren: Tucson und Arizonas Süden
Torsten Kathke (München)

Euclides da Cunhas »Krieg im Sertão« und die Entdeckung der Peripherie in Brasilien
Ursula Prutsch (München)

Die Peripherie im Zentrum des Kampfes. Die Erfahrung der »Sprachgrenze« im deutschösterreichischen und reichsdeutschen Nationalismus
Julia Schmid (Tübingen)

Zusammenfassung

Zentrum und Peripherie evozieren nicht nur klare Räumlichkeiten, sondern gleichzeitig eine inhärente soziale und politische Dynamik. Ihre Gegenüberstellung beschreibt eine geographische sowie eine soziostrukturelle Hierarchie.[1] Das leuchtet auch für die Geschichtsschreibung ein, wenn man bedenkt, dass nationale Narrative lange Zeit von der Mehrheitsgesellschaft und vom Zentrum her erzählt wurden. Die besonderen Gegebenheiten von Grenzregionen rücken jedoch zunehmend in das Interesse von historischen Studien zu der Lebenswelt im Grenzraum, der *frontière* oder den *borderlands*. Die Untersuchungen, die sich speziell auf die Peripherie als Erfahrungsraum – als reflektierte Erlebniswelt – konzentrieren, verstehen den Grenzraum nicht mehr ausschließlich als von der Mitte her definiert, sondern untersuchen das Selbstverständnis der Akteure vor Ort. Das Zentrum, politisch, wirtschaftlich oder kulturell definiert, bleibt jedoch der ordnende Referenzpunkt. Terminologien wie »Konstruktion ‚von oben‹ und ‚von unten‹«[2] weisen darauf hin, dass die Hierarchisierung von Zentrum und Peripherie immer vorausgesetzt wird.
In den Diskursen um Nation, Einheit und Identität während des 19. Jahrhunderts und darüber hinaus, wurde realen und wahrgenommenen Grenzen stets hohe Bedeutung beigemessen. Diese Entwicklung ist, wie Benedict Anderson bemerkt, eng mit dem Aufkommen territorialer Nationen verbunden, die –

anders als in »wirklichen Monarchien« – nicht mehr alleine »durch Zentren definiert wurden«, sondern in denen die Souveränität »gleichmäßig über jeden Quadratmeter eines legal abgegrenzten Territoriums« verteilt sein sollte. Damit erhielten die Grenzgebiete, die zuvor kaum klar festgelegt waren, neue Relevanz.[3] Letztlich gibt es ohne Peripherie kein Zentrum, so dass sich die Frage stellt, ob nicht das Selbstverständnis der ganzen Nation, oder doch zumindest einzelner Strömungen, von der Peripherie her gedacht werden kann – oder muss.
Die unterschiedlichen geographischen Ausrichtungen der Vorträge (Polen, Deutsch-land/Österreich und die Amerikas), sowie die Schwerpunktsetzung auf Räumlichkeit, Sprache und Organisation ermöglichten differenzierte Perspektiven auf die Fragestellung der Sektion. Die zeitliche Konzentration auf das 19. Jahrhundert, das als formative Phase der Nationalstaaten gilt, lag in diesem Kontext nahe. Alle Referenten beleuchteten das Spannungsverhältnis zwischen Zentrum und Peripherie auf innovative Weise und loteten so die Bedeutung der Peripherie für das Selbstverständnis von Zentrum und Hinterland neu aus. Gleichzeitig galt die Aufmerksamkeit der Überlegung, ob und wie sich die vom Zentrum auf den Grenzraum projizierte Funktion dort selbst manifestiert, ob sie akzeptiert oder bestritten wird und welche Auswirkungen sie auf das Selbstverständnis der (Grenz-)regionen innerhalb des nationalen Gefüges hat. Die Zentralität der Peripherie für die (konstruierte) Nation wurde anhand der unterschiedlichen Fallstudien deutlich. Mit Hilfe des transnationalen und Ansatzes der *Boarderland Studies* wurde so die klassische Hierarchie von Zentrum und Peripherie zur Diskussion gestellt.

Vorträge

Polish Periphery? The Case of the Carpathian Mountains
Patrice M. Dabrowski (Amherst)

Den Karpaten, einer Region, die schon sprichwörtlich in der äußersten Peripherie liegt, widmete sich Patrice M. Dabrowski in ihrem Vortrag: »Polish Periphery?«. Sie untersuchte, wie in einer Zeit, als ein polnischer Staat faktisch nicht existierte, dieses Bergmassiv zu einer Projektionsfläche des polnischen Nationalbewusstseins wurde, die seither fest im Selbstverständnis der Polen verankert ist. Besonders prägend in diesem Prozess waren die Spannungen, die sich daraus ergeben, dass geologisch, natürlich zusammenhängende Regionen nur selten mit nationalen Grenzen übereinstimmen, und somit immer auch ein transnationaler Raum sind, der von verschiedenen Gruppen mit Bedeutungen besetzt wird.

Die Peripherie zwischen den Zentren: Tucson und Arizonas Süden
Torsten Kathke (München)

Die zentrale Bedeutung der Peripherie als Siedlungsgrenze prägte das nationale Selbstverständnis der USA seit der Kolonialzeit und gipfelte in der *frontier*-These

Frederick Jackson Turners 1893. Torsten Kathke zeigte in seinem Vortrag zu Arizona, wie in der siedlungsgeschichtlichen Realität aus diesem Mythos der konsekutiven Ausdehnung stattdessen eine Bewegung von außen nach innen wurde. Aus einer Peripherie in der geographischen Mitte des Landes ergeben sich Verwerfungen im Selbstverständnis der lokalen Bevölkerung. Für die Region Arizonas, zwischen den Zentren der Ost- und der Westküste mit einer traditionellen Bindung an Mexiko, stellte Kathke die vielschichtigen Ausprägungsmöglichkeiten von Identität heraus.

Euclides da Cunhas »Krieg im Sertão« und die Entdeckung der Peripherie in Brasilien

Ursula Prutsch (München)

Ursula Prutsch untersuchte die Bedeutung von Euclides da Cunhas Klassiker »Der Krieg im Sertão« (1904) für die Wahrnehmung einer bislang negierten Peripherie durch das intellektuelle Zentrum Rio, die zudem als Repräsentationsraum für die neu gegründete Republik Brasilien okkupiert und dominiert wurde.

Die Peripherie im Zentrum des Kampfes. Die Erfahrung der »Sprachgrenze« im deutschösterreichischen und reichsdeutschen Nationalismus

Julia Schmid (Tübingen)

Traditionell gilt die Peripherie aus Sicht des Zentrums und des Hinterlandes auch als Schutz und *Puffer* gegen das, was man auf der anderen Seite der Grenze vermutet, sei es die »Wildnis« oder eine – möglicherweise feindliche – andere Nation. Julia Schmid beschäftigte sich in ihrem Vortrag mit der Konzeptualisierung von Sprach- und Volksgrenzen im multiethnischen Habsburgerreich. Im Kontext zunehmender Nationalisierung erhielten sprachliche und ethnische Grenz- und Mischregionen besondere Bedeutung und die Vorstellung von Kampf und Verteidigung wurde besonders intensiv propagiert. In ihrer Studie zum Selbstverständnis deutschösterreichischer und reichsdeutscher Nationalisten um 1900 zeigte Schmid, wie dominante Gruppen im Innern – zur Stärkung einer nationalen Einheit und Identität – eine Vorstellung vom »Kampf an der Sprachgrenze« auf die Peripherie projizierten, die der Erfahrungswelt der Grenzbewohner selbst oft grundlegend widersprach.

Anmerkungen

1 Daniels, Christine; Kennedy, Michael V. (Hrsg.): Negotiated Empires: Centers and Peripheries in the Americas, 1500–1820. New York 2002.

2 François, Etienne u. a. (Hrsg.): Die Grenze als Raum, Erfahrung und Konstruktion. Deutschland, Frankreich und Polen vom 17. bis 20. Jahrhundert. Frankfurt am Main 2007.

3 Anderson, Benedict: Die Erfindung der Nation. Zur Karriere eines erfolgreichen Konzepts. Frankfurt am Main 1988.

Epochenübergreifende Sektion

Boundaries and Crossing Boundaries in Islamic Culinary Culture

Teilgebiete: EÜ, RG, KulG, MedG

Leitung
Peter Heine (Berlin)
Thomas Krüppner (Berlin)

Opening Remarks
Peter Heine (Berlin)

»Identity and Alterity«

Migration und kulinarischer Wandel
Peter Heine (Berlin)

Halal Production in China. An Anthropological Study of Food
Madlen Mählis (Hong Kong)

Taboos as Community Boundaries
Riem Spielhaus (Kopenhagen)

»Symbolism«

Ringer von Gewicht. Körperbilder und transkulturelle Ernährungsmuster
Birgit Krawietz (Berlin)

Ibn Battuta on the Hospitality of Sufis and Sultans
David Waines (Lancaster)

Alcohol in Social and Symbolic Boundaries
Sami Zubaida (London)

»Religion, Fiction and Reality«

Food, Religion and Medicine: Black Seed
Remke Kruk (Leiden)

Hell's Kitchen: Foodstuff as Drug Magic in the Arabic Popular Epic
Hinrich Biesterfeldt (Bochum)

The Concept Food in Life and Afterlife
Thomas Krüppner (Berlin)

Zusammenfassung

»Dis-moi ce que tu manges,
je te dirai ce que tu es.«
(Anthelme Brillat-Savarin, 1825)

Food culture is a determinate part of identities. To analyse policies of nourishment can help us to describe state and development processes of and between individuals, groups and societies in past and present. The panel discussed on the one hand normative religious imperatives and prohibitions, and on the other hand boundaries and the crossing of boundaries. Besides religious boundaries, also political, social, ethnic, symbolic and fictional boundaries as well as their transgression played a paramount role in our considerations. Apart from the traditional Arabic area, we also looked at countries with Muslim minorities and transcultural phenomena.

Eating and drinking is a basic human need indispensable for man's existence. Hunting and gathering food or food cultivation is one of the most important tasks in the history of mankind. From a contemporary viewpoint, sufficient food supply for a population is both a national and international challenge in politics. Nourishment has a physical material side and a socio-cultural side: between the need (hunger and appetite) and its satisfaction (eating and drinking), man has set up an elaborate system of cuisine. Cultures and religions structure days, weeks, months and years according to culinary laws.

As a cultural phenomenon, eating and drinking constitute a construct in which discourses and policies of cultural inheritance reach far into daily practices. Religions especially display different food imperatives to varying degrees and meaning. Religions not only deal with the questions of what is allowed to be eaten and how food has to be prepared, but they also treat issues on the presentation/offering and the absorption of food. While there exist explicit food prohibitions and taboos as well as laws on how to slaughter animals in Islam and Judaism, in Christianity, for instance, aspects of Lent and moderation are especially highlighted.

Patterns of nourishment, i.e. what we eat, how we eat and with whom we eat, are a determinate part of identities both on an individual and a community level. Eating as a daily practice and food as a daily absorbed substance connect and separate individuals, families and communities, and therefore constitute a powerful factor in the construction of identities. We become what we eat – physically, emotionally and spiritually. Culinary studies as a discipline of cultural studies aims at exploring cultural identities and alterities.

There are different criteria that can serve to describe the culinary situation of an individual, a group or a society, including its norms as well as the violation of norms in the past and present. These criteria comprise how people learn to use their natural resources, to appreciate or to avoid them, how they developed a unique culture of cooking and nourishment and how they view the relation between food and the art of cooking. Culinary studies describe food as defining element of a culture. Outlining the contexts in which those practices and policies of nourishment are performed can contribute to understanding and tolerating the rich diversity of nourishment patterns of »others« in the world. In this way, prejudices and the fear towards the »other« can be dismantled, which adds to »cultural diplomacy«.

Vorträge

Migration und kulinarischer Wandel
Peter Heine (Berlin)

Food has always been a boundary between different cultures. On the other hand without exchange of ingredients and recipes between cultures culinary culture would have been without any development. »Gastarbeiter« from the Mediterranean brought some food products like Döner Kebap, but also the use of vegetables into German culinary practice. Vegetables like aubergines, fennel or zucchini are now part of German cuisine as many German cookbooks indicate.

Halal Production in China. An Anthropological Study of Food
Madlen Mählis (Hong Kong)

Islamic food proscriptions and taboos persist. In the context of the People's Republic of China, they are rather reinterpreted as being a cultural feature than merely religious practice. Islamic food practice marks a social force with strong impacts on the current political economy and its production is getting more and more connected to the idea of progress and modernisation.

Taboos as Community Boundaries
Riem Spielhaus (Kopenhagen)

The street-feast »Saucisson et pinard« organized in summer 2010 by the »block identitaire« in Paris and a dialogue-meal by a government official of Berlin for Muslim representatives at the evening of St. Martin's day are examples for invitations to or exclusions from shared meals. Meals and food taboos are used to express and maintain group identity and social differentiation.

Ibn Battuta on the Hospitality of Sufis and Sultans
David Waines (Lancaster)

The Moroccan globetrotter, Ibn Battuta left the longest and most detailed account of his experiences (known simply as al-Rihla) of any medieval travel narrative. One of the objects of his boundless curiosity was food in a general sense and its role in hospitality in particular. In Anatolia where he was welcomed by the popular Sufi orders and the Sultans or local Muslim rulers this latter form of hospitality proved an important means of funding more comfortable travel arrangements for Ibn Battuta and his party. It also is an important first-hand account of the very beginnings of the Ottoman dynasty.

Food, Religion and Medicine: Black Seed
Remke Kruk (Leiden)

Interest in herbal lore is widespread in the Arab world. Books on herbal lore, often directly connected to the medieval tradition, are available in even the smallest bookshops in the Arab world. In these books, interest in the medical properties of plants alternates with culinary applications. The discussion about the useful properties of plants is sometimes embedded in a religious context. All this is particularly clear in the case of »black seed«, habba sawda' (Nigella sativa). Attention for this particular herb has boomed in recent years. Some modern Arabic treatises on this herb as well as material from the Internet were discussed.

Hell's Kitchen: Foodstuff as Drug Magic in the Arabic Popular Epic
Hinrich Biesterfeldt (Bochum)

Indian and Greek medical and magical literatures contain rich material on the composition and use of poisons and of magically doctored food (and drink). That material found its way into scholarly and popular Arabic literature in the 8th to 10th centuries. This paper analysed some instances of foodstuff used as drug magic, found in the large corpora of Arabic popular romance (Sīrat 'Antar etc), and tried to classify them and to interpret their magical and narrative functions.

The Concept Food in Life and Afterlife
Thomas Krüppner (Berlin)

The Muslim paradise descriptions are unique among the monotheistic religions and food is playing therein a paramount role. The presentation analysed how the comprehensive engagement with wine and food is reflected through the question of nourishment and prohibition in earthly life at the time of the prophet Muhammad. Furthermore it was not only shown how these descriptions are set in a fantastic frame, but also that they simultaneously need to be plausible for Muslims believers.

Die Entstehung des modernen Unternehmens: Aufkommen, Form und Grenzen der Institutionalisierung und Diffusion in Europa 1400–1900

Teilgebiete: EÜ, WG

Leitung
Ralf Banken (Frankfurt am Main)

Handelsgesellschaften und Gewerbeunternehmungen im Spätmittelalter
Michael Rothmann (Gießen)

Unternehmen vor dem Unternehmen? Wirtschaftliche Organisationsformen im frühneuzeitlichen Europa und ihre Nachwirkungen in die industrielle Moderne
Alexander Engel (Göttingen)

Kaufleute – Verleger – Unternehmer. Ökonomische Akteure und Betriebsformen im 18. und frühen 19. Jahrhundert
Stefan Gorißen (Bielefeld)

Handlung, Firma, Unternehmen. Zur Institutionalisierung der modernen Unternehmung im 19. Jahrhundert
Ralf Banken (Frankfurt am Main)

»Nur durch das Aktiensystem läßt sich die englische Industrie auf deutschen Boden verpflanzen«? Industrialisierung und Unternehmensformen im frühen 19. Jahrhundert
Alfred Reckendrees (Kopenhagen)

Kommentar
Clemens Wischermann (Konstanz)

Diese Sektion wird im HSK-Querschnittsbericht »Wirtschaftsgeschichte« von Mathias Mutz behandelt.

Grenzen der Sicherheit, Grenzen der (Spät-)Moderne?

Teilgebiete: EÜ, MG, SozG, GG, FNZ, NZ

Leitung
Cornel Zwierlein (Bochum)

»Human security« und »fragile Staatlichkeit« im Frühmittelalter: Zur Fragwürdigkeit der Epochengrenze zwischen Vormoderne und Moderne
Steffen Patzold (Tübingen)

Sicherheit als Privileg. Möglichkeiten und Grenzen der Sicherheitspolitik zwischen Mittelalter und Früher Neuzeit
Stefanie Rüther (Münster)

Naturkatastrophen um die Jahre 1300, 1700 und 2000: Sind Grenzen der Versicherbarkeit auch Epochengrenzen?
Cornel Zwierlein (Bochum)

Staatliche Sicherheit und staatliches Gewaltmonopol im 19. und 20. Jahrhundert – Erstrebenswerte Norm oder historische Ausnahmeerscheinung?
Stig Förster (Bern)

Securitization: Gegenwartsdiagnose oder Prozess der *longue durée*?
Eckart Conze (Marburg)

Kommentar
Christopher Daase (Frankfurt am Main)

HSK-Bericht
Von Christoph Wehner (Ruhr-Universität Bochum)

Die transepochal angelegte Sektion »Grenzen der Sicherheit – Grenzen der (Spät-)Moderne?« unter Leitung von Cornel Zwierlein (Bochum) widmete sich dem Verhältnis von Sicherheitsregimen, Zeit- und Epochenvorstellungen vom Mittelalter über die Frühe Neuzeit bis hin zur Zeitgeschichte. Sie zielte in dieser Konstellation auf eine Zusammenführung disparater Forschungsdiskussionen um den Begriff der *Sicherheit*, der in den letzten Jahren zunehmend zu einer Leitkategorie der historischen Forschung avancierte und in diesem Zuge eine starke Erweiterung erfahren hat.
Wie Cornel Zwierlein (Bochum) in seiner Einführung betonte, finde die disziplinäre Entgrenzung des Sicherheitsbegriffs ihre Entsprechung in dem freilich latent normativ-ideologischen Konzept der *human security*, das seit den 1990er Jahren in der internationalen Politik und seit 1994 auf UN-Ebene die *state security* des klassischen Westfälischen Systems ersetzen oder sich zumindest komplementär zu ihr verhalten solle. Unter dem Namen der *human security* würden daher heute die unterschiedlichsten Gefahren, von Naturkatastrophen, Gewalt und Kriminalität, Hunger und Nahrungs-Unsicherheit bis hin zu sicherer Verkehrspolitik auf einer Ebene verhandelt; den Bezugsrahmen bilde dabei primär die Sicherheits-Bedürfnisstruktur des Individuums, nicht mehr der Staat. Damit verflochten ist auch die Rede von der Wiederaufnahme vor- oder frühmoderner Vorstellungen von *Sicherheit* im entgrenzten Konzept der *human security*. Im Zentrum der Sektion müsse daher die Frage nach den Folgen stehen, die die massiven Verschiebungen der Zuständigkeits- und Aufgaben-Grenzen von *Sicherheit* in der internationalen Politik der jüngsten Zeit für die Konzeption von Epochengrenzen hat. Zum Verhältnis von Sicherheits- und Epochengrenzen stellte Zwierlein weiter

erste Überlegungen an: Insbesondere diskutierte er, ob die Frage nach Epochenmerkmalen und -unterschieden überhaupt noch sinnvoll sei und nicht doch zwangsläufig in eine tautologische Reifizierung einschlägiger Schemata münde, wie es insbesondere postkoloniale Theorie, historische Anthropologie und neohermeneutische Ansätze kritisierten. Im Ergebnis hielt Zwierlein die Suche nach Unterscheidungsmerkmalen jedoch heuristisch für hilfreich, ginge ohne sie doch eine diachrone Tiefendimension der Geschichte verloren.

Die Frage nach der historiographischen Konstruktion von Epochengrenzen stand auch im Zentrum des Vortrags von Steffen Patzold (Tübingen). Patzold skizzierte zunächst die bereits seit dem 19. Jahrhundert präsente und unter Mediävisten nach wie vor andauernde Debatte, inwieweit sich Elemente des modernen Staats bereits im Mittelalter zeigten. Er begriff den *modernen Staat* dabei als potente Konstruktion des 19. Jahrhunderts, die die übliche Unterscheidung von *vormodern* und *modern* geprägt habe, und nahm die aktuelle Diskussion um *failing states* zum Anlass, neu über dieses Verhältnis nachzudenken. Das mit der fragilen Staatlichkeit eng verbundene Konzept der *human security* hielt Patzold aufgrund seiner normativ-deskriptiven Implikationen allerdings für zu unscharf, um es als heuristisches Element für eine historische Analyse nutzen zu können. Dennoch berge die Debatte um den Wandel von Sicherheit und Staatlichkeit Potentiale, insbesondere für die mediävistische Forschung. Sie eröffne die Chance, die überkommene Dichotomie einer nicht-staatlichen Vormoderne und einer staatlichen Moderne als Interpretationsraster zu überwinden und politische Systeme und ihre Herstellungspraktiken von *Sicherheit* diachron zu historisieren. So könnten die im *human security*-Konzept anthropologisch-universell gedachten Werte (Individualität, körperliche Unversehrtheit) über die Einholung transepochaler Perspektiven in ihrer zeitlichen Bedingtheit sichtbar gemacht, sodann ein Erkenntniswert für die gegenwärtige Diskussion erzielt werden.

Stefanie Rüther (Münster) widmete sich in ihrem Beitrag den Möglichkeiten und Grenzen von Sicherheitspolitik zwischen Mittelalter und Früher Neuzeit. Rüther kritisierte dabei zunächst die einseitige Betrachtung der religiösen Dimensionen mittelalterlicher Sicherheitsproduktion. Dies habe zu der Annahme geführt, dass Bedrohungen im Mittelalter vor allem als gottgewollt perzipiert worden seien und umgekehrt eine systematische Sicherheitsvorsorge kaum existiert hätte. Den Ursprung dieser eingeschliffenen Deutung erblickte Rüther in dem Selbstverständnis einer säkularisierten Moderne, das metaphysische Überzeugungen und rationale Praktiken als sich wechselseitig ausschließende Phänomene begreife. Demgegenüber verlieh Rüther einer aktiven mittelalterlichen Sicherheitspolitik jenseits von »Gebeten, Stiftungen und Prozessionen« Konturen. Anhand zahlreicher Beispiele zu den Praktiken herrschaftlicher Sicherheitserzeugung und deren Rezeption durch die betroffenen Gruppen verwies sie auf den dezentralen Charakter mittelalterlicher Sicherheitsproduktion, der in deutlichem Kontrast zu dem allumfassenden Anspruch der *human security* stünde. Mittelalterliche Sicherheit müsse vielmehr als Privileg, das verschiedenen sozialen Gruppen von Herrschaftsträgern gewährt worden sei, fokussiert werden, als interpersonale Relation, die spezifische Bindungen zwischen Akteuren schuf und so auch sozialkonstruktivistische Ordnungsleistungen implizierte. Diesem sozialen Konstruktionscharakter vielschichtiger *Sicherheiten* müsse Rechnung getragen werden, möchte man nicht vorschnell Parallelen zwischen vormodernen und modernen Formen der Sicherheitsproduktion ziehen.

Der Beitrag von Cornel Zwierlein (Bochum) griff die bereits angeklungene Kritik am Normativitätsgehalt des *human security*-Begriffs auf, verwies jedoch zugleich auf dessen heuristischen Wert, um Gefahren und Risiken des Einzelnen in unterschiedlichen Epochen sowie die dazugehörigen staatlichen wie nicht-staatlichen Sicherheitsregime und -institutionen zu fokussieren. Im Zentrum von Zwierleins Vortrag stand daher auch die historische Ausdifferenzierung des Versicherungsprinzips anhand der Epochenmarker 1300, 1700 und 2000 und dessen Relevanz für die Konstituierung einer *sicheren Normalgesellschaft*. Konkret ging es dabei um die Frage, inwieweit Versicherungsgrenzen mit sicherheitsgeschichtlichen Epochengrenzen korrelieren. Für Zwierlein markiert die Entstehung des Prämienversicherungsprinzips im 14. und dessen Transfer und Ausweitung im 18. Jahrhundert einen wichtigen Indikator der Epochenschwelle zur Neuzeit. Ausgehend von seinen Befunden zur Verortung der Versicherungen im Gesellschaftsvertrag begriff Zwierlein die sukzessive Versicherungspenetration der Gesellschaft als Konstruktionsprozess einer universell sicheren Gesellschaft, in der Unglück und Katastrophe die zu vermeidende beziehungsweise zu neutralisierende Ausnahme sein sollten. Dieser Prozess solle allerdings nicht im üblichen Säkularisierungsschema historisiert werden; die *sichere Normalgesellschaft* sei vielmehr neben, und nicht in Konkurrenz zur Sphäre religiöser Weltordnung getreten. Davon ausgehend entwickelte Zwierlein ein Narrativ, das die Herkunft und Universalisierung der Versicherung weniger in Aufkommen und Expansion der Sozialversicherung im 19. Jahrhundert, sondern bereits in der Frühen Neuzeit und der Abkopplung der Wertewelt von Naturunglücken erblickt (maritime Transportversicherung, Feuerversicherung). Dieses stifte auch eine Klammer zur heute in der Risikosoziologie verhandelten Zäsur zwischen einer ersten und zweiten Moderne, deren empirisch-institutioneller Indikator die zunehmende Unversicherbarkeit von Technik- und Umweltgefahren sei. Diese vor allem auf Ulrich Beck zurückgehende Interpretation unterzog Zwierlein abschließend einer überzeugenden Kritik. Grundsätzlich ließe sich am Beispiel des Versicherungsprinzips allerdings der Wandel von Sicherheitsregimen untersuchen und eine freilich um Differenzierung bemühte Bestimmung sicherheitshistorischer Epochenschwellen vornehmen.

Der nächste Beitrag von Stig Förster (Bern) problematisierte das Verhältnis von staatlichem Gewaltmonopol und Sicherheitsproduktion im 19. und 20. Jahrhundert. Förster skizzierte zunächst die diesbezügliche Meistererzählung, der zufolge sich seit dem 18. Jahrhundert in Europa ein staatliches Gewaltmonopol sukzessiv etabliert habe, das zugleich zum Vorbild für die außereuropäische Welt geworden sei. Demnach garantierten der Staat und seine Organe die Sicherheit nach innen und außen. Im Gegenzug zöge der Staat Steuern ein und kontrolliere weite Teile der Gesellschaft. Auch das Rechtsstaatsprinzip basiere letztlich auf dem staatlichen Gewaltmonopol. Förster setzte sich nun kritisch mit diesem Narrativ auseinander und betonte, das staatliche Gewaltmonopol stelle keineswegs eine Erfindung der europäischen Moderne dar, sondern sei bereits zuvor – etwa von

römischen Kaisern oder mongolischen Großkhanen – beansprucht worden. Es müsse daher eher als Strukturphänomen in der Entwicklung von Staatlichkeit begriffen werden. Anschließend widmete sich Förster den Schattenseiten des staatlichen Gewaltmonopols, die insbesondere im 20. Jahrhundert sichtbar geworden seien. Im Konzept des Totalen Krieges habe der Staat die absolute Macht beansprucht, um auf der Grundlage hoch entwickelter Herrschaftstechniken Sicherheitspolitik ins Extreme zu treiben. In der Tendenz zum »Atomstaat« im Zuge des Kalten Krieges habe diese Politik ihre Fortsetzung gefunden. Umgekehrt markiere jedoch auch das Abtreten staatlicher Hoheitsfunktionen an private Sicherheitsfirmen in der Gegenwart (Beispiel: Irak) eine zunehmende Bedrohung des Rechtsstaats; das Verhältnis von Sicherheit und Staat bleibe somit in vielerlei Hinsicht problematisch.
Eckart Conze (Marburg) widmete sich im letzten Vortrag der Sektion dem ursprünglich auf die politikwissenschaftliche Kopenhagener Schule der Internationalen Beziehungen zurückgehenden Konzept der *Securitization* und dessen Potentialen und Grenzen für die historische Forschung. *Securitization* fasste Conze als akteursgesteuerten kommunikativen Prozess, der sich in politischen Diskursen und Praktiken abbilde und sich als solcher auch historisieren lasse. Dabei gelte es jedoch zum einen, *Securitization* nicht teleologisch zu fassen, sondern auch den Korrespondenzbegriff der *Desecuritization* analytisch zu berücksichtigen. Zum anderen solle das Verständnis von *Securitization* nicht auf einen einseitigen Staatsbezug hinauslaufen, vielmehr müsse der Pluralität der an Sicherheitsdiskursen partizipierenden Akteure und Institutionen in unterschiedlichen historischen Kontexten Rechnung getragen werden. Insofern kapriziere sich das an diese Überlegungen geknüpfte Forschungsprogramm auch keinesfalls auf die Neuere oder Zeitgeschichte, sondern eröffne auch transepochale Perspektiven. Anhand unterschiedlicher Beispiele rückte Conze im Folgenden drei mit dem Konzept der *Securitization* zu erschließende Gegenstandsbereiche in den Vordergrund: Erstens die Rolle von Versicherheitlichungsprozessen für staatliches Handeln beziehungsweise die Legitimation des Staates selbst, zweitens das Handeln von und die sicherheitsbezogene Kommunikation zwischen unterschiedlichen Akteuren im politischen Prozess, drittens das Verhältnis von Versicherheitlichung und Mechanismen sozialer Integration, Identitätsbildung und Vergemeinschaftung. Eine konstruktivistische und diskursbezogene Sicht auf *Sicherheit* müsse der Historisierung dabei zugrunde gelegt werden. Nur auf diesem Weg – so Conze abschließend – könne das ohne Zweifel vorhandene Potential des Konzepts für historische Untersuchungen eingelöst werden.
In seinem Kommentar zu den Beiträgen brachte Christopher Daase (Frankfurt am Main) eine politikwissenschaftliche Perspektive in die Diskussion ein und verwies auf die vielfältigen Überkreuzungen in der Schwerpunktsetzung der Nachbardisziplinen. Trotz bestehender Synergiepotentiale, die für das thematische Feld der Sektion ausgemacht werden könnten, verdeutlichte Daase auch bestehende Divergenzen hinsichtlich Konzept und Untersuchungsperspektive. Insbesondere für eine angemessene Verortung des *human security*-Konzepts sei politikwissenschaftliche Expertise für Historiker relevant, während historische Darstellungen neue Anschlussperspektiven für die primär auf jüngere Vergan-

genheit und Gegenwart abzielende politikwissenschaftliche Forschung generierten. Die äußerst lebhafte Plenumsdiskussion der gut besuchten Sektion griff diese Überlegungen auf und verband sie mit konkreten Nachfragen zu den einzelnen Beiträgen. Wenngleich ein abschließender Konsens zum Verhältnis von Sicherheits- und Epochengrenzen nicht erzielt werden konnte (und *sicherlich* auch nicht wünschenswert wäre), so stärkte die Sektion den Austausch zwischen den Disziplinen und indizierte die Relevanz der Thematik für zukünftige Forschungen.

Historische Epochengrenzen und Periodisierungssysteme im globalen Vergleich

Teilgebiete: EÜ, AEG, GMT

Leitung
Christoph Marx (Duisburg-Essen)

Zur Periodisierung des europäischen Narrativs
Justus Cobet (Duisburg-Essen)

Repräsentation historischen Wandels in indischen Quellen und die moderne Geschichtsschreibung
Angelika Malinar (Zürich)

Die Frühe Neuzeit als kulturübergreifendes Konzept: die islamische Welt
Stefan Reichmuth (Bochum)

Vergegenwärtigung der Geschichte oder Versorgung der Vergangenheit: Periodisierungsdebatten in China
Helwig Schmidt-Glintzer (Göttingen/Wolfenbüttel)

HSK-Bericht
Von Eckhard Meyer-Zwiffelhoffer (Fernuniversität Hagen)

Diese Sektion ging dem Fragenkomplex nach, welchen Einfluss europäische Periodisierungssysteme und Epochengrenzen auf die Geschichtsschreibung in außereuropäischen Kulturen hatten und ob deren historiographische Traditionen auf Europa zurückwirkten oder jedenfalls alternative Modelle des geschichtlichen Verlaufs bereithielten. Im Sinne der postkolonialen Globalisierungsdebatte gefragt: Ist es heute möglich, Nationalgeschichte oder Weltgeschichte zu schreiben, ohne sich der notorischen Periodisierung in Altertum, Mittelalter und Neuzeit beziehungsweise deren Binnengliederungen mit all ihren Implikationen zu bedienen und sich damit dem Vorwurf des Eurozentrismus auszusetzen? Auf der Folie eines einleitenden Vortrags zum Bild der Geschichte im »europäischen

Narrativ« wurden in den folgenden drei Beiträgen die Historiographie Chinas, Indiens und der islamischen Welt beleuchtet. Gemeinsam ist diesen vier Kulturkreisen, dass sie nicht nur über eine alte, schriftgestützte Geschichtskultur verfügen, sondern trotz aller politischen Zersplitterung jeweils eine eigene Oikumene bildeten, die sich zumindest in sprachlicher und religiöser Hinsicht zur Geltung brachte: das christliche Lateineuropa, die muslimische *umma*, das konfuzianische China und die *Sanskrit cosmopolis* in Indien. Während sich jedoch Europa in nachrömischer Zeit und die islamische Welt nach den Umayyaden (661–750) in zahlreiche Reichsbildungen und später Nationalstaaten aufgliederten, entwickelten sich China und Indien im 20. Jahrhundert zu großen, regional sehr heterogenen Nationalstaaten. In allen vier historiographischen Traditionen stellte und stellt sich damit die Frage nach dem Verhältnis von universalhistorischen beziehungsweise globalgeschichtlichen Entwürfen zu national- oder regionalgeschichtlichen Periodisierungssystemen.

Christoph Marx (Duisburg-Essen) fragte in seinen einleitenden Bemerkungen zur Sektion, welche Bedeutung für das Geschichtsbewusstsein der europäischen Expansion und der kolonialen Zäsur zukam, die diese drei außereuropäischen Kulturen im 19. Jahrhundert erlitten hatten und sie mit der Modernisierungsfrage konfrontierten. Obwohl die islamische Welt seit jeher mit Europa in einer konfliktreichen Auseinandersetzung gestanden hatte, während Indien und vor allem China – von Handelsbeziehungen abgesehen – kaum mit der europäischen Welt konfrontiert waren und sich weitgehend autonom entwickelten, wirkte der imperialistische Zugriff im 19. Jahrhundert in allen drei Kulturen traumatisch: Wie die drei Vorträge deutlich machten, wurden die napoleonische Eroberung Ägyptens (1798), der Opiumkrieg (1839–1842) und die britische Annexion Indiens (1858) als Zäsuren erfahren, die eine histori(ographi)sche Neuorientierung erzwangen. Die nun einsetzende Rezeption europäischer Geschichtsbetrachtung, seit Beginn des 20. Jahrhunderts vor allem der marxistischen Geschichtsauffassung, stellte die eigenen Geschichtstraditionen in Frage und modifizierte diese erheblich. Christoph Marx erinnerte auch daran, dass die gegenseitigen Rezeptionsbedingungen höchst ungleich waren: Im Zeichen des Kolonialismus wurde die europäische Historiographie rezipiert, während die islamische und die chinesische Geschichtsschreibung – anders als die auf Englisch verfasste indische – in Europa erst spät zur Kenntnis genommen worden ist.

Justus Cobet (Duisburg-Essen) rekonstruierte zunächst das »europäische Narrativ«, in dem bis zum 18. Jahrhundert die Vorstellung einer Abfolge von Weltreichen dominierte, bevor sich die im Humanismus entstandene Epochentrias von Altertum, Mittelalter und Neuzeit durchsetzte. Sowohl das seit Herodot fassbare, im 1. Jahrhundert v. Chr. kanonisierte und im 5. Jahrhundert n. Chr. christlich-eschatologisch gedeutete Vier-Reiche-Schema (Assyrer/Babylonier – Meder/Perser – Makedonen – Römer) – es wurde in der mittelalterlichen Weltchronistik von christlichen Weltaltermodellen überlagert – als auch die Epochentrias waren auf die Universalhistorie bezogen. Diese umfasste bis zum späten 16. Jahrhundert den durch die Griechen und Römer sowie die Bibel erschlossenen Raum und Zeithorizont, während die im Rahmen der europäische Expansion *entdeckten* »neuen Welten« allmählich in die Universalhistorie der Neuzeit integriert wurden. Um die Mitte des 19. Jahrhunderts erweiterte man das Drei-Perioden-Schema unter dem Eindruck der französischen und industriellen »Doppelrevolution« um eine Neueste Zeit sowie im Zeichen der empirischen Befunde aus Geologie und Prähistorie um eine Vorgeschichte, womit der christliche Rahmen der Weltgeschichte zwischen Schöpfung und Jüngstem Gericht endgültig zugunsten einer Vorstellung gesprengt worden war, nach der die Vergangenheit und die Zukunft nun prinzipiell offen sind. Wie Cobet darlegte, ist dieses universalhistorisch begründete Periodenschema, das auch auf die nationalgeschichtliche Betrachtungsweise angewendet wurde, untrennbar mit dem Fortschrittsgedanken verknüpft und – gerade auch in Verbindung mit der sich formierenden geschichtswissenschaftlichen Methodik – ganz und gar eurozentrisch verankert. Die vieldiskutierte Frage, ob man das europäische Narrativ deshalb über Bord werfen müsse, verneinte Cobet einerseits mit dem Hinweis auf dessen Bedeutung für das nicht-professionelle Geschichtsbewusstsein und als Verständigungskonvention, andererseits aus methodischen Erwägungen, weil auf der Folie dieses Narrativs, das längst selbst historisiert und damit relativiert worden ist, außereuropäische Geschichtskulturen erst ihr eigenes Profil gewönnen. Diesen Aspekt überließ Cobet den folgenden Beiträgen und gab stattdessen einen Überblick über alternative Modelle von Weltgeschichtsschreibung seit dem 18. Jahrhundert. Eine zentrale Rolle kommt dabei dem von Adam Ferguson 1767 entwickelten Drei-Perioden-Schema Wildheit – Barbarei – Zivilisation zu, das aus der Erfahrung der Gleichzeitigkeit ungleich entwickelter Kulturen die Menschheitsgeschichte als Zivilisationsfortschritt beschrieb, wobei die außereuropäischen Kulturen auf einer früheren Entwicklungsstufe angesiedelt wurden. Die modernen globalgeschichtlichen Versuche seien dagegen von dem vergeblichen Bemühen gekennzeichnet, das europäische Narrativ zu vermeiden. Sowohl die von der UNESCO initiierte *History of Mankind* (1963–1966) und deren Nachfolger *History of Humanity* (1994–2008), als auch die Ansätze einer *Big History*, die die Menschheitsgeschichte in eine Geschichte der Erde einbettet, entkommen diesem Dilemma nicht; sie alle gliedern – ebenso wie etwa Gordon Childe (neolithische, urbane und industrielle Revolution) oder die postkolonialen *area studies* mit ihrer Devise *provincializing Europe* – mittels der Struktur des europäischen Narrativs. Cobet sah keine Möglichkeit mehr, im Zeichen einer globalisierten Welt eine *politisch korrekte* Weltgeschichte zu schreiben, die nicht dem europäischen Narrativ verpflichtet ist und vermutete, dass diese in eine Vielfalt von Erinnerungskollektiven zerfallen könnte, die sich jeweils ihrer eigenen Geschichte vergewissern.

Helwig Schmidt-Glintzer (Göttingen/Wolfenbüttel) hob in seinem Vortrag zur chinesischen Historiographie einleitend hervor, dass die Vorstellung einer Dreiteilung der chinesischen Geschichte, in der man sich von einem Altertum der (konfuzianischen) Klassiker als Quelle aller chinesischen Kultur durch eine »mittlere Zeit« getrennt sah, längst vor dem Einfluss der europäischen Geschichtsschreibung vor allem im buddhistischen Kontext verbreitet war. Die chinesische Geschichtsschreibung selbst, die heute über eine lückenlose Chronographie für den Zeitraum seit 841 v. Chr. verfügt und in Sima Qian (circa 145–90 v. Chr.) ihren ersten Universalhistoriker fand, war dagegen bis zur Gründung der

Republik 1911 überwiegend dynastische Geschichtsschreibung. Gegen Ende des 19. Jahrhunderts gliederten dann chinesische und japanische Historiker die Geschichte Chinas am europäischen Modell in ein Altertum bis zur Reichseinigung unter der Qin-Dynastie (221 v.–206 n. Chr.), ein Mittelalter, das etwa bis zur »Bürokratisierung« der kaiserlichen Herrschaft im 11. Jahrhundert unter der Song-Dynastie (960–1279) dauerte, sowie eine damit einsetzende (Frühe) Neuzeit. Zu keinem dauerhaften Konsens ist die marxistische Geschichtsdeutung der chinesischen Geschichte gelangt, vor allem, weil die vorkapitalistische, feudale Formation einen Zeitraum von knapp 3.000 Jahren umspannt (1046 v.–1911 n. Chr.). Schmidt-Glintzer betonte, dass die historiographische Perspektive sich nicht nur zwischen der japanischen und der amerikanischen beziehungsweise europäischen Chinaforschung unterscheidet, sondern auch innerhalb der chinesischen Historikerschulen. Den Schwerpunkt seiner Ausführungen legte Schmidt-Glintzer aber nicht auf die Rekonstruktion chinesischer Periodisierungssysteme. Vielmehr kritisierte er aus einer globalhistorischen Perspektive das Bild, das die europäische Aufklärung von den außereuropäischen Kulturen entworfen hatte, indem sie diese als zivilisatorisch rückständig verortete, und verwies auf die historischen Bedingungen, die erst den Aufstieg Europas in der Frühen Neuzeit möglich gemacht hätten: Die Mongolenherrschaft habe zunächst zu einer Intensivierung des Fernhandels und Kulturaustausches zwischen Ost und West geführt; schon für diese Zeit könne man daher von einer Globalisierung sprechen. Durch die Pest und den Zusammenbruch der Mongolenherrschaft Mitte des 14. Jahrhunderts seien diese Verbindungen dann abgebrochen und hätten die »Westorientierung« Europas, das im späten 14. und 15. Jahrhundert von außen nicht mehr behelligt wurde, ermöglicht. Abschließend hob Schmidt-Glintzer die Bedeutung der Song-Zeit (960–1279) als Übergang vom »chinesischen Mittelalter« zur Frühneuzeit mittels der Parameter der europäischen Frühneuzeitforschung hervor: die Durchsetzung bürokratischer Verwaltung und formalisierter Beamtenrekrutierung, die zunehmende Urbanisierung und Marktwirtschaft, die Verbreitung des Buchdrucks und der Manufakturproduktion. Weshalb die chinesische Frühneuzeit anders als die europäische anschließend nicht zu einem Take-off geführt hatte, konnte er mit dem Hinweis auf unterschiedliche politische Machtkonstellationen nur noch andeuten.

Angelika Malinar (Zürich) befasste sich mit der Periodisierung der Vergangenheit in altindischen Texten und der modernen Geschichtsschreibung, wobei sie die britische Kolonialgeschichtsschreibung als radikalen Bruch mit der indigenen hinduistischen Vorstellung vom Zeitverlauf betrachtete (die indo-persische Historiographie des Delhi-Sultanats und der Mogulzeit blieben dabei außer Betracht). Die traditionelle, hinduistische *Geschichtsauffassung* legte sie am Beispiel der *purānas* (der »alten Geschichten«) dar, einem Korpus von Sanskrit-Texten, die überwiegend zwischen dem 5. und 12. Jahrhundert verfasst wurden. Der Zeitverlauf ist hier (ähnlich wie bei Hesiod) in vier Weltalter mit absteigender Güte gegliedert, wonach das letzte Zeitalter, das des größten Verfalls, 3102 v. Chr. begonnen hat. Verbunden mit dieser kosmologisch verankerten Geschichtsdeutung ist die Zukunftserwartung einer besseren Zeit, einer »neuen Epoche«. Darüber hinaus bieten die *purānas* historisch *verwertbares* Material, da sie neben

Kosmologien auch Heroengeschichten, dynastische Genealogien, geographische Repräsentationen, juristische und wissenschaftliche Traktate sowie Ritualbeschreibungen enthalten. Auf dem Hintergrund dieses traditionalen Geschichtsverständnisses, das für die konkrete Zeitrechnung durch eine Chronologie der herrschenden Dynastien ergänzt wurde, wirkte die britische Kolonialgeschichtsschreibung über Indien, die mit James Mills maßgebender *History of British India* 1817 einsetzte, als Zäsur. Sie lieferte nicht nur eine völlig neue Deutung der *indischen Geschichte*, sondern brachte diese zuallererst hervor. Wie Malinar darlegte, gliederte Mill die indische Geschichte in ein vedisch-arisches Hindu-Altertum (circa 1500 v.–1200 n. Chr.), ein islamisches Mittelalter (1206–1758) und eine kolonialbritische Neuzeit, wobei jeweils Invasionen und religiöse Distinktionen die Epochenschwellen markieren: die arische Einwanderung, die muslimische Eroberung und die koloniale Landnahme der Briten. Verbunden damit war die in der Aufklärung formulierte Vorstellung von der Geschichtslosigkeit Indiens, einer Erstarrung und Stagnation, die durch das »Kastenwesen« und die »orientalische Despotie« verursacht worden sei. Erst die britische Eroberung habe Bewegung in die Verhältnisse und Fortschritt gebracht. An diesem kolonialen Paradigma arbeitet sich die indische Geschichtsschreibung bis heute ab. Zwar setzte sie, wie Malinar ausführte, im Zeichen des (Hindu-)Nationalismus neue Akzente, indem etwa das indische Altertum verklärt wurde und man nach dem Ende der Gupta-Dynastie (320–510 n. Chr.) ein »finsteres« Mittelalter zunächst von Regionalreichen, dann der muslimischen »Fremdherrschaft« ansetzte, oder im Zeichen des bis heute wirksamen Marxismus den Feudalismus gleichfalls mit dem Ende der Gupta-Dynastie beginnen ließ, die britische Kolonialherrschaft aber als Übergang zum Kapitalismus begrüßte, doch blieb man dabei der europäischen Epochenvorstellung treu. Als Reaktion auf die hindu-nationalistische und die marxistische Historiographie kam es zu einer Neubewertung des »indischen Mittelalters« und einer Diskussion um den Beginn der (Frühen) Neuzeit: Sowohl die politische Zersplitterung unter den Hindu-Reichen im »früheren Mittelalter« (500–1200) als auch die muslimischen Groß- und Regionalreiche unter dem Delhi-Sultanat (1206–1526) beziehungsweise der Mogul-Herrschaft (1526–1756/1858) im »späteren Mittelalter« beziehungsweise in der »Frühen Neuzeit« untersuchte man nun unter dem Gesichtspunkt der Regionalisierung und Staatsbildung, wobei das Mogulreich zunehmend als Beginn der indischen Frühen Neuzeit betrachtet wurde. Malinar resümierte, dass zwar in der gesamten postkolonialen Historiographie die Epochentrias und ihre Binnengliederungen sowie das Konzept der Moderne beibehalten, doch diese zugleich für die Rekonstruktion einer vorkolonialen indischen Geschichtsdynamik fruchtbar gemacht worden sind.

Stefan Reichmuth (Bochum) setzte sich in seinem Beitrag zur islamischen Welt nicht mit Periodisierungsvorstellungen muslimischer oder europäischer Provenienz auseinander, sondern erprobte das Konzept der Frühen Neuzeit an der Geschichte der muslimischen Staaten, wobei er die Parameter der europäischen Modernediskussion zugrundelegte. Anders als für die chinesische oder indische Geschichte lassen sich demnach bei der kulturübergreifenden Anwendung dieses Konzeptes sowohl epochale Gleichzeitigkeit als auch analoge Rahmenbedingungen erkennen. Reichmuth verwies auf die Reichsbildungen der türkischen Osmanen, der persischen Safawiden und der indo-persischen Moguln, die analog zur europäischen Frühneuzeit zwischen 1450 und 1750/1850 eine dominante Position innerhalb der »islamischen Oikumene« eingenommen hätten und dabei mit ähnlichen Entwicklungsproblemen konfrontiert gewesen seien wie die frühneuzeitlichen Staaten Europas, was er an fünf zentralen Bereichen verdeutlichte: Die herrschaftliche Organisation dieser Großreiche sei mit ihren bürokratischen Formen der Verwaltung und einer auf dem Kern eines stehenden Heeres beruhenden Militärverfassung mit frühneuzeitlichen europäischen Staaten durchaus vergleichbar; die Tendenz zur Ausbildung regionaler Herrschaften neben und innerhalb der Großreiche hätten nicht nur zur Verbreitung des Islam geführt, sondern auch zur Kommerzialisierung der Landwirtschaft und einem Wachstum der Städte, und zwar auch an der Peripherie der islamischen Welt. Als Analogon zur Entwicklung des europäischen Bürgertums betrachtete Reichmuth die Ausbildung und Ausweitung urbaner Gesellschaften aus lokalen Herrschaftsträgern, religiösen Gelehrten sowie kommerziellen und gewerblichen Eliten, die häufig eine korporative Organisation aufwiesen und sprach in diesem Zusammenhang von »urbanem Korporatismus«. Vergleichbar mit der Konfessionalisierung in den frühneuzeitlichen europäischen Staaten sei die politische und dogmatische Etablierung schiitischer, sunnitischer und hāriğitischer Observanzen nicht nur bei den Safawiden und Osmanen, sondern auch in einigen islamischen Regionalstaaten (Marokko, Jemen, Oman, Buchara) gewesen, die nicht selten mit verschärften sunnitisch-schiitischen Gegensätzen einherging. Die wichtige Rolle, die das sich seit dem 15. Jahrhundert formierende sufische Bruderschaftswesen mit seiner Prophetenfrömmigkeit für die Integration heterogener Anhängerschaften in soziale Netzwerke oberhalb von Familie und Clan spielte, lasse sich durchaus mit frühneuzeitlichen europäischen Frömmigkeitsbewegungen wie dem Pietismus oder katholischen Vereinigungen im Umfeld der Jesuiten vergleichen. Die Verbreitung des Persischen als beherrschender Verwaltungs- und Literatursprache der östlichen islamischen Welt, ebenso die Ausbildung und Verbreitung weiterer Reichs- und Regionalsprachen (Osmanisch, Tatarisch, Urdu, Malaiisch, Swahili, Haussa), die die Rolle des Arabischen vielfach einschränkten, laufe schließlich parallel zur Etablierung der europäischen Nationalsprachen neben und unterhalb des Lateins, die auch in Europa neue sprachliche Hegemonien hervorbrachte und mit einer politischen und kulturellen Regionalisierung einherging. Als Differenz zum europäischen Modernisierungsprozess betrachtete Reichmuth hingegen die unterschiedliche Konstellation von Staat und religiösen Institutionen, die für eine Entsprechung zur europäischen Trennung von Staat und Kirche kaum Ansatzpunkte bot. Als Hypothek für die Modernisierung stelle sich ihre obrigkeitliche Durchsetzung durch Militär und Bürokratie seit dem 19. Jahrhundert dar, die die Zivilgesellschaft und ihre Institutionen nachhaltig schwächte.

Als Fazit der Vorträge und der anschließenden lebhaften Diskussion kann festgehalten werden, dass globalgeschichtliche wie regionalgeschichtliche Perspektiven in der europäischen wie außereuropäischen Historiographie vor allem am Konzept der (Frühen) Neuzeit beziehungsweise der (Früh-)Moderne und insofern an der zum Fünf-Perioden-Schema erweiterten Epochentrias offenbar nicht vorbeikommen. Alternativen sind durch einen Rückgriff auf indigene Geschichtstraditionen nicht zu gewinnen, da alle außereuropäischen Kulturen durch die frühneuzeitliche wirtschaftliche Globalisierung und die späteren imperialen und kolonialen Verflechtungen unwiderruflich mit Europa und Amerika verbunden und somit »modernisiert« wurden. Die diesem Prozess inhärenten Wechselwirkungen sind jedoch nicht zu unterschätzen. Gerade die universal verbreitete und weitgehend akzeptierte geschichtswissenschaftliche Methodik europäischer Provenienz einerseits sowie die heuristische Verwendung des inzwischen historisierten »europäischen Narrativs« entkräften dieses Narrativ selbst: Das Konzept der (Früh-)Moderne gestattet es nicht nur, Globalisierungsprozesse vor der kolonialen Expansion Europas zum Gegenstand der Forschung zu machen, sondern auch den westlichen Weg der Modernisierung als Referenzpunkt und Wertmaßstab in Frage zu stellen. In diesem Zusammenhang verwiesen alle Referenten zur außereuropäischen Geschichtsforschung auf das Potential von Shmuel N. Eisenstadts Konzept der *multiple modernities*, das zwar nicht auf den Gedanken des Fortschritts verzichtet, aber doch auch andere Entwicklungs- und Rationalitätskriterien anerkennt als die des europäischen Wegs zur Moderne.

Homo portans – eine Kulturgeschichte des Tragens

Teilgebiete: EÜ, KulG, GG, RG, SozG

Leitung
Annette Kehnel (Mannheim)
Sabine von Heusinger (Mannheim)

Einführung
Annette Kehnel (Mannheim)

Keynote: »Der homo portans, seine Natur und seine Stellung in der Welt« – Anmerkungen zum Thema aus Sicht Arnold Gehlens
Karl-Siegbert Rehberg (Dresden)

»Tragbare« Frauenfiguren aus ganz Europa – Anhänger aus der Altsteinzeit
Sibylle Wolf (Tübingen)

Tragende Gottheiten im alttestamentlichen und vorderorientalischen Kontext
Maria Häusl (Dresden)

Die getragene Gottheit: Madonna della Bruna in Matera
Cristina Andenna (Potenza)

gerere personam Christi: Der Papst als Träger göttlicher Autorität
Agostino Paravicini Bagliani (Lausanne)

Fasszieher und Karrer – Warenträger in der mittelalterlichen Stadt
Sabine von Heusinger (Mannheim)

Das Steintragen als Schandstrafe für Frauen im Mittelalter
Jörg Wettlaufer (Kiel)

Tragen als Strafe im 20. Jahrhundert
Peter Steinbach (Mannheim)

Tragen ist Frauensache und die Erde ist eine Scheibe
Sigrid Schmitz (Freiburg)
Smilla Ebeling (Oldenburg)

Bonnets, hoods and hats in history and folklore: Little Red Riding Hood as an example
Mirjam Mencej (Ljubljana)

The White Man's Burden. Der homo portans im Kolonialismus
Johannes Paulmann (Mannheim)

»Homo portans« und die Kunst
Arie Hartog (Bremen)

Der homo portans in Wissenschaft und Öffentlichkeit
Christian Holtorf (Dresden)

Posterpräsentation

Erfahrungen von den »Etruskern in Bonn«
Anja Schindler (Klotten)

homo portans im Museum – eine Potentialanalyse
Ulrike Scherzer (Dresden)
Isabell Ludewig (Mannheim)

HSK-Bericht
Von Vanessa Wormer (Universität Mannheim)

»Sektion ›Homo portans‹ beim Historikertag: 14 Vorträgen [sic!] in 4 Stunden – entweder innovativ oder wah[n]sinnig« – so twitterte es am 8. September 2010 ein Johannes W. in die Weiten des Internets. Sieht man von den für Kurznachrichten typischen Rechtschreibfehlern ab, hatte der Twitterer bereits drei Wochen vor Beginn des Historikertags einige wichtige Aspekte der Sektion Homo Portans – wohl eher unbeabsichtigt – auf den Punkt gebracht: Erstens hatte sich die Sektion unter Leitung von Annette Kehnel (Mannheim) einiges vorgenommen.

Geplant waren eine Einführung und 13 Vorträge, und obwohl zwei Referenten nicht kommen konnten, waren das immer noch doppelt so viele Vorträge wie in jeder anderen Sektion des Historikertags. Zweitens fiel die Sektion aus dem Rahmen, sie übertrat wissenschaftliche Grenzen und war an vielen Stellen sicherlich innovativ. Die Verbindung von Wissenschaft und Kunst ist hier zu nennen, genauso wie die multimediale Aufstellung. Drittens drängte durch diese und andere Mittel das Projekt aktiv an die Öffentlichkeit. Dazu passt, dass ausgerechnet ein Twitterer eine erste, vorläufige Einschätzung des Projekts lieferte.
Homo Portans – der Sektionstitel ließ viel Spielraum für Assoziationen, erweckte aber vielleicht auch den Eindruck der Beliebigkeit. Deshalb provozierte er Fragen: Was soll und will das Projekt Homo Portans eigentlich sein? Was kann die Erforschung der »Kulturgeschichte des Tragens« leisten? Annette Kehnel formulierte ihre Ambitionen: Das wissenschaftliche Projekt soll Grundlagenforschung betreiben, ein neues Forschungsfeld etablieren und dem Motto des Historikertags (»Über Grenzen«) gerecht werden, sprich Grenzen überschreiten – disziplinäre, epochale und wissenschaftliche. Demgemäß hat Annette Kehnel die 11 anwesenden Referentinnen und Referenten in Berlin dazu eingeladen, aus ihrem Forschungsfeld heraus Ideen für das Projekt zu geben. Die Vorträge waren also als Impulsreferate zu verstehen, nicht als Präsentationen von Forschungsergebnissen.
Im Anschluss an die Begrüßung aller Sektionsteilnehmerinnen und -teilnehmer durch Annette Kehnel ordnete Karl-Siegbert Rehberg (Dresden) das Projekt Homo Portans in die Philosophische Anthropologie ein. Er leitete die Kulturgeschichte des Tragens mit einer quasi paradoxen Intervention ein, indem er das Bedürfnis nach Entlastung in den Mittelpunkt seiner Überlegungen stellte: Die Fähigkeit zu Tragen gehe einher mit Belastbarkeit, mit Belastungen und Überlastungen, die ihrerseits Entlastungsbedarf provozieren. Belastung erzeugt also Entlastungsbedarf. Und dieser werde durch ein komplexes System der Ordnungsleistungen kompensiert, das seinerseits Kultur genannt werden könne. Nicht die Leistungsfähigkeit des Homo Portans stehe demnach am Anfang der Kulturgeschichte des Tragens, sondern das menschliche Bedürfnis nach Entlastung.
Den Beginn des tragenden Menschen zeichnete Sibylle Wolf (Tübingen) nach: Der Homo Portans wird zunächst als Schmuckträger fassbar, zum Beispiel anhand der 40.000 Jahre alten tragbaren Frauenfiguren, die Wolf vorstellte. Als Sensation wertete die Referentin die erst kürzlich entdeckte »Venus vom Hohle Fels«[1] mit eindeutig identifizierbarer Anhänger-Öse. Sie ist mit einem Alter von 40.000 Jahren die älteste bekannte Figur. »Das Phänomen, Frauenfiguren zu tragen, blieb 30.000 Jahre eine Konstante in den verschiedenen Kulturen der jüngeren Altsteinzeit«, resümierte Wolf.
Auf den von Rehberg bereits aufgegriffenen Aspekt der Entlastung aufbauend, ging Maria Häusl (Dresden) in ihrem Vortrag auf tragende Gottheiten ein. Sie veranschaulichte das menschliche Bedürfnis nach Entlastung an alttestamentlichen und vorderorientalischen Texten. Anhand von Versen Jesajas rekonstruierte Häusl das Bild, wie Jahwe sein Volk Israel trägt. Hier habe sich das menschliche Urvertrauen in die Gottheit ausgedrückt, der Mensch habe vom allmächtigen Gott getragen werden wollen, sagte Häusl. Damit könne man den Gott des Alten

Testamentes in die Reihe tragender Frauen und Göttinnen aus der Neuassyrischen Prophetie einreihen.
Auf einem Beispiel für die gesellschaftsstrukturierende Funktion des Tragens baute Agostino Paravicini Bagliani (Lausanne) seine Ausführungen auf: Unter dem Motto »gerere personam Christi« stellte er den mittelalterlichen Papst als Träger göttlicher Autorität und Macht vor. Der Papst sei nicht allein Mensch, sondern verkörpere zugleich eine Institution. In diesem Sinne ließen sich auch die päpstlichen Gewänder und Objekte interpretieren: Beispielsweise würden die Gewandfarben Rot und Weiß für Jesus Christus und die römische Kirche stehen. Der Papst trage also die Kirche, und bei dieser Vorstellung handele es sich um das Selbstverständnis der mittelalterlichen Päpste.
Um ein profaneres Tragen ging es Sabine von Heusinger (Mannheim): Sie beleuchtete die mittelalterliche Stadt als Mikrokosmos von Warenträgern, in dem der Homo Portans allgegenwärtig gewesen sei. Ohne ihn wäre der Warenstrom abgerissen. Sabine von Heusinger differenzierte zwischen zwei Gruppen: den Trägern mit und ohne Hilfsmittel. Am Beispiel von Straßburg konnte sie zeigen, dass die Fasszieher zwar zu den ärmeren Zünften gehörten und ihre Mitglieder eher sozial niedrig stehend waren, dennoch waren sie die längste Zeit im Mittelalter im Rat vertreten. Zudem lassen sich einzelne Fasszieher nachweisen, die nicht nur Ratsherren waren, sondern auch über ansehnliches Vermögen verfügten. Der Platz des Homo Portans in der mittelalterlichen Stadt müsse deshalb erst noch umfassender untersucht werden.
Ein »dunkles Kapitel in der Geschichte des Homo Portans« (Kehnel) eröffnete Jörg Wettlaufer (Kiel) mit seinem Vortrag über das Tragen als Schandstrafe im Mittelalter. Frauen, die sich der üblen Nachrede oder des Zanks schuldig gemacht hatten, seien bestraft worden, indem sie einen 10 bis 50 Kilogramm schweren Schandstein durch die Stadt tragen mussten. Der Referent bezeichnete dies als »rechtshistorische Kuriosität, über deren Ursprung wir bislang nur Vermutungen anstellen können.« Erste Belege fänden sich in der zweiten Hälfte des 12. Jahrhunderts im Hennegau und in Luxemburg beziehungsweise Nordfrankreich; der Ursprung der Strafe könne im mittelalterlichen »Hundetragen« gelegen haben. Besonders interessant war Wettlaufers Interpretationsansatz: Die Steine stünden als Zeichen des Schweigens und dienten gerade deshalb als passendes Bußwerkzeug für die weibliche »Zungensünde«.
Peter Steinbach (Mannheim) führte den Aspekt des Tragens als Strafe für das 20. Jahrhundert weiter, nachdem er auf die enormen Entlastungsleistungen des Menschen hingewiesen hatte: Räder, Flaschenzüge, Tragekörbe, Kräne, Kiepen, Hebel, Fuhrwerke, Maschinen. Mit dem »Zivilisationsbruch von 1933« habe das Tragen als Strafe und Schande eine neue Dimension erlangt. So seien in nationalsozialistischen Arbeits- und Konzentrationslagern Regelverstöße dadurch geahndet worden, dass die Häftlinge willkürlich schwere Lasten tragen mussten. »Diese Strafen zielten auf die Demütigung der Menschen«, fasste der Referent zusammen. Hinter ihnen habe der nationalsozialistische Gedanke der »Vernichtung durch Arbeit« gestanden. Immerhin: Einzelnen sei es gelungen, durch das Ertragen der ihnen aufgebürdeten Lasten ihre Würde zu bewahren, was Steinbach einen Bogen zu Camus' Sisyphos spannen ließ.

Auch im Vortrag von Johannes Paulmann (Mannheim) haftete dem Homo Portans eine gewisse Bedeutungsschwere an: Der Referent zeichnete unsere Sicht auf das Tragen im Kolonialismus nach. Klar sei: Kolonisation war am Ende des 19. Jahrhunderts in Afrika nur durch einheimische Träger möglich, »koloniale Herrschaft beruhte in der Praxis auf der Arbeitskraft der Kolonialisierten«, so Paulmann. Gleichzeitig verwies der Referent auf den Mythos der »Bürde des weißen Mannes«, den Rudyard Kipling 1899 in seinem Gedicht »The White Man's Burden« geprägt hat. »Die Zivilisationsmission erscheint hier als schwere Last, die Europäer und Amerikaner auf ihren Schultern tragen«, sagte Paulmann. Damit habe man eine Legitimationsformel für die Kolonisation konstruiert. Der Referent spannte schließlich einen Bogen, wie dieser Legitimationsversuch von Anfang an kritisiert wurde und aktuell um den Faktor einer misslungenen Entwicklungshilfe erweitert wird.[2]
Sigrid Schmitz (Freiburg) beschäftigte sich in ihrem Vortrag ausgehend vom Gender-Aspekt mit der Frage, ob der Homo Portans eine Frau gewesen sei. Diese Annahme würden gängige Forschungsmeinungen zur kulturellen Evolution des Menschen nahelegen. Schmitz stellte diese Theorien zum Ursprung der geschlechtlichen Arbeitsteilung vor und arbeitete heraus, wie stark unsere Geschlechterbilder durch ebendiese Narrationen produziert wurden. »Men the Hunter« und »Women the Gatherer« sind nur zwei jener Vorstellungen der Wissenschaftsgeschichte des 19. Jahrhunderts, die mehr über zeitgenössische Geschlechterbilder aussagen, als über die Realität in der Jungsteinzeit.
Mit einer spezifisch weiblichen Form des Tragens überraschte Mirjam Mencej (Ljubljana) ihre Zuhörer: Sie spannte einen Bogen von Egbert von Lüttich, Fecunda Ratis im 11. Jahrhundert bis zu Märchen und Sagen aus Wälschtirol (1867), um die Präsenz des roten Käppchens von Rotkäppchen als gängigen Motivs in weltweiten Erzähltraditionen aufzuzeigen und dessen Bedeutung zu interpretieren: So stehe das rote Käppchen als Symbol der Unschuld und erhalte eine sexuelle Implikation (genauso wie andere Symbole, beispielsweise die Blumen, die Rotkäppchen der Großmutter bringt).
Als letzter Impulsgeber der Sektion widmete sich Christian Holtorf (Dresden) dem Anliegen des Projekts Homo Portans, sich der Öffentlichkeit zu öffnen. Die Wissenschaft suche in der Öffentlichkeit nach Bedeutung und Anerkennung, was im Falle von Homo Portans laut Holtorf einen Widerspruch darstelle – gehe es in diesem Projekt doch gerade um das Phänomen des Tragens. Der Referent bot zwei Lösungsansätze an: Zum einen könne das Projekt den Fokus statt auf das »portare« auf das »narrare« legen, zum anderen könne man auch vom »homo portans portatus« sprechen. Somit wäre dem Bedürfnis, eine wissenschaftliche Erzählung zu liefern und neben dem Tragen auch die Entlastung zu thematisieren, Rechnung getragen. Insgesamt ordnete Holtorf das Projekt Homo Portans in eine »Geschichte des Vergnügens an Forschung« ein und bezeichnete es als ein interessantes neues Forschungsfeld.
Doch das Projekt Homo Portans, dessen Vorträge rege Diskussionen auslösten, beschränkte sich nicht allein auf die Wissenschaft: Vielmehr besteht eine Besonderheit des Projekts darin, die wissenschaftliche Perspektive durch die Zusammenarbeit mit der Kunst zu erweitern und neue Wege der Interaktion zu erproben: Eine kunstvoll gestaltete Broschüre fasste das Sektionsvorhaben attraktiv

zusammen, die neue Website[3] stellte das Projekt ausführlich vor, via Facebook konnte man »Fan« von Homo Portans werden. Kurz vor Beginn der Sektion schlüpfte das Team sogar selbst in die Haut des Homo Portans und prozessierte mit Kunstobjekten der Künstlerin Anja Schindler (Klotten) durch die Humboldt-Universität zu Berlin, um die Aufmerksamkeit auf die Mannheimer Veranstaltung zu lenken. Vor dem Hörsaal wogen die Mitarbeiter der Sektion die Taschen der Besucher und sensibilisierten damit für das persönliche Trageverhalten. Die Kunstobjekte von Anja Schindler zierten den Hörsaal, eine Posterpräsentation von Trageprotokollen der Architektursoziologin Ulrike Scherzer (Dresden) verbreitete museale Stimmung. Was in Berlin begann, soll im Mai 2011 in einer gemeinsam mit dem Deutschen Hygiene-Museum in Dresden geplanten Tagung fortgesetzt werden. Bis dahin hält Homo Portans via Homepage und Facebook den Kontakt zum Publikum.

Anmerkungen

1 Vgl. http://homo-portans.de/2010/die-venus-vom-hohlen-fels-als-der-homo-portans-zu-tragen-begann, letzter Zugriff am 4. August 2011.

2 Easterly, William: The White Man's Burden: Why the West's Efforts to Aid the Rest Have Done So Much Ill and So Little Good. London 2006.

3 www.homo-portans.de, letzter Zugriff am 4. August 2011.

Infrastrukturen der Macht

Teilgebiete: NZ, EÜ, PolG, AEG, SozG

Leitung
Jens Ivo Engels (Darmstadt)
Gerrit Jasper Schenk (Darmstadt)

Infrastrukturen der Macht – Macht der Infrastrukturen. Konzeptionelle Überlegungen
Jens Ivo Engels (Darmstadt)

Zwischen politischer Herrschaft und Wohlfahrt: Die Infrastruktur des Imperium Romanum
Helmuth Schneider (Kassel)

»Infrastruktur« im Mittelalter? Wasserbauten am Oberrhein und in der Toskana zwischen gemeinem nutz und felice stato
Gerrit Jasper Schenk (Darmstadt)

Höfische Repräsentation, soziale Exklusion und die (symbolische) Beherrschung des Landes. Zur Funktion von Infrastrukturen in der Frühen Neuzeit
Christian Wieland (Freiburg/Düsseldorf)

Infrastrukturen in der Sowjetunion: Integrationsmechanismen, Grenzüberschreitungen und Ohnmachtserfahrungen
Klaus Gestwa (Tübingen)

Infrastrukturen als Medien der materiellen und funktionalen Grenzüberschreitung
Dirk van Laak (Gießen)

Postkoloniale Machtspeicher. Britische und französische Infrastrukturprojekte in Afrika nach 1945
Birte Förster (Darmstadt)

Zusammenfassung

In der Technik- und auch der Wirtschaftsgeschichte – vornehmlich des 19. und 20. Jahrhunderts – sind technische Infrastrukturen ein eingeführtes Thema. Zu Entstehungsbedingungen und Auswirkungen »großtechnischer Systeme« liegt eine umfangreiche Forschung vor. In jüngster Zeit steigt jedoch das Interesse von Allgemeinhistorikern an diesem Thema, wie die Einbindung von Infrastrukturen in Debatten der Politik- und Gesellschaftsgeschichte zeigt. So werden grenzüberschreitende Infrastrukturen zunehmend als Vorläufer oder Faktoren europäischer Integration verstanden oder die Zusammenhänge von (Gesellschafts-)Planung, Sozialpolitik und Infrastrukturausbau seit der Industrialisierung hervorgehoben. Die Sektion weitete die Perspektive der Infrastrukturforschung zusätzlich. Im Zentrum stand das Verhältnis von Infrastrukturen und Machtausübung. Über die bislang vorherrschende Konzentration auf die industrialisierte Moderne hinaus lagen Beiträge von der Antike bis ins 20. Jahrhundert vor.
Infrastrukturen sind Faktoren von Dominanz und eröffnen so einen innovativen Zugang zur Machtfrage. Ein epochenübergreifender, substanzieller Beitrag zur empirischen Untersuchung von Machtausübung sowie zur gesellschaftlich-politischen Bedeutung von Infrastrukturen hat eine doppelte Blickrichtung: Anhand des Objekts »Infrastrukturen« lässt sich das immaterielle Phänomen der Macht auf einem konkreten Handlungsfeld multiperspektivisch untersuchen. Unter dem Aspekt der Macht tritt das Wesen von Infrastrukturen als Ergebnis und Instrument sozialer und politischer Beherrschung zutage.
Die folgenden Überlegungen ermöglichen einen übergreifenden Zugang zu »Infrastrukturen der Macht«: Je nach Epoche gebührt unterschiedlichen technischen Infrastrukturen mit Blick auf die Machtfrage besondere Aufmerksamkeit – was zugleich Merkmal der Epoche sein könnte. Um Infrastrukturen zu planen und zu bauen, sind (gegebenenfalls innovative) Formen der Machtausübung Voraussetzung. Zugleich konstruiert sich spezifische Machtausübung erst durch gewisse Infrastrukturen, und nicht alle sozialen Gruppen profitieren gleichermaßen von den dadurch eröffneten Gelegenheiten. Technische Infrastrukturen dienen aber auch der Repräsentation von Macht: Sie begründen politische Eingriffe

und legitimieren Herrschaft möglicherweise ganz anders als sonstige Formen der Repräsentation. Umgekehrt kann unter Verweis auf den »technischen« Charakter der Infrastruktur die Ausübung von Macht kaschiert werden.
Das Thema des Historikertags »Über Grenzen« wurde in der Sektion in mehrfacher Hinsicht adressiert: Infrastrukturen sind Schnittstellen zwischen Gesellschaft und natürlicher Umwelt und repräsentieren zugleich die Grenzziehung zwischen beiden. Sie stellen vitale Ressourcen zur Verfügung, überwinden die Grenzen zwischen Natur und Mensch und machen ihn zugleich unabhängiger von naturräumlichen Gegebenheiten. Politische Grenzen haben ein ambivalentes Verhältnis zu Infrastrukturen: Einerseits überschreiten zum Beispiel Verkehrsnetze diese Grenzen, andererseits führen politische Grenzen zu unterschiedlichen Stilen in Planung und Betrieb von Infrastrukturen. Eine einflussreiche These besagt, dass moderne Infrastrukturen sozial integrierend wirken (Dirk van Laak), also gesellschaftliche Grenzen abmildern. Eine kritische Überprüfung muss aber auch soziale, politische und kulturelle Segregationsabsichten und -mechanismen technischer Infrastrukturen betrachten. Durch die diachrone Perspektive überschritt die Sektion selbst innerdisziplinäre Grenzen zwischen Technik-, Kultur- und Machtgeschichte.

Vorträge

Infrastrukturen der Macht – Macht der Infrastrukturen. Konzeptionelle Überlegungen

Jens Ivo Engels (Darmstadt)

Der Beitrag stellte konzeptionelle Überlegungen über das Verhältnis von Macht und Infrastrukturen vor. Es wurde danach gefragt, welche Formen von Machtausübung durch Infrastrukturen begünstigt werden und, mit Blick auf die Beiträge zu den Epochen, in welchen Gesellschaften sie jeweils verstärkt auftreten. Insbesondere ist zwischen den Konzepten modaler und kausaler Macht zu unterscheiden. Darüber hinaus kennzeichnen drei Dimensionen das Verhältnis von Macht und Infrastrukturen: Verstärkung und Intensivierung, aber auch Diffusion von Macht; Speicherung und die Entfaltung von Fernwirkungen der Macht; Visualisierung und Kaschierung von (politischer) Macht.

Zwischen politischer Herrschaft und Wohlfahrt: Die Infrastruktur des Imperium Romanum

Helmuth Schneider (Kassel)

Der Vortrag über die Infrastruktur des Imperium Romanum betonte den Zusammenhang zwischen dem Ausbau der Infrastruktur in Rom sowie Italien und der Legitimation des politischen Systems in der frühen Principatszeit. Gerade die Sicherung und Verbesserung der Wasserversorgung sollte die Fürsorge des

Princeps für die stadtrömische Bevölkerung erweisen und das politische System stabilisieren. In den Provinzen diente der Straßenbau und der Ausbau der Häfen auch militärischen Zwecken und somit direkt der Herrschaft über außeritalische Gebiete. Der Ausbau der Infrastruktur förderte aber zugleich auch die Romanisation der Provinzen. Infrastrukturen ermöglichten die Anpassung der lokalen Oberschichten an den römischen Lebensstil und halfen so mit, die Provinzbevölkerung in das Imperium Romanum zu integrieren.

»Infrastruktur« im Mittelalter? Wasserbauten am Oberrhein und in der Toskana zwischen »gemeinem nutz« und »felice stato«
Gerrit Jasper Schenk (Darmstadt)

Während Zusammenhänge zwischen Wasserbauten und Macht bei orientalisch-despotischen »hydraulischen Kulturen« (Wittfogel), bei »Dammbaugesellschaften« der Nordseeküste und in Venedig ein intensiv erörtertes Thema sind, wurden vergleichbare Fragen im Zusammenhang mit der spätmittelalterlichen Regulierung von Flüssen kaum behandelt. Die Organisation und Administration der Wasserbauten zwischen privaten und öffentlichen Interessen führte zur Ausbildung spezifischer Sozialstrukturen, Administrationen und Institutionen. Interessenskonkurrenzen und -kongruenzen unterschiedlicher gesellschaftlicher Gruppen spielten dabei ebenso eine Rolle wie Rechtstraditionen und Wirtschaftsweisen. Im Vortrag wurde analysiert, wie und warum sich recht unterschiedliche Entwicklungspfade beim Bau und Unterhalt von Wasserbauten ausformten. Er stellte die Spannweite von genossenschaftlich wie herrschaftlich geprägten Legitimierungsdiskursen für Infrastrukturen vor und entwickelte Thesen über die Koevolution von Gesellschafts- und Infrastrukturen in der *longue durée.*

Höfische Repräsentation, soziale Exklusion und die (symbolische) Beherrschung des Landes. Zur Funktion von Infrastrukturen in der Frühen Neuzeit
Christian Wieland (Freiburg/Düsseldorf)

In einem Wettbewerb der europäischen Höfe bemühten sich die Fürsten der Frühen Neuzeit darum, ihren Villen und Schlössern, Stadt- und Landhäusern mit Hilfe von Kanalbauten, Brunnen und Bewässerungssystemen ein zeitgemäßes Gepränge zu verleihen. Die Natur – im Diskurs der frühneuzeitlichen Eliten oft mit dem zu beherrschenden und zu zähmenden Volk gleichgesetzt – wurde als ihrem gestalterischen Willen unterworfen, eingehegt und »verbessert« vorgeführt. Höfische Infrastrukturprojekte waren Elemente der sozialen Teilinklusion (bezogen auf den engen Kreis der Mitglieder der höfischen Gesellschaft) sowie der demonstrativen Exklusion (hinsichtlich der scharfen Grenze zwischen Hoffähigen und Nicht-Hoffähigen). Zugleich symbolisierten sie den auf die Natur, das Land und die Menschen ausgreifenden Machtanspruch der fürstlichen Dynastien. Den Aspekten der Repräsentation von Macht sowie ihrer Wahrnehmung und Kritik im Kontext der Hofkultur ging der Vortrag an Beispielen aus Süd- und Nordeuropa nach und warf so einen technikgeschichtlichen Blick auf die symbolischen und kommunikativen Aspekte frühneuzeitlicher Herrschaft.

Infrastrukturen in der Sowjetunion: Integrationsmechanismen, Grenzüberschreitungen und Ohnmachtserfahrungen
Klaus Gestwa (Tübingen)

Der sowjetische Parteistaat vernetzte durch den Auf- und Ausbau von Infrastrukturen Regime und Gesellschaft, schloss aber auch viele und vieles von den neuen Infrastrukturen aus und führte so zu Ohnmachtserfahrungen. In der Spätzeit der Sowjetunion fuhren viele Infrastrukturen aus ökonomischen Gründen auf Verschleiß, es entwickelte sich vielerorts eine verwahrloste Moderne. Katastrophen und Unglücke häuften sich in der Perestrojka-Zeit und erfuhren durch *Glasnost* mediale Verbreitung. Viele Sowjetbürger fühlten sich durch eine Entsicherung vieler Lebensbereiche zunehmend bedroht, der Parteistaat verlor seine Legitimität. Ähnlich wie in Westeuropa kam es auch im Ostblock nach 1945 zu grenzüberschreitenden Kooperationen und großen Gemeinschaftsprojekten, die die »sozialistische Staatengemeinschaft« zu einem ökonomisch-politischen Großraum integrieren sollte. Den »Rat für gegenseitige Wirtschaftshilfe« nutzten die Partei- und Staatsführer gezielt für grenzüberschreitende Infrastrukturprojekte, um internationale Verflechtungen und Interaktionen herzustellen. Im Rückblick mögen diese Vereinigungsbemühungen als gescheitert und ohne nachhaltige Überzeugungskraft erscheinen. Mit Blick auf die gesellschaftlichen Konstellationen und mentalen Dispositionen jener vier Jahrzehnte »Ostblock« lässt sich erkennen, dass sich die Imaginationen und Praktiken der »sozialistischen Gemeinschaft« durchaus in die Vorstellungs- und Lebenswelt der Menschen eingeschrieben haben.

Infrastrukturen als Medien der materiellen und funktionalen Grenzüberschreitung
Dirk van Laak (Gießen)

Im 20. Jahrhundert waren Infrastrukturen wie schon zuvor mehr als nur Einrichtungen der Ver- und Entsorgung, der Kommunikation und des Verkehrs. Vielmehr haben sie sich zu Funktionsmodi von Machtausübung und Kontrolle, darüber hinaus aber auch zu Möglichkeiten fortentwickelt, eben diese Absichten zu unterlaufen. Der Vortrag zeigte an westeuropäischen Beispielen Hinweise für die Rolle von Infrastrukturen für gesellschaftliche Integrations- und Segregationsprozesse jenseits machtgestützter Planung, etwa im Prozess der europäischen Einigung. Darüber hinaus fragte er nach eigenen, eng an Infrastrukturen angelehnten Politikmodellen, die Einfluss ausüben über eine hinter- beziehungsweise untergründige Schaffung »vollendeter Tatsachen«, die Konstruktion von Sachzwängen oder das gezielte Management des Bedürfnisses potenzieller Nutzer, an Infrastrukturnetze angeschlossen zu werden.

Postkoloniale Machtspeicher. Britische und französische Infrastrukturprojekte in Afrika nach 1945
Birte Förster (Darmstadt)

Kolonien von Seiten der Metropolen zu erschließen und zu beherrschen geschah maßgeblich über den Auf- und Ausbau von Infrastrukturen. Gerade in der Kolonialgeschichte können Infrastrukturen also als *Medien der Dominanz* (van Laak) gelten. Daran änderte sich auch während und nach der dritten Dekolonisierungsphase nichts. Denn Infrastrukturen schufen Pfadabhängigkeiten und nahmen so Entscheidungen der jungen Kolonialstaaten vorweg. Sie galten unter Experten als zentrale Voraussetzung für die wirtschaftliche Prosperität dieser Staaten. Dieses machtvolle Narrativ wurde von vielen neuen Regierungen angenommen. Schließlich sicherten die Kolonialmächte über die Finanzierung und Planung von Infrastrukturprojekten sowie die Verbreitung von technischem Wissen langfristig ihre Einflusssphären. Der Vortrag untersuchte, inwieweit und warum von den Kolonialmächten angestoßene Infrastrukturprojekte als Speicher imperialer Macht dienen konnten. Er fragte danach, ob Infrastrukturen eine spezifische Machtausübung ermöglichten, die die staatliche Souveränität der jungen Nationalstaaten unterwandern konnte, und untersuchte die Beschaffenheit dieser Macht.

Neue Wege der Globalgeschichte

Teilgebiete: NZ, PolG, WissG, GMT

Leitung
Andreas Eckert (Berlin)

Einführende Bemerkungen
Andreas Eckert (Berlin)

Globalgeschichte global: Akademische Hierarchien, Ungleichheiten des Wissens und die Dominanz des Englischen
Dominic Sachsenmeier (Durham)

Wie schreibt man eine Globalgeschichte des 19. Jahrhunderts? Ansätze und Paradigmen
Sebastian Conrad (Berlin)

Aneignungen des Sozialen und des Ökonomischen: Asiatische Übersetzungen, Konzeptionalisierungen und Mobilisierungen europäischer Grundbegriffe, 1860er bis 1940er Jahre
Hagen Schulz-Forberg (Aarhus)

Atlantic History as Global History?
William O'Reilly (Cambridge)

Kommentar
Matthias Middell (Leipzig)

Zusammenfassung

Welt- oder Globalgeschichte steht als Kürzel für historiographische Ansätze, die sich für Verflechtungen interessieren und nationalgeschichtliche Grenzen überwinden möchten. Globalgeschichte ist dabei weniger ein distinktes historiographisches Teilgebiet, sondern eher ein spezifischer Zugang, der Verknüpfungen und den Vergleich zwischen der Geschichte verschiedener Weltregionen betont. Das Feld der Globalgeschichte ist mithin noch sehr unübersichtlich und durch eine Fülle unterschiedlicher Denkschulen, Forschungsinteressen und methodischer Präferenzen charakterisiert.
Mit den Studien von Chris Bayly[1] und Jürgen Osterhammel[2] liegen nun zwei auch hierzulande viel diskutierte (und viel gelobte) Globalgeschichten des »langen« 19. Jahrhunderts vor, die in Deutschland das Interesse an globalhistorischen Perspektiven und damit an einer Geschichtsschreibung verstärkt haben, die antritt, bisher dominante regionale und methodische Grenzen zu überwinden. Vor diesem Hintergrund analysierte die Sektion zentrale Probleme der gegenwärtigen Globalgeschichtsschreibung und entwickelte neue Perspektiven, und zwar nicht in Gestalt theoretisch-methodischer Trockenübungen oder historiographischer Skizzen, sondern durch die Verknüpfung eigener empirischer Forschungen mit methodischen Erwägungen.

Vorträge

Globalgeschichte global: Akademische Hierarchien, Ungleichheiten des Wissens und die Dominanz des Englischen
Dominic Sachsenmeier (Durham)

In den vergangenen Jahren haben sich globalhistorische Ansätze in sehr verschiedenen Zweigen der Geschichtswissenschaft etabliert. Angesichts seiner recht rasch zunehmenden Bedeutung nimmt es kaum Wunder, dass sich in den vergangenen Jahren bereits nicht wenige Grundsatzdebatten um das Forschungsfeld der Globalgeschichte rankten. Allerdings wurde hierbei nicht nur im deutschsprachigen sondern auch im anglophonen Raum oftmals ein wichtiger Aspekt der gegenwärtigen globalhistorischen Forschung vernachlässigt: ihre zunehmende Verbreitung in weiten Teilen der Welt. Insbesondere im Falle eines Fachs wie der Globalgeschichte, welches die historischen Erfahrungen verschiedener Teile der Welt miteinander in Zusammenhänge bringen möchte, entbehrt dieses Muster der Forschungslandschaft nicht ganz einer gewissen Ironie. Denn es wäre in Zukunft wohl recht problematisch, historisches Denken selbst zu transnationalisieren ohne Debatten zwischen Historikern aus verschiedenen Weltregionen gezielt voranzutreiben und in diesem Zusammenhang auch globale Strukturen der modernen Geschichtswissenschaft wie etwa die Fortdauer internationaler Hierarchien des Wissens zu thematisieren. In einem folgenden Schritt skizzierte der Vortrag einige Grundrichtungen der gegenwärtigen globalhistorischen Forschung in China.

Wie schreibt man eine Globalgeschichte des 19. Jahrhunderts? Ansätze und Paradigmen
Sebastian Conrad (Berlin)

In seinem Vortrag diskutierte Sebastian Conrad die drei vorherrschenden Ansätze der Globalgeschichtsschreibung, die mit den Paradigmen Modernisierungstheorie, *postcolonial studies* und *multiple modernities* korrespondieren. Daran anknüpfend schlug er vor, Globalgeschichte nicht nur als Geschichte von Verflechtungen und Vernetzungen zu verstehen, sondern die Herausbildung globaler Funktionszusammenhänge selbst zum Thema zu machen. Am Beispiel Ostasiens zeigte er, wie die globale Integration von Märkten und Staatensystem im 19. Jahrhundert eine neue Qualität erreichte und dadurch Beziehungen und Kooperationen denkbar wurden, die sich nicht lediglich als Fortsetzung einer langen Geschichte der Vernetzung verstehen lassen.

Aneignungen des Sozialen und des Ökonomischen: Asiatische Übersetzungen, Konzeptionalisierungen und Mobilisierungen europäischer Grundbegriffe, 1860er bis 1940er Jahre
Hagen Schulz-Forberg (Aarhus)

Wann wurden Begriffe neu in asiatische Sprachen eingeführt? Von wem? Zu welchem Zweck? Hagen Schulz-Forberg fasste die Ergebnisse eines größeren, unter Beteiligung europäischer und asiatischer HistorikerInnen durchgeführten Projektes zusammen. In einem offenen Prozess, ohne die vorherige Festlegung eines historischen Zeitraums, fand das Projekt heraus, dass im Zuge des Hochimperialismus bemerkenswert kreative Prozesse einer semantischen Verschiebung, teilweise gar einer Umdeutung von Grundbegriffen in Asien festzustellen sind, die keineswegs eine simple Diffusion von westlichen Denkmustern bedeutet, sondern eine sehr spezifische Form der Aneignung darstellt. Begriffsgeschichte, gekoppelt mit einem verflechtungsgeschichtlichen Ansatz, der die Initiative der asiatischen Akteure als Ausgangspunkt nahm, lieferte neue empirische Erkenntnisse für das Verständnis eines historischen Globalisierungsprozesses im Feld der historischen Semantik.

Atlantic History as Global History?
William O'Reilly (Cambridge)

William O'Reilly nahm die international seit geraumer Zeit boomende »Atlantische Geschichte« in den Blick, die ebenfalls angetreten war, enge und einengende nationalstaatliche Barrieren zu überwinden. Dieses Konzept stellt den Versuch dar, die Geschichte eines Sets von Gesellschaften zu analysieren, denen gemeinsam war, dass sie sich ohne ihre Einbindung in das sich im 15. Jahrhundert etablierende transatlantische Netzwerk fundamental anders entwickelt hätten. Nach einer kritischen Durchsicht verschiedener Ansätze im Feld der Atlantischen Geschichte, die nach wie vor, so O'Reilly, primär auf den nordatlantischen Raum ausgerichtet ist, argumentierte er, dass es wenig Sinn macht, die atlantische Geschichte als Teil des globalgeschichtlichen Paradigmas zu verorten. Gleichwohl habe sie einige wichtige Impulse gegeben.

Anmerkungen

1 Bayly, Christopher A.: The birth of the modern world 1780–1914: global connections and comparisons. Malden 2004.

2 Osterhammel, Jürgen: Die Verwandlung der Welt: eine Geschichte des 19. Jahrhunderts. München 2009.

Der Topos des leeren Raumes als narratives Konstrukt mittelalterlicher und neuzeitlicher Einwanderergesellschaften

Teilgebiete: EÜ, AEG, MA, NZ

Leitung und Moderation
Matthias Asche (Tübingen)
Ulrich Niggemann (Marburg)

Der leere Raum in mittelalterlichen Narrativen zu Landnahme und Landesausbau
Norbert Kersken (Marburg)

»Desert«, »Wilderness«, »End of the Earth« – Konzepte von Wildnis in Neu-England und am Kap der Guten Hoffnung
Ulrich Niggemann (Marburg)

»ein Land, worin Gott Raum gemacht« – Wahrnehmungen und Deutungen der Einwanderung und Niederlassung Salzburger Protestanten in Preußisch-Litauen und deutscher Kolonisten im Russischen Reich
Matthias Asche (Tübingen)

»they did not own the land« – die Rechtfertigung der Verdrängung der Indianer Nordamerikas im 19. Jahrhundert
Georg Schild (Tübingen)

From »Terra Incognita« to »Terra Nullius« – Filling the Australian Emptiness
Robert Kenny (Melbourne)

HSK-Bericht
Von Kerstin Weiand (Philipps-Universität Marburg)

»Über Grenzen«, das Motto des diesjährigen Historikertages nahmen Matthias Asche (Tübingen) und Ulrich Niggemann (Marburg) bei der Ausgestaltung ihrer Sektion wörtlich. Mit dem Topos des *leeren Raumes* als narrativem Konstrukt von Einwanderergesellschaften wählten sie nicht allein ein migrationsgeschichtliches Thema, sondern überschritten durch die chronologische wie geographische Breite ihres Zuschnitts auch intradisziplinäre Grenzen.
Im Zeichen einer Historischen Semantik stand dabei eine Konzeption, die nach der Bedeutung und Funktion von Narrativen in den Identitätsfindungsprozessen von Migrantengruppen fragte und diese in ihrem jeweiligen sozio-ökonomischen, politischen wie konfessionellen Kontext verortete. Soziale Gruppen weisen besonders in Zeiten intensivierten Wandels und des Verlusts von Sicherheiten ein erhöhtes Bedürfnis nach Sinnstiftungs- und Kohäsionsnarrativen auf. Ein Paradebeispiel dafür sind von Migration betroffene Bevölkerungsgruppen, die nicht zuletzt aufgrund der Tagesaktualität dieses Themas für unsere eigene Gesellschaft in den vergangenen Jahren verstärkt in den Fokus der Geschichtswissenschaft gerückt sind. In der aktuellen wie der retrospektiven Verarbeitung der Wanderung entwickeln sich Deutungen, die wiederum Wahrnehmungen strukturieren und sich durch kontinuierliche Tradierung zu Geschichtsbildern verfestigen. Konstrukte des Eigenen und Fremden, von Identität und Alterität zählen ebenso dazu wie die narrative Konstruktion des Siedlungsgebietes als *leeren Raum*. Letzterer diente häufig als Legitimationsfigur, indem er die Vorstellung transportierte, in ein unbewohntes beziehungsweise entvölkertes oder zumindest unkultiviertes Land einzuwandern und von diesem entsprechend rechtmäßig Besitz zu ergreifen. Dieser Topos lieferte, so die Ausgangsthese der Sektionsleiter, einen wichtigen Beitrag zur Ausbildung eines gruppenspezifischen Selbstbildes zahlreicher Einwanderungsgesellschaften. Diesem Anteil exemplarisch und in einem komparatistischen Zugriff über die Jahrhunderte in ganz unterschiedlichen Kontexten hinweg nachzuspüren, unternahmen die Referenten der Sektion. Gefragt wurde nach der Entstehung und vor allem der Durchsetzung entsprechender identitätsstiftender Narrative im kommunikativen Austausch. *Raum* wurde dabei weniger als geographische denn als kognitive Größe im Sinne von *mental maps* begriffen und damit also der Blick auf die diskursive Formation und nicht auf die materiellen Bedingungen der Landschaft gelenkt.
Dass mit dem Topos des leeren Raumes ein bestimmtes, wiederkehrendes Narrativ von Einwanderergesellschaften in den Mittelpunkt der Sektion gestellt wurde, erwies sich als gewinnbringend, ermöglichte es doch eine inhaltliche wie methodische Pluralität, die sonst bei migrationsgeschichtlichen Themen eher selten gegeben ist und die dazu einlud, Fragen nach übergreifenden semantischen Mustern und damit verbundenen Sinnstiftungsprozessen von Einwanderern, aber auch deren Varianz und Wandlungsfähigkeit zu stellen.
Makrogeschichtliche Überblicksdarstellungen, die den Blick lenkten auf Grundmuster von Migrationsnarrativen (Kersken), wurden ergänzt durch eher mikrogeschichtliche Analysen einzelner Einwanderungsgruppen (Niggemann, Asche).

Zudem wurde die Genese von Solidaritäts- und Schicksalsgemeinschaften, sowohl in nationaler (Kersken, Schild, Kenny) wie in gruppenspezifischer (Asche, Niggemann) Hinsicht analysiert. Als fruchtbar erwiesen sich unterschiedliche Herangehensweisen, etwa die eines diskurszentrierten (Kenny, Niggemann, Asche) oder die eines akteurszentrierten (Schild, Kersken) Ansatzes, die den Wert eines Methodenpluralismus gerade auch für die Untersuchung der Entstehung und Durchsetzung von Narrativen empirisch belegten. Durch den Vergleichspunkt des Topos des leeren Raumes war es zudem möglich, epochenübergreifend und in globaler Perspektive zu argumentieren. Gründungsmythen im mittelalterlichen Europa (Kersken) wurden ebenso thematisiert wie die Inbesitznahme von Nordamerika im 17. und im 19. Jahrhundert (Niggemann, Schild), die Kolonisation Südafrikas in der Frühen Neuzeit (Niggemann) ebenso wie die Narrativierung der australischen Nation (Kenny) oder der Ansiedlung der Salzburger Protestanten in Preußen und deutscher Kolonisten im Wolgagebiet (Asche) von der Frühen Neuzeit bis ins 20. Jahrhundert.
Nach konzeptionellen Einführungen durch Matthias Asche (Tübingen) ergriff, einer chronologischen Ratio folgend, zunächst Norbert Kersken (Marburg/Warschau) das Wort. In seinen Ausführungen zum leeren Raum in mittelalterlichen Narrativen zu Landnahme und Landesausbau untersuchte er in einem vergleichenden Zugriff unterschiedliche Traditionen europäischer Landnahmeerzählungen. Gründungsmythen seien fester Bestandteil der mittelalterlichen, frühnationalen Historiographie mit vergleichbaren semantischen Mustern gewesen, etwa der Beschreibung des Auswanderungsmotivs und des Siedlungslandes, dem in der Regel eponymen Landnahmeführer, sowie dem Rechtsgrund der Landnahme. Die jeweiligen inhaltlichen Ausprägungen seien jedoch sehr heterogen gewesen. Den Topos der Besiedlung eines leeren Raums als eines gänzlich unbewohnten Gebietes konnte Kersken allein für die britischen Inseln nachweisen. Der Hinweis auf eine ursprünglich verlassene Insel fand sich bereits in der *Historia ecclesiastica* von Beda (731) sowie in der dem Nennius zugeschriebenen *Historia Brittonum* (circa 829–30), wurde aber erst von Geoffrey von Monmouth um circa 1136 in eine kongruente Erzählung überführt, die im Folgenden die Deutungshoheit erlangen sollte. England war diesbezüglich ein Sonderfall, so Kersken, seien doch in zahlreichen Gründungsnarrativen des Kontinents die Verdrängung von beziehungsweise der Streit mit indigenen Bevölkerungsgruppen durchaus thematisiert worden und habe gar identitätsbildend gewirkt, wie er ausführlich für Polen, Böhmen und Ungarn nachwies. In anderen diskursiven Kontexten spielte der Topos des leeren Raums gleichwohl eine Rolle. So sei in Urkunden zum Landesausbau im 12. und 13. Jahrhundert auf ursprünglich wildes und unbestelltes Land verwiesen worden. Der Bezug auf die autochthone heidnische Bevölkerung habe dieses Argument sogar gestützt und sei wichtiges Rechtfertigungsmotiv der Landnahme gewesen. Der leere Raum in mittelalterlichen Landnahmeerzählungen, so wurde deutlich, war also keineswegs ein feststehender Topos. Sein jeweiliger funktionaler Stellenwert und seine inhaltliche Ausgestaltung unterlagen vielmehr einer hohen Varianz.
Den Ansatz, verschiedene Einwanderergesellschaften miteinander zu vergleichen, griff Ulrich Niggemann (Marburg) für die Frühe Neuzeit auf, indem er Raumkon-

zepte von Einwanderern und deren Nachkommen in Neuengland und in Südafrika gegenüberstellte. Zentrales Motiv in der retrospektiven Narrativierung der Besiedlung Neuenglands habe in der Überwindung von *wilderness* oder *desert* gelegen. Nach der Idee der stark calvinistisch geprägten frühen Siedlergemeinden sei damit die Errichtung eines christlichen Idealstaates in apostolischer Tradition und die Verwirklichung einer göttlichen Sendung verbunden worden. Auch Niggemann stellte fest, dass die Urbevölkerung keineswegs ausgeblendet, sondern vielmehr selbst als integraler Bestandteil in das zugrundeliegende Konzept von Wildnis einbezogen wurde. Die diskursive Funktion dieses Narrativs habe jedoch nicht, wie möglicherweise anzunehmen, primär in der Rechtfertigung der eigenen Landnahme gelegen. Vielmehr habe es sich vor allem um einen religiös-moralischen Appell an die eigene Gemeinde zur Reaktivierung des Sendungsbewusstseins gehandelt, der besonders in der zweiten und dritten Generation nach der eigentlichen Besiedlung zur Stärkung der Gruppenidentität verbreitet gewesen sei. Um dieses Phänomen begrifflich zu fassen, prägte Niggemann den Terminus *Kohäsionsnarrativ*. Auch wenn sich die Besiedlungen von Neuengland mit stark konfessionell geprägten und literaten Einwanderern und Südafrika mit einer zentral gelenkten und überwiegend agrarisch strukturierten Siedlerschaft stark unterschieden, ließe sich doch in diesem Punkt, dem Verständnis einer göttlichen Sendung zur Urbarmachung von Wildnis als eines zentralen Aspektes der eigenen Identitätsfindung, eine Gemeinsamkeit feststellen. Greifbar wird dieses Motiv in Südafrika aufgrund der Quellenlage freilich erst im 19. Jahrhundert.
Ebenfalls dem stark konfessionell aufgeladenen Beispiel einer Migrationsbewegung widmete sich Matthias Asche (Tübingen) mit der Niederlassung der Salzburger Protestanten in Preußisch-Litauen, die er durch die nur wenig später anzusetzende deutsche Russlandsiedlung ergänzte. Während Selbstzuschreibungen der Siedler beziehungsweise deren Nachkommen den Schwerpunkt der meisten Referate bildeten, bot Asche eine aufschlussreiche Perspektivenerweiterung, indem er Fremdzuschreibungen und deren Wirkung für die Identitätsbildung von Einwanderungsgruppen in den Blick nahm. Indem er seinen Untersuchungszeitraum bis ins 20. Jahrhundert ausdehnte, vermochte er die Beharrungsfähigkeit semantischer Muster und ihre gleichzeitige kontextuelle Varianz aufzuzeigen. Die Ausweisung der Salzburger Protestanten 1731 löste als *gesamtprotestantisches Medienereignis* ein gewaltiges publizistisches Echo aus. Die Ansiedlung im zuvor durch die Pest entvölkerten Preußisch-Litauen sei in der Publizistik als göttliche Vorsehung gedeutet worden, die einen leeren Raum geschaffen habe für die Salzburger, die der verbleibenden eingesessenen Bevölkerung mit ihrem Glaubenseifer als Vorbild dienen sollten. Im Laufe des 19. Jahrhunderts sei dieses Narrativ einer dem Gemeinwesen dienlichen Integration in den säkularen preußischen Aufstiegsdiskurs eingegangen. Gleichsam mit der Rolle von *Musterkolonisten* und damit von Vorbildern für andere Siedler seien die deutschen Siedler im russischen Reich, wobei hier auch die russische Regierung im 19. Jahrhundert die Pionierleistung und die Urbarmachung eines brach liegenen Raumes hervorgehoben habe. In beiden Fällen, so die These Asches, trugen die narrativen Fremdzuschreibungen zur Identitätsfindung der jeweiligen Gruppen bei und behielten Gültigkeit bis ins 20. Jahrhundert.

Während Matthias Asche also die Beharrungsfähigkeit des Topos des leeren Raums verdeutlichte, befasste sich Georg Schild (Tübingen) mit der Überwindung dieses Topos im Nordamerika des 19. Jahrhunderts. Auf anschauliche Art und Weise griff er damit das Thema von Ulrich Niggemann auf und unterstrich den Anspruch der Sektion, diachron wie geographisch angelegte Vergleiche zu vermitteln. Ausgehend von dem allegorischen Gemälde *American Progress* von John Gast aus dem Jahr 1872, das die Besiedlung und Erschließung des amerikanischen Westens darstellt, vertrat Schild die These, das Narrativ eines leeren Raumes habe im 19. Jahrhundert bei der Besiedlung des amerikanischen Westens ausgedient. Als Rechtfertigungsmotiv sei es abgelöst worden von der Leitidee eines *Progress*, einer unaufhaltsamen und zum Wohle aller gereichenden Modernisierung. Die Indianer als die ursprünglichen Bewohner seien in diesem Kontext zu Fortschrittsfeinden erklärt und damit ihre Verdrängung gerechtfertigt worden. Ihre Enteignung sei schrittweise erfolgt und habe auf einem Rechtskonstrukt basiert, nach dem ohne agrarische Nutzung des Landes auch keine Eigentums- oder gar Besitzrechte beansprucht werden könnten. Dieser Grundsatz sei durch verschiedene richtungsweisende Urteile im Laufe des 19. Jahrhunderts bestätigt worden. Schild zeigte dabei anschaulich, wie ein juristischer Diskurs, der keineswegs ohne Gegenstimmen oder Alternativen blieb, die politische Deutungshoheit gewann und damit wirkmächtig wurde, während andere Diskursebenen, etwa die literarische, in Bezug auf die amerikanische Westsiedlung weiterhin sehr heterogen blieben.

Einen Wandel der Diskurse zeichnete auch Robert Kenny (Melbourne) nach, der die Semantiken der Entdeckung, Landnahme und Nationsbildung Australiens analysierte. In einem weiten Bogen führte er Australiens Weg vom sagenhaften Südkontinent der europäischen Antike, der *terra australis incognita*, bis zu der nach der Koloniegründung durch James Cook 1770 allmählich einsetzenden Besiedlung eines als besitzlos gedachten Raumes, der *terra nullius*. Aufgrund der äußerst heterogenen Einwanderungsgruppen habe sich nur allmählich ein übergreifendes Integrationsnarrativ gebildet. Identitätsstiftend habe dabei der Rekurs auf die ungezähmte, von menschlicher Gesellschaft unberührte Wildnis gewirkt, die durch die Pionierleistung der Siedler überwunden worden sei. Dieses Bild einer agrarisch geprägten und angesichts der Herausforderungen der Wildnis egalitären Gesellschaft, habe sich trotz der überwiegend urban geprägten australischen Gesellschaft lange gehalten. Erst in den 1970er Jahren sei es durch die Aufarbeitung der Geschichte der Aborigines und der damit einhergehenden Entwertung des Konzeptes *terra nullius* erschüttert worden. Zu einem spezifisch nationalen und bis heute ungebrochen wirksamen Narrativ habe sich daneben in der ersten Hälfte des 20. Jahrhunderts die Erinnerung an die Teilnahme der australischen Armee am Ersten Weltkrieg und insbesondere die verheerenden Verluste gegen die Türkei in der Schacht von Gallipolli entwickelt. Zeremoniellen Ausdruck fände dieses Gedenken, die eine dezidiert antibritische Konnotation enthalte, in dem feierlich begangenen ANZAC Day, dem australischen Nationalfeiertag.

Der komparatistische Ansatz der Sektion hat sich insgesamt als sehr gewinnbringend erwiesen. Denn die breit angelegte Analyse des Topos des leeren Raums als

narratives Konstrukt in Einwanderergesellschaften hat mehr zu Tage befördert als *Grundmuster* und vergleichbare Charakteristika eines semantischen Gemeinplatzes. So haben die Referate für sich genommen, vor allem aber in ihrer Gesamtschau die Sensibilität eines Gemeinplatzes verdeutlicht, der eben nicht bestimmten narrativen Grundmustern unterzuordnen ist, sondern sich gerade durch seine Bedeutungspluralität auszeichnet. Obwohl nämlich bestimmte inhaltliche Aspekte des Sprechens über den leeren Raum in den Geschichtsbildern von Einwanderungsgesellschaften wiederkehren – wie etwa die göttliche Sendung oder das Konzept der Überwindung von Wildnis und das Gegenüberstellen der eigenen als überlegen empfundenen Zivilisation mit der als *wild* und damit als minderwertig angesehenen autochthonen Bevölkerung – ist doch deren Bedeutung nur im jeweiligen Kontext zu verstehen. Dies zeigen die vielfältigen Funktionen, die einem semantischen Muster zugeschrieben wurden, so etwa die Rechtfertigung und Legitimierung der Landnahme (Schild, Kersken), die Herausbildung, Festigung und Reaktivierung einer gruppenspezifischen Identität (Niggemann, Kersken, Kenny), die ethisch-religiöse Instruktion und Modellbildung (Niggemann, Asche), die Stützung obrigkeitlicher Projekte (Asche), die diskursive Begleitung von Staatsbildungsprozessen (Schild, Kenny) oder die polemische Spiegelung konfessioneller Auseinandersetzungen (Asche).
Daneben bot die Sektion auch wichtige Einblicke in die komplexen personellen und diskursiven Strukturen, die bei der Verbreitung von Narrativen und Geschichtsbildern wirksam sein können. Neben der Rolle von individuellen Meinungsführern (Kersken, Schild) und intellektuellen Eliten (Niggemann) wurden etwa auch die von Obrigkeiten und Regierungen (Asche, Schild, Kenny) oder von außerhalb der Siedlungsgemeinschaft stehenden Personengruppen (Asche) beleuchtet, freilich ohne dass diese Aufzählung Vollständigkeit beanspruchen könnte.
In diesem Sinne bot die Sektion das Beispiel einer gelungenen Historischen Semantik, die sowohl nach den kontextgebundenen sprachlichen Mustern und deren Wandlungen als auch nach deren jeweiligen Medien und Distributoren fragt. Die Hinterfragung eines vermeintlichen Topos und dessen Trägern, so kann man als wichtiges Ergebnis der Sektion festhalten, führt zu vertieften Einsichten hinsichtlich der für eine bestimmte historische Situation charakteristischen Wahrnehmungsmustern und deren narrativer Verarbeitung.

Was als »wissenschaftlich« gelten darf. Inklusions- und Exklusionspraktiken in Gelehrtenmilieus der Vormoderne

Teilgebiete: EÜ, MA, FNZ, WissG, SozG

Leitung
Frank Rexroth (Göttingen)

Zur Einführung: Was als wissenschaftlich gelten darf
Frank Rexroth (Göttingen)

Das Mysterium der Natur und das Blendwerk der Dämonen. Hermetische Disziplinen zwischen Proto- und Pseudowissenschaft im 12. und 13. Jahrhundert
Matthias Heiduk (Göttingen)

Die Grenzen der »Gelehrtenrepublik«. Zur normativen und polemischen Funktion einer schiefen Metapher (ca. 1680–1760)
Caspar Hirschi (Cambridge)

Provokation, Exklusion und prekäres Wissen: Abgründe der Gelehrtenrepublik im 17. und 18. Jahrhundert
Martin Mulsow (Erfurt/Gotha)

Mond im Mars-Quadrat. Seher und Propheten in der Volkskultur des 17. und 18. Jahrhunderts
Sabine Doering-Manteuffel (Augsburg)

Diese Sektion wird im HSK-Querschnittsbericht »Wissenschaftsgeschichte« von Désirée Schauz behandelt.

Geschichtsdidaktik

Ansichts-Sachen. Fremd- und Selbstwahrnehmung des »Islam« in Bildmedien

Teilgebiete: D, RG, WissG, ZG

Leitung
Christoph Hamann (Ludwigsfelde)

Moderation
Susanne Popp (Augsburg)

Gobal icons. Der Holocaust als visueller Referenzrahmen im Islamismus
Christoph Hamann (Ludwigsfelde)

Unheimliche Gäste? Visuelle Bedrohungsmetaphorik in deutschen Massenmedien
Sabine Schiffer (Erlangen)

Zwischen spannender Unterhaltung und rationaler Auseinandersetzung? Populär(wissenschaftlich)e Geschichtsmagazine bebildern das Thema »Islam«
Jutta Schumann (Augsburg)

Unterschiedliche Sichtweisen – gemeinsame Bilder? »Islambilder« in europäischen Schulgeschichtsbüchern
Michael Wobring (Augsburg)

Zusammenfassung

In der Sektion »Ansichts-Sachen. Fremd- und Selbstwahrnehmung des ‚Islam‹ in Bildmedien« wurde das islambezogene Bildinventar von deutschen Pressemagazinen (Focus, Stern, Spiegel), von populären Geschichtsmagazinen (GEO Epoche, damals, PM History, G Geschichte) sowie von deutschen wie europäischen Schulbüchern (Frankreich, Spanien) in synchroner wie diachroner Perspektive analysiert. Diese Visualisierungen wurden in Beziehung gesetzt zu den Marktlogiken der jeweiligen Publikationsformate beziehungsweise zu deren Geschichts- und Wissenschaftsverständnis. Die Narrativierungen dieser Formate operieren ebenso mit kulturellen Schemata (zum Beispiel Individualität versus Kollektivität, Unterwanderung, »Flut«) und Stereotypisierungen (Gleichsetzung von Islam und Islamismus) wie die islamistische Selbstdarstellung. Diese greift nicht zufällig auf die Holocaust-Ikonografie und deren Schlüsselbilder zurück. Denn Schlüsselbilder des Holocaust fungieren als global konvertierbare Leitwährung, die im kulturellen Kampf um die Anerkennung des eigenen Leids politischen Mehrwert erzeugen soll. Und dies insbesondere in der Auseinandersetzung mit Israel, dessen Staatsräson gerade aus der Erfahrung des Holocaust staatliche Legitimität zieht.

Vorträge

Gobal icons. Der Holocaust als visueller Referenzrahmen im Islamismus
Christoph Hamann (Ludwigsfelde)

Globalisierungsprozesse lassen weltweit nicht nur Kapital nach Rendite oder Menschen nach Arbeitsplätzen suchen. Auch Bildmotive wandern. Sie suchen zwar nicht, aber werden im weltweiten Datenstrom gefunden und finden Anschluss in neuen kulturellen Haushalten. Günstige Voraussetzungen für Inkorporation von *globals icons* sind deren ikonisches Potential wie die Polysemie des Bildes schlechthin. Untersucht wurde die Nutzung solcher globalen »Wanderbilder« des Holocaust durch die islamistische Bildpublizistik und die damit verbundene Bildpolitik. Diese verstrickt sich in Aporien. Der islamische Fundamentalismus nutzt einerseits den Holocaust als dekontextualisierte »universell gültige Moral« (Levy/Snaider), während er ihn andererseits als historische Tatsache leugnet.

Unheimliche Gäste? Visuelle Bedrohungsmetaphorik in deutschen Massenmedien
Sabine Schiffer (Erlangen)

»Die Welt ist alles, was der Fall ist.« – Ludwig Wittgensteins Worte geraten schnell zum Skandalon. Hätte Thilo Sarrazin seine als fremdenfeindlich geschmähten Äußerungen in eine Fotoserie gegossen, so wäre ihm wohl beifälliges Nicken zuteil geworden. Scheinen doch Bilder – fotografierte zumal – evident zu sein, Wahrheit zu verbürgen: War doch das, was sie zeigen, im Moment der Aufnahme »der Fall«. Ihr gleichwohl inszenatorischer Charakter enthüllt sich, wenn man sie als »visuelle Diskurse« synchron analysiert und diachron verknüpft. Dann zeigt sich, dass Feindbilder gemacht sind, dass sie durch kulturspezifische Auswahlmechanismen der Wiederholung und Variation soziale Realität nicht passiv abbilden, sondern als Artefakte von Anfang an produzieren.
Die Verortung von Bildern in unserem kollektiven Bildergedächtnis ist genuin bestimmt durch ihren gesellschaftlichen Gebrauch und Missbrauch. Islambilder in westlichen Massenmedien sind dafür symptomatisch.

Zwischen spannender Unterhaltung und rationaler Auseinandersetzung? Populär(wissenschaftlich)e Geschichtsmagazine bebildern das Thema »Islam«
Jutta Schumann (Augsburg)

Bilder sind für populär(wissenschaftlich)e Geschichtsmagazine ein wesentlicher Faktor des Verkaufserfolges und können in ihrem Einfluss auf Geschichtsbewusstsein und Erinnerungskultur kaum überschätzt werden. Daher wurden die aktuellen Tendenzen des Bildmaterials zum Islam in den führenden deutschen Geschichtsmagazinen »GEO Epoche«, »Damals«, »P.M History« und »G Geschichte« untersucht und in diachroner Perspektive daraufhin analysiert, ob und welche Zäsuren sich gegebenenfalls im Bildgebrauch feststellen lassen. Das Augenmerk richtete sich aber besonders auch auf die Verschiedenheit der vier Zeitschriften im Hinblick auf deren unterschiedliches Verhältnis zur wissenschaftstypischen Rationalität im Umgang mit Geschichte, was die Frage aufwirft, ob sich das charakteristische »Geschichts-„ und »Wissenschaftsverständnis« des jeweiligen Organs in spezifischen Merkmalen der Bildpräsentation niederschlägt.

Unterschiedliche Sichtweisen – gemeinsame Bilder? »Islambilder« in europäischen Schulgeschichtsbüchern

Michael Wobring (Augsburg)

Historisches und modernes Bildmaterial aus unterschiedlichsten Entstehungs- und Bedeutungszusammenhängen wird im Schulbuch neu arrangiert und für Lehrkräfte und Jugendliche in scheinbar verbindliche Deutungsmuster gestellt, so auch die Bilddokumente zum Thema »Islam«. Gegenstand der Untersuchung sind in diachroner und synchroner Perspektive Merkmale und Trends der visuellen Aufbereitung des Themas »Islam« in Schulgeschichtsbüchern der drei Länder Deutschland, Frankreich und Spanien, die über historisch bedingte unterschiedliche Beziehungen zum Islam verfügen, sei es etwa dadurch, dass der Islam als kulturelle Grundlage der Gegenwart konfiguriert wird (zum Beispiel Spanien) oder dass die Wahrnehmung des Islam von einem bis heute noch nicht vollständig bewältigten Verhältnis zur Kolonialgeschichte geprägt ist (zum Beispiel Frankreich). Im Mittelpunkt steht die Bebilderung zeitgeschichtlicher Themen. Dabei werden nicht nur Spezifika der Bildsprache, sondern auch Varianten der sach- und unsachgerechten Subsumierung von Sachverhalten unter der Kategorie »Islam« herausgearbeitet.
Während in Spanien und Frankreich die Anzahl von Bilddarstellungen mit islamisch konnotierten Bildinhalten in den Schulbüchern von 1970 bis 2010 rückläufig ist (während sie in Deutschland sehr stark anstieg), zeigt sich in allen drei Ländern eine deutliche Zunahme von Darstellungen mit sozial abwertend ausgerichteten Bildinhalten (Die Kategorisierung für »negative Stereotypisierung« kann hier nicht erläutert werden). Besonders bei spanischen Geschichtsbüchern findet sich der Trend, neutrale Bildinhalte (zum Beispiel Alltagsleben, Gebet, Familie) durch spezielle Bild- und Textarrangements, Mechanismen der Kopplung mit sachfernen Bildthemen (zum Beispiel Krankheit, illegale Einwanderung) sowie der Gegenüberstellung von Darstellungen (zum Beispiel Islam und Christentum) negativ zu konnotieren. Insgesamt lassen sich bis heute kaum Ansätze erkennen, die in Schulbüchern enthaltenen Bild-Narrativketten, die mit abwertenden Stereotypen allgemeiner Mediendarstellungen zum Islam korrespondieren, aufzubrechen.

Diese Sektion wird zudem bei HSK im Querschnittsbericht »Didaktik der Geschichte« von Martin Lücke behandelt.

Globalgeschichtliche Perspektiven im Geschichtsunterricht

Teilgebiete: D, AEG, ZG

Leitung
Hans Woidt (Tübingen)

Einführung
Hans Woidt (Tübingen)

Globalisierung aus asiatischer Sicht
Unsuk Han (Seoul)

Globalisierung aus europäischer Sicht
Hermann J. Hiery (Bayreuth)

Globalgeschichte im Unterricht (Theorie und Praxis)
Hilke Günther-Arndt (Berlin)
Urte Kocka (Berlin)
Judith Martin (Berlin)

Globalgeschichte im Unterricht – Themen und Materialien
Hans Woidt (Tübingen)

Globale Perspektiven im Geschichtsunterricht. Ein Quellenheft
Matti Münch (Rottweil)

HSK-Bericht
Von Wolfgang Geiger (Goethe-Universität Frankfurt am Main) und Thomas Lange (Goethe-Universität Frankfurt am Main)

Einführend wies Hans Woidt (Tübingen) auf ein erstaunliches Paradox hin: Die Welt ist durch den Globalisierungsschub der letzten Jahren stärker zusammen gewachsen als je zuvor, in der Öffentlichkeit wird Globalisierung als zentrales gesellschaftliches Thema wahrgenommen, in wachsendem Maße wird die Lebenswelt unserer Schüler in vielfältiger Weise bis in ihren Alltag hinein von globalen Faktoren bestimmt. Doch weder in der wissenschaftlichen Ausbildung noch im Geschichtsunterricht selbst sind bisher überzeugende Konsequenzen gezogen worden. Zwar gab es fachwissenschaftlich einzelne Vorstöße in Richtung weltgeschichtlicher Konzeptionen seit den 1960er Jahren und auf der Forschungsebene gibt es großartige Fortschritte vor allem seit den 1990er Jahren, parallel dazu trat auch das Thema Globalisierung ins öffentliche Bewusstsein. So erscheine es selbstverständlich, dass das Fach Geschichte auch globalgeschichtliche Perspektiven vermittelt. Dabei gehe es nicht um eine völlige Neuorientierung des Faches, betonte Herr Woidt, sondern um neue Sichtweisen auf weltweite

Transfers und Interdependenzen, Wechselwirkungen in historischer Perspektive, um »eine besondere Art und Weise des Hinsehens und des Fragens« (J. Osterhammel).

Die erste Runde der Vorträge galt dem geschichtswissenschaftlichen Aspekt. Aufgrund technischer Pannen (keine Beamer-Projektion) konnten die Vorträge der Sektion nur unter Einschränkungen gehalten werden, dies betraf negativ vor allem den Vortrag von Unsuk Han (Seoul). Er erläuterte die Hintergründe für das Interesse an Globalgeschichte in Korea. Ausgangspunkt hierfür war und ist die Kritik des Kolonialismus und seiner Folgen sowie des Eurozentrismus im damit verbundenen Geschichtsbild. Der Zusammenbruch des Realsozialismus hat hierfür einen Impuls geliefert in den Kreisen der südkoreanischen Intellektuellen. Hier wurde mittels zahlreicher Übersetzungen die entsprechende wissenschaftliche Literatur aus den USA, Europa, Japan und China rezipiert, vor allem jedoch Edward Saids Kritik des »Orientalismus« in seinem gleichnamigen Buch. Man stellte Analogien zu den von Said analysierten Klischees, also eurozentrische Sichtweisen in koreanischen Schulbüchern fest. Es entstand ein Interesse an der Darstellung der Geschichte Asiens, der islamischen Welt, Afrikas und Lateinamerikas sowie an übergreifenden globalgeschichtlichen Themen wie Umweltgeschichte, in Anlehnung an die »kalifornische Schule«. In den 1980er Jahren entstand unter japanischen Wirtschaftshistorikern eine Richtung regionalgeschichtlicher Erforschung der Zusammenhänge eines asiatischen Wirtschaftsraumes. Im Weiteren ging Herr Han auf den Eurozentrismus ein (in Asien »Okzidentalismus« genannt und damit Nordamerika auch begrifflich einbeziehend), der sich von anderen Zentrismen (zum Beispiel Sinozentrismus) durch sein universalistisches Selbstverständnis auszeichne. Nebenbei gab Herr Han seiner Verwunderung Ausdruck, dass in vielen deutschen Schulbüchern immer noch vom »Zeitalter der Entdeckungen« gesprochen werde, wo es sich doch um Eroberungen handelte. Der missionarische Kolonialismus des 16./17. Jahrhunderts und der Imperialismus des 19./20. Jahrhunderts weisen durch ihre universalistische Legitimation strukturelle Ähnlichkeiten auf, betonte Herr Han. Die Aufklärung lieferte für den modernen Ethnozentrismus Kriterien wie das Fehlen von Rationalismus, Menschenrechten und Privateigentum in nicht-europäischen Kulturen. Auf der anderen Seite gelte es aber auch die Tradition der Kolonialismuskritik in Europa zu würdigen, deren Grundlagen Las Casas bereits 1550 in der Kontroverse von Valladolid legte. Abschließend ging Herr Han noch einmal auf den Zwiespalt ostasiatischer Länder zwischen eigener Tradition und europäischer Beeinflussung ein, was in Japan ein besonderes Problem darstelle, da es sich heute als Teil der westlichen Zivilisation betrachte. Die Kritik des Eurozentrismus erzeuge in Korea eine Höherwertung der eigenen Kultur bis hin zu nationalistischen Tendenzen, was dann jedoch den Zielsetzungen einer globalgeschichtlichen Perspektive zuwiderlaufe. Es sei dadurch auch zu befürchten, dass die »wirklichen Leistungen Europas« – gemeint waren damit diejenigen, die auch ohne Identitätsverlust übernommen und als Bereicherung verstanden werden können – auf Ablehnung stoßen.

Hermann J. Hiery (Bayreuth) lehnte seinen Vortrag eng an die Vorgabe seines Vorredners an. Zunächst thematisierte er eine grundlegende Fragestellung: Warum ist

die Globalisierung von Europa ausgegangen? Diese Frage sei lange Zeit vernachlässigt worden. Eroberungen und Missionierungsabsicht (im weitesten Sinne) seien Teil der europäischen Identität geworden und, wie allerdings auch die Hinterfragung dieser Entwicklung, legitimatorisch in der Aufklärung verwurzelt. Die Wahrnehmung fremder Kulturen ist dabei nicht einheitlich, sondern durchaus differenziert, man unterscheide zwischen näheren und ferneren Kulturen, letztere in Richtung »Primitivität«, und diese Klischees gälten heute noch. Dabei seien die rationale Klassifizierung und die emotionale Einordnung keineswegs kongruent, sondern könnten sich auch geradezu umgekehrt proportional zueinander verhalten (China: hohe Kultur, aber »gelbe Gefahr«; auf der anderen Seite das Klischee des »edlen Wilden«). Die Aufklärung an der Schnittstelle zwischen frühem und späterem Kolonialismus sei in ihrer Relativierung des europäischen Wissens von der Welt ein Resultat der europäischen Expansion, habe aber auch, janusgesichtig, den Eurozentrismus neu begründet. Herr Hiery unterschied auch inhaltlich zwischen den beiden Kolonialismen. Der erste habe die indigenen Kulturen weitgehend zerstört, zum Teil absichtlich, zum Teil unabsichtlich, wobei letzteres, nämlich die Verbreitung von Krankheiten, auch unter der Lupe der neuesten Forschung noch einmal zu überdenken sei, da es offenbar auch eine intentionale Verbreitung von Krankheiten gegeben habe (Crosby). Andererseits gab es neben der radikalen Missionierungsabsicht aber auch Tendenzen synkretistischer Vermischung. Die Aufklärung stelle mit dem ihr eigenen universellen Anspruch sowohl die eigenen alten christlichen Werte in Frage als auch die fremder Kulturen, sie richte sich somit gegen die Spiritualität (Religion) in ihrer eigenen wie in den fremden Kulturen und betrachte den Rationalismus als spezifisch europäische Entwicklung. Hieraus ergibt sich eine Spannung, so war das zu verstehen, durch den (scheinbaren) Widerspruch zwischen europäischer Exklusivität und universalistisch-diffusionistischem Anspruch. Als ein bleibendes Resultat der Globalisierung bilanzierte Herr Hiery, dass aus geschlossenen Gesellschaften offene wurden.
In der anschließenden Diskussion ging Herr Han auf den nationalistischen Aspekt des neuen Selbstbewusstseins in Korea ein. Es gäbe in der jeweiligen Wahrnehmung des Anderen in den Schulbüchern eine große Diskrepanz: Aus einer von ihm unternommenen Schulbuchanalyse gehe hervor, dass ein Anteil von circa 30 Prozent des Inhalts koreanischer Schulgeschichtsbücher europäischer Geschichte gelte, aber umgekehrt Asien entsprechend nur zu circa 3 Prozent in deutschen Schulbüchern thematisiert werde. Auf die Kritik aus dem Publikum an einer zu einseitigen Interpretation der Aufklärung als Legitimationsinstanz für Eurozentrismus und Kolonialismus und der entsprechenden Unterbewertung der kolonialkritischen Autoren (Condorcet, Kant ...) entgegnete Hiery, ihm sei der kritische Aspekt wohl bewusst, und zitierte dabei aus Kants »Zum ewigen Frieden«. In der Gesamteinschätzung sehe er aber eine Parallele zwischen der Kritik der Aufklärung am alten spirituell geprägten Weltbild in Europa (Christentum) und der Kritik an der spirituellen Identität anderer Kulturen mit den daraus folgenden Konsequenzen dieser rationalistischen Sicht. Insgesamt stehe aus der Sicht der Kolonisierten der europäische Kolonialismus als sehr ähnlich da und die Unterschiede seien kaum relevant. In welcher Weise und in welchem Maße wurden und werden jedoch europäische Werte in anderen Teilen

der Welt übernommen? Singapur zum Beispiel sei vordergründig ein westlich geprägter Staat, legte Herr Hiery dar, lehne aber die Werte der Aufklärung ab. Auf der anderen Seite gäbe es jedoch auch einen intrinsischen Widerspruch zwischen dem Universalismusanspruch der Aufklärung und dem ebenfalls postulierten Selbstbestimmungsrecht der Völker. Wie weit dürfe letzteres gehen? Die Übernahme des europäischen beziehungsweise angloamerikanischen Modells des Parlamentarismus halte er nicht für eine unabdingbare Voraussetzung für die Anerkennung des Anderen.

Im zweiten Teil der Sektion traten didaktische Perspektiven in den Vordergrund. Hilke Günther-Arndt (Berlin), Urte Kocka (Berlin) und Judith Martin (Berlin) verwiesen auf die mögliche Umsetzung globaler Sichtweisen im Unterricht an fünf Beispielen: Der 17. Juni 1953 als globales Phänomen im Zusammenhang des Kalten Krieges, Regionalgeschichte (Industrialisierung) »im glokalen Blick« (global-lokale Verknüpfung), das Rittertum im Vergleich (zum Beispiel Samurai), Sklaverei in globalen Bezügen und Klimaglobale Auswirkungen auf das menschliche Verhalten.

Eine globalgeschichtliche Orientierung bedeutet nicht Beliebigkeit, sie erfordert vielmehr eine sorgfältige Ausbildung von Kompetenzen des historischen Denkens und zwar sowohl von historischen Begriffen, Kategorien und Konzepten als auch von historischen Methoden: Begriffs- und Strukturierungskompetenz liefern den Rahmen für historisches Denken, in dem sich Kompetenzen und kategoriales Wissen verbinden. Hier wurde eine Hierarchisierung von Konzepten ersten Ranges (Staat, Bürger, Minderheit ...), zweiten Ranges (Zeit, Raum, Quelle, Beweis, Ursache, Erklärung ...) zum thematischen Wissen auf der dritten Stufe (zum Beispiel Imperialismus) vorgestellt. Wenn damit ernst gemacht wird, eröffnet sich angesichts der vielen Defizite ein weites Arbeitsfeld (Bildungspläne, zentrale Abiturthemen und Schulgeschichtsbücher). Während es in einigen Bundesländern in den Lehrplänen für Sek. I neue Ansätze zu globalgeschichtlichen Perspektiven gäbe, kritisierten die Referentinnen auf der anderen Seite die Verengung der thematischen Perspektiven in der Oberstufe durch die Vorgaben des Zentralabiturs. Dort sei Globalgeschichte zwar nicht als solche enthalten, werde aber auch nicht unmöglich gemacht. In den Lehrbüchern bilde die westliche Zivilisation immer noch das Kerncurriculum, außereuropäische Länder würden meist bezugslos thematisiert, also nicht im Rahmen eines globalgeschichtlichen Konzepts, mit Ausnahme des »Kursbuch Geschichte« (Oberstufe). Möglichkeiten einer individuellen globalgeschichtlichen Akzentsetzung auch durch die einzelne Lehrkraft sehen die Referentinnnen durch den Spielraum im Rahmen des Anforderungsbereichs III. Ein realistisches Ziel könne daher in der »Globalisierung der Nationalgeschichte« bestehen.

Matti Münch (Rottweil) stellte das von den Mitgliedern der AG Globalgeschichte des Verbandes der Geschichtslehrer Deutschlands (VGD) erarbeitete Quellenheft vor.[1] Dabei werden gängige Themen (zum Beispiel die Verkehrs- und Kommunikationsrevolution, Industrialisierung, Migration, Weltwirtschaftskrise) in globaler Perspektive und unter globalen Fragestellungen behandelt. Die Materialien ermöglichen den Schülern Einblicke in weltweite Zusammenhänge und Verflechtungsprozesse, die aus nationaler Perspektive allein schwer verständlich wären. An kulturellen Globalisierungsphänomenen lässt sich besonders deutlich die Attraktivität von Globalgeschichte für die Schüler zeigen. Abschießend wurde noch einmal betont, dass die Integration von Globalgeschichte in den Geschichtsunterricht in vielfältiger Weise möglich sei, von der Neuperspektivierung ausgewählter klassischer Themen bis hin zur »Big History«, die den ganzen Geschichtsunterricht globalgeschichtlich ausrichten will. Für alle Ansätze aber gilt: Der Blick auf die Geschichte muss sich vor dem Hintergrund gegenwärtiger Phänomene ändern. Dies erfordert bei allem Beteiligten ein Umdenken: an der Universität, in der Schulverwaltung, in der Lehrerausbildung, bei den Verlagen und vor allem im Geschichtsunterricht selbst.

Diese Sektion wird zudem bei HSK im Querschnittsbericht »Didaktik der Geschichte« von Martin Lücke behandelt.

Anmerkungen

1 Abelein, Werner u. a. (Hrsg.): Globale Perspektiven im Geschichtsunterricht. Quellen zur Geschichte und Politik. Stuttgart 2010.

Historische Urteilskompetenz im Rahmen von Bildungsstandards – Möglichkeiten und Grenzen

Teilgebiete: D, GMT

Leitung
Jörg Ziegenhagen (Berlin) unter Mitarbeit von Anne Lützelberger

Einführung
Jörg Ziegenhagen (Berlin)

Werturteilsbildung und Urteilskompetenz
Peter Schulz-Hageleit (Berlin)

Kompetenzorientierte Benotung im Geschichts- und Politikunterricht
Ulrich Hagemann (Berlin)

Übertragung eines Modells für historisch-politische Urteilsbildung auf den Deutschunterricht
Deborah Mohr (Köln)

Kompetenzorientierte Prüfungs- und Aufgabenformen im Geschichts- und Politikunterricht
Jörg Ziegenhagen (Berlin)

Abschlussdiskussion: Historische Urteilskompetenz im Rahmen von Bildungsstandards – Möglichkeiten und Grenzen?

Zusammenfassung

Mit dem Kompetenz-Begriff verbinden sich fachübergreifend einerseits Hoffnungen, das Lernen könnte neu und sinnvoll zu organisieren sein sowie andererseits Befürchtungen, dass alte und bewährte Lehrwege ihre Berechtigung verlieren könnten. Am Beispiel der historischen Urteilskompetenz sollen dazu im Kontext des Tagungsthemas »Über Grenzen« Schlaglichter auf fachspezifische Problemlagen geworfen werden.
Peter Schulz-Hageleit ging einleitend kurz auf einige Begriffe ein (Domäne, Grenzüberschreitung, Kompetenz, Urteil), die im gegenwärtigen Theoriediskurs eine zentrale Rolle spielen. Werturteile wurden vom Autor mit der Idee des menschlichen Fortschritts verbunden, über die eine mit Unterrichtsbeispielen versehene Publikation vorliegt. Der Vortrag erörterte die besondere Problematik von Werturteilen am historischen Inhaltsbeispiel Kaiser Konstantins (Kaiser 306–337), über den die Quellen äußerst widersprüchlich berichten, so dass eine umstandslose Urteilsbildung im Unterricht schwierig, wenn nicht sogar unmöglich ist. Es kommt auf die Referenzrahmen an, von denen aus das Urteil gefällt wird. Der lebensweltlich-persönliche Standort und das durch Forschung erarbeitete Wissen über Fakten und »Maßstäbe« der Zeit stehen in einem dialektischen Wechselverhältnis, das nicht zugunsten einer Seite aufgelöst werden sollte. Urteilsbildung (als unabschließbarer Prozess) und Urteilskompetenz (als Ergebnis und individuell verfügbares Vermögen) halten sich didaktisch die Waage.
Mündliche Notengebung im Geschichts- und Politikunterricht, so die Ausführungen von Ulrich Hagemann, stößt stets an Grenzen der Nachvollziehbarkeit und Transparenz, wenn sie nicht an den domänenspezifischen Kompetenzen und Standards orientiert ist. Kompetenzen, Standards, Niveaukonkretisierungen – die Neuausrichtung in Bildungspolitik und Bildungspraxis hat nichts daran geändert, dass Lehrerinnen und Lehrer Noten verteilen müssen. Für Klassenarbeiten und Klausuren bieten Fachbriefe und Handreichungen Hilfen an, für den Bereich der mündlichen Notengebung jedoch – ohnehin ein Problemfeld, wenn es um transparente und allgemein nachvollziehbare Kriterien geht – fehlt eine solche Hilfestellung. Davon ausgehend befasst sich der Vortrag mit der Frage, wie können Lehrerinnen und Lehrer in den Fächern Geschichte und Politik bei der mündlichen Benotung (beziehungsweise bei der Bewertung im Allgemeinen Teil der Oberstufe) kompetenzorientiert vorgehen? Zu diesem Zweck legte Hagemann zuerst Vorgaben in bundeseinheitlichen Vorschriften und (exemplarisch konkretisierend) für das Land Berlin dar. Anschließend verband er die beschriebenen Vorgaben mit Anforderungen an ein transparentes, formalisiertes Diagnoseraster, um schließlich eine mögliche Diagnosepraxis für die Fächer Geschichte und Politik zu umreißen, indem die fachspezifischen Vorgaben mit den Anforderungen an ein Diagnoseraster und an einen kompetenzorientierten Unterricht verbunden werden.
Der Vortrag von Deborah Mohr befasste sich mit der Übertragbarkeit eines Modells für historisch-politische Urteilsbildung auf den Deutschunterricht und zeigt damit exemplarisch Möglichkeiten auf, die Grenzen der Geschichts- und Politikdidaktik zu überschreiten. Der Blick in die Vorgaben der Kultusminister-

konferenz (KMK) für den Mittleren Schulabschluss und das Abitur im Fach Deutsch zeigen, dass auch in dieser Domäne das Urteilen die höchste Anforderung an den Lernenden stellt und demnach auch im Deutschunterricht die Urteilskompetenz der Schülerinnen und Schüler geschult werden muss. Dem steht gegenüber, dass es in der Deutschdidaktik bisher kaum geeignete Modelle oder Konzepte gibt, die die Lernenden befähigen, strukturierte und rational begründete Urteile zu fällen. Davon ausgehend zeigte Mohr Möglichkeiten auf, in welcher Weise das für den Geschichts- und Politikunterricht konzipierte Modell der Urteilsbildung von Kayser und Hagemann auch für ein literarisches Thema im Deutschunterricht genutzt werden kann. Dabei wurde deutlich, dass das Modell eine praktikable Möglichkeit bietet, um Urteilsprozesse auch im Deutschunterricht zu strukturieren und dadurch besser handhabbar zu machen.
Jörg Ziegenhagen schließlich setzte sich in seinem Beitrag mit der Frage auseinander, inwiefern die historisch-politische Urteilsbildung in kompetenzorientierten Prüfungs- und Aufgabenformen implementiert werden kann. Der Paradigmenwechsel hin zum kompetenzorientierten Unterricht hat seinen Niederschlag auch in veränderten Aufgaben- und Prüfungsformaten gefunden, die in den Einheitlichen Prüfungsanforderungen in der Abiturprüfung (EPA) der KMK festgelegt wurden. Hier werden zwar Hinweise in formaler Hinsicht gegeben, allerdings bleibt offen, welche Konsequenzen sich für die konkrete Formulierung von kompetenzorientierten Aufgaben ergeben und welche Auffassung von Offenheit mit den intendierten Lernstrukturen – gerade mit Blick auf Bildungsstandards – verbunden ist. Das Referat versuchte in diesem Spannungsverhältnis praxisbezogene Lösungsansätze zu entwickeln.
Die Diskussion im Anschluss an die Vorträge machte deutlich, dass es aus Sicht der schulischen Praxis nicht unerhebliche Probleme bei der Umsetzbarkeit fachdidaktischer Konstruktionen und Modellvorstellungen gibt, die vor allem in einer oft zu großen Praxisferne begründet liegen. Die notwendige Folge für die Lehrkräfte ist die Entwicklung von eigenen Anpassungsstrategien, um sowohl Reformforderungen der Bildungspolitik als auch Anforderungen einer gewandelten Schullandschaft zu bewältigen. Im Gegensatz dazu liegt aus Sicht der Fachdidaktik die beklagte geringe Breitenwirksamkeit ihrer Ansätze in der fehlenden Rezeption ihrer Angebote durch die Lehrkräfte begründet: Um fundierte Unterrichtspraxis zu generieren, müssten die Handreichungen der Fachdidaktik auch abgerufen werden. – Die offenkundigen und zum Teil tiefgreifenden Meinungsverschiedenheiten zwischen Schul- und Hochschullehrern in der Diskussion am Ende dieser Sektion verwiesen darauf, dass viele Fragen der konkreten Umsetzung der aktuellen Bildungsreformen noch nicht befriedigend beantwortet sind.

Kulturen im Konflikt? Zur Begegnung von Orient und Okzident

Teilgebiete: D, AEG, KulG, EÜ, RG

Leitung
Gisbert Gemein (Verband der Geschichtslehrer Deutschlands)

Die Erfindung des Fremden: Das Türkenbild in Mittelalter und Früher Neuzeit
Hartmann Wunderer (Wiesbaden)

Das Bild des Anderen: Die Darstellung Europas und seiner Geschichte in arabischen Geschichtsbüchern
Wolfram Reiss (Wien)

Heilige Kriege? Heilige Kriege im alten Israel, Kreuzzugsgedanke in Mittelalter und Gegenwart, Wandel des Dschihad
Gisbert Gemein (Neuss)

Kulturbegegnungen im 18. und 19. Jahrhundert
Roland Löffler (Bad Homburg)

Zusammenfassung

Die kriegerischen Auseinandersetzungen zwischen dem expandierenden Osmanischen Reich und europäischen Staaten, führte Hartmann Wunderer in seinem Vortrag aus, prägten seit dem Spätmittelalter bis ins 18. Jahrhundert das Bild von den »Türken«. Die Türkenfurcht wurde ein großes Thema in innereuropäischen politischen und religiösen Auseinandersetzungen. Entsprechend den militärischen Konstellationen verschoben sich allerdings allmählich die Wahrnehmungsmuster. Die heute erneut politisch und sozial überaus wirksamen und nicht selten irrationalen »Überflutungsängste« greifen auf Muster zurück, die im Spätmittelalter und in der Frühen Neuzeit entwickelt wurden.
Mitteleuropa wurde seit der Eroberung von Konstantinopel von Türkentraktaten schier überflutet. Dabei dominierte klar eine dramatisierende Übertreibung der tatsächlichen oder vermeintlichen Türkengefahr. Berichtet wurde von brutalen Überfällen und Eroberungen der »Türken«. Türkendrucke berichteten in rascher Folge von den Belagerungen und Kämpfen sowie insbesondere von brutalen Greueltaten dieser neuen Gefahr aus dem Osten. Fingierte kirchliche Briefe machten die Runde, in denen Schauergeschichten erzählt wurden. Bisweilen wurde – entsprechend der apokalyptischen Signatur des frühen 16. Jahrhunderts – mit dem Vordringen der Türken das nahe Weltende prognostiziert. Das reflektiert sich auch in zahlreichen berühmten Kunstwerken etwa von Dürer. Die »Türkengefahr« wird auch bei den innerreligiösen Konflikten des 16. Jahrhunderts in folgenreicher Weise instrumentalisiert. Vor allem Luthers häufig artikulierten antitürkischen Ressentiments wird eine beachtliche Folgewirkung zugeschrieben. Freilich verknüpft Luther seine antitürkische Agitation mit seiner antipapistischen Polemik, und hier wird offenbar eine Besonderheit antiosmanischer beziehungsweise antimuslimischer Pamphletik deutlich: Offensichtlich zielt Luther gleichermaßen auf »die Türken« wie auf den Papst, seinen »Intimfeind«, die Negativbeschreibungen gelten beiden gleichermaßen. Und weiterhin dienen die antitürkischen Klischees dazu, Missstände im eigenen Land anzu-

prangern. Aus mitteleuropäischer Perspektive wird dabei wenig in den Blick genommen, wie sich die »Islamisierung« des Balkan vollzog. Während die Protagonisten einer traditionellen Sichtweise bei diesem Prozess glaubenseifernde Muslime am Werk sehen, die mit »Feuer und Schwert« zu Werke gingen, betonen Vertreter einer modernen Osmanistik, dass sich diese Islamisierung eher auf freiwilliger Basis abspielte, konnten sich doch auf diese Weise Völker ihren ehemaligen – wenig toleranten – orthodoxen ostkirchlichen Zwingherren entziehen.
Die Wahrnehmung der Türken im »Abendland« vollzog sich nicht im politisch luftleeren Raum, sondern im Rahmen der großen politischen Konflikte zwischen dem Papst, dem Heiligen Römischen Reich, Frankreich, Venedig und anderen italienischen Republiken, Spanien und England. Und da liefen die Konfliktlinien keineswegs zwischen dem dämonisierten Orient und dem christlichen Okzident, sondern verwirrend kreuz und quer. Sicherlich existierte bereits damals ein rudimentäres Bewusstsein von »Europa«, es war aber – entgegen dem medial inszenierten Feindbild »Muslime/Türkei« – keineswegs so wirksam und eindeutig wie heute, auch wenn die Feindbilder bereits damals apodiktisch abwertende wie negative Zuschreibungen enthielten, die eigentlich keine militärischen oder politischen Koalitionen zuließen.
Vor allem in der Zeit der Aufklärung, als die Türkengefahr bereits merklich abgeflaut war, verschob sich deutlich das Bild von den Muslimen und Türken. Das Bild changiert nun zwischen der Akzentuierung eines blutrünstigen und intoleranten Glaubens einerseits und Tugenden wie Zuvorkommenheit, Barmherzigkeit und Gastfreundschaft andererseits. Anfänge einer Orientalistik als wissenschaftlicher Disziplin zeichneten sich ab. Diese Widersprüchlichkeit kennzeichnet auch die im 18. und vor allem im 19. Jahrhundert anschwellende Literatur über den Orient. Freilich kennen viele der Autoren diesen gar nicht aus eigener Anschauung, sondern »erfinden« sich »ihren« Orient. Andere benutzen den Orient nicht als Raum zur kritischen Selbstreflektion, sondern zur selbstgefälligen Selbstvergewisserung, wenn das Eigene und das Fremde schroff gegenübergestellt werden. Im 19. Jahrhundert ändert sich das Türkenbild erneut gravierend. Ein Auslöser hierfür war der im Jahr 1821 einsetzende griechische Befreiungskampf gegen die osmanische Herrschaft, der breite Unterstützung und Solidarität bei europäischen Intellektuellen und Adligen fand. Die Muster, die dabei entwickelt wurden, vermischen sich mit traditionellen und sie prägen aber auch immer noch unser gegenwärtiges Türkenbild, das ebenfalls von Nichtverstehenwollen, Ablehnung und Geringschätzung bis Verachtung bestimmt ist.
Wolfram Reiss' Vortrag basierte auf einer detaillierten Analyse der Schulbücher für Sozialkunde und Geschichte in mehreren Ländern des Nahen Ostens. Im ersten Teil des Vortrags wird zunächst ein genauerer Einblick gegeben in die Darstellung Europas in ägyptischen Schulbüchern. Hier wird der Westen vornehmlich als aggressiver Feind der islamischen Kultur dargestellt. Europa kommt vor allem als militärischer und wirtschaftlicher Gegner in den Blick a) bei der Schilderung der Eroberungszüge in der Frühzeit des Islam, b) bei der Schilderung der Kreuzfahrerzeit, die sehr ausführlich abgehandelt wird und bei der die blutige Eroberung Jerusalems der unblutigen muslimischen Rückeroberung gegenübergestellt wird, c) bei der Schilderung der Kolonialzeit und der Kämpfe um die

Unabhängigkeit. Die Kolonialzeit schließt lückenlos an die Kreuzfahrerzeit an und wird als direkte Fortsetzung der Kreuzzüge mit anderen Mitteln angesehen: Was die Kreuzfahrer militärisch nicht erreichen konnten, versuchen die »modernen Kreuzfahrer« nun auf dem Umweg über den Wirtschaftskrieg. Kolonialismus und Ausbeutung werden so zu einer rein westlich-christlichen Angelegenheit, während der Kolonialismus und die Ausbeutung von Ländern durch Araber, Mamelucken und Osmanen verschwiegen werden. Das christliche Abendland wird als nicht religiös geprägt und als die kulturell niedriger stehende Kultur beschrieben, die nur aufgrund der Begegnung mit dem Islam in der Renaissance einen Aufschwung nahm. Deshalb ist es Hauptaufgabe des Staates und jedes Bürgers, sich gegen die Bedrohung von außen zu wehren.
Im zweiten Teil seines Vortrags zog Reiss Vergleiche zur Darstellung Europas in anderen Ländern. Auffällig ist zum Beispiel, dass in den neuen Schulbüchern von Palästina die Kreuzzüge nicht als religiöse Kriege geschildert werden und dass ihnen bei weitem nicht eine solch zentrale Bedeutung zugemessen wird wie in Ägypten. Zudem wird großer Wert auf die Erziehung zur Toleranz aller Religionen und Kulturen gelegt. Hier ist also kein pauschales Feindbild gegenüber Europa festzustellen. In Geschichtsbüchern in Syrien gibt es hingegen ähnlich wie in Ägypten eine starke Tendenz zur Polarisierung und Polemik. Die militärischen und ökonomischen Auseinandersetzungen in der Antike, im Mittelalter und in der Kolonialzeit werden betont. Der zentrale Feind ist jedoch nicht der Westen beziehungsweise die europäische Mächte, sondern es sind die »Hebräer« zur Zeit Kanaans, die Zionisten, die Juden und der gegenwärtige Staat Israel, die als Feinde der arabisch-islamischen Welt gekennzeichnet werden und die mit den Kreuzfahrern gleichgesetzt werden. In einigen Kapiteln werden grundlegende sachliche Informationen über geschichtliche Entwicklungen in Europa und auch einige Informationen über Orientalische Christen gegeben.
In den Geschichtsbüchern im Libanon streitet man über die Geschichtsdarstellung in den Schulbüchern seit vielen Jahren. Jede ethnisch-religiöse Gruppe produziert ihre eigenen Geschichtsbücher. Der Versuch einer gemeinsamen Darstellung der Geschichte in einem vereinigten nationalen libanesischen Curriculum ist bisher gescheitert. In den Geschichtsschulbüchern Algeriens gibt es eine sehr starke Polemik gegen die Kolonialmächte Frankreich und Spanien, die sogar die Polemik in Ägypten übertrifft, andererseits stehen dazu in starkem Gegensatz die sachlichen Informationen über die Reformationsbewegung in Europa im Geschichtsbuch der 9. Klasse. Hier werden nüchtern und detailliert die religiösen Motive und Biographien von Luther und Calvin beschrieben und die historischen Entwicklungen nachgezeichnet, die zur Gründung der Anglikanischen Kirche führten. Diese Kapitel sind frei von jeglicher Polemik. Als Erzfeinde des Islam werden also in Algerien nicht verallgemeinernd alle europäischen Mächte gesehen, sondern nur die beiden Kolonialmächte Spanien und Frankreich, die eng mit der Römisch-Katholischen Kirche kooperiert hätten bei ihrer Expansion und Unterdrückung. Gegenüber Nordeuropa und dem evangelischen Christentum verschiedener Richtungen scheinen solche Vorbehalte und Stereotypen nicht vorhanden zu sein. Bei diesen Vergleichen von Geschichtsbüchern im Nahen Osten fällt auf, dass die Darstellung Europas in der islamisch-arabischen

Welt nicht einheitlich ist und dass sich in den Geschichtsbüchern die jeweilige nationale Agenda widerspiegelt. Am Ende des Vortrags wies Reiss auf den Inhalt einer Empfehlung der Arabischen Liga und der UNESCO zur Darstellung Europas in arabischen Schulbüchern und zur Darstellung der islamischen Geschichte und Kultur in europäischen Schulbüchern hin.

»Jahwe ist ein gewaltiger Held, ein Kriegsheld« (Psalm 24,8). Aus diesem und ähnlichen Zitaten zog Gerhard von Rad den Begriff des Heiligen Krieges im alten Israel. Die damalige Begeisterung über diese These, so Gisbert Gemein in seinem Beitrag, ist inzwischen einer nüchternen Betrachtung gewichen: Die von Rad als spezifisch altisraelitisch behaupteten Elemente der Kriegsführung lassen sich auch in anderen altorientalischen Kriegsüberlieferungen nachweisen. Die Vorstellung, dass Götter über Sieg und Niederlage entscheiden, ist geradezu ein Topos für die gesamte Antike. Doch die Makkabäerkriege bringen eine neue Qualität hinsichtlich des Begriffes »heiliger Krieg«, weil sie aus der wahrscheinlich ersten Religionsverfolgung hervorgingen. Neu ist hier die systematische Religionsverfolgung, weil diese vom Grundsatz her in einer polytheistischen Welt nicht denkbar ist, die sich eher durch Toleranz auszeichnet. Die Heftigkeit und Unbarmherzigkeit dieser Auseinandersetzung bieten ebenso wie die Reaktion der Betroffenen eine neue Qualität. Es ging nicht nur um die Integration der Juden in die hellenistische Welt, es ging in letzter Konsequenz um deren Identität als einziger Gesellschaft mit einem monotheistischen Glauben.

Eine vergleichbare Ausgangslage bot auch der Aufstand unter Bar Kochba als Reaktion auf die Hellenisierungspolitik Hadrians, mehr als der Große Aufstand von 66–70 n. Chr., der auch andere Ursachen hatte. Religion ist Hauptursache, nicht nur Anlass, zusätzlicher Faktor oder Vorwand eines Konflikts. Dieses Phänomen scheint mit dem Monotheismus verbunden, denn es ist später nicht nur im Judentum zu finden, sondern auch im Islam und Christentum. Das Christentum versteht sich als Friedensreligion, die nicht nur den Nächsten, sondern sogar den Feind zu lieben fordert. Dies stellt den Staatsbürger, der sein Land verteidigen soll, vor grundsätzliche Entscheidungen. Für die frühchristlichen Kirchenväter war die Antwort eindeutig: Krieg war Massenmord. Doch nach Konstantin stellte sich die Frage neu. Im Gegensatz zur Ostkirche, die durchgängig eine rigorosere, ablehnende Haltung einnahm, hatte in der Westkirche Augustinus eingeräumt, dass unter bestimmten Umständen auf Befehl Gottes Kriege geführt werden können. Den nach der Völkerwanderungszeit im Westen entstandenen aristokratischen Militärgesellschaften bot dies die Möglichkeit, ihrem »gewohnten Zeitvertreib« (Runciman) nachzugehen.

Als Papst Urban II. 1095 zum Kreuzzug aufrief, war dies der Auftakt einer neuen Epoche, deren Definition wie auch zeitliche Begrenzung bis heute strittig ist. Für den ersten Kreuzzug hat sich heute der Begriff »bewaffnete Pilgerschaft« eingebürgert. Er beschreibt aber bestenfalls die Hauptintentionen der Mehrheit seiner Teilnehmer, wird deren Komplexität und Vielfältigkeit aber kaum gerecht. Eine frühere Geschichtsschreibung hat die religiöse Begeisterung hervorgehoben, ein »Heldenlied der Kreuzzüge« (Grousset) gezeichnet, eine jüngere die materiellen Interessen hervorgehoben. Schon im Mittelalter wandelt sich der Kreuzzugsbegriff. Unter Kreuzzug werden nicht nur Unternehmen in den Nahen Osten verstanden, sondern ebenso die Reconquista in Spanien oder die Unterwerfung der Pruzzen durch den Deutschen Orden. Kreuzzüge richten sich gegen ketzerische Albigenser wie gegen christliche Stedinger Bauern, die sich dem Feudalisierungsprozess nicht unterwerfen wollen. Der Kreuzzug von 1204 gegen Konstantinopel hat eindeutig politische Motive, persönlich-weltliche darf man dem Kreuzzug von Papst Bonifaz VIII. vom November 1297 gegen zwei seiner Kardinäle unterstellen, bei dem es um einen Streit über den Kauf von Grundstücken ging.

Schon im Mittelalter wandelt sich das Bild des ersten Kreuzzuges zum Mythos. Dies steht im Gegensatz zu einer heutigen Vorstellung, die in den Kreuzzügen brutale und ausbeuterische Kriege gegen einen kulturell überlegenen Gegner sieht. Diese Bewertung hat eine Vorgeschichte, sie geht auf eine Auffassung zur Zeit der Aufklärung zurück, als sich Voltaire und Hume ablehnend äußerten, die Historiker Gibbon und Robertson ein eher negatives Urteil fällten. Dagegen sind die Äußerungen des 19. Jahrhunderts eher verklärend (Chateaubriand, Mark Twain, Disraeli, die Adaption von Torquato Tasso). Eine politische Instrumentalisierung des Kreuzzugsgedankens erfolgte, als in England und Frankreich als Verbündete einer muslimischen Macht, des Osmanischen Reiches, der Krimkrieg als eine Art Kreuzzug zur Rettung der heiligen Stätten dargestellt wurde. Diese politische Instrumentalisierung reicht weit ins 20. Jahrhundert (englischer Dardanellenfeldzug, Francos »Kreuzzug der Befreiung«, Hitler mit dem »Unternehmen Barbarossa«, Eisenhower mit seinem »Crusade to Europe«). Kennzeichnend für den modernen Kreuzzugsbegriff ist der Verlust an Religiosität mit einer teilweisen Überbetonung des Militärischen beziehungsweise ritterlicher Eigenschaften wie dem Opfersinn für übergeordnete Ziele. Dieser säkularisierte Kreuzzugsbegriff kann daher von unterschiedlichen Weltanschauungen wie Demokratie und Faschismus, selbst vom Maoismus genutzt werden.

Seit der Nachkriegszeit ist ein deutlich verändertes Kreuzzugsbild zu verzeichnen. Heute kommt der Begriff in durchaus friedlichem Gewande daher (als »Kampf gegen Hunger und Armut auf der Welt«) oder hat in der Alltagssprache seine ursprüngliche Bedeutung fast ganz verloren.

Deutlich stärker wirkt die ursprüngliche Kreuzzugsidee allerdings im islamischen Raum, in dem die christliche Besetzung Palästinas tiefe Spuren hinterlassen hat. Schon Abdülhamit II. (1876–1909) hatte die Politik der europäischen Mächte als »neue Kreuzzüge« gekennzeichnet. Durchgängig wird bis heute Saladin als erfolgreicher Kämpfer gegen den Westen dargestellt, in der Regel mit der Aufforderung, es ihm gleich zu tun, wobei wider alle historische Logik Israel als Nachfahre der christlichen Kreuzfahrerstaaten bezeichnet wird. Auffällig ist, dass der Kreuzzugsbegriff heute im politischen Bereich hauptsächlich von fundamentalistischer Seite benutzt wird. Dies gilt sowohl für die islamistische Seite, die die Haltung des Westens generell als Kreuzzüglertum diffamiert, wie auch zum Beispiel für Aktivitäten der rechtsradikalen Militia in einzelnen Staaten der USA.

Einen nicht so weiten Bedeutungswandel hat der Dschihad-Begriff in der Geschichte gemacht. Er hatte allerdings von Anfang an ein Doppelgesicht, schon im Koran, wo er im friedlichen wie im kriegerischen Sinne einherkommt. Das Wort bedeutet im Arabischen »Anstrengung, Mühe (für die Sache Gottes)«, die im Westen übliche Übersetzung mit »heiliger Krieg« ist daher philologisch falsch

und kann den Dialog mit Muslimen stören, die ihre Religion ebenfalls als eine Friedensreligion ansehen, allerdings Krieg als eine gegebene Sache ansehen, die aber bestimmten Regeln unterworfen sein muss. Schon seit der Frühzeit wird zwischen einem »Großen Dschihad«, der zur Überwindung der eigenen schlechten Eigenschaften gekämpft wird, und einem »Kleinen Dschihad«, der auch als ein bewaffneter Heidenkampf oder zur Verteidigung der muslimischen Glaubensgemeinschaft ausgefochten werden kann, unterschieden. Wenn heutige NRW-Richtlinien für das Fach »Islamische Unterweisung« für 4. Grundschulklassen den Dschihad fordern, meinen sie selbstverständlich den Großen, ähnlich wie die syrischen Religionsbücher in ihm »Arbeitseifer« verlangen oder Smail Balic »Dschihad als Einsatz für Frieden und Fortschritt« definiert. Wenn in solchen Erklärungen der »Kleine Dschihad« gar nicht mehr vorkommt, wird dies der historischen Realität nicht gerecht.
Denn eine politische Instrumentalisierung für kriegerische Auseinandersetzungen hat es immer gegeben, schon zu Zeiten des Propheten in seiner medinensischen Zeit, später im bewaffneten »Heidenkampf« (nicht gegen Angehörige der »Buchreligionen«), dann seit der Kreuzzugszeit auch gegen Christen, bald auch gegen muslimische Konkurrenten. Dschihad ist also ein schillernder Begriff. Auch wenn er seit dem Mittelalter mit dem Kreuzzugsbegriff in einem Interdependenzverhältnis steht, wurde er nie wie dieser als ein »proelium sanctum« verstanden, als ein »heiliger Krieg«, zu dem der Papst wenn auch nicht faktisch, so doch rechtlich bindend aufrufen konnte, während im Dschihad immer die Entscheidung des Einzelnen im Vordergrund stand. Erst auf der Islamischen Gipfelkonferenz von Taif 1981 wird erstmals die Adjektivverbindung »heiliger Dschihad« benutzt.
Für die klassische muslimische Theologie gehört der Dschihad nicht zum Kernbereich des Glaubens, der durch die 5 Pfeiler gekennzeichnet wird. Was für die übergroße Mehrheit der Muslime, die den Großen Dschihad kämpft, gilt, gilt allerdings nicht für den Islamismus, keine religiöse, sondern eine religiös begründete politische Bewegung, die eine Umkehrung der bisherigen Theologie verursachte. Der indo-pakistanische Denker Maududi sprach vom Dschihad als »vernachlässigter Pflicht«, notwendig als Vorbereitung zur Erfüllung der 5 Pfeiler des Islam. Während bei Maududi Dschihad in bewaffneter wie unbewaffneter Form durchgeführt werden kann, so dass auch Alte oder Frauen an ihm teilhaben können, ist bei dem Ägypter Qutb eine Militarisierung zu verzeichnen. Beiden gemeinsam ist eine Umkehrung der bisherigen Theologie. Es ist daher nur ein kleiner Schritt zu den modernen Dschihadisten, die den Dschihad nur als einzige Lebensform gelten lassen.
Während man Maududi und Qutb, für die schiitische Seite Khomeini, noch im weitesten Sinne im Rahmen der traditionellen islamischen Theologie ansehen mag, verlässt diese mit einer regelrechten Umdeutung des Dschihad-Begriffes Omar Abder Rahman (verantwortlich für den ersten Anschlag auf das World Trade Center 1993) in seiner Dissertation, als er die Unterscheidung von Großem und Kleinem Dschihad als verwerfliche Erfindung unter dem Einfluss der Kolonialmächte ablehnte und den Dschihad als militante Aktion lehrte, alle Ungläubigen zur Übernahme des Islam oder zumindest zur Unterwerfung zu bewegen. Diese Ideen wurden nicht nur in der islamistischen Bewegung in Palästina (etwa

im »Islamischen Dschihad«) aufgriffen, sie wurden auch weiter ausdifferenziert. Der im arabischen Sender al-Dschazira häufig auftretende »Fernsehscheich« al-Qaradawi, ein ägyptischer Muslimbruder, der seine Heimat nicht mehr betreten darf, rechtfertigt Selbstmordanschläge als höchste Form des Dschihads. 1998 kündigte Bin Laden die Bildung einer Internationalen Islamischen Front für einen Dschihad gegen Juden und Kreuzfahrer an. Der Dschihad ist normalerweise an ein bestimmtes Land oder Territorium gebunden. Bin Laden und die anderen Unterzeichner entterritorialisieren den Begriff und weiten ihn auf das gesamte Universum aus, ein klarer Bruch mit der Tradition, für die allerdings Khomeini mit seiner Fatwa gegen Salman Rusdie als Vorbild gelten kann. Man wird den modernen Dschihadismus eher mit Terrorismus als einer religiösen Bewegung gleichsetzen. Seine theologischen Begründungen haben ihn weit von der klassischen islamischen Theologie entfernt. Die geistige Vaterschaft Qutbs ist weiterhin wirksam, wenn auch in verflachter Form. Die Grenzen zum Banditentum sind fließend. Es geht nicht mehr um die Durchsetzung einer religiösen Idee, es geht um den terroristischen Kampf gegen die nicht-islamische Welt, es geht um eine kampfbetonte Lebensform, die im Selbstmordattentat die höchste Form der Vollendung des Menschseins sieht.

Es gehört deshalb zu den interessantesten Entwicklungen der letzten Jahre, so formulierte Roland Löffler, der leider nicht an der Sektion teilnehmen konnte, in seinem Abstract, dass die Beschäftigung mit den religiösen Phänomenen des 19. und 20. Jahrhunderts im Kontext der Aufwertung der Kulturgeschichte eine unerwartete Renaissance erlebt. Dies gilt vor allem für den Katholizismus, den Protestantismus und das Judentum des Deutschen Kaiserreichs und sogar für die lange Zeit lediglich als Nebenprodukt des Imperialismus behandelte Missionsgeschichte, die von Allgemeinhistorikern, Volkskundlern und Sozialwissenschaftlern aufgrund ihrer Bedeutung für den Kulturtransfer langsam wiederentdeckt wird. Im Kontext des kulturhistorischen Diskurses könnte etwa die religionshistorische Palästina-Forschung zeigen, welche Formen von Kulturkontakt und Kulturkonflikt, welche faszinierenden und komplexen Wechselwirkungen zwischen Peripherie und Zentrum, zwischen Einheimischen und westlichen Siedlern in Palästina existierten.

Auffallend ist allerdings, dass die bisherige religionshistorische Palästina-Forschung ihre Ergebnisse selten in größere theoretisch-historiographische Bezüge eingebettet hat. Der technologische, wissenschaftliche und kirchlich-kulturelle Transfer von Westeuropa nach Palästina durch die christlichen Organisationen wurde bisher oft mit Hilfe eines funktionalen, aber oftmals nicht eingehend reflektierten Modernisierungstheorems analysiert. Die Einbettung in größere transnationale – nicht ausschließlich außenpolitische – Veränderungsprozesse fehlte häufig ebenso wie die Integration in den sozial-, kirchen- oder kulturhistorischen Diskurs.

Es muss deshalb versucht werden, mit Hilfe der Milieutheorie und der Mentalitätsgeschichte, wie sie von Olaf Blaschke und Frank-Michael Kuhlemann weiterentwickelt wurden, das deutsch-evangelische Palästina-Engagement als ein Segment der Formierungsprozesse des deutschen Protestantismus im 19. und frühen 20. Jahrhundert zu erklären. Der Mentalitätsgeschichte und der Milieutheorie geht es im

Kontext der Kirchengeschichte darum, unausgesprochene oder auch reflektierte theologische, spirituelle, kulturelle und politische (Dis)Positionen sowie die daraus resultierenden Vergemeinschaftungsprozesse nachzuzeichnen. Löffler konzentrierte sich aufgrund der Komplexität des Sachverhaltes auf den deutschen Protestantismus, der in letzter Zeit verstärkt in den Fokus der Forschung geriet. Dazu trug auch die Herausbildung kirchlicher Zweitstrukturen durch den sogenannten Verbandsprotestantismus bei. Zu diesen kirchennahen und dennoch betont eigenständigen Vereinen zählten Großverbände wie das Gustav-Adolf-Werk, der Evangelische Bund, die Einrichtungen der »Inneren Mission«, aber auch die Missionsgesellschaften, in denen auch das deutsche Palästina-Engagement zu verorten ist. Die Forschung hat die Missionen trotz ihrer Bedeutung für die protestantischen Milieubildungsprozesse bisher vernachlässigt. Mit Hilfe der hier vorgestellten Überlegungen soll dieser Entwicklung entgegengewirkt werden.
Gerade die Blüte des Verbandsprotestantismus ist ein Indiz dafür, dass sich im Blick auf das 19. Jahrhundert nicht einfach von einer steten Entchristlichung der westlichen Gesellschaften und von einem Niedergang des Protestantismus sprechen lässt. Das Ergebnis ist vielmehr ambivalent. Die Religion befindet sich seit etwa 200 Jahren in einer Relevanzkrise, erlebte im Modernisierungsprozess aber auch Renaissancen, Transformationen, Neubestimmungen ihrer zentralen Glaubensaussagen und ihrer sozialen Formen. Der Säkularisierungsprozess muss deshalb wie der Modernisierungsprozess als janusköpfiges Phänomen verstanden werden. Zu diesem Komplex wird hier auch das dynamische und breitenwirksame protestantische Palästina-Engagement gezählt.

Was ist guter Geschichtsunterricht? Qualitätsmerkmale in der Kontroverse

Teilgebiete: D, GMT

Leitung
Meik Zülsdorf-Kersting (Osnabrück)
Holger Thünemann (Münster)

Einführung
Meik Zülsdorf-Kersting (Osnabrück)

Präsentation: Unterrichtsmitschnitt

Guter Geschichtsunterricht aus der Lehrerperspektive
Holger Thünemann (Münster)

Guter Geschichtsunterricht aus der Schülerperspektive
Johannes Meyer-Hamme (Hamburg)

Guter Geschichtsunterricht aus fachdidaktischer Perspektive
Gerhard Henke-Bockschatz (Frankfurt am Main)

Fazit – Fragen – Perspektiven
Peter Gautschi (Aarau)

HSK-Bericht
Von Kristina Lange (Ruhr-Universität Bochum)

Was ist guter Geschichtsunterricht? Diese elementare und doch zugleich komplexe Frage wird seit geraumer Zeit in der universitären Geschichtsdidaktik wieder diskutiert. Ausgelöst wurde dieser Trend durch internationales und nationales Bildungsmonitoring, die derzeitige Output-Orientierung im deutschen Bildungssystem sowie durch empirische Forschung in den Bildungswissenschaften und Fachdidaktiken. Die jüngste empiriegestützte Fokussierung[1] auf die Frage »Was ist guter Geschichtsunterricht?« ist umso mehr zu begrüßen, da sich Akteure insbesondere der zweiten Phase der Lehrerausbildung, Lehrkräfte und LehramtsanwärterInnen bislang – neben ihrer auf Erfahrungswissen in unterschiedlicher Qualität und Quantität basierender Expertise – lediglich auf normative theoretische Ansätze im Sinne geschichtsdidaktischer Kategorien beziehen konnten.[2]
Ausgehend von der Frage, warum der Geschichtsunterricht als institutionalisierte Form des historischen Lernens so zurückhaltend von der Geschichtsdidaktik bearbeitet wurde, systematisierte Meik Zülsdorf-Kersting (Osnabrück) in seiner Einführung den Forschungsstand und konstatierte Empiriedefizite auf drei Ebenen; erstens in der teilnehmenden Unterrichtsforschung, zweitens in der empirischen Überprüfung der entwickelten Kompetenzmodelle und der entwickelten »Stufungen« beziehungsweise »Graduierungen«, drittens in der Bearbeitung der Dilemma-Situation in der Pragmatik: Faktisch muss in der Praxis bewertet werden, es liegen jedoch keine geprüften handhabbaren Kriterien vor. Mit der letztgenannten Forschungslücke ist zugleich die erkenntnisleitende Fragestellung der Sektion umrissen: »Wie wird Qualität von Geschichtsunterricht beurteilt?« Da die Qualitätskriterien von der Perspektive der Beurteilenden abhängen, wurden in der Sektion in den sich anschließenden Vorträgen die Lehrer- und Schülerperspektive sowie die fachdidaktische Sicht beleuchtet. Dieser mehrperspektivische Zugang entspricht dem explorativen Zugang und dem Design der dieser Sektion zugrundeliegenden Pilotstudie, die in der Unterrichtsforschung zu verorten ist. Exemplarisch an einem »Good-Practice«-Videomitschnitt einer Geschichtsstunde sollten nicht die aus der geschichtsdidaktischen Debatte abgeleiteten Kriterien, sondern die (möglicherweise konträr) angelegten Kriterien von Lehrer und Hochschullehrer sowie von Schülerinnen und Schülern sichtbar gemacht werden.
Der Frage »Was sind aus Lehrerperspektive Merkmale guten Geschichtsunterrichts?«, ging Holger Thünemann (Münster) in seinem Vortrag nach. Zunächst wurde aus forschungsmethodischer Sicht erläutert, dass komplementär zu bisher vorliegenden, auf geschlossenen Fragebögen basierenden, Ergebnissen das problemzentrierte Leitfadeninterview eingesetzt wurde, um »subjektive Theorien« der Geschichtslehrkräfte über den Untersuchungsgegenstand zu erheben. Das

Angebot-Nutzungsmodell von Andreas Helmke zählt gegenwärtig wohl zu den elaboriertesten domänenunspezifischen Modellierungen von Unterrichtsqualität. Obgleich Helmke eine einseitige Fokussierung auf das Expertenparadigma kritisch sehe, so ist doch festzuhalten, dass subjektive Theorien als zentrale Faktoren in der Unterrichtspraxis handlungswirksam würden. Geschichtslehrkräfte hätten demnach subjektive Theorien über die Qualität ihres Unterrichtes. Diese könnten auf vier Ebenen auf Basis bereits vorliegender Befunde anderer Studien thesenhaft systematisiert werden: Erstens sind die Kriterien der Geschichtslehrkräfte eher fachunspezifisch. Zweitens haben die Lehrkräfte eher Theorien über den Stoff und weniger über den Unterrichtsprozess. Drittens weisen die subjektiven Theorien heterogene Theorieelemente auf und sind wenig systematisiert, aber pragmatisch sinnvoll. Viertens können Lehrer- und Schülerperspektive differieren. Die Analyse des Videomitschnittes führte zu folgenden Befunden: Erstens hat die Geschichtslehrkraft fachunspezifische Qualitätskriterien (beispielsweise strukturelle Kohärenz, Hausaufgaben). Diese greifen aber mit fachspezifischen Kriterien (beispielsweise Quellenkritik, historisches Urteil) ineinander. Die subjektiven Theorien der Geschichtslehrkraft haben somit einen »harten« fachspezifischen Kern. Zweitens orientiert sich die Geschichtslehrkraft nicht nur an deklarativem, sondern auch an prozeduralem Wissen im Sinne des historischen Denkens. Drittens sind die subjektiven Theorien wenig systematisiert und kategorial. Als zentrale Kriterien konnten Sachwissen, geschichtskulturelle Kompetenz und historisches Denken als Hauptziel des Geschichtsunterrichts identifiziert werden. Viertens zeigen Lehrer- und Schülerperspektive eine große Übereinstimmung im Hinblick auf fachunspezifische Anteile und weniger Übereinstimmung bei fachspezifischen Anteilen.
Im Zentrum von Johannes Meyer-Hammes (Hamburg) Beitrag stand die Frage: »Welche Perspektive nehmen die Schülerinnen und Schüler zu der videographierten Stunde ein?« Im Hinblick auf den bisherigen Forschungsstand konstatierte Meyer-Hamme eine hypothesenprüfende Forschungslogik. Da in quantitativen Verfahren Unterschiede in Mittelwerten eingeebnet würden, betonte Meyer-Hamme die Vorteile des rekonstruktiven Forschungsansatzes, mit dem es möglich sei, maximale Kontraste herauszuarbeiten. Anhand von vier zufälligen Fallskizzen, die jedoch nicht die Ecken des Feldes markierten, wurde die Schülersicht hinsichtlich der Qualität von Geschichtsunterricht rekonstruiert. Die Befunde zeigen ein hohes Maß an Heterogenität: Bei einer Schülerin stand beispielsweise die Zielorientierung »Lernen für eine (gute) Klausur« im Vordergrund. Qualitätskriterien waren demnach »gutes« Tafelbild, hilfreiche Materialien und Klärung der Frage, »was ist richtig, was nicht« in der Diskussion im Klassenverband. Die Qualitätskriterien dieser Schülerin waren zu großen Teilen fachunspezifisch. Eine andere Schülerin argumentierte mit fachspezifischen Kriterien (Quellenarbeit, -kritik, Kontroversität). Die größte Bedeutung für einen gelungenen Geschichtsunterricht habe es ihrer Einschätzung nach aber, sich in andere Personen hineinzuversetzen, »die Gefühle zu spüren«. Empathie und Fremdverstehen als wesentliche, aber personalisierte Form des historischen Denkens sind für diese Schülerin ein zentrales Qualitätsmerkmal guten Geschichtsunterrichts.

Gerhard Henke-Bockschatz (Frankfurt am Main) untersuchte den Gegenstand »Guter Geschichtsunterricht aus fachdidaktischer Perspektive«. Ausgehend von der These, dass eher Einigkeit über die Kritikpunkte als über Merkmale guten Geschichtsunterrichts bestünde, entwickelte er Gütekriterien für guten Geschichtsunterricht: klar strukturierter Unterrichtsprozess, anschlussfähiges und zur Orientierung befähigendes Wissen (mehr als Fachkenntnisse) sowie gute Rahmenbedingungen (Ausstattung, Lehrpläne, Zielorientierung der SchülerInnen). Guter Geschichtsunterricht sollte demnach »strukturiert, anregend, unterstützend« (Eckhard Klieme) sein. Im Zentrum von Henke-Bockschatz' rekonstruktiver Interpretation zweier Passagen des Videomitschnitts stand der Lerngegenstand »Russische Revolution« beziehungsweise die Frage, wie in einer speziellen Unterrichtssituation Sinn über den Lerngegenstand erfasst wird. In diesem Sinn analysierte Henke-Bockschatz die kommunikativ-soziale Aktion, um praxeologisches stillschweigendes implizites Wissen sichtbar zu machen. Aus fachdidaktischer Perspektive kam Henke-Bockschatz hinsichtlich der punktuellen Bohrungen zu folgendem Fazit: Die Lehrkraft arbeitet in der Unterrichtsstunde mit einer klaren Problemstellung, auf die sie immer wieder zurückkommt. Hierbei haben die SchülerInnen Gelegenheit ihr Hintergrundwissen einzubringen. Lehrkraft und SchülerInnen kommen zu einem inhaltlichen Einverständnis über die Beurteilung der historischen Situation. Aus fachdidaktischer Perspektive ist kritisch zu bemerken, dass wohl begründete geschichtsdidaktische Prinzipien selten vertiefend eingesetzt würden, sondern die Verständigung über eigene Wertvorstellungen dokumentiere vielmehr einen konventionellen Umgang mit Geschichte.

In seinem Kommentar im Anschluss an die Vorträge systematisierte Peter Gautschi (Aarau) das Forschungsfeld »guter Geschichtsunterricht«. Erstens könne der Zugriff normativ oder empirisch sein. In diesem Sinn müsste zwischen »gutem« und »wirksamen« Geschichtsunterricht beziehungsweise zwischen »Gütekriterien« und »Qualitätsmerkmalen« unterschieden werden. Zweitens komme es auf die Sichtweise an: Es könnten Lehrpersonen, Kompetenzen oder Prozesse untersucht werden. Hierbei könne die Sichtweise disziplinär geprägt sein. Drittens könnten Betrachtungsfelder ganze Lektionen, Ausschnitte, Folgen, Wissen und Können sein. Viertens beziehe sich die Vorgehensweise auf die Forschungspraxis. Wie erfolgen Datenerhebung und -auswahl? Was sind adäquate Daten? Gibt es gesicherte Items? Liegen bereits Konstrukte vor oder müssen diese an die Forschungsfrage angepasst werden? Fünftens spielten Ziel und Zweck der Beurteilung von Geschichtsunterricht ebenfalls eine entscheidende Rolle: Geschieht dies für die Forschung, für eine Qualitätsprüfung, als Besoldungsindikator etc. Letztendlich hingen die Kriterien von der beurteilenden Person ab (Fachlehrern, Schulleitern, LehrerIn, SchülerIn, Eltern, Politik). Insofern resümierte Gautschi, dass der Dialog intensiviert, Beurteilungskriterien geschärft und andere disziplinäre Zugänge kennengelernt werden müssten.

Als Fazit der Vorträge und der anschließenden lebhaften Diskussion kann festgehalten werden, dass mit dem Thema der Sektion ein zentrales Thema oder das zentrale Thema der Lehrerausbildung in die geschichtsdidaktische Diskussion gerückt wurde. Die Sektion verweist auf das entscheidende Problem in der Lehrerausbildung: Lerngegenstand-Lehrkraft-SchülerInnen müssen zusammengedacht werden. Als Forschungsperspektive müssen die Muster der verschiedenen Sichtweisen untersucht und kennengelernt werden. Die geführte kritische Auseinandersetzung mit bisherigen geschichtsdidaktischen Ansätzen zeigt ferner, dass normative geschichtsdidaktische Kategorien und Prinzipien, theoretische, aber nicht empirisch validierte Kompetenzmodelle historischen Lernens vorliegen, aber ein Konstrukt »Qualität von Geschichtsunterricht« noch aussteht. Auch wenn mit dieser konstruktiven Sektion das Forschungsfeld aufgerollt und problematisiert wurde, müssten bezüglich verschiedener Forschungsstrategien und -methodiken weitere zielführende Debatten folgen. In diesem Sinne ist es auch von Interesse, ob es mit dieser virulenten Fragestellung gelingt, eine fruchtbare Debatte zwischen den beteiligten Akteuren, das heißt zwischen universitärer Geschichtsdidaktik, Lehrerausbildern der zweiten und dritten Phase (Referendariat und Lehrerfortbildung), Lehrkräften und LehramtsanwärterInnen (endlich wieder) zu initiieren.

Diese Sektion wird zudem bei HSK im Querschnittsbericht »Didaktik der Geschichte« von Martin Lücke behandelt.

Anmerkungen

1 Gautschi, Peter u. a. (Hrsg.): Geschichtsunterricht heute. Eine empirische Analyse ausgewählter Aspekte (Geschichtsdidaktik heute), Bern 2007. Gautschi, Peter: Guter Geschichtsunterricht. Grundlagen, Erkenntnisse, Hinweise (Forum Historisches Lernen). Schwalbach am Taunus 2009.

2 Mayer, Ulrich; Pandel, Hans-Jürgen: Kategorien der Geschichtsdidaktik und Praxis der Unterrichtsanalyse. Zur empirischen Untersuchung fachspezifischer Kommunikation im historisch-politischen Unterricht (Anmerkungen und Argumente zur historischen und politischen Bildung 13). Stuttgart 1976. Mayer, Ulrich: Beurteilung von Geschichtsunterricht. In: Bergmann, Klaus (Hrsg.): Handbuch der Geschichtsdidaktik. 5. überarbeitete Auflage. Seelze-Velber 1997, S. 486–492. Mayer, Ulrich: Qualitätsmerkmale historischer Bildung. Geschichtsdidaktische Kategorien als Kriterien zur Bestimmung und Sicherung der fachdidaktischen Qualität historischen Lernens. In: Hansmann, Wilfried; Hoyer, Timo (Hrsg.): Zeitgeschichte und historische Bildung. Kassel 2005, S. 223–242. Barricelli, Michele; Sauer, Michael: »Was ist guter Geschichtsunterricht?« Fachdidaktische Kategorien zur Beobachtung und Analyse von Geschichtsunterricht. In: Geschichte in Wissenschaft und Unterricht H. 1 (2006), S. 4–25.

Querschnittsberichte

HSK-Querschnittsbericht: Humanitarismus und Entwicklung

Von Martin Rempe (Freie Universität Berlin) und Heike Wieters (Europa-Universität Viadrina Frankfurt an der Oder)

Besprochene Sektionen

Humanitäre Entwicklung und Rassismus in Afrika südlich der Sahara 1920–1990

Genealogien der Menschenrechte

Humanitäre Interventionen und transnationale Öffentlichkeiten seit dem 19. Jahrhundert

Creating a World Population: The Global Transfer of Population Control in the 20th Century

Der Versuch, vier Sektionen des Berliner Historikertages aneinander binden zu wollen, birgt unweigerlich die Gefahr, tendenziell Inkompatibles auf Biegen und Brechen passend zu machen. Die gemeinsame Betrachtung der Oberthemen Rassismus und Entwicklungszusammenarbeit, humanitäre Interventionen, Menschenrechte sowie Bevölkerungspolitik droht in der Tat recht assoziativ zu werden, gehört doch keines dieser Themen zu den traditionellen und lang bearbeiteten Forschungsfeldern der deutschen Geschichtswissenschaft. Dass hinsichtlich methodologischer und thematischer Bandbreite, forschungspraktischer Fragen und inner- wie interdisziplinärer Schnittstellen dadurch ein weites Feld eröffnet wird, lässt sich jedoch umgekehrt auch als erste Gemeinsamkeit aller vier Bereiche deklarieren. Diese Offenheit bringt Vor- und Nachteile: Argumentative Kantersiege und kanonische innerdisziplinäre Bezüge scheinen im Vergleich mit anderen Forschungsfeldern seltener, dafür sind ungeklärte Fragen und neue Ansätze Legion. So verwundert es nicht, dass die Zahl an Forschungsprojekten, Qualifikationsarbeiten und sonstigen Publikationen in den letzten Jahren geradezu sprunghaft angestiegen ist. Alle vier Themen sind in den letzten Jahren – etwas salopp gesagt – sexy geworden. Doch was verbindet sie darüber hinaus?
Im Hinblick auf die Anlage aller vier Sektionen wäre da zunächst einmal die trans- und internationale Perspektive zu nennen – das Motto des diesjährigen Historikertages »Über Grenzen« wurde somit durchwegs und in beispielhafter Art und Weise aufgegriffen. In der Zusammenschau lässt sich ein klarer Trend innerhalb der Geschichtswissenschaft erkennen, internationale Geschichte nicht mehr ausschließlich als Diplomatie- oder Politikgeschichte zu deuten, sondern den Akteursradius zu erweitern: Neben Internationalen Organisationen rücken

zunehmend halbstaatliche und private Entwicklungsagenturen, wissenschaftliche Experten, aber auch zivilgesellschaftliche Nichtregierungsorganisationen in den Fokus. Zweifellos verspricht eine derartige Erweiterung grundlegende neue Einsichten hervorzubringen. Die vielfältigen Handlungsradien unterschiedlicher Akteure in den Blick zu nehmen, ergänzt die ehedem staatsfixierte Perspektive um eine wesentliche, namentlich transnationale Dimension. Neue Formen von Governance jenseits des Nationalstaates, die sich etwa im Rahmen der Entwicklungszusammenarbeit oder des *international relief* herausbildeten, bedürfen einer Integration in historische Forschungsdesigns, nicht zuletzt um die zumeist recht statischen politikwissenschaftlichen Governancemodelle zu ergänzen und historisch zu perspektivieren. Es ist ein großes Verdienst aller vier Sektionen, dabei Themenbereiche auf die Tagesordnung gesetzt zu haben, die vor wenigen Jahren noch außerhalb des Blickfeldes der historischen Zunft lagen.
Gemeinsam war allen Sektionen zudem ein äußerst breiter, teils auch interdisziplinärer Zugriff auf ihr jeweiliges Oberthema. So brachte Stefan-Ludwig Hoffmann (Potsdam) in seinem konzeptionell sehr überzeugend aufgestellten Panel ganz unterschiedliche Menschenrechtsnarrative miteinander ins Gespräch. Bereits in der Einführung stellte er klar, dass es der historischen Forschung zum vergleichsweise jungen Themenfeld Menschenrechte nicht um gefällige Scheindebatten gehen dürfe. Unterschiedliche Ansätze und Perspektiven der Ideengeschichte, der Politik-, Rechts- und Mediengeschichte, aber auch anderer wissenschaftlicher Disziplinen müssten miteinander in Dialog treten, um sich gegenseitig in Frage stellen und so Synergieeffekte erzielen zu können. Paradigmatisch zeigte sich dies an der Einbeziehung von Hans Joas (Erfurt/Chicago), dessen Thesen durchaus den Sozialwissenschaftler und Philosophen verrieten. Dennoch gelang es ihm, seine Überlegungen als Diskussionsgrundlage für darüber hinaus gehendes historisches Arbeiten anzubieten. Im Hinblick auf die Erweiterung von Perspektiven internationaler Geschichte lässt sich ferner Jan Eckels (Freiburg) Vortrag hervorheben. Sein Beitrag lenkte den Blick auf eine menschenrechtsgeleitete Neuausrichtung und damit eine Humanitarisierung der internationalen Beziehungen in den 1970er Jahren. Während einige seiner Beispiele durchaus im Rahmen konventioneller bilateraler Politik- und Diplomatiegeschichte blieben, stellte die Betonung des Faktors Menschenrechtsaktivismus durch NGOs und andere kollektive Akteure eine interessante und lohnenswerte Ergänzung dieser Perspektive dar.
Eine gleichfalls erweiterte, in diesem Fall wissenschaftsgeschichtlich orientierte Perspektive ließ sich in der von Veronika Lipphardt (Berlin) und Corinna R. Unger (Bremen) geleiteten Sektion zu »Population Control« im 20. Jahrhundert beobachten. Neben einer globalgeschichtlichen Makroperspektive auf die Entstehung verschiedener Wissenssysteme von und über »Weltbevölkerung« sollten auch Implementierungsprozesse und Rückkoppelungen von Mikro- und Makrostrukturen in den Blick genommen werden. Während »Population Control« bisher häufig als »top down« Prozess untersucht werde, müssten künftig auch gegenläufige Entwicklungen und Implementierungs- und Adaptionspraktiken von »Wissen« vor Ort untersucht werden. Gerade das Forschungsfeld »Bevölke-

rungskontrolle« müsse als multidimensionaler Prozess erforscht werden, der Wissenstransfers und wissenschaftliche Verarbeitung von vermeintlich neutralem Wissen vor einem bestimmten politisch-kulturellen Hintergrund untersuche. Diese Agenda erwies sich allerdings als voraussetzungsreich. Analysen, die die Entwicklung von Technologien, Institutionen und das Nebeneinander oftmals disparater Diskurse auf globalem wie lokalem Niveau in den Fokus nehmen und zueinander in Beziehung setzen, scheinen beim gegenwärtigen Stand der Forschung noch etwas verfrüht, da die Vortragenden dem Anspruch der Sektionsleiterinnen nicht vollständig gerecht werden konnten. Ungeachtet dessen machte die Einbeziehung medizinhistorischer Forschungsprojekte deutlich, dass es nicht immer die unmittelbar am Wegesrand liegenden Themen sein müssen, die wesentliche Einsichten in ein übergeordnetes Thema versprechen. So konnte Jesse Olszynko-Gryn (Cambridge) in seinem Vortrag zur (Weiter-)Entwicklung von Sterilisierungspraktiken bei Frauen in den USA, Indien und Pakistan ab den 1960er Jahren illustrieren, dass die Produktion und Anwendung wissenschaftlichen »Wissens« niemals losgelöst vom jeweiligen soziokulturellen Kontext betrachtet werden kann und soziale Errungenschaften nicht in jedem Umfeld auch als solche funktionieren.

Das hier identifizierte Problem der Rückbindung spezifischer Fallstudien an den größeren politischen, gesellschaftlichen und nicht zuletzt ökonomischen Kontext wurde ebenso in der Sektion zu Rassismus und Entwicklungszusammenarbeit in Afrika im 20. Jahrhundert sichtbar. In diesem Panel dominierte, etwa in den Beiträgen von Hubertus Büschel (Gießen), Richard Hölzl (Göttingen) und Marcel Dreier (Basel), der kulturgeschichtliche Blick auf die konkrete (post)koloniale Situation und rassistisch konnotierte Begegnungen zwischen (weißen) Entwicklungshelfern und (schwarzer) indigener Bevölkerung. Erst im Vergleich mit dem wissensgeschichtlich angelegten Beitrag von Daniel Speich (Zürich), der das Verschwinden der Kategorie *Rasse* innerhalb der Entwicklungsökonomie nach 1945 nachzeichnete, gewann das eingangs von den Sektionsleitern diagnostizierte Paradoxon zwischen diskreditierten rassistischen Denkweisen in Theorie sowie Wissenschaft und gelebten Rassismen in der entwicklungspolitischen Praxis an Plausibilität.

Das von Martin H. Geyer (München) geleitete Panel setzte demgegenüber – zumindest dem Titel nach – humanitäre Interventionen in Bezug zur Entstehung transnationaler Öffentlichkeiten und zielte dadurch auf eine Erweiterung der internationalen Geschichte in gleich doppelter Hinsicht ab, zumal mediengeschichtliche Dimensionen ebenso akzentuiert werden sollten wie das politische Handeln transnationaler Akteure im Rahmen humanitärer Interventionen. So aufschlussreich die drei Vorträge von Fabian Klose (München), Volker Barth (Köln) und Daniel Maul (Gießen) für sich genommen waren, so gelang es nur letzterem in seiner Analyse von internationalen *relief* Aktionen des amerikanischen Roten Kreuzes ansatzweise, einen Bogen zwischen beiden Ansätzen zu spannen und Reaktionen der Öffentlichkeit mit einzustreuen.

Auch in dieser Sektion wäre deshalb weniger vielleicht mehr gewesen, zumal das in der anschließenden Diskussion zu beobachtende Ringen um Begrifflichkeiten allein bereits den großen Mehrwert des Panels verdeutlichte. Begriffsbildung ist

und bleibt eine zentrale Aufgabe der Geschichtswissenschaft, und so zeigte es sich in allen vier Sektionen, dass es behutsamer begrifflicher Annäherungen bedarf, um das jeweilige Forschungsfeld erst einmal zu *sichern* und eine gemeinsame Basis für darauf folgende Analysen zu finden.
Dabei traf der Versuch, den Begriff der »humanitären Intervention« für verschiedene Prozesse des 19. Jahrhunderts fruchtbar zu machen, auf deutliche Ablehnung im Publikum. Heutzutage verstanden als militärisches Eingreifen, dessen Rechtfertigung in der Verletzung von Menschenrechten gründet, wertete Fabian Klose demgegenüber den Aufbau einer transnationalen Gerichtsbarkeit – der sogenannten *mixed commissions* – in verschiedenen westafrikanischen Kolonien zur Durchsetzung des 1807 in London verabschiedeten Verbots des Sklavenhandels als erste und längste humanitäre Intervention in der Geschichte. Kloses Begründung basierte im Wesentlichen auf einem Quellenzitat, demzufolge jene Maßnahme »in the cause of humanity« erfolgt sei. Abgesehen davon, dass jene Gerichte dazu dienten, die imperiale Kontrolle des Empire zu festigen, wie Kommentator Samuel Moyn (New York) und andere herausstrichen, wurde in Kloses Argumentation auch nicht erkennbar, wie sich eine britische Politik der *humanitären Intervention* von *regulärer* britischer Kolonialpolitik abgrenzen ließe. Kurzum überwogen letztendlich starke Zweifel darüber, jenen Begriff derart weit zu fassen.
In der Sektion zu *Population Control* wurde ebenfalls deutlich, dass die »Weltbevölkerung« ein schwer fassbarer Begriff sei, den es letztlich zu dekonstruieren gelte. Wer ab wann von wem als Teil dieser verallgemeinerten Kategorie gesetzt wurde, muss sehr genau differenziert werden. Dies zeigte beispielsweise auch die Diskussion im Anschluss an den Vortrag von Sybilla Nikolov (Bielefeld), die zur graphischen Darstellung von Bevölkerungsstatistiken am Beispiel Otto Neuraths referierte.
Abgesehen davon sollte Bevölkerungspolitik keineswegs mit Bevölkerungsbegrenzung gleichgesetzt werden, wie Alexandra Widmers (Berlin) Vortrag zur Verbesserung der Geburtsmedizin durch die britische Kolonialverwaltung in Vanuatu illustrierte. Den vor Ort implementierten medizinischen Vor- und Nachsorgepraktiken ging die von Beamten und christlichen Missionaren artikulierte Sorge über einen massiven Bevölkerungsrückgang auf der südpazifischen Inselgruppe voraus.
Wie wichtig die Arbeit an der begrifflichen Basis sein kann, zeigte sich ferner auch in der Menschenrechtssektion. Die in der Diskussion aufgebrachte Frage nach »sozialistischen« Menschenrechtskonzeptionen – man könnte aber ebenso an die Entstehung islamischer Menschenrechte denken – führte allen Teilnehmenden klar vor Augen, dass es sich bei »den Menschenrechten« um einen sehr dehnbaren Begriff für oftmals sehr unterschiedliche Narrative handelt, der nicht mit dem abschließenden Verweis auf die Französische Revolution oder die UN-Charta von 1948 als definiert betrachtet werden kann. Die Frage, ob sich komparative Annäherungen zwischen sozialen Rechten und den besonders von Samuel Moyn betonten disparaten »westlichen« Menschenrechtsnarrativen anbieten, offenbarte zudem mögliche Fallstricke und terminologische Geflechte, die sehr vorsichtig entworren und neu zusammengesetzt werden wollen. So sagt der per-

formative Akt einer Berufung auf Menschenrechte noch nichts über die zu Grunde liegende Menschenrechtskonzeption aus. Vielmehr sollten Menschenrechte als Teil verschiedener Diskurse und daraus folgender Praktiken untersucht werden.
Schließlich blieben auch in der Diskussion um Rassismus in der Entwicklungszusammenarbeit kritische Töne am Rassismusverständnis der ReferentInnen nicht aus, die ihren Vorträgen insoweit eine weiche Definition von Rassismus zugrunde legten, als jegliches *othering* zwischen Europäern und Afrikanern mit Rassismus in Verbindung gebracht wurde. Kommentator Patrick Harries (Basel) wies demgegenüber zurecht daraufhin, dass Konflikte und daraus resultierende Differenzkonstruktionen nicht ausschließlich rassistisch motiviert sein mussten, sondern beispielsweise ebenso auf Klassenunterschiede oder Geschlechterverhältnisse zurückgeführt werden könnten. Gerade in dieser Hinsicht machte sich ein Stück weit die fehlende Rückbindung an den politischen Diskurs bemerkbar, da sich beispielsweise afrikanische Regierungsvertreter nicht selten einer ganz ähnlichen Sprache in Bezug auf ihre Landbevölkerung bedienten wie europäische Entwicklungsexperten.
Die teils sehr ausführlichen Diskussionen um Terminologien verweisen darauf, dass die jeweiligen Forschungsfelder noch eine Menge Arbeit vor sich haben, zugleich in ihnen aber auch einiges an Potential schlummert. Was schließlich bleibt, ist ein caveat – und viel Zuversicht: Anzumahnen ist, dass gerade bei den thematisch durchaus reizvollen Detailstudien auch Grenzen historischer Erkenntnis und teils auch methodisch-perspektivische Fallstricke manifest wurden. So hätte es einigen Vorträgen gut getan, ein wenig über rein deskriptive Ebenen hinaus zu blicken, verstärkt nach Erklärungen zu suchen und nicht zuletzt eine konsequentere Rückbindung an politische, aber auch gesellschaftliche und ökonomische Strukturen und Entwicklungen anzustreben. Die Anlehnung an sozial- oder politikwissenschaftliche Theoreme oder die Historisierung derselben hätte sicherlich einiges an Tiefenschärfe und Stringenz erbracht. Man muss nicht zwingend eine detaillierte Netzwerkanalyse betreiben, um der Frage nach den Beziehungen verschiedener Akteure Aufmerksamkeit zu widmen. Dies in Rechnung gestellt, überwiegt dennoch die Zuversicht darüber, dass die internationale Geschichte durch neue Themenfelder und innovative interdisziplinäre Perspektiven in den nächsten Jahren eine ungemeine Bereicherung erfahren wird. Besonders die Sektion zu Bevölkerungskontrolle fiel positiv durch die regen und ergebnisoffenen Diskussionen im Anschluss an die Vorträge auf. Doch auch insgesamt stimmt optimistisch, dass in Berlin ein konstruktiver und offener Austausch der historischen Zunft beobachtet werden konnte, was darauf schließen lässt, dass selbst die letzten Verfechter des methodischen Nationalismus inzwischen die Notwendigkeit der Einbeziehung transnationaler Perspektiven in die geschichtliche Forschung anerkannt haben. So werden die vorgestellten und in Angriff genommenen Projekte von Vanuatu bis Indien, von Tokio bis San Francisco und von der afrikanischen bis zur chilenischen Westküste sicherlich wesentlich dazu beitragen, die in aller Munde geführte Globalgeschichte mit weiterer und vor allem empirisch gesättigter Nahrung zu versorgen.

HSK-Querschnittsbericht: Wirtschaftsgeschichte

Von Mathias Mutz (Humboldt-Universität zu Berlin)

Besprochene Sektionen

Immigrant Entrepreneurship. The German-American Experience in the 19th and 20th Century

Die Entstehung des modernen Unternehmens: Aufkommen, Form und Grenzen der Institutionalisierung und Diffusion in Europa 1400–1900

Abschied von der Industrie? Die Bundesrepublik im wirtschaftlichen Strukturwandel der 1970er Jahre

Grenzgänge zwischen Wirtschaft und Wirtschaftswissenschaften. Zur Historischen Semantik einer gesellschaftlichen »Leitwissenschaft«

Ein großer Teil der Sektionen des 48. Historikertags in Berlin (28. September–1. Oktober 2010) näherte sich dem Motto »Über Grenzen« aus einer räumlichen Perspektive an, indem transnationalen Themen besondere Aufmerksamkeit geschenkt wurde. Insofern ist es aus wirtschaftshistorischer Perspektive erstaunlich, dass sich im Programm keine eigenen Sektionen zum globalen Handel oder zur Rolle transnationaler Konzerne fanden. Dies kann Zufall sein oder darin begründet, dass solche Themen schon lange zum Repertoire der Wirtschaftsgeschichte gehören. Diese Forschungsfelder stellen jedenfalls wichtige Verknüpfungspunkte zu anderen Teildisziplinen und aktuellen Forschungstrends dar. Andererseits war die insgesamt deutlich feststellbare Tendenz zur Internationalisierung des Historikertags in den wirtschaftshistorischen Sektionen besonders stark ausgeprägt, so wurden immerhin sieben der im Programmheft ausgewiesenen 28 Vorträge zur Wirtschaftsgeschichte in englischer Sprache gehalten. Unabhängig davon, das heißt in einem nicht geographisch-politischen Sinne, können jedoch alle für diesen Querschnittsbericht besuchten Sektionen als mehr oder weniger expliziter Debattenbeitrag zum Überwinden und Ziehen von Grenzen in der Wirtschaftsgeschichte gelesen werden. Eben nicht nur räumlich, sondern vielmehr zeitlich, thematisch und konzeptionell.
Im klassisch-räumlichen Kontext bewegte sich hier vor allem die vom Deutschen Historischen Institut (DHI) in Washington initiierte Sektion »Immigrant Entrepreneurship. The German-American Experience in the 19th and 20th Century«. Wie Hartmut Berghoff (Washington) erläuterte, wurde hier ein größeres Forschungsprojekt vorgestellt, das durch eine systematische Beschäftigung mit Unternehmerbiographien die Bedeutung deutschstämmiger Immigranten für das amerikanische Wirtschaftsleben herausarbeiten will. Damit wird eine zweifelsohne interessante Forschungslücke der deutsch-amerikanischen Geschichte angegangen, die gerade auch angesichts der gegenwärtigen Integrationsdebatten von Interesse ist. Allerdings wurde die durch die Perspektive implizierte Frage,

was das Besondere an deutschen Einwandererunternehmern in den USA darstellen soll, in den exemplarischen Studien der Vorträge nicht eindeutig beantwortet. Während sich Christina Stanca-Mustea (Heidelberg) und Uwe Spiekermann (Washington) in ihren Beiträgen zum Hollywood-Pionier Carl Laemmle und zur kalifornischen Industriellendynastie Spreckels von vorne herein auf herausragende Einzelbeispiele konzentrierten, stellten Susan Ingall Lewis (New York) und Giles Hoyt (Indianapolis) die Relevanz deutscher Einwanderer beziehungsweise Einwanderinnen in der lokalen Wirtschaft von Indiana und Albany/New York heraus. Dass dabei Netzwerke zwischen deutschen Einwanderern und die deutsche Sprache als Kommunikationsmittel besonders hervortreten, erscheint angesichts der quantitativen Bedeutung dieser Gruppen wenig überraschend. Spannender sind hier die vor allem von Susan Ingall Lewis aufgeworfenen Fragen, inwiefern deutsche UnternehmerInnen einen besonderen Ruf genossen und wie sie sich möglicherweise von anderen (Einwanderer-)Gruppen unterschieden. Uwe Spiekermann begründete den Erfolg der Spreckels, die mit ihren Unternehmungen wesentlich zur infrastrukturellen Entwicklung Kaliforniens beitrugen, weniger mit den vorhandenen deutschen Netzwerken als mit der schnellen Anpassung an die Regeln des amerikanischen Wirtschaftslebens. Insofern bleibt zu klären, ob ein biographischer Ansatz nicht wichtige Chancen einer mehrdimensionalen Transfergeschichte verpasst: Hier müssten etwa auch mögliche Rückwirkungen auf Deutschland thematisiert werden. Auch geht es dann letztlich weniger um die Besonderheiten deutscher Wirtschaftsmigranten, sondern vielleicht eher um die Integrationskraft des US-Wirtschaftssystems. Letztlich riskiert ein am Einzelfall orientiertes Vorgehen in Erfolgsgeschichten ähnlich denen der traditionellen Unternehmergeschichte stecken zu bleiben, auch wenn alle ReferentInnen diesen Punkt kritisch reflektierten und eine Einbeziehung des unternehmerischen Scheiterns forderten.

Zeitliche Grenzziehungen der Disziplin überschritt im Unterschied dazu die Sektion zur Entstehung des modernen Unternehmens, deren Referenten die Fokussierung der Unternehmensgeschichte auf das späte 19. und 20. Jahrhundert kritisierten, um stattdessen spätmittelalterliche, frühneuzeitliche und frühindustrielle unternehmerische Organisationsformen zu untersuchen. Wie Ralf Banken (Frankfurt am Main) einleitend bemerkte, sollte diese Ausweitung des Unternehmens-Begriffs neue konzeptionelle Perspektiven auf die heute »alles dominierende Organisationsform Unternehmen« ermöglichen, da nur so die Veränderungen ab 1800 in den Blick genommen werden könnten. Im Fokus der Beiträge standen dementsprechend Domänenwirtschaft, Bergbau und Bankwesen als frühe Unternehmungen (Michael Rothmann, Gießen), das protoindustrielle Textil- und Metallverarbeitungsgewerbe (Stefan Gorißen, Bielefeld), die gesellschaftsrechtliche Entwicklung der Sattelzeit (Ralf Banken) sowie der Charakter frühindustrieller Aktiengesellschaften (Alfred Reckendrees, Kopenhagen). Hierbei machten die Referenten deutlich, dass die Gleichsetzung von Unternehmen und Industrialisierung zu kurz greift und die Herausbildung von Unternehmen im weiteren Sinne (verstanden als längerfristiger Institutionalisierungsprozess) nicht zwingend auf die industrielle Produktion verweisen muss. Ausgehend von einem funktionalen Unternehmensbegriff finden sich zahlreiche Vorformen von

Unternehmen, während einige frühe Aktiengesellschaften eher nicht als moderne Unternehmen funktionierten. Als entscheidende Frage kristallisierte sich dabei heraus, wie Unternehmen vor diesem Hintergrund überhaupt zu definieren seien und welche Funktion der Begriff zu erfüllen habe. Der wissenschaftliche Wert dieser Begriffsschärfung zwischen heuristischer Beschreibung und Analyse der Institutionenbildung blieb hierbei umstritten. Am weitesten ging in seinem Kommentar Clemens Wischermann (Konstanz), der die Suche nach Kontinuitäten und Umbrüchen hin zu einem Idealtyp des modernen Unternehmens insgesamt verwarf und stattdessen die Untersuchung sich wandelnder Konfigurationen der Faktoren Produktion, Koordination und Kooperation forderte. Für ihn sind industrielle Großunternehmen lediglich eine von vielen Formen der koordinierten ökonomischen Leistungserstellung in einer Gesellschaft. Die begriffliche Fokussierung auf Unternehmen sorgt in diesem Sinne für eine zu enge Sicht auf den Untersuchungsgegenstand, während die Beiträge der Sektion auf eine Konkretisierung des Begriffs zielten, um eine Erweiterung zu ermöglichen. Diese unterschiedlichen konzeptionellen Ansatzpunkte deuten angesichts des gemeinsamen Ziels, einer Neubestimmung des Untersuchungsgegenstands, eine gewisse Unzufriedenheit mit dem Status quo der unternehmensgeschichtlichen Forschung an. Gerade hier boten die Vorträge der Sektion aber vielversprechende neue Pfade an.

Konzeptionelle Grenzziehungen durch Begriffe bestimmten auch die von André Steiner und Ralf Ahrens (beide Potsdam) organisierte Sektion zum »Abschied von der Industrie?«. Das von den ReferentInnen diskutierte Konzept des Strukturwandels ebenso wie das damit verknüpfte Drei-Sektoren-Modell (Rohstoffgewinnung, Rohstoffverarbeitung, Dienstleistungen) haben wesentliche Implikationen für die wirtschaftshistorische Forschung. Mit dem vor allem seit den 1970er Jahren diagnostizierten wirtschaftlichen Strukturwandel hin zur Dienstleistungsgesellschaft wird nicht zuletzt die wirtschaftshistorische Fokussierung auf die Industrieproduktion in Frage gestellt. Ralf Ahrens beleuchtete in seinem Beitrag spiegelbildlich dazu die These vom Niedergang der Traditionsindustrien am Beispiel des Maschinenbaus in der Bundesrepublik und in der DDR. Dabei kam er zum Schluss, dass es in der Branche nach einer durch strukturelle Defizite verursachten Krise zu erfolgreichen Anpassungsleistungen kam. Auch Ingo Köhlers (Göttingen) Vortrag zeichnete für die westdeutsche Automobilindustrie ein ähnliches Bild. Veränderte Nachfragestrukturen durch gesamtwirtschaftliche Krisen und die Ölpreisschocks der 1970er Jahre führten hier zu Anpassungsproblemen, die langfristig durch eine Neuausrichtung der Produktpalette und Marketingstrategien gemeistert wurden. Konträr dazu, die Befunde jedoch bestätigend, schilderte Silke Fengler (Wien) die Entwicklung der deutsch-deutschen Fotoindustrie als eine Geschichte des Scheiterns am Druck eines erhöhten internationalen Wettbewerbs bei traditionellen Innovationsmustern. Schließlich untersuchte Jörg Lesczenski (Frankfurt am Main) Entwicklungen im Dienstleistungssektor am Beispiel der Tourismusbranche. Dabei standen für Ost- und Westdeutschland einerseits die Ausdifferenzierung der Nachfrage und andererseits Rationalisierungsbemühungen der Unternehmen (durch elektronische Reservierungssysteme und ähnliches) im Mittelpunkt. Angesichts dieser Befunde scheint es durchaus bedenkenswert, von einer »Industrialisierung des Dienstleistungssektors« ebenso wie von einer »Tertiärisierung der Industrie« insbesondere durch den Bedeutungsgewinn des Marketings in verschiedenen Branchen zu sprechen. Will man die Entwicklungen nicht darauf reduzieren, ist zumindest festzuhalten, dass die vorgestellten Branchenstudien zu einem Verwischen klarer Grenzziehungen und Entwicklungslinien beitragen. Auch Andreas Wirsching (Augsburg) betonte in seinem Kommentar dieses Aufbrechen des Großnarrativs Strukturwandel, an dessen Stelle er Fragen nach dem branchenspezifischen Umgang mit Wettbewerbsdruck, Innovationsblockaden und Konsumentengesellschaft setzte. Für diesen Punkt scheint der in den meisten Beiträgen angelegte Ost-West-Vergleich besonders erhellend, weil sich hier in unterschiedlichen Kontexten durchaus ähnliche Tendenzen ablesen lassen. Auffällig ist jedoch auch, dass die Mehrheit der Beiträge den Strukturwandel wiederum von der industriellen Seite betrachtete und die Debatte somit zumindest teilweise eine Rückbesinnung auf die Industrieproduktion darstellte, ohne Dienstleistungen selbständig zu würdigen.

Mit dem Verhältnis von wirtschaftlichem Handeln und wissenschaftlicher Theorie führte auch die von Roman Köster (München) und Jan-Otmar Hesse (Bielefeld) organisierte Sektion zur Wissenschaftsgeschichte der Wirtschaftswissenschaft dem Publikum eine weitere Grenzziehung vor Augen. Gleichzeitig boten die Vorträge Anknüpfungspunkte für ein Reflektieren wissenschaftsimmanenter Abgrenzungsmechanismen. Gemeinsamer Tenor der ReferentInnen war es, die Historizität und punktuelle Veränderbarkeit dieser Grenzziehungen zu betonen. Vier der fünf Vorträge thematisierten dabei die Zwischenkriegszeit als entscheidenden Ausgangspunkt der (Neu-)Definition der Wirtschaftswissenschaft. Nils Goldschmidt (München) setzte sich mit dem »Scheitern der Historischen Schule an der sozialen Frage« auseinander. Aus der Kritik am fehlenden systematischen Vorgehen der normativ orientierten klassischen Nationalökonomie ergab sich in der zeitgenössischen Debatte eine Ökonomisierung der Sozialpolitik, da man sich auf die Suche nach ökonomischen Gesetzmäßigkeiten im Rahmen eines systemischen Ansatzes konzentrierte. Roman Köster schilderte die Krise der Nationalökonomie nach dem Ersten Weltkrieg als Konflikt zwischen gestiegener öffentlicher Aufmerksamkeit und fachinterner Orientierungssuche nach dem Ersten Weltkrieg. Er diagnostizierte dabei einen Wandel des Selbstbildes als »Arzt der Gesellschaft« hin zu einem eher technischen Verständnis der Wirtschaftswissenschaft als Handwerk. Eine engere Grenzziehung wurde dabei als pragmatische Lösung der Wahrheitsfrage und als Möglichkeit gesehen, durch eine stärkere Einheit der Disziplin gesteigerte Praxisrelevanz zu erzielen. Mit dieser praktischen Wirkung setzte sich Jeff Fear (Redlands) anhand der Arbeiten von Eugen Schmalenbach (1873–1955), dem »intellektuellen Vater der Betriebswirtschaftslehre«, auseinander. Mit dem Blick auf direkte und indirekte Einflüsse vor 1945 einerseits und der Rolle als unbelastete Symbolfigur und Ausgangspunkt von Netzwerken in Nachkriegsdeutschland andererseits konnte er die diskutierten Verknüpfungen zwischen wissenschaftlichem Werk und praktischem Einfluss in Betriebsorganisation und Wirtschaftspolitik konkretisieren. Vorwiegend biographisch argumentierte auch Jan-Otmar Hesse in seinem Beitrag zum erfolgreichen Bankier und anerkannten Geldtheoretiker Albert Hahn (1889–1968), den er als »Personifikation der Grenzüberschreitung« vorstellte. Einerseits legitimierte sich Hahn in beiden Sphären über seine Kenntnisse in der jeweils anderen, andererseits irritierte er die »Scientific Community« durch seine am Marktwettbewerb orientierte wissenschaftliche Selbstdarstellung. Diese Konflikte unterschiedlicher Logiken interpretierte Jan-Otmar Hesse als Indikatoren von Grenzziehungen in der fachwissenschaftlichen Kommunikation, die Grenzgänger nur in bestimmten Ausnahmen zuließ. Mit einem anders gelagerten, aber ebenso konkreten Fall des Grenzgängertums befasste sich schließlich Esther-Mirjam Sent (Nijmegen) am Beispiel des Spieltheoretikers und Nobelpreisträgers Thomas Schelling (*1921). Dabei unterschied sie sich nicht nur in ihrem regionalen (USA) und zeitlichen Fokus (Kalter Krieg) von den anderen Beiträgen, sondern auch in der Form des Praxisbezugs. Im Mittelpunkt stand die Heranziehung der ökonomischen Spieltheorie für militärische Zwecke, die Schelling zu einem führenden Strategieexperten des Vietnam-Kriegs machte, wobei die Praxis die Theorie der Konfliktbegrenzung gravierend widerlegte. Sents Beitrag ergänzte damit die Überlegungen zu disziplinären Grenzziehungen um Perspektiven auf den viel diskutierten Hegemonialanspruch der Wirtschaftswissenschaft sowie die Grenzen einer sich methodisch abschließenden, mathematisierten Wirtschaftswissenschaft.

Über die Sektion hinaus kann festgehalten werden, dass die Grenzen der Wirtschaftswissenschaften in gewisser Weise immer auch Grenzen der wirtschaftsgeschichtlichen Forschung sind. Der Reiz der wissenschaftsgeschichtlichen Perspektive liegt deshalb nicht zuletzt darin, theoretische Überlegungen über die Historizität von Disziplinengrenzen sowie deren Öffnung und Abschließung auf die Wirtschaftsgeschichte selbst anzuwenden. Schließlich fungiert diese nicht nur als Selbstreflexionssystem der Wirtschaftswissenschaften. Wenn sich die deutschen Wirtschaftshistoriker auf dem Historikertag 2010 an einigen ihrer thematischen Grenzen abarbeiteten, stellt sich deshalb zwangsläufig die Frage, in welche Richtung Grenzen möglicherweise verschoben werden oder aus Sicht der Beteiligten verschoben werden sollten. Die Erweiterung der Unternehmergeschichte um die besondere Situation von Migranten, der Versuch einer Neufassung des Unternehmens-Begriffs, die Konkretisierung des ökonomischen Strukturwandels als zentrale Entwicklung der Zeitgeschichte und die Wissenschafts- und Praxisgeschichte der Wirtschaftswissenschaften zielten hier in ihrem Selbstverständnis bewusst auf Grenzüberschreitungen. Sie repräsentieren wichtige Themen, um die Konturen des Faches zu stärken. Bei genauerem Hinsehen stellen die Versuche der Erweiterung in den besprochenen Sektionen aber auch eine konzeptionelle Selbstbegrenzung dar, indem sie die neuen Fragen am Ende wieder auf zuletzt klassisch gewordene Kernthemen wie Unternehmen, Branchen und wirtschaftstheoretische Ansätze fokussieren. Die Grenzen des Faches werden dadurch eng definiert und Querverbindungen zu anderen historischen Themenfeldern tendenziell vernachlässigt. Das ist eine erfolgsversprechende Strategie der Selbstbehauptung, die aber gleichzeitig dazu führen könnte, nur scheinbar periphere thematische und methodische Chancen aus dem Blick zu verlieren. Es ist zumindest bezeichnend, dass auf dem Historikertag beispielsweise Reichtum (frühneuzeitlicher Händler) und Macht (durch ökonomisch wirksame Infrastrukturen) von WissenschaftlerInnen jenseits der selbst gesetzten Grenzen der Disziplin Wirtschaftsgeschichte verhandelt wurden.

HSK-Querschnittsbericht: Wissenschaftsgeschichte

Von Désirée Schauz (Münchner Zentrum für Wissenschafts- und Technikgeschichte)

Besprochene Sektionen

Geschichten von Menschen und Dingen – Potentiale und Grenzen der Verwendung der ANT

Kulturen des Wahnsinns. Grenzphänomene einer urbanen Moderne

Ökonomien der Aufmerksamkeit im 20. Jahrhundert

Was als wissenschaftlich gelten darf

Wissenschaftsgeschichte fristete lange Zeit als Teildisziplin ein Schattendasein innerhalb der Geschichtswissenschaft. Einerseits ist das Fachwissen hochgradig spezialisiert, da insbesondere die Geschichte der Naturwissenschaften und der Mathematik profunde Vorkenntnisse verlangen. Andererseits begünstigten disziplinäre Barrieren die Randständigkeit: Die Medizingeschichte etwa war und ist Teil der Medizinerausbildung und daher in der Regel an den Medizinischen Fakultäten angesiedelt. Nur selten sind Vertreterinnen und Vertreter der Wissenschaftsgeschichte sowohl geschichtswissenschaftlich als auch naturwissenschaftlich ausgebildet, so dass es häufig an gegenseitiger Akzeptanz mangelt. Hinzu kamen lange Zeit die perspektivischen Differenzen einer Fach- und Institutionengeschichte einerseits und der Frage nach der gesellschaftlichen Rolle von Wissenschaft andererseits. Die von Percy Snow 1959 kritisierte Trennung der »zwei Kulturen« – der naturwissenschaftlich-technischen einerseits und der geisteswissenschaftlich-literarischen andererseits – scheint auch in der Wissenschaftsgeschichte ihre Spuren hinterlassen zu haben.[1]
Angesichts dieser Vorgeschichte darf es als Zeichen gewertet werden, dass mit Lorraine Daston (Berlin) die Wahl der Festrednerin auf dem diesjährigen Historikertag nicht nur auf eine amerikanisch-deutsche Grenzüberschreiterin, sondern vor allem auf eine Wissenschaftshistorikerin fiel, deren Schriften gerade in den letzten Jahren innerhalb der deutschsprachigen Geschichtswissenschaft große Anerkennung fanden. Die trennenden Grenzen zwischen Wissenschafts- und Allgemeiner Geschichte seien inzwischen überwunden, so konstatierte Daston unter anderem in ihrer Rede auf der Festveranstaltung des Verbandes Deutscher Historiker und Historikerinnen am 30. September 2010 im Deutschen Historischen Museum. Doch sie setzte nach: Der Grenzabbau sei vorrangig einseitig, vonseiten der Wissenschaftsgeschichte geleistet worden, während die

Historikerzunft wissenschaftsgeschichtliche Beiträge immer noch weitgehend ignoriere.

Die Abkehr von einer rein wissenschaftsimmanenten Perspektive und die konzeptionelle Vergesellschaftung von Wissenschaft und Forschung in den *Science and Technology Studies* seit den 1980er Jahren trug sicherlich dazu bei, wissenschaftshistorische Studien für die Allgemeine Geschichte anschlussfähiger zu machen. Inwieweit Dastons Einwand eines nur einseitigen Rückbaus der Wahrnehmungsbarrieren berechtigt ist, lässt sich auf der Grundlage des Programms des Historikertages zwar nicht abschließend beurteilen. Festhalten kann man jedoch, dass es gleich mehrere Sektionen gab, die, wenn sie wissenschaftliches Wissen auch nicht zum Hauptgegenstand, so aber doch zum integralen Bestand geschichtswissenschaftlicher Analysen zur Neuzeit machten.

Neben der Sektion »Technisierung der Ernährung« der Teildisziplin Technikgeschichte, wo die Grenzen zur Wissenschaftsgeschichte ohnehin traditionell fließend sind, standen die Definitionsmacht der Sozial- und Wirtschaftswissenschaften sowie die wissenschaftliche Fundierung der Bevölkerungspolitik zur Diskussion.[2] Auch das aktuell große Interesse an den Neurowissenschaften, in deren Versprechen, kognitive wie emotionale Fähigkeiten prognostizierbar zu machen, die Gesellschaft momentan geradezu übergroße Erwartungen setzt, spiegelt sich inzwischen im historiographischen Themenspektrum wider.[3] Ein im Vergleich dazu fast schon altbekanntes Thema ist »der« Wahnsinn, der, wie eine andere Sektion des Historikertages verdeutlicht, weiterhin einen attraktiven Zugriff auf die Geschichte der gesellschaftlichen Moderne bietet. Neben der Neueren Geschichte findet Wissenschaftsgeschichte ebenso im Bereich der Frühen Neuzeit Beachtung: Eine ganze Sektion widmete sich den Grenzziehungsversuchen vormoderner Gelehrtenkultur. Schließlich bleibt festzuhalten, dass die Wissenschaftsgeschichte momentan nicht nur thematisch auf die Geschichtswissenschaft ausstrahlt. Bruno Latours *Actor-Network-Theory* – kurz ANT genannt –, die ursprünglich im Kontext der Wissenschaftsforschung entwickelt wurde und die in der Wissenschafts- und Technikgeschichte bereits seit längerer Zeit große Resonanz findet, stößt mit zeitlicher Verzögerung auch in der Allgemeinen Geschichtswissenschaft auf breiteres Interesse.[4]

Der folgende Bericht versucht auf der Grundlage von vier Sektionen einige Trends zur Bedeutung wissenschaftsgeschichtlicher Perspektiven innerhalb der Allgemeinen Geschichte herauszuarbeiten.

Die »Potentiale und Grenzen« der *Actor-Network-Theory* für die Geschichtswissenschaft auszuloten, das hatte sich eine von Christina Benninghaus (Bielefeld) organisierte Sektion zur Aufgabe gemacht. Bruno Latour ist in den letzten Jahren definitiv zum neuen französischen Star-Theoretiker aufgestiegen, der sowohl international als auch disziplinenübergreifend Beachtung findet. Den Anspruch, mit seiner *Actor-Network-Theory* neue Perspektiven für die Wissenschaftsforschung zu eröffnen, hat Latour selbst längst ausgeweitet und seinen Ansatz als Kritik und Alternative zu klassischen soziologischen Denkansätzen reformuliert. So war es nur konsequent, dass sich die Sektionsbeiträge nicht allein auf dem Feld der Wissenschaftsgeschichte bewegten. Neben Themen mit medizingeschichtlichem Bezug wie Klaus Weinhauers (Wassenaar) Geschichte des Heroins,

»Vom Hustenmittel zur illegalen Droge«, und Benninghaus' Beitrag zur Geschichte der Unfruchtbarkeit am Beispiel der Untersuchungsmethode der »Tubendurchblasung« waren Dagmar Ellerbrocks (Bielefeld) Vortrag zu waffentechnischen Innovationen und ihren gesellschaftlichen Folgen sowie Martin Kohlrauschs (Bochum) Professionalisierungsgeschichte deutscher Architekten nach dem Ersten Weltkrieg fernab der Wissenschaftsgeschichte angesiedelt.
Die Beiträge von Martin Kohlrausch und Klaus Weinhauer hatten zum Ziel, die Fruchtbarkeit des Netzwerkgedankens für ihre Analysen herauszustellen. Dass sich Heroin als pharmazeutische Alternative zu den bis dahin bekannten Opiumderivaten trotz bekannter Nachteile zeitweise durchsetzen konnte, begründete Weinhauer mit dem Netz von Medizinern und pharmazeutischen Unternehmen und ihren Interessenkoalitionen. Martin Kohlrausch beschränkte sein Interesse auf die unter den Architekten aufgebauten Netzwerke, die zu ihrer professionellen Formierung beitrugen, wobei er mit Verweis auf Latour vor allem die dynamischen Momente der Gruppenbildung betonte. Im Anschluss an diese Anwendungsbeispiele stellt sich allerdings die Frage, was der Mehrwert der Latour'schen ANT gegenüber anderen zurzeit diskutierten Netzwerktheorien ist. Wie die Kommentatorin und als Technikhistorikerin vertraute Latour-Leserin Martina Heßler (Hamburg) treffend bemerkte, hebt sich die ANT nicht durch den Netzwerkgedanken an sich von anderen (in der Wissenschaftsgeschichte schon länger verwandten) Konzepten ab. Vielmehr besteht das Spezifische des Ansatzes in den Aktanten, das heißt in den Artefakten und nicht-menschlichen Organismen, deren Wirkmächtigkeit Latour im Sozialen einklagt, sowie in der damit verbundenen Vorstellung von Hybriden aus Natur/Gesellschaft und dem infolge veränderten Handlungsbegriff.
Genau an diesen Gedanken der ANT knüpfte Dagmar Ellerbrocks Vortrag an. Nachdem sie keine sozialen Ursachen für den sprunghaften Anstieg von tödlichen Gewaltdelikten im Kaiserreich ausmachen konnte, griff sie Latours Beispiel des hybriden Waffenschützen (Waffe + Schütze) auf. Gegenüber traditionellen, ritualisierten und meist nur mit leichteren Verletzungen ausgehenden Messerstechereien nahmen private Streitfälle durch den vermehrten Einsatz moderner Schusswaffen im Kaiserreich immer häufiger einen tödlichen Ausgang, da sich bei den mit der neuen Technik meist wenig vertrauten Waffenbesitzern im Zuge von Drohgebärden oder Mutproben vielfach unabsichtlich Schüsse lösten. Ebenso gewinnbringend konnte Christina Benninghaus die Aktanten, in ihrem Fall die Eileiter der untersuchten Frauen, als eigensinnige Akteure in ihre Geschichte der »Tubendurchblasung« einbauen. Die technisch einfach umsetzbare und kostengünstige Methode zum Test der weiblichen Unfruchtbarkeit kam nicht zuletzt aufgrund der Interessenallianz zwischen Medizinern und Frauen in den 1920er Jahren sehr häufig zum Einsatz, und das obwohl die Eileiter nicht immer mitspielten und daher nur selten zuverlässige Ergebnisse zu erwarten waren.
Die Referentinnen und Referenten bewerteten durchweg die ANT als fruchtbaren Ansatz für ihre Studien. Die »Grenzen« und möglichen Probleme des Ansatzes standen daher weniger zur Debatte. Allein Christina Benninghaus formulierte für sich die offene Frage nach der politischen bzw. gesellschaftskritischen

Dimension des Latourschen Analyserahmens, der ja nicht im klassischen Sinne als Gesellschaftstheorie bezeichnet werden kann. Die bereits an anderer Stelle von Kritikern vorgebrachten Einwände, das Latoursche Denken sei konservativ bis unpolitisch, regten hier nicht zur Diskussion an. Möglicherweise benötigt es Zeit, bis der »Entdeckung« des Latourschen Ansatz in der Allgemeinen Geschichte eine Phase folgt, in der Vor- *und* Nachteil in Bezug auf die *Actor-Netwerk-Theory* abgewogen wird.

Die Vielschichtigkeit des Mottobegriffs der Grenze des Berliner Historikertags ermöglichte ganz unterschiedliche thematische Umsetzungen, was unter den hier berücksichtigten Veranstaltungen vor allem die von Volker Hess (Berlin) und Rüdiger vom Bruch (Berlin) organisierte Sektion »Kulturen des Wahnsinns. Grenzphänomene einer urbanen Moderne« unter Beweis stellte. Das Panel setzte sich über die engeren disziplinären Grenzen der Geschichtswissenschaft hinweg und versammelte Referentinnen und Referenten aus den Kultur- und Literaturwissenschaften sowie aus der Medizin- und Allgemeinen Geschichte. Neben der Interdisziplinarität führten die Beiträge vor allem die inhaltliche und konzeptionelle Vielfalt der Möglichkeiten vor Augen, das vorgegebene Thema zu fassen. In seiner Einführung nahm Volker Hess Bezug auf Victor Turners Konzept des Schwellenraumes, dessen unterschiedliche Dimensionen er in topographischer, performativer und epistemischer Hinsicht herausstellte. Mit der Denkfigur des Schwellenraums grenzte Hess die Vorträge ausdrücklich von älteren Perspektiven ab, die im Umgang mit abweichendem Verhalten vor allem Grenzenziehungen eines Normalisierungsdiskurses sahen, der relativ eindeutig ausgrenzte und klar zwischen Innen und Außen unterschied.

Gemeinsam mit Sophie Ledbur (Berlin) stellte Volker Hess die Neuerung der psychiatrischen Poliklinik der Berliner Charité als solchen mehrdimensionalen Schwellenraum vor. Im Gegensatz zur geschlossenen Psychiatrie, die in der Tradition von Foucault und Goffman lange Zeit im Mittelpunkt der Forschung stand, öffnete sich die Charité mit ihrer Einrichtung zur ambulanten Behandlung gegenüber dem städtischen Raum und damit auch gegenüber neuen Patientengruppen. Am Beispiel der Agoraphobie, der sogenannten Platzfurcht, führte der Beitrag vor, wie unter dieser veränderten institutionellen Praxis neue und gerade für die städtische Bevölkerung typische Erkrankungen in das Gesichtsfeld der Psychiatrie rückten. Die Poliklinik entwickelte sich zu einem Ort der Wissensgenerierung, an dem Krankheitsbilder im Bereich der Nervenheilkunde weitere Differenzierung erfuhren.

Mit seiner Studie zur psychiatrischen Kinderbeobachtungsstation der Charité siedelte Thomas Beddies (Berlin) seinen Beitrag gleichfalls außerhalb der traditionellen Anstaltsgeschichte an. Im Umgang mit psychisch auffälligen Kindern und Jugendlichen entwickelte sich in den 1920er Jahren eine intensive Zusammenarbeit zwischen Medizinern, Pädagogen und Vertreterinnen der Jugendfürsorge. Obwohl Beddies' Fallspiele durchaus langjährige Karrieren von Heranwachsenden in verschiedenen Einrichtungen dokumentieren, bewertete er – anders als ältere Studien zur Jugendfürsorge und Jugendkriminalität – die Entwicklungen in der Weimarer Zeit im Vergleich zum Kaiserreich positiver: Die Pubertät wurde als altersspezifischer Schwellenraum anerkannt, dem eine vorschnelle

Pathologisierung widersprach.[5] Als weitere Argumente führte Beddies sowohl die Pluralisierung der Normen im städtischen Bereich als auch die Pluralisierung der Behandlungsstrategien an, die neben der Anstaltsunterbringung immer häufiger individuell abgestimmte Therapien vorsahen.

Mit der Konzentration auf Einrichtungen der Charité, der Volker Hess eine Vorreiterrolle im psychiatrischen Diskurs zuschrieb, blieb bei diesen beiden Beiträgen lediglich die Frage offen, wie repräsentativ die vorgestellten Entwicklungen für ihre Zeit waren. Ein Vergleich mit ländlichen Praktiken – gerade auch um das spezifisch Urbane herauszuarbeiten – oder mit Tendenzen in anderen Städten oder nationalen Gesellschaften dieser Zeit könnte für die Weiterführung dieser interessanten Projekte fernab der klassischen Anstaltsgeschichte durchaus gewinnbringend sein.

Die kultur- und literaturwissenschaftlichen Beiträge der Sektion thematisierten beide die verwischten Grenzen zwischen der künstlerischen und der wissenschaftlichen Begegnung mit dem Phänomen des Wahnsinns. Gabriele Dietze (Berlin) und Dorothea Dornhof (Frankfurt an der Oder) sprachen über den »Transferraum Trance«. Mit Traumtänzerinnen und der Traumbühne von Ernst Schertel identifizieren die beiden Kulturwissenschaftlerinnen einen Ort der Moderne, an dem Hysterie und Manien nicht nur einseitig pathologisiert wurden, sondern an dem Sehnsüchte nach Ursprünglichem und alternativen Erkenntnismöglichkeiten artikuliert wurden, um eine als defizitär wahrgenommene Moderne zu kompensieren. Wissenschaft und wissenschaftliche Experten beteiligten sich an dieser künstlerischen Bewegung und trugen die Frage über den Stellenwert der Hypnose als medizinische Methode in die Fachöffentlichkeit hinein.

Die literarische Auseinandersetzung mit den psychischen Folgen des von Reizüberflutung geprägten Großstadtlebens in der klassischen Moderne ist ein etabliertes Thema in der Literaturwissenschaft. Mit Oskar Panizza hat sich Sophia Könemann (Berlin) einen im Vergleich zu Gottfried Benn weniger bekannten Schriftsteller ausgesucht, der als ausgebildeter Mediziner ebenso wie Benn Erfahrungen in der Nervenheilkunde mitbrachte. Wie Könemann unter anderem zeigte, spiegelt sich in der Erzählung »Corsetten-Fritz« der damalige Psychiatriediskurs auf vielfältige Weise wider. Für Psychiatrie und die neu aufkommenden Sexualwissenschaften stellte der darin thematisierte Fetischismus ein zu dieser Zeit viel diskutiertes Konzept dar. Darüber hinaus ist die Psychiatrie selbst Gegenstand der Erzählung. Der Fall liest sich als Patientengeschichte; das psychiatrische Gespräch wird zum Ort literarischer Produktion.

Beide Beiträge ließen erkennen, wie Rüdiger vom Bruch in seinem Kommentar resümierte, wie sich in der urbanen Kultur Prozesse der Ent- und Verzauberung beziehungsweise der Rationalisierung und Emotionalisierung miteinander verzahnten – eine Deutung, die ganz der aktuellen Revision des klassischen Narratives der Moderne entspricht. Der Bedeutungsgewinn der wissenschaftlichen Deutungskultur ist nur eine Seite der Geschichte des ausgehenden 19. und frühen 20. Jahrhunderts. Gesellschaftliche Wechselbeziehungen und die Gleichzeitigkeit von Gegenbewegungen müssen – wie die Beiträge verdeutlichen – ebenso in das Bild der (urbanen) Moderne eingebaut werden. Obwohl dieser veränderte Blick auf die Moderne prinzipiell nicht neu ist, scheint es gerade angesichts der aktuellen Periodisierungsdebatte um die Hochmoderne, bei der es zugleich um Kerncharakteristika der Moderne geht, weiterhin notwendig, die Eindimensionalität des klassischen Narrativs der Moderne zu kritisieren.

Neben Medizin und Psychiatrie spiegelte der diesjährige Historikertag auch das geschichtswissenschaftliche Interesse an der Entwicklung der Sozialwissenschaften wider. Dieses Interesse hat in der Allgemeinen Geschichte – hauptsächlich in ihrer sozialgeschichtlichen Ausprägung – durchaus eine längere Tradition. Die Geschichtswissenschaft widmete sich bereits im Kontext bürgerlicher Sozialreform den frühen Vertretern der Sozial- und Wirtschaftswissenschaften und machte sie unter anderem zum Gegenstand einer Intellektuellengeschichte. Das sozialgeschichtliche Interesse an Gesellschaftstheorien beförderte nicht zuletzt eine regelrechte Konjunktur historischer Max-Weber-Forschung.[6]

Die Sektion »Ökonomien der Aufmerksamkeit im 20. Jahrhundert« stellte die Sozialwissenschaften nun vorrangig in den Kontext der Mediengeschichte, die derzeit in der Geschichtswissenschaft Konjunktur hat. In der von den Organisatoren des Panels, Malte Zierenberg (Berlin) und Christiane Reinecke (Berlin), vorgegebenen theoretischen Perspektive wurde sozialwissenschaftliches Wissen in Form von Zuschauer-, Wahl- und Umfrageforschung als wichtiges Kapital in der »Mediengesellschaft« des 20. Jahrhunderts interpretiert. Im Anschluss an den medientheoretischen Ansatz von Georg Franck gingen die Beiträge von der Marktförmigkeit der medialen Öffentlichkeit aus, infolge derer Forschung für die mediale Öffentlichkeit verwertbares, Aufmerksamkeit erzeugendes Wissen generiert.

Malte Zierenberg betrachtete in seinem Beitrag die westdeutsche Publikumsforschung in ihrem internationalen Entstehungskontext. Im Vergleich zu den angloamerikanischen Vorbildern unterschied sich die in den 1960er Jahren eingeführte telemetrische Forschung dadurch, dass sie zwar von privaten Firmen durchgeführt wurde, zugleich jedoch unter der Kontrolle der öffentlich-rechtlichen Sendeanstalten stand, die vorrangig aus erzieherischen Motiven Interesse an den Daten hatten. Die Teleskopie, so die These, habe jedoch einen wichtigen Anteil an der Formierung einer westdeutschen Mediengemeinschaft gehabt. Nachdem die Zuschauerbefragung direkter Bestandteil bestimmter Sendeformate wurde, schrieb ihr Zierenberg die Funktion eines Aushandlungsprozesses über Partizipation der Zuschauer an der bundesrepublikanischen Mediengesellschaft zu.

Die Entstehungsgeschichte des Eurobarometers, die Anja Kruke (Bonn) in ihrem Vortrag »Aufmerksamkeit für Europa« verfolgte, verweist ebenso auf erzieherische Motive der Umfrageforschung. Mit dem Ziel, die Öffentlichkeitsarbeit der Europäischen Union zu befördern und zur Bildung einer europäischen Identität beizutragen, führte die Europäische Kommission die serielle Umfrage des Eurobarometers ein. Doch dem volkserzieherischen Projekt, für das unter anderem der renommierte Sozialwissenschaftler Ronald Inglehart als Kooperationspartner gewonnen werden konnte, war nur geringer Erfolg beschieden. Die schwerfällige EU-Bürokratie habe die an sich schon aufwendige Datenerhebung derart verlangsamt, dass die Umfrage nicht mit den Diskussionskonjunkturen der politischen Meinungsbildung Schritt halten konnte. Im technokratischen Erbe und

volkserzieherischen Ideal machte Anja Kruke schließlich die Hauptursachen dafür aus, dass das Eurobarometer für Europaforschung für lange Zeit ein konzeptionell rückständiges Instrument blieb.
Während die Marktorientierung im Fall der öffentlich-rechtlichen Anstalten und der Europäischen Kommission doch eher eine untergeordnete Rolle spielte, führte Bernhard Fulda (Cambridge) in seinen Beitrag zur politischen Meinungsforschung der 1930er bis 1950er Jahre vor, wie eng die Entstehung von Wählerumfragen mit dem Ringen amerikanischer Printmedien um die Gunst der Leser verbunden war. Nach dem Vorbild der sich in den 1930er Jahren etablierten Marktforschung erarbeitete George Gallup eine neue Methode des *scientific polling*. Infolge der erfolgreichen Vermarktung seiner Umfrageforschung eröffnete Gallup Institute rund um den Erdball. Doch das Erfolgsmodell dieser kommerziellen politischen Meinungsforschung geriet in den 1940er Jahren bereits in die Kritik. Der Inszenierung einer wissenschaftlichen Objektivität widersprach die Entscheidung für kostengünstige Stichproben, die nicht repräsentativ waren und unter anderem Proteste der *Civil Rights*-Bewegung evozierten.
In einem ebenso kritischen Licht beleuchtete Kerstin Brückweh (London) die »Vermarktung sozio-kultureller Daten in Großbritannien«. Großbritannien hat eine lange Tradition sozialgeographischer Datenerhebung, die bis ins 19. Jahrhundert zurückreicht und aus sozialreformerischen Motiven erwachsen ist. Diese Tradition der *Geodemographics* wurde in den 1970er Jahren fortgeschrieben, als die Sozialwissenschaften ihre Expertise in den Dienst der Stadt- und Sozialplanung stellten. Die Dominanz der Marktforschung, die sich seit den 1980er Jahren zunehmend dieser Form der Datenerhebung bemächtigte, wertete Brückweh jedoch als Bruch mit dieser Tradition: Die Einteilung in soziale Klassen ist inzwischen in Konsum-Charaktere überführt worden; statt wissenschaftlicher Objektivität und Transparenz prägen nun Hochglanzhefte und Patente für die Datenerfassung das Image der *Geodemographics*. Die Auswirkung der Mächtigkeit der Marktorientierung machte die Referentin sowohl im Transfer öffentlichen Wissens in die Privatwirtschaft als auch in veränderten Strategien der politischen Parteien aus.
Einen deutsch-deutschen Vergleich für die Umfrageforschung machte sich Christiane Reinecke in ihrem Vortrag »Meinung mit und ohne Markt« zur Aufgabe. Dem praxisnahen Wissenschaftsideal der Ostblockstaaten entsprechend wertet Reinecke die Umfrageforschung in DDR als vorrangig am Zweck der gesellschaftlichen Planung ausgerichtet. Aufgrund der primären ideologischen Aufgabe, Informationen über die Stabilität der sozialen Lage sowie Daten zum materiellen Bedarf zu sammeln, sei die Umfrageforschung sehr eingeschränkt gewesen. Die politische Führung habe neben dem planerischen Nutzen auch die Gefahren einer möglichen gesellschaftlichen Artikulation von Unzufriedenheit abgewogen. Der politisch regulierten Umfrageforschung in der DDR stellte die Referentin die westdeutsche Umfrageforschung im Zeichen der Vermarktung gegenüber. Umfragedaten in Frauenzeitschriften und Unterhaltungsblättern dienten fürs erste als Belege.
Während Axel Schildt (Hamburg) seinen anregenden Kommentar aus der vorgegebenen Perspektive der Mediengesellschaft verfasste, hätten sich von einem wissenschaftsgeschichtlichen Standpunkt ausgehend durchaus andere Akzente

setzen lassen. Nahezu alle Themen können einen Beitrag für die in der Wissenschaftsgeschichte aktuelle Debatte über angewandte Forschung und den gesellschaftlichen Erwartungs- und Verwertungskontext von Wissenschaft anbieten, ohne dass in dieser Sektion freilich der Begriff der angewandten Forschung selbst eine Rolle gespielt hätte. Das Verhältnis von Öffentlichkeit und Wissenschaft beziehungsweise die veränderten gesellschaftlichen Bedingungen für Wissenschaft in einer »Mediengesellschaft« sind ebenso ein aktuelles Thema der Wissenschaftsforschung.[7] Die negativen Konsequenzen der Vermarktung, der medialen Vermittlung von Forschung sowie deren Zweckorientierung für die Sozialwissenschaften und den gesellschaftlichen Status von wissenschaftlichem Wissen haben Kerstin Brückweh, Anja Kruke und Bernhard Fulda angesprochen: mangelnde Nachprüfbarkeit, Abfluss von »öffentlichem Wissen« in die private Wirtschaft, fehlende Repräsentativität der Daten sowie mangelnde konzeptionelle Weiterentwicklung. Christiane Reinecke hob dagegen die finanzielle Förderung und Popularisierungsfunktion durch die Medien als Vorteile hervor. Die These, dass beide Seiten, die gesellschaftliche Öffentlichkeit und die Wissenschaft, voneinander profitieren, wird in der Wissenschaftsgeschichte schon seit längerem betont.[8]
Die in dieser Sektion verfolgte transnationale Perspektive und die damit einhergehende Frage nach dem Wissenstransfer ist für die Wissenschaftsgeschichte schließlich ein weiterer attraktiver Aspekt. Die Mehrzahl der Vorträge betonte die Vorbildfunktion der amerikanischen Umfrageforschung für die deutschen Sozialwissenschaften. Diese Urteile sind anschlussfähig an aktuelle Studien über die Bedeutung der amerikanischen Soziologie insbesondere für den demokratischen Neuanfang der westdeutschen Nachkriegsgesellschaft.[9] Obwohl die für die Geschichte der Sozialwissenschaften relevante Frage nach den eigenen deutschsprachigen Traditionen der Umfrageforschung in der Sektion keine Rolle spielte, gaben die Beiträge insgesamt ein wissenschaftsgeschichtlich anregendes Panel ab.
Schließlich lohnt es sich, die etablierten Epochengrenzen zu überschreiten und einen Blick zurück in die vormoderne Welt der Wissenschaft zu werfen. »Was als Wissenschaft gelten darf?«, diese klassische und zugleich immer wieder aktuelle Grenzziehungsfrage diskutierten Vertreter spätmittelalterlicher und frühneuzeitlicher Geschichte sowie eine Volkskundlerin. In seinem einführenden Referat schloss Frank Rexroth (Göttingen) die grundlegende Fragestellung der Sektion an systemtheoretische Überlegungen an. Gerade für die Vormoderne sei lange Zeit die Autonomie der Wissenschaft bestritten worden. Doch die Universitäten ließen sich seiner Meinung nach sehr wohl als institutioneller Ort einer autonomen, selbstregulierten Wissenschaft definieren. Rexroth betonte mit Blick auf die Scholastik, dass sich trotz der Verknüpfung von Glaube und Gelehrtentum genuin philosophische Regeln herausbildeten. Auch das vorherrschende Bild, die Scholastik habe nicht dem modernen wissenschaftlichen Kriterium der Generierung von neuem Wissen entsprochen, wollte er revidiert sehen.
Caspar Hirschi (Zürich) betonte in seinem Beitrag »Die Grenzen der Gelehrtenrepublik« sogleich den Unterschied der frühneuzeitlichen Gelehrtenwelt gegenüber dem Mittelalter einerseits und der modernen Wissenschaft andererseits: Sie sei eben nicht gekennzeichnet durch eine institutionelle Gebundenheit und habe daher andere Strategien der In- und Exklusion finden müssen. Die Metapher der

Gelehrtenrepublik, in der republikanisch-wissenschaftliche Tugenden vorherrschen, in der – satirisch gewendet – Gerichte Urteile über wissenschaftliche Kontroversen fällen und Barbiere als Kritiker den Autoren den Bart stutzen, kommunizierte die Unabhängigkeit des wissenschaftlichen Denkens. Hirschi verortete die Bedeutung dieser Metapher im Konflikt von humanistischen Idealen mit den Normen der Hofkultur. In dieser konkreten historischen Situation erfüllte die Metapher die Funktion der Reinigung und Verschleierung, um Autonomie zu inszenieren und zu behaupten.

Die Ambivalenz der Differenz »wissenschaftlich/nicht-wissenschaftlich« stellten insbesondere der Vortrag von Sabine Doering-Manteuffel (Augsburg) über »Seher und Propheten in der Volkskultur des 17. und 18. Jahrhunderts« sowie Matthias Heiduks (Göttingen) Beitrag über die Gruppe der Hermetiker im 12. und 13. Jahrhundert heraus. Die hermetische Lehre begründete ihre Tradition als mythisches Offenbarungswissen, das nur für Auserwählte zugänglich war, die der Geheimhaltung verpflichtet waren. Diese Kriterien genügten lange Zeit der Forschung, um die finale Exklusion der hermetischen Disziplin aus dem universitären Kanon zu erklären. Doch Heiduk hielt dagegen, dass Geheimwissen und Geheimsprache durchaus auch Strategien der Selbstbehauptung und der Prestigesteigerung der anerkannten Disziplinen waren. Das Wissen über und die Bezugnahme auf hermetische Schriften wies Heiduk nicht zuletzt als Teil dieser Strategien in den etablierten Disziplinen aus. Spiegelbildlich dazu hob Sabine Doering-Manteuffel für den Bereich des Okkultismus Prozesse der Verschriftlichung und der offenen Kommunikation hervor. Die Grenze zwischen Geheimwissen und offenem Austausch sowie von religiös und rational sei nicht sauber zu ziehen.

Mit seinem Beitrag zum intellektuellen Prekariat fügte Martin Mulsow (Erfurt/Gotha) aus einer stärker sozialgeschichtlichen Perspektive weitere Aspekte der Unschärfe wissenschaftlicher Grenzziehungen hinzu. Die Inflation auf dem akademischen Markt in der Frühen Neuzeit bedeutete für viele Gelehrte eine unsichere Lebenssituation, die Anpassungsleistungen erforderte und insbesondere den Gang an die Herrscherhöfe beförderte. Neben dem existentiellen Prekariat identifizierte Mulsow des Weiteren intellektuelle Doppelexistenzen, die sich einerseits als akademische Gelehrte etabliert hatten, zugleich aber im Geheimen und unter Pseudonymen nicht anerkannte und disqualifizierte Lehren vertraten und sich damit in prekäre, für ihre gesellschaftliche Stellung risikoreiche Sprechsituationen begaben.

Nach der eingangs von Frank Rexroth gestellten Forderung, dass die üblichen epochalen Zuschreibungen einer Revision bedürften, ist es schade, dass die Sektion selbst nicht die Grenze zur Neueren und Neusten Geschichte überschritten hat. Allein der Vergleich zwischen Mittelalter und Früher Neuzeit verdeutlichte bereits, dass sich erstens keine lineare Geschichte der (institutionellen) Ausdifferenzierung des Wissenschaftssystems erzählen lässt und dass sich zweitens Grenzen nicht unbedingt in festen institutionellen Ordnungen niederschlagen müssen. Angesichts der wiederkehrenden Virulenz der Grenzziehungsdebatten erscheint das geschichtswissenschaftliche Wagnis einer Diskussion über mehrere Epochengrenzen hinweg durchaus lohnenswert. In der aktuellen Wissenschaftsforschung stehen die Bedeutung von Grenzziehungsarbeit sowie die Aussagekraft des soziologischen Paradigmas der Ausdifferenzierung zur Diskussion. Bruno Latour etwa kritisiert die trennende Reinigungsarbeit als spezifische Strategie der Moderne, um die hybriden sozialen Netzwerke zu verschleiern. Während Latour eben gerade nicht mehr nach den Grenzen fragen möchte, stellen andere Wissenschaftsforscher wie etwa Thomas F. Gieryn die Grenzziehungsarbeit in den Vordergrund.[10] Dabei betont letzterer gerade die Pluralität und situative Flexibilität des wissenschaftlichen *boundary work*, infolge dessen scheinbar widersprüchliche Grenzen durchaus gleichzeitig gezogen werden. Die Sektion hat jedenfalls gezeigt, dass die Geschichtswissenschaft einen wichtigen Beitrag zu dieser aktuellen wissenschaftstheoretischen Debatte leisten kann: Grenzziehungsdebatten beziehungsweise Verschleierungstechniken sind nichts spezifisch Modernes. Zugleich zeigen die verschiedenen historischen Beispiele, dass Grenzen sowohl in synchroner wie auch in diachroner Perspektive recht variabel sein können.

Auf der Grundlage der hier vorgestellten Sektionen lässt sich aus wissenschaftsgeschichtlicher Perspektive über den Historikertag folgendes Fazit ziehen: Erstens hat in Bezug auf das Oberthema die Mehrzahl der Beiträge verdeutlicht, dass Grenzziehungen für die Wissenschaft selbst und ihre gesellschaftliche Verortung ein wichtiges und aktuelles Thema sind. Der Blick auf die Grenzthematik hat sich in den letzten Jahren jedoch deutlich verändert: Gesellschaftliche Differenzierungsleistungen und ihre hervorgebrachten Trennungen werden nicht mehr als stabile, vorgegebene institutionelle Ordnungen interpretiert. Vielmehr betonen aktuelle Studien stärker die Uneindeutigkeit, Flexibilität und Komplexität von Grenzen, so dass zum einen der dynamische Aushandlungsprozess selbst und zum anderen die Schwellen- und Zwischenräume ins Zentrum des Interesses rücken. Wissenschaftliche Autonomiebestrebungen einerseits und der gesellschaftliche Entstehungs- und Verwertungsprozess von wissenschaftlichem Wissen müssen in ihrer Gleichzeitigkeit und Reziprozität untersucht werden.

Zweitens lässt sich im Hinblick auf den disziplinären Standort der Wissenschaftsgeschichte festhalten, dass sich wissenschaftliches Wissen inzwischen in der Allgemeinen Geschichte als feste Untersuchungskategorie etabliert hat. Trotzdem scheint es noch immer gewisse Hemmnisse zu geben, sich auch mit den »harten« Wissenschaften auseinanderzusetzen. Die unterschiedlichen epistemischen Kulturen von Geisteswissenschaften und Naturwissenschaften mögen eine Erklärung sein. Das grundsätzlich gestiegene Interesse an wissenschaftsgeschichtlichen Aspekten bildet jedenfalls eine gute Voraussetzung, den Austausch mit der Wissenschaftsgeschichte zu intensivieren. Bleibt nur zu hoffen, dass sich die gegenseitigen Aufmerksamkeitskonjunkturen nicht verschieben und sich die Wissenschaftsgeschichte bereits wieder auf dem Rückzug zu einer immanenten, vorrangig wissenschaftsphilosophisch motivierten Perspektive befindet.

Anmerkungen

1 Snow, Charles P.: The Two Cultures and the Scientific Revolution. Cambridge 1959.

2 Vgl. folgende Sektionen: Die Technisierung der Ernährung und die Grenzen des »Natürlichen«. Beiträge zur Technikgeschichte der Ernährung vom ausgehenden 19. bis ins 21. Jahr-

hundert; Grenzgänge zwischen Wirtschaft und Wirtschaftswissenschaften. Zur Historischen Semantik einer gesellschaftlichen »Leitwissenschaft«; Creating a World Population: The Global Transfer of Techniques of Population Control in the 20th Century; Ökonomien der Aufmerksamkeit im 20. Jahrhundert. Eine transnationale Perspektive auf Techniken der Messung, Vermarktung und Generierung von Aufmerksamkeit.

3 Über Grenzen der Disziplinen: Das Zeitalter der Extreme und seine Deutung im Schnittpunkt von Geistes-, Rechts- und Neurowissenschaften. Leider wurde diese Sektion kurzfristig abgesagt.

4 2007 erschien bei Suhrkamp die deutsche Übersetzung von Latours »Eine neue Soziologie für eine neue Gesellschaft«. Siehe die hier besprochene Sektion »Geschichten von Menschen und Dingen – Potentiale und Grenzen der Verwendung der ANT«.

5 Zu älteren Wertungen vgl. zum Beispiel Peukert, Detlev: Grenzen der Sozialdisziplinierung. Aufstieg und Krise der deutschen Jugendfürsorge von 1878 bis 1932. Köln 1986.

6 Siehe etwa die neu edierten Aufsätze von Rüdiger vom Bruch: Vom Bruch, Rüdiger: Gelehrtenpolitik, Sozialwissenschaften und akademische Diskurse in Deutschland im 19. und 20. Jahrhundert. Stuttgart 2006; außerdem die ebenfalls neu edierten Aufsätze von Gangolf Hübinger: Hübinger, Gangolf: Gelehrte, Politik und Öffentlichkeit. Eine Intellektuellengeschichte. Göttingen 2006; Peukert, Detlev: Max Webers Diagnose der Moderne. Göttingen 1989 sowie die vielen Schriften von Wolfgang Mommsen zu Max Weber.

7 Vgl. etwa Weingart, Peter: Die Stunde der Wahrheit. Zum Verhältnis der Wissenschaft zu Politik, Wirtschaft und Medien in der Wissensgesellschaft. Weilerswist 2001.

8 Beispielsweise Nikolow, Sybilla; Schirrmacher, Arne (Hrsg.): Wissenschaft und Öffentlichkeit als Ressourcen füreinander: Studien zur Wissenschaftsgeschichte im 20. Jahrhundert. Frankfurt am Main 2007.

9 Gerhardt, Uta: Denken der Demokratie. Die Soziologie im atlantischen Transfer des Besatzungsregimes – vier Abhandlungen. Stuttgart 2007; dies.: Soziologie im zwanzigsten Jahrhundert. Studien zu ihrer Geschichte in Deutschland. Stuttgart 2009, Kap. III u. IV.

10 Gieryn, Thomas F.: Cultural Boundaries of Science. Credibility on the Line. Chicago 1999.

Podiumsdiskussion

Flucht und Vertreibung ausstellen – aber wie? Das geplante Dokumentationszentrum der »Stiftung Flucht, Vertreibung, Versöhnung« in der Kontroverse

Teilgebiete: PD, D, NZ, KulG, GMT

Leitung
Martin Schulze Wessel (München)

Diskutanten
Erik Franzen (München)
Manfred Kittel (Berlin)
Claudia Kraft (Erfurt)
Marita Krauss (Augsburg)
Martin Schulze Wessel (München)
Robert Traba (Berlin/Warschau)

Moderation
Jürgen Danyel (Potsdam)

Zusammenfassung

Seitdem 2005 CDU/CSU und SPD in ihrem Koalitionsvertrag die Schaffung eines »sichtbaren Zeichens« für Flucht und Vertreibung vereinbarten und im Dezember 2008 die »Stiftung Flucht, Vertreibung, Versöhnung« geschaffen wurde, hat sich die Diskussion über die museale Erinnerung an »Flucht und Vertreibung« kaum weiterentwickelt.
In der Sektion stand ein konkretes neues Konzept zur Debatte, das von den Historikerkommissionen getragen wird, in denen deutsche, polnische, tschechische und slowakische HistorikerInnen zusammenarbeiten. Das Konzept versteht sich als ein Entwurf, der dem Stiftungsgesetz entspricht und zugleich eine klare Alternative zu den Vorstellungen anbietet, die in der »Stiftung Flucht, Vertreibung, Versöhnung« bislang entwickelt worden sind. Auf der Podiumsdiskussion des Historikertags ist das Konzept zwischen HistorikerInnen der Kommissionen aus Deutschland und Polen und mit Vertretern der Stiftung »Flucht, Vertreibung, Versöhnung« diskutiert worden.
Dabei standen zwei Fragen im Vordergrund. *Erstens*: Was ist die richtige Kontextualisierung der Ausstellung? Vertreter der Kommissionen plädierten für den Zweiten Weltkrieg als primärem Rahmen einer Geschichtsausstellung über Vertreibung, während der Vertreter der Stiftung sich für eine umfassende Darstellung europäischer Vertreibungsphänomene im 20. Jahrhundert »Erzwungene Wege« aussprach. *Zweitens*: Wie soll Vertreibung ausgestellt werden? Auf der einen Seite wurde vor emotionalisierenden Ausstellungsstrategien gewarnt, auf

der anderen Seite auf die Erfordernisse verwiesen, den Erwartungen potentieller Besucher der Ausstellung zu entsprechen.

Historische Zäsuren

Teilgebiete: NZ, PD, EÜ

Leitung
Martin Sabrow (Berlin/Potsdam)

Diskutanten
Anselm Doering-Manteuffel (Tübingen)
Konrad H. Jarausch (Chapel Hill/Berlin)
Werner Plumpe (Frankfurt am Main)

Impulsreferat
Martin Sabrow (Berlin/Potsdam)

Zusammenfassung

Zäsuren strukturieren unser Bild von der Geschichte. Nachdem im 19. Jahrhundert der Epochenbegriff seine Bedeutung vom Zeitpunkt zum Zeitraum verschoben hatte, etablierte sich im 20. Jahrhundert die Zäsur zur Leitkategorie eines nicht mehr als gesetzmäßig und kontinuierlich gedachten Geschichtsverlaufs, der vielmehr als von Katastrophen, Umbrüchen und Einschnitten geprägt verstanden wurde. Über der Wucht von Zäsuren, wie sie etwa mit den epochalen Einschnitten von 1914, 1918, 1933, 1945 und 1989 verbunden sind, droht die Erkenntnis unterzugehen, dass Zäsuren keine Tatsachen darstellen, sondern auf Deutungen beruhen. Historische Zäsuren sind mit Johann Gustav Droysen nur »Betrachtungsformen« des ordnenden Historikers, nicht Eigenschaften der Welt und ihrer Entwicklung selbst. Die Suche nach Zäsuren entspringt dem Wunsch nach einer gültigen Ordnung des Zeitflusses und der von Thomas Mann im »Zauberberg« festgehaltenen Hoffnung, dass das Weiserchen der Zeit nicht fühllos gegen Ziele, Abschnitte, Markierungen« sei, sondern »einen Augenblick anhalten oder wenigstens sonst ein winziges Zeichen« geben solle, »dass hier etwas vollendet sei«.
Bei näherer Betrachtung relativieren sich Zäsuren in ihrer Geltungskraft. Ihre Reichweite ist selten global, sondern oft national oder regional und zudem so gut wie immer sektoral begrenzt – wirtschaftliche Zäsuren unterscheiden sich von politischen, aber auch von medialen und sozialen. Ihre gesellschaftliche Eindringtiefe erweist sich häufig als geringer denn gedacht, wie die jüngeren Forschungen zum nur vermeintlich gesamtgesellschaftlichen »Augusterlebnis« von 1914 ebenso zeigen wie der Blick auf die Kontinuitäten »zwischen Stalingrad und Währungsreform« oder das aus der Perspektive der folgenden Vereinigungskrise vielfach relativierte Bild des Umbruchs von 1989.

Auch über die Fachdiskussion hinaus unterliegen Zäsuren beständiger Neubewertung; sie können rückblickend verblassen oder an Gewicht zunehmen. Für ersteres stehen nach 1945 etwa die zeitgenössisch weithin als dramatischer Einschnitt verstandene Verabschiedung der Notstandsgesetze 1968 oder auch das ein Jahrtausend beschließende »Millenium«, der Anschlag vom 11. September 2001 oder die EU-Osterweiterung von 2004. Letzteres belegen aus heutiger Sicht dagegen beispielsweise die Aufgabe fester Wechselkurse 1973 in der Bundesrepublik oder in der DDR die zunächst als bloße Tendenzverschiebung begriffene Proklamierung der »Einheit von Sozial- und Wirtschaftspolitik« durch Erich Honecker.

Zäsuren sind Produkte von Vergangenheitspolitiken und Deutungskämpfen, in denen sich das Selbstverständnis sozialer Gruppen und Gemeinschaften formt. Als Zäsur vom ersten Tag an politisch heftig umstritten war die Novemberrevolution von 1918 und ist seit einigen Jahren die Zäsur von »1968«, der gegenüber die neu formulierte Zäsur der siebziger Jahre als Ende der Fortschrittsmoderne an Boden gewonnen hat. Ob der Umbruch von 1989/90 eine gesamtdeutsche oder nur eine ostdeutsche Zäsur bildet, ist heute ebenso Gegenstand öffentlicher Debatten wie die Frage, ob es sich um eine bloße »Wende« oder den ostdeutschen Part einer »europäischen Freiheitsrevolution« handele.

Macht ihre falsche Eindeutigkeit und zeitliche Wandlungsfähigkeit Zäsuren fachlich obsolet, oder bleiben sie trotz aller Kritik unentbehrliche Instrumente der historischen Selbstverständigung? Trifft die These zu, dass Epocheneinschnitte durch rezeptionshistorische Aussagekraft ersetzen, was ihnen an realhistorischer Relevanz fehlt? Oder kann die Zäsur ihre Zukunft retten, weil sie geschichtskulturelle Aushandlungsprozesse sichtbar macht und so von historischer Identitätsbildung und Deutungshegemonie zeugen kann?

Zumindest für die Zeitgeschichte stehen fachliche Relevanz und öffentliche Performanz der Zäsur in scharfem Kontrast. Die Inflation ausgerufener und empfundener Epochengrenzen belegt das sich immer erneuernde Bedürfnis, Fluchtpunkte der historischen Betrachtung zu gewinnen, um abgeschlossene historische Phasen fassbar zu machen und erkennende Distanz zur eigenen Gegenwart zu gewinnen. Daraus erwächst die Frage, ob der Begriff Zäsur nicht zwei ganz unterschiedliche Typen des Epochenwechsels zusammenfasst, nämlich zum einen orthodoxe und zum anderen heterodoxe Zäsuren. Orthodoxe Zäsuren markieren Einschnitte, so die These des Impulsreferates, die gewohnte Sichtweisen bestätigen und fortschreiben. Heterodoxe Zäsuren hingegen stellen überkommende Sicherheiten auf den Kopf und erzwingen eine rückwirkende Reorganisierung historischen Wissens und Wertens. Orthodoxe Zäsuren bestätigen unser Geschichtsbild, heterodoxe fordern es zur Reorganisierung heraus.

In diesem Verständnis würde der welterschütternde Terroranschlag vom 11. September 2001 eine orthodoxe Zäsur darstellen, weil er keine neuen Sichtachsen und Denkhorizonte schuf, sondern lediglich bereits vorher bekannte bestätigte. Der weltgeschichtliche Umbruch von 1989/91 in Deutschland hingegen bedeutete im Ergebnis eine heterodoxe Zäsur, weil er die Gültigkeit der bisherigen Ordnung der Dinge aufhob. Er setzte neue normative Maßstäbe des Handelns und Denkens, die sich aus den alten Verhältnissen nicht hätten ergeben können, und

bildet einen unhintergehbaren Sehepunkt, der seine eigene Historizität und Unerhörtheit rasch in selbstverständliche Normalität verwandelte.
In dieser Unterscheidung könnte ein Ansatz zur Rückgewinnung der Zäsur für die Geschichtsschreibung liegen: nicht mehr als unbezweifelbare Eigenschaft des politischen oder wirtschaftlichen Geschehens, wohl aber als zentraler Bestandteil der gesellschaftlichen Deutungskultur einer Zeit.

Schulfach Geschichte: Geschichtslehrpläne ohne Inhalte?

Teilgebiete: PD, D, GMT

Leitung
Ulrich Bongertmann (Verband der Geschichtslehrer Deutschlands e. V., Rostock)

Diskutanten (Mitglieder des Arbeitskreises »Bildungsstandards Geschichte«)
Rolf Ballof (Braunschweig)
Rolf Brütting (Dortmund)
Peter Droste (Jülich)
Willi Eisele (Wolfratshausen)
Wolfgang Geiger (Frankfurt am Main)
Walter Helfrich (Speyer)

HSK-Bericht
Von Ralph Erbar (Verband der Geschichtslehrer Deutschlands, Mainz)

»Bildungsstandards« und die sich daraus entwickelnden »Kompetenzmodelle« sind seit geraumer Zeit in aller Munde und wurden auch auf dem Berliner Historikertag in einer eigenen Abendveranstaltung kontrovers diskutiert. Vor allem seit dem Ergebnis der ersten Pisa-Studie ergab sich ein konkreter schulpolitischer Handlungsbedarf im Hinblick auf eine outputorientierte Kompetenzorientierung, die sich nicht länger an möglichen Unterrichtsergebnissen, sondern an abprüfbaren Kompetenzen orientiert. Für das Unterrichtsfach Geschichte hat die zuständige Kultusministerkonferenz jedoch keine nationalen Bildungsstandards geplant, auch für die nähere Zukunft nicht. Daher sprang der Verband der Geschichtslehrer Deutschlands (VGD) in die Lücke und legte bereits im Jahre 2006 auf dem Historikertag in Konstanz die erste Druckfassung seiner »Bildungsstandards Geschichte« vor, die seinerzeit für Kritik, die sich sowohl am zugrundeliegenden Kompetenzmodell als auch an diversen Details entzündete, aber auch bundesweit für Lob und Anerkennung sorgten.
Seit diesem Zeitpunkt erscheinen ständig neue Monographien und Handreichungen zum Thema »Kompetenzorientierung«, die sich vor allem dadurch auszeichnen, dass sie Kompetenzen durchaus unterschiedlich definieren. So basieren zwar alle Modelle auf der allgemeinen Kompetenzdefinition von Erich Weinert, profilieren davon ausgehend aber einen höchst unterschiedlichen Kompetenzkatalog. Ein länderübergreifender Konsens deutet sich bisher nicht an. Ein tragfähiges Modell der Kompetenzentwicklung wurde von der Geschichtsdidaktik noch gar nicht entwickelt.
Der Geschichtslehrerverband nutzte daher den Historikertag in Berlin, um auf einer eigens einberufenen Abendveranstaltung die überarbeitete Neuauflage seiner Bildungsstandards Geschichte zur Diskussion zu stellen. Diese werden in der ersten Jahreshälfte 2011 gedruckt vorliegen, sind aber jetzt schon auf der Seite

www.historikertag.de einsehbar. Ulrich Bongertmann (Rostock), Leiter des Arbeitskreises »Bildungsstandards« im VGD und zugleich Leiter der Abendveranstaltung, erläuterte in seiner Anmoderation die leitenden Grundgedanken der überarbeiteten Standards. Erhalten blieb das aus der ersten Auflage bekannte dreistufige Kompetenzmodell des Verbandes, das aus Sachkompetenz, Deutungs- und Reflexionskompetenz sowie Medien-Methoden-Kompetenz besteht.

Kompetenzen

Zur Sachkompetenz im Sinne eines Grundwissens zählt die Kenntnis themenbezogener Daten, Namen und Fachtermini. Der Arbeitskreis des VGD tritt damit allen Versuchen entgegen, Bildungsstandards »ohne Inhalte« zu formulieren, ein Anliegen, für das sich besonders Rolf Ballof stark machte. Freilich reicht es nicht aus, hierfür einen bloßen und notwendigerweise subjektiven Themenkatalog zusammenzustellen. Es gilt vielmehr, möglichst präzise zu beschreiben, welche Kenntnisse, Erkenntnisse und Einsichten Schülerinnen und Schüler beim jeweiligen Thema gewinnen sollen, und darüber zu reflektieren, welchen Stellenwert dieses Thema im weiteren Kontext der historischen Bildung hat. Oder anders formuliert: Kompetenzorientierung im Geschichtsunterricht bedeutet auch, intensiv auf kategorialer Ebene und unter zunehmender Beteiligung der Schülerinnen und Schüler über die Auswahl und Begründung von Themen nachzudenken. Um aber dem falschen Eindruck einer Orientierung auf bloße Sachkenntnisse entgegenzutreten, hat der Arbeitskreis die zentrale Deutungs- und Reflexionskompetenz in seiner neuen überarbeiteten Auflage nach vorne gerückt, worauf vor allem Rolf Brütting hinwies.
Die Deutungs- und Reflexionskompetenz stellt das Herzstück der überarbeiteten Standards und das Alleinstellungsmerkmal gegenüber allen anderen Unterrichtsfächern dar. Sie umschreibt eine Zahl von Teilkompetenzen, die oft nicht leicht voneinander abzugrenzen sind, und führt von Grundeinsichten in die Struktur historischer Erkenntnis über den kritischen Umgang mit Begriffen und Untersuchungsverfahren bis hin zur Produktion eigener Deutungen und zur kritischen Analyse fremder Deutungen von Geschichte. So sollen Schülerinnen und Schüler am Ende der Klasse 10 unter anderem Perspektivität in Quellen und Darstellungen erkennen und adäquat berücksichtigen, darauf aufbauend Fremdverstehen leisten, Veränderungen in Vergangenheit und Geschichte wahrnehmen, bei passender Gelegenheit Gegenwartsbezüge herstellen, mit Darstellungen von Vergangenheit kritisch umgehen, eigene Deutungen von Vergangenheit sprachlich adäquat umsetzen und vor allem den Konstruktcharakter von Geschichte erkennen können. Schülerinnen und Schüler sollen also erläutern können, dass Geschichte nicht an sich existiert, sondern nur durch die interessegeleitete Auslegung von Überlieferungen aus der Vergangenheit entsteht. Dies sind hochgesteckte Ziele, die ein moderner Geschichtsunterricht aber anpeilen muss. Die Standards sollen dabei behilflich sein.
Durch die Umstellung der Deutungs- und Reflexionskompetenz an den Anfang der Synopse soll auch optisch der Unterschied zu den traditionell lernzielorien-

tierten Lehrplänen deutlich werden: Der Erwerb einer Historischen Kompetenz bleibt an den Erwerb inhaltlicher Kenntnisse gebunden, sie hängt weiterhin davon ab, an welchen Stoffen junge Menschen im deutschen Kulturraum der Vergangenheit von den Anfängen in der Steinzeit bis zur Gegenwart begegnen. Sie darf sich aber keineswegs in der Sachkompetenz erschöpfen, sondern wird erst durch zunehmend selbständige Deutungen und Reflexionen der festgelegten Inhalte gefüllt.
Die Medien-Methoden-Kompetenz schließlich zielt darauf ab, dass Schülerinnen und Schüler den jeweils unterschiedlichen Charakter der im Geschichtsunterricht eingesetzten Medien, also in erster Linie der Quellen und Darstellungen, erkennen und damit angemessen umzugehen lernen. Insbesondere sollen sie Quellen und Darstellungen aller Art kritisch erschließen, miteinander in Beziehung setzen und in ihrer Perspektivität erkennen und beurteilen können. Am letzten Punkt wird deutlich, dass die Grenzen zur vorangegangenen Deutungs- und Reflexionskompetenz fließend sind.

Zustimmung und Kritik

Der Arbeitskreis des Geschichtslehrerverbandes (VGD) erhielt zunächst Lob und Anerkennung dafür, dass er die Anregungen der vergangenen zwei Jahre aufgenommen und für das überarbeitete Kompetenzmodell berücksichtigt hat. Aber auch Kritik wurde seitens der Teilnehmer der gut besuchten Abendveranstaltung geäußert, die sich auf vier Punkte konzentrierte: Erstens wurde die Frage nach der Auswahl und der Begründung der Inhalte im Geschichtsunterricht aufgeworfen, die naturgemäß subjektiv bleiben müssen. Das Modell des Geschichtslehrerverbandes stellt allerdings einen Katalog an Inhalten zur Verfügung, aus dem dann vor Ort ausgewählt und ergänzt werden kann. Einigkeit bestand unter den Teilnehmern allerdings darin, dass die Sachkompetenz wichtiger Bestandteil eines Kompetenzmodells in Geschichte bleiben müsse. Zweitens wurde darauf hingewiesen, dass bisher ein Modell fehle, das die Inhalte und Kompetenzen miteinander in Verbindung bringe. Es stellt sich allerdings die Frage, ob solch ein Modell überhaupt vonnöten ist. Es erscheint nicht ersichtlich, warum Schülerinnen und Schüler Kompetenzen an bestimmten, vorher festgelegten Inhalten erwerben müssen. Drittens und fast unweigerlich stellte sich in diesem Zusammenhang erneut die Frage nach der Sinnhaftigkeit des chronologischen Durchgangs im Geschichtsunterricht. Da der zweite chronologische Durchgang in den Sekundarstufen II der Bundesländer in den vergangenen Jahren zunehmend zugunsten anderer didaktischer Zugriffsmöglichkeiten, wie etwa historischer Längsschnitte, aufgeweicht wurde, entschied sich der Arbeitskreis den ersten chronologischen Durchgang in der Sekundarstufe I beizubehalten, um bei den Schülerinnen und Schülern erst einmal ein Orientierungsvermögen in der Zeit anzulegen. Viertens wurde auf die fehlenden Schnittstellen zwischen der Lehrerausbildung an den Hochschulen und den Studienseminaren sowie dem Lehreralltag in den Schulen hingewiesen. Daraus resultiert die Forderung, dass Fragen der Kompetenzorientierung einerseits möglichst früh in die erste und zweite

Phase der Lehrerausbildung einbezogen werden und andererseits im Unterrichtsalltag auf ihre Tauglichkeit hin überprüft werden müssen.

Ausblick

Die Diskussion um Bildungsstandards und Kompetenzmodelle im Fach Geschichte wird weitergeführt werden, spätestens auf dem kommenden Historikertag 2012 in Mainz. Weitere Publikationen werden nicht lange auf sich warten lassen, zumal im Bildungsbereich ein Markt entstanden ist, der bedient werden will. Ob dies zu einer Annäherung oder gar Vereinheitlichung der unterschiedlichen Kompetenzmodelle beitragen wird, bleibt abzuwarten, ob dadurch eine Verbesserung des Geschichtsunterrichts überhaupt erzielt werden kann, ist ebenso fraglich, zumal der Geschichte als Nicht-Standard-Fach die Instrumentarien zur Überprüfung erreichter oder verfehlter Standards nicht zur Verfügung stehen. Hier ist die Ministerialbürokratie gefordert nachzusteuern, um nicht die alte Zwei-Klassen-Gesellschaft der Haupt- und Nebenfächer durch eine neue Zwei-Klassen-Gesellschaft der Standard- und Nicht-Standard-Fächer zu ersetzen. Alle Schülerinnen und Schüler haben einen modernen Unterricht verdient – in allen Schularten und in allen Fächern.

Diese Sektion wird zudem bei HSK im Querschnittsbericht »Didaktik der Geschichte« von Martin Lücke behandelt.

Über Grenzen der Disziplinen: Das Zeitalter der Extreme und seine Deutung im Schnittpunkt von Geistes-, Rechts- und Neurowissenschaften

Diese Sektion ist ausgefallen.

Virtuelle Grenzen der Geschichtswissenschaft. Stand und Perspektiven der Digitalen Geschichtsforschung

Teilgebiete: EÜ, PD, WissG, GMT

Leitung
Malte Rehbein (Würzburg)
Patrick Sahle (Köln)
Georg Vogeler (München)

Diskutanten
Helmut Flachenecker (Würzburg)
Peter Haber (Basel)
Jakob Krameritsch (Wien)
Angela Schwarz (Siegen)

Zusammenfassung

»Die zeitgenössischen Technologien zeichnen sich durch ungeheure Schnelligkeit aus und haben [ihre] eigene Dynamik entwickelt« (Leeker/Schmidt). Wie gehen wir Historiker mit der »aktuellen Medienkultur des Computers« um, wie bereiten wir uns auf eine künftige Medienkultur vor? Wo steht die Geschichtsforschung in Bezug auf neue Medien? Kann es eine digitale Geschichtswissenschaft geben, oder nur etwas Digitales in der Geschichtswissenschaft?
Den Anfang der Podiumsdiskussion bildeten Referate der Sektionsleiter zur Geschichte, dem Stand, den Perspektiven einer durch digitale Medien geprägten Geschichtsforschung. Ein einleitender historischer Abriss stellte exemplarische Meilensteine der »digitalen Geisteswissenschaften« (englisch: *Digital Humanities*) von ihren Anfängen mit Roberto Busa im Jahre 1949 bis zum Zeitalter des Internets vor. Dabei sind drei treibende Faktoren in ihrer Wechselwirkung auszumachen: technologische Innovation, ihre Nutzung durch die Geisteswissenschaften und – ideengeschichtlich – ein jenseits der Technik liegender »Zeitgeist«, der auch Vorstellungen und Erwartungen umfasst, wie sie für die jeweilige Zukunft entwickelt und formuliert wurden. Es waren technologische Innovationen, die es erlaubten, bereits latent vorhandene Forschungsfragen neu oder überhaupt erst aufzugreifen. Ihre Operationalisierung durch neue Medien führt dann zu methodischen Reflexionen, zur Ausbildung neuer Forschungsfragen und möglicherweise zu einem neuen Forschungsverständnis.
Inzwischen bestehen eine Vielzahl digitaler Projekte, die fast alle Bereiche des Faches betreffen. Aus der Menge der Einzelprojekte, die als eine wachsende gemeinsame digitale Infrastruktur angesehen werden kann, lassen sich exemplarisch Perspektiven einer »datengestützten« Geschichtswissenschaft ableiten. So aus dem Projekt Monasterium.net, das Grundmaterial historischer Forschung (Urkunden als Quellen) und ihre wissenschaftliche Bearbeitung (Edition und Verschlagwortung) integriert. Hieraus entsteht ein Netzwerk von Daten und Informationen, das von Historikerinnen und Historikern für ihre Interpretationen genutzt, aber auch durch diese Interpretationen angereichert werden kann.
Wenn die Geschichtswissenschaft durch die polemisch-reduktionistische Parole vom Dreischritt »Lesen – Denken – Schreiben« charakterisiert wird, dann stellt sich insgesamt die Frage, wie die digitalen Technologien diese Tätigkeiten nicht nur unterstützen, sondern auch tiefgreifend verändern. Dieser Prozess schlägt sich plastisch in der Terminologie der Beschreibung nieder, wenn der Dreischritt als »Informationsaufnahme«, »Anwendung analytischer Operationen« und »Kreation und Modifikation von Informationen« neu gefasst wird. Die Transformationen zu einer »digitalen Wissenschaft« basieren dann zwar auf der konkreten Nutzung neuer Werkzeuge und neuer Medien innerhalb der Forschung und in projektübergreifenden Kommunikations- und Publikationsplattformen – sie bezieht sich aber vor allem auf Veränderungen in den Begriffen und Konzepten der Geschichtsforschung.
Der Aufbau digitaler Infrastrukturen schreitet voran und geht mit einer rasanten technischen und methodischen Entwicklung einher. Dabei droht aber gleichzei-

tig ein Graben zu einer »traditionellen« Geschichtswissenschaft zu entstehen und immer breiter zu werden, was es zu vermeiden gilt.
Die anschließende Diskussion eröffneten die Podiumsmitglieder mit kurzen Reflexionen über Stand und Perspektiven digitaler Geschichtsforschung aus ihrer je eigenen Sicht. Helmut Flachenecker stellte die digitalen Aktivitäten am Lehrstuhl für Landesgeschichte in Würzburg vor. Er wies darauf hin, dass verfügbare Software für die Erarbeitung und Publikation digitaler Projekte nicht ausreichend Rücksicht auf die historische Perspektive nimmt. Nicht nur in Würzburg hat sich daraus die Bereitschaft ergeben, die Historiker schon in der Ausbildung an die neuen Technologien heranzuführen.
Peter Haber skizzierte sechs Problemfelder, in denen die Geschichtswissenschaft in der Zukunft eine eigene Position wird finden müssen: Welche Kompetenzen der Informationsbeschaffung brauchen »digitale« Historikerinnen und Historiker? Wie können sie den Quellenwert der online vermittelten Quellen kritisch beurteilen? Welche neuen Methoden der Geschichtsvermittlung zum Beispiel als grafische Visualisierung oder als Hypertext entwickeln sich? Wie kann Geschichtswissenschaft kollaborativ organisiert sein? Welche Publikationskultur, das heißt welche Akzeptanz der verschiedenen Publikationsformen, wird eine digitale Geschichtswissenschaft haben?
Jakob Krameritsch plädierte für mehr Empirie in der Diskussion um die Auswirkungen des Medienwandels auf die Geschichtswissenschaft. Aus den historischen Erfahrungen zog er die Lehre, dass die Diskurse über den Medienwandel die wirkliche Medienpraxis hinter interessengeleiteten und ideologisch aufgeladenen Polemiken zu verdecken drohen. Zudem fragte er, wie die Geschichtswissenschaft auf die mit dem Medienwandel einhergehende Änderung der Identitätskulturen reagieren kann.
Angela Schwarz analysierte den Alltag der Mainstream-Geschichtswissenschaft. Sie beobachtete dabei Bereiche erhöhter Akzeptanz, wie zum Beispiel bei der Nutzung des Internets für die Recherche von Literatur und Quellen, und Bereiche größerer Vorbehalte, die sich insbesondere gegen Kollaboration und Publikation im Internet richteten. Um die Potentiale des neuen Mediums zu nutzen, schlug sie vor, die Digitalisierung von Quellen und Literatur konsequent voranzutreiben und das kooperative Arbeiten bis hin zur Online-Publikation zu erproben. Im Mittelpunkt der wissenschaftlichen Arbeit bleibe dabei aber immer das neugierige, forschende Individuum mit seinen je eigenen Fragestellungen.
Die abschließende rund zweistündige offene Diskussion mit den gut 50 Teilnehmern vertiefte die aufgeworfenen Fragen nach Chancen und Entwicklungshindernissen einer »digitalen Geschichtswissenschaft«. Offensichtlich prämieren die verschiedenen medialen Umwelten bestimmte Forschungsbereiche, Forschungsfragen und methodische Ansätze. Die neuen Medien erfordern hier zum Beispiel eine Weiterentwicklung der Quellenkritik. Angesichts der neuen Publikationsformen stellt sich die Frage nach der »Monographie als Leitwährung« und der Rolle und sozialen und wissenschaftlichen Kapitalisierbarkeit digitaler Formen. Für diese sind dann auch Aspekte wie Narrativität, Multimedialität, Hypertextualität, Vernetztheit, Kollaborativität und Autorschaft neu zu fassen. Die latente Schwerpunktverschiebung von Geschichtsdarstellung als Produkt zu Geschichts-

forschung als Prozess des Annotierens, des Vernetzens und Weiterschreibens rückt außerdem ungelöste Problembereiche wie Urheberrecht, Plagiate, Haltbarkeit und die zunehmende technische Komplexität einerseits und das Verhältnis der Forschenden zum Fachpublikum wie auch zu einer weiteren Öffentlichkeit andererseits in den Blick. Beleuchtet, aber nicht beantwortet wurde mit der vielseitigen Diskussion insgesamt die Frage, wie der oder die »digitale HistorikerIn« von morgen denn nun aussehen wird.

Zu dieser Sektion liegt zudem ein HSK-Bericht von Georg Vogeler und Patrick Sahle vor.

Was kommt nach Bologna? Eine Reform und ihre Folgen

Teilgebiete: PD, ZG, WissG, D

Leitung
Werner Plumpe (Frankfurt am Main)

Diskutanten
Werner Plumpe (Frankfurt am Main)
Ulrich Herbert (Freiburg)
Michael Sauer (Göttingen)
Birgit Galler (Berlin)
Sven Felix Kellerhoff (Berlin)
Sebastian Wein (Berlin)

Zusammenfassung

Die Runde war sich über die Probleme der zum Teil überhastet, zum Teil unsystematisch eingeführten neuen Studiengänge und über deren negative Folgen für Studienorganisation und Studienerfolg im Grunde schnell einig. Kontrovers war eher die Frage, wie auf die derzeitige Lage an den Universitäten zu reagieren sei, wie also eine Reform der Reform aussehen könne und müsse. Hier reichten die Auffassungen von einer Weiterentwicklung der BA/MA-Studiengänge im Sinne ihrer Entschlackung und Harmonisierung über eine wieder aktivere Rolle des Staates bei der Zulassung von Studiengängen bis hin zu einer gezielten Revision der Reform im Sinne der Garantierung eines wissenschaftlichen Studiums (Vollstudium, große Abschlußarbeit, mehr Autonomie) durchaus unterschiedlich. Es wurde aber auch bezweifelt, ob überhaupt die neuen Studiengänge das Problem seien und nicht die Überfüllung der Universitäten mit zum Teil kaum studierfähigen Abiturienten. In diesem Falle wäre eine starke Zulassungsbeschränkung ein wirksameres Mittel der »Studienreform« als eine erneute Reform. Klar war jedenfalls bis hin zur Politik, daß die derzeitige Situation in der Geschichtswissenschaft dringend der Veränderung bedürfe, und zwar in Richtung auf Garantierung eines Vollstudiums der Geschichtswissenschaft, das diesen Namen auch verdient.

Wirtschaftskrisen und die Transformation globaler Ordnungen im 20. Jahrhundert

Teilgebiete: NZ, PD, WG

Leitung
Alexander Nützenadel (Berlin)

Begrüßung
Wolfgang Ischinger (München)

Einführung und Diskussionsleitung
Alexander Nützenadel (Berlin)

Diskutanten
Charles S. Maier (Harvard)
Adam Tooze (New Haven)
Vincent Houben (Berlin)
Herfried Münkler (Berlin)
Nikolaus Wolf (Berlin)

Zusammenfassung

Die Große Depression der 1930er Jahre hat nicht nur in vielen Ländern Demokratie und Wohlstand zerstört, sondern auch zu einem Zusammenbruch der internationalen Ordnung geführt. Zugleich war die Erfahrung der Weltwirtschaftskrise ein wichtiger Faktor für die Entstehung des Bretton-Woods-Systems nach dem Zweiten Weltkrieg. Dieser Befund macht deutlich, dass ökonomische Krisen ein transformatives Potential besitzen, das weit über den nationalen Raum hinausgeht. Die Podiumsdiskussion thematisierte den Zusammenhang von Wirtschaftskrisen und internationalem Ordnungswandel im 20. Jahrhundert. In einem interdisziplinären Gespräch wurden historische, ökonomische und politikwissenschaftliche Perspektiven zusammengeführt. Als Ausgangspunkt dienten die Überlegungen von Hansjörg Siegenthaler, der wirtschaftliche Krisen, institutionellen Wandel und soziales Lernen aufeinander bezogen hat. Siegenthaler beschreibt moderne wirtschaftliche Entwicklung als eine Abfolge von Perioden struktureller Stabilität, in denen es zwar wirtschaftliche Schwankungen gibt, die gesellschaftlichen Normen und Regelsysteme aber unverändert bleiben, und Krisenperioden, die durch einen elementaren Verlust von Steuerungsvertrauen gekennzeichnet sind. Krisenphasen sind damit stets Phasen »fundamentalen Lernens«, in denen sich neue kognitive und institutionelle Regelsysteme herausbilden. Ein derart erweiterter Krisenbegriff eröffnet Interpretationsspielräume, die von der Wirtschafts- wie auch der internationalen Politikgeschichte bislang kaum genutzt worden sind.
In der Podiumsdiskussion setzten die Teilnehmer unterschiedliche Akzente. Während Wolfgang Ischinger in seinem Grußwort vor allem die aktuellen inter-

nationalen Probleme hervorhob, die aus der Finanzkrise von 2008/09 resultieren, gab Charles S. Maier einen weiten historischen Überblick über das Verhältnis von Wirtschaft und Politik im 20. Jahrhundert. Herfried Münkler wies auf die Rolle imperialer Machtstrukturen hin und analysierte deren Bedeutung für das internationale Wirtschaftssystem. Nikolaus Wolf thematisierte hingegen die Funktionsmechanismen des internationalen Goldstandards und seiner recht unterschiedlichen Folgen für wirtschaftliche Stabilität vor und nach dem Ersten Weltkrieg. Adam Tooze befasste sich kritisch mit dem Bretton-Woods-System nach 1945, das weitaus weniger stabil war als lange Zeit angenommen. Vincent Houben diskutierte das Verhältnis von Wirtschaftskrisen und internationaler Ordnung aus der Perspektive der asiatischen Länder.
Insgesamt ergaben sich aus der Diskussion interessante Einblicke in die internationale Politik- und Wirtschaftsgeschichte des 20. Jahrhunderts.

Zwischen Disziplinen – über Grenzen: Naturkatastrophen in der Geschichte

Teilgebiete: PD, UG, EÜ

Moderation
Christof Mauch (München)

Diskutanten
Heike Egner (Klagenfurt/Wien/Graz)
Andrea Janku (London)
Uwe Luebken (München)
Franz Mauelshagen (Essen)
Mischa Meier (Tübingen)
Gerrit Jasper Schenk (Darmstadt)
Cornel Zwierlein (Bochum)

Zusammenfassung

(Natur-)Katastrophen sind seit etwa zehn Jahren ein wachsendes Gebiet historischer Forschung, nachdem sich Historiker bis dahin kaum für das Thema hatten begeistern können. Entscheidend für die neue Konjunktur waren mehrere Impulse: Zum einen die *International Decade of Natural Disaster Reduction* (IDNDR), die von den Vereinten Nationen für die 1990er Jahre ausgerufen worden waren. Von ihr gingen wesentliche Anstöße für eine transdisziplinäre, sozialwissenschaftliche Klimaforschung aus. Zweitens die Debatte um den Klimawandel; denn bei der Frage nach den Folgen der globalen Erwärmung für Mensch und Gesellschaft spielen Extreme und Katastrophen eine prominente Rolle. Drittens schließlich haben Entwicklungen innerhalb der Geschichtswissenschaft selbst – vor allem aus klimahistorischer und stadtgeschichtlicher Perspektive – eine Neufokussierung auf den Zusammenhang zwischen Natur und Katastrophe bewirkt. Die Umweltgeschichte ist nicht das einzige, wohl aber das

wichtigste Sammelbecken dieser Forschungen. Sie ist von jeher eine grenzüberschreitende Disziplin mit Bezügen zu Geographie und Naturwissenschaften, in der der *spatial* oder *geographic turn* eine besondere Rolle spielt. Das Thema Naturkatastrophen erfordert einen transdisziplinären Austausch von Ansätzen und Forschungsergebnissen zwischen Historikern, Geographen und Sozialwissenschaftlern. Die Sektion kam durch eine Kooperation des Forschungsschwerpunkts *KlimaKultur* am *Kulturwissenschaftlichen Institut Essen* und des interdisziplinär ausgerichteten *Rachel Carson Centers* in München zustande.
Die Diskussionsteilnehmerinnen und -teilnehmer stellten sich zum Auftakt der Veranstaltung kurz vor und zeichneten ihren Werdegang nach. Sie betrachteten sich alle als Quereinsteiger in Themen der Umweltgeschichte, denen sie sich überwiegend mit kulturhistorischen Ansätzen nähern. Es wurde betont, dass die Umweltgeschichte nach wie vor institutionell an deutschen Universitäten schlecht verankert ist. Die Teilnehmerinnen und Teilnehmer des Roundtables arbeiten zu verschiedenen Epochen und Ländern. Sie hatten sich mit unterschiedlichen Arten von Katastrophen auseinandergesetzt. Intensiv diskutiert wurde die Frage, wie Gesellschaften im Laufe der Geschichte auf Naturkatastrophen reagiert haben, ob sie aus der Erfahrung wiederholter Katastrophen – besonders in Risikoregionen – gelernt, ob sie die Erinnerung an Erlebtes bewahrt haben. Damit verknüpft wurde die Frage, ob sich in Gebieten wiederholter Katastrophen, bedingt durch regelmäßig wiederkehrende Naturgefahren (zum Beispiel Hurrikane an der nordamerikanischen Südostküste, Vulkanausbrüche in Indonesien oder auf den Philippinen usw.) »cultures of disaster« (Greg Bankoff) entwickelt haben. Besonderes Interesse weckte beim Publikum die Frage, ob im Falle des rezenten Klimawandels zu Recht oder Unrecht von einer »Klimakatastrophe« gesprochen werden könne.
Die Diskutanten waren sich einig, dass die historische Katastrophenforschung zwar in den zurückliegenden Jahren national wie international einen Boom erlebt hat, dass aber weiterhin erheblicher Forschungsbedarf besteht. Es wurde auch darauf hingewiesen, dass ein Großteil deutscher Forschungen zum Thema weder den interdisziplinären, noch den internationalen Forschungsstand widerspiegelt. Auffallend sei, dass Konzepte wie etwa soziale Verwundbarkeit von Historikern hierzulande weitgehend ignoriert würden. Auch die Problematik des Kompositums »Naturkatastrophe« werde, anders als auf internationalen Konferenzen, selten thematisiert. Kontrovers wurde diskutiert, ob die Ergebnisse der jüngeren historischen Katastrophenforschung im Fach allgemein zur Kenntnis genommen wird und möglicherweise nach und nach sogar in Überblicksdarstellungen oder Handbücher zu verschiedenen Epochen oder Länder einfließen werden. Einige der Diskutanten gaben sich vorsichtig optimistisch und verwiesen auf die Relevanz der historischen Erforschung von Katastrophen für »große Fragen« der Geschichte wie die neuzeitliche Staatsbildung in Europa. Andere waren skeptisch. Einigkeit bestand darüber, dass es für ein endgültiges Fazit zu früh ist.

Zwischen Freiheit und Zwang: Open Access in den Geschichtswissenschaften

Diese Sektion ist ausgefallen.

Programm für SchülerInnen

Schülersektion – Geschichte hat Zukunft

Zwischen Leidenschaft und Profession: Jugendliche erforschen die Vergangenheit

Leitung
Katja Fausser (Hamburg)
Katja Köhr (Hannover)
Karl-Heinrich Pohl (Kiel)
in Kooperation mit der Körber-Stiftung,
dem Landesarchiv Berlin,
dem Jüdischen Museum und
der Bundesbeauftragten für die Stasi-Unterlagen

Römische Militärschiffe am Nassen Limes
Christoph Schäfer (Trier)

Hitler googeln. Zeitgeschichte und neue Medien
Michael Wildt (Berlin)

Über menschliche Grenzen hinweg: Der Traum vom Fliegen im Mittelalter
Oliver Auge (Kiel)

Das Gasthaus der Frühen Neuzeit – Grenzen der Gastfreundschaft
Susanne Rau (Erfurt)

Zusammenfassung

Erstmals hat der Verband der Historiker und Historikerinnen Deutschlands eine Sektion ins Programm des Historikertages aufgenommen, die in weiten Teilen von Jugendlichen gestaltet wurde. In dieser Veranstaltung diskutierten Schülerinnen und Schüler miteinander, aber auch mit professionellen Historikern darüber, wie und warum sie die Vergangenheit erforschen, was sie dabei bewegt, welche Fragen sie stellen und zu welchen Antworten sie gelangen. Junge Forscherinnen und Forscher gaben Einblicke in ihren Arbeitsprozess und präsentierten ausgewählte Ergebnisse aus verschiedenen Stadien ihrer Projektarbeit. Ergänzend berichteten Profis, welche spannenden Tätigkeitsfelder sich an ein Geschichtsstudium anschließen können.

Die Schülersektion richtete sich an geschichtsinteressierte Schülerinnen und Schüler ab circa 16 Jahren sowie Lehrer, Historiker, Geschichtsdidaktiker, Lehramtsstudierende und alle Interessierten.

Vorträge im Schülerprogramm

Römische Militärschiffe am Nassen Limes
Christoph Schäfer (Trier)

Für die Beurteilung der römischen Grenzverteidigung an Rhein und Donau, dem sogenannten Nassen Limes, spielt die experimentelle Archäologie eine wichtige Rolle. Aufgrund von archäologischen Funden in Mainz und Oberstimm bei Ingolstadt konnten in den letzten Jahren insgesamt drei Nachbauten römischer Kriegsschiffe angefertigt und mit modernsten Messgeräten getestet werden.
Bei Testfahrten mit Studenten der Universität Hamburg wurden Daten zur Leistungsfähigkeit des Schiffstyps, aber auch logistische und technische Erkenntnisse und Erfahrungen mit der Ausbildung von Besatzungen gewonnen. Die überraschenden Ergebnisse geben durch die Kombination mit anderen Quellen auch Aufschluss über die innere Organisation des Imperium Romanum.

Hitler googeln. Zeitgeschichte und neue Medien
Michael Wildt (Berlin)

Hitler auf Youtube, Blogs zum Holocaust, eine kaum überschaubare Fülle von Websites zum Nationalsozialismus – längst ist nicht mehr allein die Bibliothek das Archiv des Wissens zur Zeitgeschichte, sondern das Internet avanciert mehr und mehr zum entscheidenden Reservoir, um Informationen zur Geschichte zu bekommen. Skepsis gegenüber dem Web ist, vor allem seitens der (Hochschul) Lehrer, ebenso verbreitet wie die Hoffnung auf eine neue Wissenskultur durch Interaktivität auf Seiten der Nerds. Welche Chancen das Internet birgt, welchen Herausforderungen es für die Zeitgeschichte bedeutet, thematisierte dieser Vortrag.

Über menschliche Grenzen hinweg: Der Traum vom Fliegen im Mittelalter
Oliver Auge (Kiel)

»Uralt ist der Sehnsuchtstraum des Menschen, dem Vogel gleich in die Lüfte zu steigen, losgelöst von aller Erdenschwere mit Wind und Wolken dahinzusegeln...« – Mit diesen pathetischen Worten begrüßt eine Tafel die Besucher in der Flugzeughalle des Deutschen Museums in München. Tatsächlich beweist ein nur kursorischer Blick auf die verschiedensten Kulturen der Menschheitsgeschichte, dass Flugvorstellungen und Flugwünsche in der Vergangenheit nahezu weltweit vorkommen. Der Vortrag gab einen vertieften Einblick in mittelalterliche Vorstellungen und Versuche, die den Menschen durch die Erdanziehung gesetzten Grenzen zu überwinden und vogelgleich zu fliegen.

Das Gasthaus der Frühen Neuzeit – Grenzen der Gastfreundschaft

Susanne Rau (Erfurt)

Wer unterwegs ist, trifft auf Menschen, benötigt regelmäßig eine Herberge und überschreitet gelegentlich Ländergrenzen. Dies war in der Frühen Neuzeit kaum anders als heute. Nur die Fortbewegungsmittel waren etwas eingeschränkter, gab es damals doch weder Eisenbahnen noch Flugzeuge.
Gasthäuser, in denen Reisende wie Einheimische einkehren konnten, gelten als Zeichen für die Gastlichkeit einer Kultur. Gasthaus-Geschichten können den Blick aber auch auf die Grenzen von Gastfreundschaft lenken, denn mit Gasthaus-Geschichten überlagert sich eine Reihe von Grenz-Geschichten. Menschen, die in der Frühen Neuzeit unterwegs waren, lernten verschiedene Arten von Grenzen kennen: Sie mussten Grenzen zunächst einmal identifizieren, sie überschritten Grenzen (oder wurden davon zurückgehalten), sie trafen auf Grenzkontrollen und mussten sich gelegentlich mit dem Grenzpersonal auseinandersetzen. Kehrten sie in einem Gasthaus ein, konnten sie auch hier auf Grenzen stoßen, etwa auf Türschwellen, eine symbolische Marke dafür, ob man hereingelassen und in den Kreis der Anwesenden integriert wurde, oder auf zwischenmenschliche Grenzen der Verständigung, etwa wenn sich aus dem Streit um die Bezahlung einer Flasche Wein schnell einmal eine Rauferei entwickeln konnte.
Mit der Geschichte der Gastlichkeit lassen sich also verschiedene Arten von Grenzen thematisieren: soziale, territoriale und symbolische Grenzen, von denen keine als fix gelten kann, sondern die ausgehandelt werden mussten und die sich auch verändern oder verschieben konnten. Schließlich macht die Grenzthematik auch deutlich, wie ambivalent Kulturen der Gastlichkeit waren und sind.

Schülerpreis des deutschen Historikerverbandes

Der Verband der Historiker und Historikerinnen Deutschlands vergab auf dem 48. Deutschen Historikertag erstmals einen Preis für herausragende Forschungsleistungen von Schülerinnen und Schülern auf dem Gebiet der Geschichte. Die Preisverleihung fand im Rahmen der Abendveranstaltung am 30. September statt.

Abendveranstaltung des VHD

Grußwort des Stiftungsdirektors des Deutschen Historischen Museums

Prof. Dr. Hans Ottomeyer

Lieber Herr Professor Plumpe,
sehr verehrte Frau Professor Daston,
sehr geehrte Preisträger,
sehr geehrte Festgäste!

Der Schlüterhof des Zeughauses, Sitz des Deutschen Historischen Museums, ist nicht nur ein Ort der Geschichtsvermittlung, sondern selbst ein Ort der Geschichte, der aufgesucht wird, um Geschichte zu schreiben, wie zuletzt 2007 zum 50. Jahrestag der Römischen Verträge.
Er ist ein Raum, der sich auszeichnet durch eine großartige monumentale Gestaltung mit toskanischer Ordnung und den Masken der sterbenden Giganten, die im Ansturm den Olympiern erlagen, ein stilles Memento, das den Beginn der preußischen Teilsouveränität 1701 markiert, als der neue Staat als Ausdruck seiner Souveränität begann, über eine eigene Armee zu verfügen.
Das Erschließen von Geschichte gehört zu den großen Aufgaben dieses Hauses, die es seit seiner Gründung 1987 mit Erfolg meistert. Die Dauerausstellung mit ihrer Darstellung der langen deutschen Geschichte in Bildern und Zeugnissen ist seit 2006 eine Konstante, die von 500.000 bis 600.000 Besuchern im Jahr intensiv wahrgenommen wird und vor allem internationale und europäische Beachtung gewonnen hat. Wechselausstellungen tun ihr Übriges, um Themen und Fragen zur deutschen Geschichte aufzuwerten und Antworten zu suchen. Dies geschieht stets in intensivem Kontakt zu den Universitäten dieses Landes, die im Wissenschaftlichen Beirat des Hauses und in den Beiräten der einzelnen Wechselausstellungen prominent vertreten sind. In der Sachverständigenkommission standen bis 2009 die Doyens ihres Faches erst meinem Vorgänger Professor Christoph Stölzl, dann mir beratend und klärend zur Seite. Es waren dies die Professoren Fuhrmann, Gall, Glaser, Kocka, Richarz, Rürup, Schilling, Schreiner und Stürmer, die im Konsens, aber auch in Kontroversen uns ihren Rat als Historiker gaben und im Kontext der Fachdisziplinen ihren Teil zum Gesamtbild beitrugen. Ich will dabei nicht den wichtigen Rat von den Professoren Bott, Gaethgens, Knopp, Korff und Frau Stratmann unerwähnt lassen, die jeweils ihre Fachwissenschaften vertraten. Die zahlreichen vorbereitenden Gespräche gehören mit Gewissheit zu den wichtigsten Momenten der Gestaltung dieses Hauses.
Seit vergangener Woche wird das Deutsche Historische Museum nun durch den neu zusammengetretenen Wissenschaftlichen Beirat beraten, dem unter Vorsitz von Professor Möller und seinem Stellvertreter Professor François die Mitglieder Altrichter, Bredekamp, Daniel, Ewigleben, Heydemann, Karner, Klein, Plumpe,

Popp, Rödder, Sabrow, Scherrer, Schieffer, Stollberg-Rilinger und Schröder angehören.

Wie machen wir uns ein Bild von Geschichte? Sicherlich auf verschiedene Weise und aufgrund sehr unterschiedlicher Mittel. Bilder, Worte und Texte sind die Wege der Erkenntnis und die Mittel, um Erinnerungen festzuhalten. Wie bei allen anderen Prozessen der Wahrheitsfindung braucht man den dringlichen Beweis für das Geschehene, in der Prozessordnung auch Indiz genannt, dann den Augenzeugenbericht – hat man mehrere, steigen die Zweifel –, schließlich die verdichtete Darstellung mit Anspruch auf Objektivität, um zu einer Wertung und zu einem Urteil zu gelangen. Aus diesen Prämissen leitet sich Geschichte ab. Kontext kommt nicht von Text: Schriftliche Berichte und bildliche Darstellungen sind genauso nah oder fern zum Geschehen entstanden, haben ihre eigenen Blickwinkel, Anliegen, Perspektiven, Überhöhungen und andere Merkmale der Subjektivität.

Das Deutsche Historische Museum nimmt seine Aufgabe sehr ernst und arbeitet an der Einordnung des Objektes als historisches Zeugnis, ob es nun Ereignisbilder, Porträts, politische Allegorien, Karikaturen, Filme oder Photographien sind, die es zu untersuchen und einzuordnen gilt. Sehr dezidiert hat es den Weg eingeschlagen, die Darstellung der deutschen Geschichte auf die museumsspezifischen Bereiche der Zeugnisse und Bilder abzustimmen und an ihnen auszurichten.

Wie Sie alle wissen, leben wir im Lande »Nur« und in den späten 1980er Jahren tobte unter Historikern, Politikern und Journalisten ein Streit, ob das Deutsche Historische Museum in Berlin denn nur ein Forum für Zeitgeschichte sein sollte, ob es nur Wechselausstellungen zu zeigen habe – oder ob es nur eine Dauerausstellung vorbereiten soll. Der Coup ist gelungen: Das Haus macht alles zugleich und hat seit 2006, als alle Räume nutzbar wurden, jährlich sein größtmögliches Publikum gewonnen. Es kommen noch ein Filmmuseum, Symposien und Veranstaltungen zur Geschichtsvermittlung hinzu.

Anfang des Jahres 2009 wurde das DHM in eine Stiftung umgewandelt. Angesichts des wachsenden »Primats der Politik« und des wuchernden Einflusses der Parteipolitiker und Bundesverwaltungen bleibt es eine Hoffnung, dass das Deutsche Historische Museum sich seine Stellung als autonome Institution in wissenschaftlichen Fragen und kulturhistorischen Themenfindungen bewahren kann.

Eine große Ausstellung ist in Vorbereitung und wird in der nächsten Woche eröffnet. Es geht um das heikle Thema »Hitler und die Deutschen – Volksgemeinschaft und Verbrechen«, das lange Jahre im Deutschen Historischen Museum vorbereitet wurde und das Ihnen im Anschluss an diese Veranstaltung heute Abend vor der offiziellen Eröffnung zu einer ersten Vorbesichtigung zur Verfügung steht. Die Ausstellung steht bereits im Voraus im Widerspruch der Meinungen und wird kontrovers diskutiert. Es wird gefragt, ob denn eine solche Ausstellung überhaupt zulässig sei, ob sie nicht das falsche Publikum anziehen könnte und ob sie ausreichend kritisch zu sein vermag.

Hans-Ulrich Thamer war bereit, mit Klaus-Jürgen Sembach und Simone Erpel das Konzept, die Ausstellung und den Katalog als Kurator zu übernehmen. Die Ausstellung wurde von einem wissenschaftlichen Beirat und zahlreichen Autoren

mitgetragen und unterstützt, um ein argumentatives Konzept zu entwickeln, das dieses Thema in Bildern und Gegenbildern erschließt. Sie haben die Gelegenheit, als erste die Ausstellung im Untergeschoss des Pei-Baus zu sehen und sich eine erste Meinung zu bilden. Ich bin zuversichtlich, dass es eine der großen und bedeutenden Ausstellungen des Hauses wird. Aber urteilen Sie selbst.
Es ist mir eine große Freude, Sie im großen deutschen Geschichtsmuseum willkommen zu heißen, das im europäischen und internationalen Kontext seine Aufgaben und Vermittlungsstrategien gefunden hat. Meine besten Wünsche für Ihre Veranstaltung und den Verlauf des Abends in diesem monumentalen Innenhof, der eines der schönsten Exempel der Geschichte und der Geschichtskultur in Deutschland ist.

Grußwort des Vorsitzenden des Verbandes der Historiker und Historikerinnen Deutschlands

Prof. Dr. Werner Plumpe

Sehr geehrter Herr Ottomeyer,
verehrte Frau Daston,
liebe Preisträgerinnen und Preisträger des Historikerverbandes,
liebe Kolleginnen und Kollegen,
meine Damen und Herren,

wenn ich mich heute hier bei Professor Ottomeyer dafür herzlich bedanke, daß der Historikerverband zu Gast im Deutschen Historischen Museum, im alten Berliner Zeughaus, sein darf, so ist dies nur möglich, weil vor 20 Jahren eine Grenze endgültig fiel, die ein Jahr zuvor von mutigen Menschen überwunden worden war. Daß Berlin nicht mehr geteilt ist, daß das Zeughaus Unter den Linden der Ort ist, an dem der Historikerverband seine diesjährigen Preisträger ehrt, erscheint uns geradezu selbstverständlich zu sein: Es ist ein gutes Zeichen dafür, daß die Grenzziehung quer durch Deutschland historisch gesehen kaum Bestand haben konnte, auch wenn sie in den 1980er Jahren so endgültig und manchen geradezu gerechtfertigt erschien. Dazu waren die Verhältnisse in Europa im Grunde zu bizarr – mit dem Eisernen Vorhang von Helsinki bis Triest, mit den Grenzbefestigungen und den waffenstarrenden Armeen, mit der Zerteilung historisch gewachsener Räume und Kulturlandschaften. Auch wenn heute hin und wieder die Folgen der Grenzüberwindung beklagt werden, von Ausnahmen einmal abgesehen, will keiner die Grenzen zurück. Auch wenn die »Grenzenlosigkeit« ihre ganz eigenen Probleme generiert, begründen diese doch keine Grenzziehungen dort, wo ihnen jeder Sinn fehlt. Diese Grenzen waren Teil und Folge der Gewaltgeschichte des 20. Jahrhunderts – daß wir heute hier sein können, mag uns daher auch ein hoffnungsvolles Zeichen dafür sein, daß diese Gewaltgeschichte vorbei und selbst historisch geworden ist, der Erforschung harrt, wo sie noch fehlt – aber gerade darum nicht wiederkehrt!

Wir sind dem Deutschen Historischen Museum jedenfalls außerordentlich dankbar, daß wir heute hier – in dem wunderschönen, eleganten und zweckmäßigen Pei-Bau – zu Gast sein dürfen. Neben den Preisträgern, die gleich durch den Vorstand des Verbandes ausgezeichnet werden, gilt unser ganz besonderes Willkommen der Festrednerin des heutigen Abends, die ich – obwohl es im Grunde nicht nötig ist – gleichwohl bereits jetzt kurz vorstellen möchte. Mit Lorraine Daston ist es dem Verband gelungen, eine Wissenschaftlerin für den Hauptvortrag des heutigen Abends zu gewinnen, die wie keine zweite die internationale Öffnung der Geschichtswissenschaft und die enge Verbindung deutscher und amerikanischer historischer Forschung verkörpert. Lorraine Daston, an der Harvard-Universität promoviert, Leiterin des Max-Planck-Instituts für Wissenschaftsgeschichte in Berlin, mit Lehrerfahrungen an zahlreichen großen Universitäten und Ehrungen, die hier aufzuzählen, den Rahmen sprengte, ist für das Rahmenthema des Historikertages aber nicht nur als Amerikanerin prädestiniert. Auch ihre wissenschaftlichen Arbeiten befassen sich mit den epistemischen Voraussetzungen und Bedingungen wissenschaftlicher Erkenntnis und damit eben auch mit den jede Erkenntnis konstituierenden begrifflichen Abgrenzungen und ihrem historischen Wandel. Insbesondere die moderne Vorstellung von Rationalität als Bedingung wissenschaftlicher Erkenntnis ist ja in hohem Maße grenzziehend, insofern hiermit eine Unterscheidung in das Denken eingeführt wird, die das wissenschaftliche Denken jedenfalls nur auf einer Seite diese Grenze sieht. Unsere wissenschaftliche Praxis, so können wir lernen, setzt mithin Grenzziehungen immer voraus; unsere Begriffe und unsere Instrumente sind als Unterscheidungen zwangsläufig ausgrenzend. Hierüber können uns die Arbeiten von Frau Daston belehren, nicht zuletzt ihre Arbeit »Wunder, Beweise und Tatsachen: Zur Geschichte der Rationalität«. Für den Herbst ist ein Band mit dem bezeichnenden Titel »Moral and Natural Orders. Histories of Scientific Observation« angekündigt. Darauf müssen wir indes nicht warten. Frau Daston wird gleich, im Anschluß an die Preisverleihungen, das Wort ergreifen und über die besondere Bedeutung der historischen Grenzziehungen für die Stadt Berlin sprechen.
Daß ich sie jetzt schon kurz vorgestellt habe, ist daher im strengen Sinne ein Vorgriff, der freilich seine Begründung darin findet, daß ich danach nicht erneut wieder antreten muß, sondern mich bereits jetzt einer zugleich angenehmen Pflicht entledigen kann und dadurch auch noch zum reibungslosen Ablauf unseres Abends beitrage. Mir bleibt nun noch, Ihnen und uns einen angenehmen und anregenden Abend zu wünschen und Sie im Anschluß zum Empfang des Historikerverbandes einzuladen, der ebenfalls hier im DHM stattfinden wird. Sie werden, ich bin mir sicher, bei dem einen oder anderen Getränk und bei dem einen oder anderen Häppchen die Möglichkeit zu Gesprächen finden – oder sich einfach nur amüsieren und Ihren Spaß haben. Zu allem sind Sie herzlich willkommen!

Laudatio auf die Preisträger des Hedwig-Hintze-Preises und des Preises für jüngst Habilitierte

Prof. Dr. Hartmut Leppin

Der wissenschaftliche Nachwuchs arbeitet heute unter schwierigen Bedingungen. Denn er trägt zu einem Großteil die Last der Bürokratisierung, unter der die Universitäten stöhnen, da viele bürokratische Akte in seine Dienstleistungsverpflichtungen am Lehrstuhl eingehen: Für die Neuformulierung der Studienordnungen zieht man ihn gerne heran, und ist die eine Studienordnung verabschiedet, droht ja schon die nächste Reform am Horizont. Akkreditierungen, dann auch Evaluationen wollen präpariert und durchgestanden sein, Drittmittelanträge sind zu schreiben und Tagungen vorzubereiten. In der eigenen Lehre genügt es nicht, sich auf Inhalt und Vermittlung zu konzentrieren, nein, eine Vielzahl administrativer Regelungen ist zu beachten.
Wo bleibt da das otium, die Muße zum Nachdenken, die Zeit zu schreiben? Oft sind es nur die Stunden des Abends und am Wochenende, die der Forschung gelten, vieles mutet man sich in dieser Karrierephase zu, aber auch Freunden und Verwandten, um den Weg in der Wissenschaft zu finden und zu beschreiten.
Um so bemerkenswerter ist es, wie viele vorzügliche Arbeiten in den letzten Jahren entstanden und beim Verband als Vorschläge für die Preise, die heute vergeben werden sollen, eingereicht wurden. Blickt man auf die Lebensläufe der Vorgeschlagenen, so wird deutlich, dass zumeist an den Lehrstühlen bewusst Freiräume geschaffen wurden, die es ihnen ermöglichten, für eine gewisse Zeit in Ruhe an ihren Werken zu arbeiten – derartige Freiräume für den Nachwuchs zuzulassen wird sicherlich immer wichtiger, damit die jungen Kolleginnen und Kollegen unter den Bedingungen der heutigen Universität noch ihre Kreativität entfalten können.
Es war nicht leicht, unter den vielen sehr guten Arbeiten diejenigen auszuwählen, die einen Preis erhalten sollten, aber es war auch ein intellektuelles Vergnügen. Zahlreiche Gutachter haben Ausschuss und Vorstand dabei beraten – für diese arbeitsintensive Unterstützung sind wir sehr dankbar. Jeweils einer Arbeit wurden im Konsens der Preis für jüngst Habilitierte und der Hedwig-Hintze-Preis zugesprochen,
Bei der Entscheidung sind wir nicht nach Quoten gegangen, weder in Hinblick auf die Epochen noch auf das Geschlecht, sondern allein nach Qualität. Beide Arbeiten sind inzwischen erschienen, so dass Sie sich selbst von ihrer Preiswürdigkeit überzeugen können.

Preis für jüngst Habilitierte: Arndt Brendecke (München)

Arndt Brendeckes Münchener Habilitationsschrift trägt den prägnanten Titel »Imperium und Empirie. Funktionen des Wissens in der spanischen Kolonialherrschaft«. Es geht hier um Herrschaftsstrukturen über weite Distanzen und dem dazu notwendigen Wissen über ferne Territorien. Brendecke erörtert mithin exemplarisch die Frage nach dem Verhältnis von Wissen und Macht, vor allem für die Zeit der frühen spanischen Kolonialherrschaft des 16. und 17. Jahrhunderts.

Wissen war nicht einfach Macht und Macht kontrollierte nicht einfach das Wissen, so, ganz allgemein formuliert, das Ergebnis.

Denn Wissen wurde, so Brendecke, im Rahmen der spanischen Kolonialherrschaft im Wesentlichen über interrogative Verfahren ermittelt und über konsensuale Verfahren in Geltung gesetzt. *Macht* über Wissen hatte am ehesten, wer diese Verfahren organisierte, und vor allem, wer die Kommunikationsmöglichkeiten kontrollierte und auf diese Weise Gegenwissen zu unterbinden vermochte. Die spanische Krone setzte darauf, die Bedingungen für Kommunikation so zu gestalten, dass sie jederzeit über Loyalität oder Illoyalität einzelner Akteure vor Ort informiert werden konnte. Den Anreiz dafür bot die Tatsache, dass der Hof die zentrale Instanz der Belohnung und Bestrafung blieb. Doch wurde er dabei permanent betrogen: Bat er um Information, so erhielt er Beschreibungen, die sich ostentativ interessefrei gaben, aber für die Autoren, das heißt die einzelnen Akteure in der Peripherie des Imperiums, die entscheidende Chance darstellten, ihre Interessen in das Bild zu integrieren, das sich der Hof zu machen versuchte. Die Krone erhielt so nie ein ungefiltertes Bild der kolonialen Wirklichkeit, konnte jedoch die Informanten gegeneinander auftreten lassen und so eine breitere Kommunikation möglichst vieler, in der Regel konkurrierender Akteure aufrechterhalten. Ein effizientes Regieren resultierte daraus nicht unbedingt, wohl aber eine soziale Kohäsion, die den Fortbestand des Kolonialreiches bis ins 19. Jahrhundert gewährleistete.

Brendecke ist es mit dieser Arbeit gelungen, tief verwurzelte Vorstellungen des spanischen Niedergangs seit der Mitte des 16. Jahrhunderts durch ein wesentlich differenzierteres Bild zu ersetzen, wobei er Institutionengeschichte und Netzwerkanalyse in einen engen Zusammenhang wechselseitiger Beleuchtung bringt. Das Bild vom überambitionierten staatlichen Zentralismus, der von einer Realität unzureichender Entwicklungsfähigkeit eingeholt wurde, ist jetzt in wichtigen Bereichen zu revidieren. Philipp II. erscheint nicht als der im Escorial abgeschottete Bürokrat, sondern als ein Herrscher, der in ein dichtes Kommunikationsnetz eingebunden war.

Arndt Brendecke hat darüber hinaus erstmals einen genauen Einblick in das Institutionengefüge der spanischen Kolonialverwaltung gegeben, was sich als überaus wertvoll für die künftige Forschung erweisen dürfte. Die enge Verbindung empirischer Forschung mit theoretischen Fragestellungen und methodischen Reflexionen verleiht dieser Arbeit eine Bedeutung, die über die regionalen und zeitlichen Bezüge hinausgreift.

Diese Leistung fand der Ausschuss des Historikerverbandes so überzeugend, dass er einmütig dafür plädierte, die Arbeit mit dem Preis für jüngst Habilitierte auszuzeichnen.

Hedwig-Hintze-Preis: Anne Sudrow (Potsdam)

Manche Lebensläufe überraschen, so auch der der Preisträgerin: Da ist vom Besuch eines humanistischen Gymnasiums in Stuttgart die Rede, was einem Althistoriker natürlich besonders gefällt. Nach dem Abitur folgte ein Wechsel nach England, nach Northampton. Dort gibt es auch eine Universität, da allerdings zog es Frau Sudrow nicht hin, sondern zu Edward Green & Co., einem Schuhproduzenten, wo, laut Homepage, der Rolls Royce unter den Schuhen gefertigt wird. Dort legte sie ihre Gesellenprüfung ab, blieb aber nicht bei ihrem Leisten, sondern begann ein Studium in Deutschland, aber auch Frankreich und bereitete sodann eine Dissertation vor, mit der Sudrow wieder zu ihrem Leisten zurückkehrte. Das drückt schon der Titel ihrer Arbeit aus, die an der TU München bei Karin Zachmann entstand: »Der Schuh im Nationalsozialismus. Eine Produktgeschichte in Deutschland im Vergleich mit Großbritannien und den USA (1925–1950)«. Diese Arbeit untersucht letztlich die Frage nach den modernisierenden Auswirkungen des Nationalsozialismus auf die deutsche Gesellschaft. Dabei wählt sie als neuen Zugang die Entwicklung eines alltäglichen Gebrauchsguts, des Schuhs, und untersucht die Ensembles von Praktiken seiner Herstellung, seiner Zirkulation und seines Gebrauchs.

Das scheinbar banale Thema Schuh führt auf wesentliche Fragen, denn die Konsum- und Produktionsgeschichte des Schuhs war mit der expansionistischen und genozidalen Politik des Nationalsozialismus erstaunlich eng verbunden, wie diese Arbeit präzise nachzeichnet. Die Besonderheiten der deutschen Verfahrensweisen werden deutlich erkennbar.

Denn Anne Sudrow vergleicht die technische Entwicklung des Rüstungs- und des Konsumguts Schuh sowie die jeweilige Versorgungspolitik in der Kriegswirtschaft in den drei Ländern. Unter der deutschen Autarkiepolitik kam es im zivilen Bereich zum erstmaligen Einsatz von Kunststoffen und Experimenten mit neuen Konstruktionen und Produktionsverfahren von Schuhen sowie zur Neuentwicklung wissenschaftlicher Methoden der Konsum- und Industrieforschung. Dabei schlossen die deutschen Entwicklungsmethoden auch Menschenversuche in einem Konzentrationslager mit ein.

Anne Sudrow richtet den Blick auch auf die Jahre bis 1950 und kann so die schon während, vor allem aber nach dem Krieg eintretenden technologischen und wissenschaftlichen Transferprozesse aus Deutschland nach Großbritannien und in die USA beleuchten. Bei all dem verbindet sie Überlegungen zur Ambivalenz der Moderne mit kulturgeschichtlicher Theoriebildung, aber auch mit profunden Kenntnissen über chemische Prozesse, technische Verfahren und wirtschaftspolitische Entscheidungskriterien.

Diese Dissertation überrascht nicht nur durch ihre Themenwahl, sondern auch durch die Durchführung. Denn Anne Sudrow hat eine nahezu in jeder Hinsicht ungewöhnlich einfallsreiche, weit ausgreifende, umsichtig vorgehende und überzeugend argumentierende Untersuchung vorgelegt, die eine bemerkenswerte Fülle innovativer Forschungsergebnisse präsentiert.

Daher hat der Ausschuss des Historikerverbandes ihr einmütig den Hedwig Hintze-Preis zugesprochen.

Auszeichnung der vom VHD prämierten Schülerarbeiten

Prof. Dr. Simone Lässig

Meine Damen und Herren,
liebe Kolleginnen und Kollegen,
verehrte Gäste,

dies ist eine kleine Premiere: Zum ersten Mal überhaupt verleiht unser Verband in enger Kooperation mit der Körber-Stiftung einen Schülerpreis für herausragende Forschungsarbeiten. Damit setzen wir eine Entwicklung fort, die ich als sehr gelungen bezeichnen würde – eine engagierte Förderung jüngerer Historikerinnen und Historiker. Diese Entwicklung lässt sich am Zuschnitt unserer Sektionen und an der Einrichtung des Doktorandenforums ebenso ablesen, wie an unserem neuen Promotionsverzeichnis *Promotio* und natürlich an den Preisen, die wir auf unseren Historikertagen für exzellente Forschungsarbeiten und laufende Promotionen verleihen.

Vor nunmehr sechs Jahren haben wir dann erstmals auch öffentliche Vorträge für Schüler und Schülerinnen ins Programm einbezogen. Wohl niemand hat damals voraussehen können, welche große Resonanz wir damit auf vielen unserer Historikertage finden würden. Und so lag es einfach nahe, noch einen – oder besser zwei – Schritt/e weiter zu gehen. Gemeinsam mit der Körber-Stiftung haben wir zum einen das Format für eine Sektion entwickelt, die überwiegend *von* Schülern *für* Schüler gestaltet wird. Sie hat gestern erstmals stattgefunden und war – das haben mir alle Beteiligten bestätigt – ein großer Erfolg. Dies verwundert nicht, denn an sehr vielen Schulen finden sich Jugendliche, die Geschichte nicht nur lernen, sondern auch erforschen wollen und die dabei von engagierten Lehrerinnen und Lehrern unterstützt werden. All diejenigen von uns, die in einer Jury für den Geschichtswettbewerb des Bundespräsidenten mitgearbeitet haben – einige von Ihnen tun dies schon seit vielen Jahren mit großem Engagement – wissen genau, wovon ich rede. Sie kennen die vielen wirklich beeindruckenden regionalhistorischen Arbeiten, die alle zwei Jahre an deutschen Schulen verfasst werden.

Vor diesem Hintergrund kam uns die Idee, diese im Vorfeld der Universität entstandenen Forschungen angemessen zu würdigen. Konkret wollten und wollen wir eine Arbeit auszeichnen, die entweder durch einen *besonders* überzeugenden *methodischen* Ansatz besticht oder eine wirkliche Lücke in der Forschung geschlossen hat. Das jedoch war leichter gesagt als getan; der Ausschuss des VHD war derart überrascht und fasziniert von der Qualität der nominierten Studien, dass er nun nicht (wie geplant) *einen* »Schülerpreis des deutschen Historikerverbandes« verleiht, sondern gleich zwei. Ausgezeichnet werden die inzwischen 19-jährige Studentin Giovanna-Beatrice Carlesso und der heute 17-jährige Schüler Rahul Kulka. Zunächst einige Worte zu Ihnen, liebe Frau Carlesso.

Sie haben mit Theodor Mögling eine zentrale Figur der 1848er Revolution ins Bewusstsein der historischen Forschung gerückt, die nahezu vergessen war. Ich kann mich noch genau erinnern, wie begeistert und im positiven Sinne verblüfft die Kollegen in der Bundesjury waren, die Mögling erst durch Ihre Arbeit als bedeutsame historische Figur »entdeckt« haben. Um die Frage zu klären, warum der süddeutsche Revolutionär – obwohl er in seiner historischen Bedeutung wie auch in seinen Charakterzügen geradezu ideale Bedingungen bot – niemals Heldenruhm erlangte, haben Sie drei Perspektiven verfolgt: Die Lebensgeschichte Möglings, die Wahrnehmung durch die Nachgeborenen und schließlich den Vergleich mit einem der bekanntesten und anerkannten Helden der 1848er-Revolution – mit Friedrich Hecker. Insbesondere durch diesen Vergleich haben Sie überzeugend dargelegt, was eine Person zum Helden werden oder dem Vergessen anheim fallen lässt. Besonders beeindruckt haben uns die analytische Tiefe Ihrer Arbeit, Ihr überaus kenntnisreicher und sensibler Umgang mit den Quellen, aber auch die sprachliche Präzision und die Klarheit der Gedankenführung. Eine rundherum gelungene und wirklich herausragende Arbeit, mit der sich nur ein kleiner Wermutstropfen verbindet; die Tatsache, dass Sie nun offenbar doch nicht Geschichte studieren.

Nun zu Ihrer Arbeit, lieber Herr Kulka. Sie haben die Spuren eines Widerstandskämpfers verfolgt, der schon zu seinen Lebzeiten, erst recht aber nach seinem Tode zum Mythos geworden ist. Aus seiner politischen Überzeugung heraus bekämpfte er die Weimarer Republik, nach der Machtergreifung kämpfte er gegen das nationalsozialistische Regime. Nach seiner Flucht aus dem Konzentrationslager Dachau starb Hans Beimler 1936 im spanischen Bürgerkrieg. Für die alte Bundesrepublik war Beimler nahezu ein no-name, in der DDR hingegen wurde er als Kommunist und Antifaschist, als Befürworter der Einheitsfront und mutiger Spanienkämpfer zum Staatshelden aufgebaut und vielfach verehrt.

Wenn ich sagte, Sie haben »Spuren« verfolgt, dann meine ich tatsächlich mehr als nur die *Rekonstruktion* eines spannungsreichen Lebenslaufes. Was Ihre Arbeit besonders auszeichnet, ist die Kreativität, Hartnäckigkeit und Akribie, mit der Sie gerade diese konträren, aber nach 1989 etwa bei der Umbenennung von Straßen direkt aufeinander treffenden Muster der *Erinnerung* an Hans Beimler untersucht haben. Sie haben unglaublich viele archivalische Quellen gesichtet und uns dafür sensibilisiert, in welcher Art und Weise Hans Beimler zunächst selbst das Fundament für den späteren Heldenkult um seine Person gelegt hat und warum in den beiden deutschen Staaten nach 1945 ganz unterschiedliche Beimler-Bilder entstanden. Ihre subtile Analyse des Prozesses, in dessen Verlauf der Kommunist nach der Wiedervereinigung aus dem öffentlichen Bewusstsein verschwunden ist, würde vermutlich jeden Hochschullehrer begeistern. Und so kann ich mir eigentlich nur wünschen, dass Sie mit dem frischen Abitur in der Tasche trotz Ihrer ausgesprochen breiten musischen Interessen vielleicht doch *Geschichte* studieren werden.

Meine Damen und Herren: Die Preise des deutschen Historikerverbandes für herausragende Forschungsleistungen von Schülerinnen und Schülern auf dem Gebiet der Geschichte werden verliehen an:

Giovanna-Beatrice Carlesso für den Beitrag »Ein Mann der That: Der Brackenheimer Theodor Mögling, ein vergessener Held der 1848er-Revolution« und Rahul Kulka für den Beitrag »Der Fall Hans Beimler: verfolgt – verehrt – verkannt – vergessen. Auf dem Prüfstand der deutschen Geschichte«.

Im Anschluss an die Auszeichnung der vom VHD prämierten Schülerarbeiten folgte der Festvortrag von Prof. Dr. Lorraine Daston, Direktorin des Max-Planck-Instituts für Wissenschaftsgeschichte Berlin.

Doktorandenforum

Der 48. Deutsche Historikertag setzte die erfolgreiche Tradition des Doktorandenforums nun schon zum vierten Mal fort. Die sehr große Zahl der Bewerberinnen und Bewerber hat gezeigt, dass sich das Doktorandenforum zu einem attraktiven und interessanten Forum für laufende Dissertationsprojekte entwickelt hat. Auf dem Berliner Historikertag zeigten 37 Doktorandinnen und Doktoranden ihre Forschungsvorhaben im Rahmen einer Posterausstellung. Auch dieses Mal deckten die Themen praktisch die gesamte Bandbreite der Fachdisziplin ab.
Das Doktorandenforum wurde von der Gerda Henkel-Stiftung gefördert, so dass die Organisatoren die Attraktivität des Forums weiter steigern konnten.
Die InteressentInnen mussten eine Projektskizze und einen vorläufigen Posterentwurf ihres Promotionsprojekts (A0-Plakat, Quer- oder Hochformat) einreichen. Die Auswahl erfolgte durch den Ausschuss des VHD. Ausschlaggebend waren die Qualität des Dissertationsprojekts sowie die inhaltliche und optische Gestaltung des Posters. Die Posterausstellung fand im 2. Obergeschoss statt und war während der Kongresstage durchweg sehr gut besucht.
Während des Historikertages bewertete eine vierköpfige Jury des VHD (Julia Angster, Andreas Ranft, Manfred Treml, Martin Zimmermann) die präsentierten Promotionsprojekte. Andreas Ranft zeichnete die gelungensten Präsentationen im Namen des VHD im Rahmen dieser Festveranstaltung im Schlüterhof des Deutschen Historischen Museums aus.

Die Preise gingen an folgende Präsentationen

1. Leben und Wirtschaften im mittelalterlichen Frauenkloster – Die Zisterze Kaisheim und ihre Tochterklöster
   Julia Bruch (Mannheim)

2. Industrietourismus. Die Fabrik als touristische Attraktion im Deutschland des späten 19. und frühen 20. Jahrhunderts
   Daniela Fleiß (Siegen)

3. extra muros – Die Grenzen der spätmittelalterlichen Stadt am Beispiel Lüneburg
   Niels Petersen (Göttingen)

Liste der teilnehmenden DoktorandInnen

- Bartholome, Daniela (Braunschweig): Transatlantische Netzwerke im Kaiserreich: Zur Rolle und Rezeption Friedrich Paulsens (1846–1908) im deutsch-amerikanischen Kulturaustausch

- Bergstermann, Sabine (München): Terror, Recht und Freiheit – Die JVA Stuttgart-Stammheim als Symbol und Ort der Auseinandersetzung zwischen Staat und RAF
- Bertsch, Anja (Konstanz): »Anders Reisen« – alternativer Jugendtourismus der 1960er bis 1980er Jahre in der Bundesrepublik Deutschland
- Brait, Andrea (Wien): Gedächtnisort Historisches Museum – Eine Analyse unter besonderer Berücksichtigung der österreichischen und deutschen Museumslandschaft
- Bredebach, Patrick (Frankfurt am Main): Europa als politisches Konkurrenzthema zwischen christdemokratischen und sozialdemokratischen Parteien in Italien und Deutschland von 1945 bis zum Beginn der 60er Jahre
- Bruch, Julia (Mannheim): Leben und Wirtschaften im mittelalterlichen Frauenkloster – Die Zisterse Kaisheim und ihre Tochterklöster
- Bunnenberg, Christian (Köln): »Jede Weltanschauung ist immer so stark wie der Wille ihrer Träger, sie zu verteidigen.« NS-Schulungen im Gau Westfalen-Nord 1933–1945
- Droß, Kerstin (Marburg): Produktion und Handel von Textilien in der Römischen Kaiserzeit am Beispiel der Provinz Ägypten
- Engisch, Isabell (Chemnitz): Abgegrenzt – Eingegrenzt – Ausgegrenzt: Formen der visuellen Darstellung von Grenzen und Grenzräumen in Augenscheinkarten am Beginn der Frühen Neuzeit
- Felsch, Corinna (Marburg): Reisen in die Vergangenheit? Geschichtswahrnehmungen bei Reisen von Deutschen nach Polen (1970 bis 1990)
- Fleiß, Daniela (Siegen): Industrietourismus. Die Fabrik als touristische Attraktion im Deutschland des späten 19. und frühen 20. Jahrhunderts
- Hammer, Veit (Halle): Der Blick von außen oder die Vorstellung von Asiens Osten
- Heimburger, Franziska (Paris): Militärdolmetscher im Ersten Weltkrieg
- Hilgert, Christoph (Gießen): Jugend im Radio. Hörfunk und Jugendkulturen in Westdeutschland und Großbritannien in den 1950er und frühen 1960er Jahren
- Hort, Jacob (Berlin): Architektur der Diplomatie. Auswärtige Repräsentation in Botschaftsbauten europäischer Staaten im Vergleich 1800–1920
- Kahlert, Torsten (Berlin): »Unternehmen großen Stils« – Projektforschung im 19. Jahrhundert
- Karaminova, Ana (Berlin): Die Videokunst in Bulgarien. Kulturhistorische Untersuchung einer neuen Kunstform der Wendezeit von um 1989 bis heute
- Klein, Annika (Frankfurt am Main): Korruption und Korruptionsskandale in der Weimarer Republik
- Kohls, Mareike (Kassel): Körper-Wissen – Leib-Praktiken: Körperbezogene Identitätskonzeptionen zwischen adeligem Selbstverständnis, Geschlechtervorstellungen und »national«-kulturellen Differenzen in den Briefen Liselottes von der Pfalz (1652–1722)
- Kraus, Eva (Erding): Zwischen Idealismus und Opportunismus. Das Deutsche Jugendherbergswerk 1909–1933

- Kreye, Lars (Göttingen): Der »Deutsche Wald« in Tansania: ein kolonialer Konfliktraum zwischen globaler Modernität und lokaler Praxis?
- Liftenegger, Mario (Graz): Gedächtnis- und Erinnerungskultur in Nordirland. Murals und Paraden
- Petersen, Niels (Göttingen): extra muros – Die Grenzen der spätmittelalterlichen Stadt am Beispiel Lüneburg
- Polexe, Laura (Basel): Freundschaft und Netzwerke in der Sozialdemokratie Rumäniens, Russlands und der Schweiz um 1900
- Reckling, Tobias (Portsmouth): »Der Westen kann Spanien helfen.« Die Wahrnehmung der spanischen *transicion* in Deutschland, Frankreich und Großbritannien
- Rehlinghaus, Franziska (Essen): Das Schicksal. Geschichte und Facetten eines religiösen Begriffs in der Neuzeit
- Ruff, Melanie (Wien): Gesichtsrekonstruktionen während des Ersten Weltkrieges in der k. u. k. Monarchie. Handlungsspielräume und Lebensentwürfe von Kieferschussverletzten
- Scharnberg, Harriet (Hamburg): Fotografische Repräsentationen von Juden im Nationalsozialismus. Die Fotos der Propagandakompanien und die illustrierte Presse
- Schneider, Britta (Bamberg): Fugger contra Fugger. Die Krisen der Familienhandelsgesellschaft der Fugger im Spannungsfeld von Konflikt und Kommunikation (1560–1597/98)
- Schoenmakers, Christine (Oldenburg): NS-Justiz und Volksgemeinschaft. Juristischer Alltag und der Einsatz des Rechts zur Konstruktion von Volksgemeinschaft vor Ort
- Schölnberger, Pia (Wien): Anhaltelager im Austrofaschismus. Wöllersdorf 1933–1938
- Sprute, Sebastian Manes (Göttingen): Globalisierung der westlichen Zeitordnung? Zeitkonflikte in Senegal, circa 1880–1940
- Strauß, Angela (Potsdam): Religion und Militär im 18. Jahrhundert – Säkularisierung durch Herrschaftspraxis
- Tischler, Julia (Bielefeld): Stories of Modernitiy: The Kariba Dam Scheme in the Central African Federation
- Weber, Sascha (Mainz): Katholische Aufklärung? Aufgeklärte Reformpolitik in Kurmainz unter Kurfürst-Erzbischof Emmerich Josef von Breidbach-Bürresheim 1763–1774
- Wiegeshoff, Andrea (Marburg): Zur Internationalisierung des Diplomatischen Korps der Bundesrepublik Deutschland (1945/51–1969)
- Witkowski, Mareike (Oldenburg): Vom Dienstmädchen zur Reinigungsfachkraft. Hausgehilfinnen von 1918 bis in die 60er Jahre

Abschlussveranstaltung

Festvortrag

Prof. Dr. David Blackbourn

»Deutschland? Aber wo liegt es? Ich weiß nicht das Land zu finden; wo das gelehrte beginnt, hört das politische auf.« Ich zitiere hier die Fünfundneunzigste Xenie Goethes und Schillers aus dem Jahre 1796. Dass die Deutsche Kulturnation vor dem Deutschen Nationalstaat bestand, dass die Grenzen von »Deutschland« weniger klar definiert waren als die von Frankreich oder Großbritannien, dass Deutschland die verspätete Nation war – all das brauche ich Ihnen nicht zu erzählen. Heute will ich die deutsche Geschichte im Sinne dieser Konferenz betrachten und über Grenzüberquerungen reden. Wo fand die deutsche Geschichte statt? Und sieht diese Geschichte anders aus, wenn wir die Bewegungen von Menschen (und auch von nichtmenschlichen Lebewesen), von Waren, Ideen und Praktiken betrachten?

»Transnational« ist ein Modewort geworden. Aber was steht hinter diesem Interesse an transnationaler Geschichte und den naheverwandten Begriffen der *histoire croisée*, der Beziehungsgeschichte und der Transfergeschichte? Besteht hier vielleicht eine kausale Verbindung zwischen Wissenschaftlern, die in einer Welt der grenzübergreifenden Netzwerke leben, und ihrer Neigung, Mobilität und Bewegung hervorzuheben? Nach Edward Said: »Traveling theorists produce traveling theory.« Wir Historiker sind ein fahrendes Volk. Das weist auf den Einfluss hin, den die Globalisierung auf unsere Wahrnehmung der Welt hat. Wenn sich also die Geschichtswissenschaft in ihrer modernen Form nicht nur gleichzeitig, sondern (wie viele sagen würden) gemeinsam mit dem Nationalstaat entwickelt hat, dann fordert eine post-nationale Welt eine andere Art der Geschichte. Die Debatten über europäische Integration und das praktische Verschwinden vieler Grenzen haben vielleicht schon ihre Wirkung gezeigt. Historiker haben über die »Europäisierung« der deutschen Geschichte nachgedacht. Die Gefahr ist hier natürlich, dass dabei eine farblose Variante europäischer Gemeinschaftskunde herauskommen kann; oder – schlimmer noch – eine Geschichte, die Europa eine Art kultureller Einheit unterstellt; ein Gegenstück zur Einleitung von Giscard d'Estaings europäischer Verfassung (über die schon gesagt wurde, dass ihre Benutzung als schulische Lektüre das EU-Verbot unmenschlicher oder erniedrigender Strafen brechen würde).

Aber es gibt da noch etwas anderes, etwas das wirklich global ist; ich spreche hier von einem neuen Interesse an Kolonialgeschichte, das durch die postkolonialen, multikulturellen Gesellschaften in Europa entstanden ist. Es ist schon zum Klischee geworden, dass »bringing the colonies back in« – also eine Rückbesinnung auf die Bedeutung der Kolonien die britische und französische Geschichte in der letzten Generation verändert hat. Das ist auch in den Fällen kleinerer Länder

passiert – in Portugal wie in den Niederlanden. Nun stellt Deutschland einen Sonderfall dar: das Kolonialreich in Übersee war kurzlebig und so schon 1919 ein Ding der Vergangenheit. So kurz es aber auch war, so hat es doch in der letzten Zeit eine Reihe von Arbeiten über die deutschen Kolonien und die Rückwirkungen auf das Kaiserreich inspiriert. Darüber hinaus waren Kolonialphantasien schon vor und auch noch nach der Zeit der Kolonien vorhanden. Dazu kommt auch noch die zumindest vertretbare These, dass das wahre Deutsche Kolonialreich in Osteuropa lag; und die Aufbereitung dieser Geschichte wirkt sich eindeutig auf unser Bild von Deutschland aus.
Aber es gibt auch noch zwei weitere fachinterne Entwicklungen, die ich hier erwähnen möchte. Die erste ist die begrüßenswerte Einbeziehung der geographischen Dimension der Geschichte. Geschichte verläuft nicht nur auf einer zeitlichen Achse, sondern auch im Raum. Die lange Vernachlässigung dieser Tatsache durch die deutsche Historiographie ist verständlich, wenn man bedenkt zu welchen Zwecken der Begriff »Raum« in der NS-Zeit verwendet wurde. Der Geograph Walter Christaller warnte schon vor der Mythologisierung dieses zur »Mode gewordenen Wortes«: »Gerade dass der Raum eine Sehnsucht unserer Zeit geworden ist (...) verführt leicht selbst den Wissenschaftler dazu, nun mit dem Schlagwort *Raum* alles erklären zu wollen.« Da ist etwas dran. Aber das ist einer der vielen Fälle, in denen wir einen Begriff zurückgewinnen sollten, der vom Nationalsozialismus vorbelastet wurde. Raum ist ein Konzept, das wir Historiker benutzen können und sollten. Die zweite Entwicklung, die ich hier erwähnen möchte ist die »konstruktivistische« Geschichtsschreibung der 1980er, die betonte, dass Nationen imaginiert and erfunden seien. Das hat uns die Möglichkeit gegeben auf neue Art und Weise sowohl sub-nationale wie auch supranationale Identitäten zu untersuchen und zu hinterfragen, wie einheitlich und stabil eigentlich die »deutsche« Identität war. Was bedeutete es zum Beispiel um 1900 herum, ein Deutscher zu sein, der auch Pfälzer und Bayer war, vor allem, wenn er einen Onkel in Milwaukee hatte und Verwandte, die sich zwei Jahrhunderte zuvor im Banat niedergelassen hatten? Für mich lag der intellektuelle Reiz dieser Befreiung aus der Zwangsjacke der Nation als der selbstverständlichen Untersuchungseinheit vor allem an der Einladung mit »Größenordnungen zu spielen« (ich beziehe mich hier auf Jacques Revels *jeu d'échelles*). Von Mikrogeschichte zu *Big History* sind wir uns heute besser darüber im Klaren, warum es auf die Magnifikation ankommt – und dass wir die Dinge je nach der gewählten Vergrößerung und Fokussierung unterschiedlich betrachten und beurteilen.
Diese Gedanken zeigen schon auf, warum es problematisch ist, die Geschichte einer Nation zu schreiben, die ausschließlich in den Grenzen des Nationalstaates stattfindet. Thomas Bender hat es in seiner transnationalen Geschichte Amerikas so ausgedrückt: »Die Nation kann nicht ihr eigener Kontext sein.« Das Konzept der Nation als »container« übersieht die Bewegungen von Menschen, Waren und Ideen, die über Grenzen hinaus gehen. Diese Herangehensweise übersieht auch die Durchlässigkeit von Grenzen, unterschätzt Kontakt- und Austauschzonen und überschätzt dadurch die Homogenität auf Kosten der Vielfalt. Letztlich kann das auch zu einer Unterbewertung von Gemeinsamkeiten führen – also einer Vernachlässigung der Geschichte, die eine Nation mit anderen teilt.

Ich möchte Ihnen einen Abriss davon geben, wie eine transnationale Geschichte Deutschlands seit 1500 aussehen könnte. Ich werde nacheinander drei Zeitabschnitte behandeln: die Frühe Neuzeit, das »lange« neunzehnte und das »kurze« zwanzigste Jahrhundert: Denn transnationale Geschichte kann und soll nicht nur Sache der neuesten Geschichte sein.

Ich fange mit den deutschen Ländern in der frühen Neuzeit an – also mit der Transnationalität der vor-nationalen Ära. Der Humanist Johann Cochlaeus schrieb 1512 Folgendes über Nürnberg. Die Stadt »liegt (...) gleich weit von der Adria und von der Ostsee, was die Breite Europas ausmacht. Gleich ist die Entfernung zum Don und bis Cadiz, mit der man die Länge Europas misst.« Wir können dies natürlich als einen Ausdruck von Lokalpatriotismus auffassen, an dem es im Nürnberg von Dürer und Cochlaeus nicht fehlte. Aber es ist dennoch wahr, dass sich die frühneuzeitlichen deutschen Länder über viele der wichtigsten Trennungslinien Europas erstreckten – die Sphären des südlichen und nördlichen Humanismus, die konfessionelle Trennung, die Agrarverfassungen, die Europa in die ost- und westelbischen Gebiete teilten. Deutschland war das Land in der Mitte (Fernand Braudel hat es die »deutsche Landbrücke« genannt), die Kontaktzone und der Kreuzungspunkt, an dem sich Kulturen und Menschen trafen. Deutsche zogen um, reisten, studierten und handelten in alle Himmelsrichtungen. Kaufleute waren im Nord- und Ostseehandel aktiv. Sie hatten auch dauerhafte Verbindungen über die Alpen nach Italien und handelten in Venedig und Mailand, was sich handfest in der venezianischen Fontego dei Tedeschi und in der italienisch anmutenden Architektur Augsburgs niederschlug. Deutsche Studenten schrieben sich an Universitäten in ganz Europa ein und deutsche Gelehrte machten einen wichtigen Teil der Gelehrtenrepublik aus, die durch Reisen und den Austausch von Büchern und Briefen zusammengehalten wurde. In diesem Zusammenhang sei Kepler erwähnt, der im kosmopolitischen Prag Rudolfs des Zweiten der Nachfolger des Dänen Tycho Brahe war, der mit Galileo in Padua korrespondierte und der umgeben war von einer bunt durcheinandergewürfelten Gruppe von böhmischen und ungarischen Höflingen, italienischen Humanisten, niederländischen Instrumentenbauern und Alchemisten aus ganz Europa. Während des Dreißigjährigen Krieges, der Keplers Leben durcheinander brachte, wurden die Gelehrten noch mobiler. Der Preuße Samuel Hartlieb (»der große Informationssammler Europas«) ließ sich in England nieder und wurde dann zu einem Gründungsmitglied der Royal Society und zum personifizierten Knotenpunkt eines umfassenden Netzwerkes europäischer Korrespondenten, über das nun schon detaillierte Arbeiten vorliegen. Weniger bekannt als Weitgereister ist vielleicht Samuel Pufendorf, der tief von Hobbes und Grotius beeinflusst war und der in Kopenhagen, Leiden, Lund und Stockholm lebte, bevor er nur sechs Jahre vor seinem Tod als Hofhistoriograph nach Berlin berufen wurde. Wandergesellen, Hausierer, fahrende Musikanten, Schäfer, Pilger und Prediger – sie alle waren ständig in Bewegung und überquerten die durchlässigen, frühneuzeitlichen Grenzen. So ist es eindeutig falsch, die Gesellschaft der frühen Neuzeit als unbeweglich oder immobil zu bezeichnen – sie war einfach mobil auf andere Art und Weise.

Lassen sie mich nun den Maßstab ändern und den Fokus auf die zahlreichen deutschen Verbindungen mit den Niederlanden richten. Im sechzehnten und bis

ins siebzehnte Jahrhundert (das heißt, bis Italien diese Rolle übernahm) waren die Niederlande das wichtigste Vorbild für deutsche Musik. Holländischer Kunstgeschmack war im siebzehnten und achtzehnten Jahrhundert ähnlich einflussreich. Ein Forschungsprojekt an der Universität Greifswald über kulturellen Austausch zwischen Westeuropa und dem Ostseeraum hat gezeigt, wie Danzig und Hamburg zu wichtigen Umschlagsplätzen holländischer Gemälde, Skulpturen, Möbel und Musterbücher für die deutschen, dänischen und polnischen Märkte wurden. Während hanseatische Händler diese Geschäfte tätigten, waren umherziehende Händler aus Westfalen am hochentwickelten Töddenhandel beteiligt und verkauften Textilien und Metallwaren in den Niederlanden und entlang der Nord- und Ostseeküsten. Viele Tausend Männer aus dem Nordwesten Deutschland überquerten auch die Grenze als sogenannte »Hollandgänger,« die dann – so wurde gesagt – ohne Moral und mit Tabak zurückkamen. Sie verließen ihre Heimat, um Torf zu stechen, eine unentbehrliche Energiequelle der holländischen Wirtschaft, die auch die Grundlage für die Überseeexpansion legte – so wie auch deutsches Holz, das auf riesigen Flößen den Rhein herunter trieb und dann im holländischen Schiffsbau verwendet wurde, einen wesentlichen Beitrag zur niederländischen Macht im Goldenen Zeitalter beisteuerte. Und das taten auch die vielen Deutschen, die auf holländischen Handelsschiffen, Walfängern und Kriegsschiffen und in Niederländisch-Ostindien ihren Dienst taten.
Das wirft natürlich die Frage auf, wie groß der deutsche Beitrag in und an der neuen Welt war, die seit dem späten fünfzehnten Jahrhundert von Europäern gestaltet wurde. Zumeist wird dies als eine Geschichte erzählt, die nicht geschah. Während Portugiesen und Spanier zu Entdeckungsreisen aufbrachen, waren die Deutschen in den Schmalkaldischen Krieg verwickelt; und die Deutschen waren anderweitig beschäftigt, als die Holländer, Franzosen und Briten den atlantischen Wirtschaftsraum aufbauten. Dieses Bild muss revidiert werden. Betrachten wir zum Beispiel den berühmten Nürnberger Martin Behaim, der dem portugiesischen Königshaus diente und an der Expedition zur Westküste Afrikas im Jahre 1482 teilnahm. Er war einer der vielen deutschen Kartographen und Instrumentenbauer, der seinen Beitrag zur voranschreitenden europäischen Beherrschung der Ozeane leistete. Deutsche finden sich in den historischen Aufzeichnungen zu Schiff mit Magellan und in fast jeder nordamerikanischen Siedlung, ob bei den Briten in Jamestown, den Holländern in New Netherland, den Franzosen in Port Royal, oder den Schweden in der heutigen Delaware Bucht. Deutsche Nationalisten des 19. und 20. Jahrhunderts überhöhten häufig die Leistungen dieser Männer (vor allem im Fall von Behaim) und beschwerten sich lauthals, dass diese »Deutschen« unter nicht-deutschen Flaggen gedient hätten. Das ist natürlich unhistorisch; und doch: wenn wir diese Reisenden so beschreiben wie sie waren, als Nürnberger oder Oldenburger, sollten wir dann nicht diese deutsche Rolle in der Welt anerkennen? Können wir die deutschen Reisenden und ihre Arbeit einfach ignorieren, nur weil sie nicht unter deutscher Flagge operierten?
Deutsche Händler spielten auch bei der Entwicklung des Wirtschaftsraumes am Atlantik eine erhebliche Rolle, ob von der Heimat aus oder als Einwohner von Lissabon, Antwerpen, Amsterdam und London. Die deutschen Länder waren nicht direkt an atlantischem Sklavenhandel und Plantagenwirtschaft beteiligt,

aber sie wurden – wie andere Teile Nordwesteuropas – tief von der neuen Konsumkultur um Zucker, Kaffee und Tabak beeinflusst und verändert.

Ich habe bisher noch nichts über die Reformation gesagt. In der deutschen Historiographie erscheint sie als eine vollkommen nach innen gerichtete deutsche Angelegenheit, ob der Fokus nun der »gemeine Mann«, die Reformation in den Städten oder Konfessionalisierung ist. Zur gleichen Zeit aber erzählt die Historiographie anderer Länder – ich denke hier an die Arbeiten britischer Historiker wie Andrew Pettegree und Euan Cameron – die Geschichte der Reformation als die Geschichte einer explosiven europäischen Bewegung. Die Konfessionslinien mögen quer durch Deutschland gegangen sein, aber der neue Glaube und der spätere Konfessionsstreit breiteten sich über Europa aus – in die Schweiz, nach Frankreich, Holland, Ungarn, Skandinavien und auf den britischen Inseln. Wir wissen jetzt mehr über die europäischen Netzwerke, über die Bewegung von Menschen, Ideen und Praktiken unter Lutheranern, Zwinglianern und vor allem Calvinisten. Konflikte in anderen Regionen wurden zurück in die deutschen Länder importiert – in der Form von Krieg (der Dreißigjährige Krieg!), aber auch durch die Opfer religiöser Verfolgung, die in den deutschen Ländern Schutz suchten, zum Beispiel die holländischen Exilanten in der Mitte des sechzehnten Jahrhunderts und später – was weitaus bekannter ist – die Hugenotten.

Der Protestantismus brachte auch fortgesetzt Erneuerungsbewegungen hervor – Quäker, Mennoniten, Herrnhuter und lutherische Pietisten –, die die deutschen Länder mit anderen Teilen Europas und der atlantischen Welt verbanden. Es war dann auch die deutsch-holländische Mennoniten-Verbindung, die 1683 die erste »deutsche« Siedlung Nordamerikas begründete; es waren die gleichen mennonitischen Händler, die weiterhin das Netzwerk aufbauten, durch das im achtzehnten Jahrhundert die großangelegte deutsche Emigration in die Neue Welt beginnen konnte. Ein noch bedeutenderer Beitrag zur Verknüpfung der atlantischen Welt wurde durch die pietistischen Netzwerke von Predigern, Pharmazeuten und Kurieren geleistet, die von Halle nach Großbritannien und Irland, zu den amerikanischen Kolonien, der Karibik, nach Surinam und West-Afrika reichten. Zuletzt wurde auch die Gegenreformation als Kunst-Stil und geistige Bewegung von Südeuropa nach Deutschland zurückimportiert; so wie die Gegenreformation auf der anderen Seite Deutsche neben anderen Europäern als jesuitische Missionare sowohl nach Europa als auch bis ins Reich der Mitte aussandte. Um also eine transnationale Geschichte Deutschlands in der frühen Neuzeit zu schreiben, muss man geradeheraus die europäischen und globalen Konflikte innerhalb des Christentums beleuchten – sozusagen Konflikte »made in Germany.«

Wenn ich nun vom 18. auf das 19. Jahrhundert zu sprechen komme, möchte ich zunächst einige Worte über die Übergangszeit zwischen beiden Jahrhunderten sagen – jene Phase, die als »Sattelzeit« bekannt ist. Mehr und mehr erkennen Historiker, dass die Bedeutung dieser Phase jene der darauf folgenden Revolutionen, der industriellen Revolution und der Französischen Revolution, bei weitem übersteigt. Die »Sattelzeit« war eine Periode kriegsbedingter revolutionärer Umstürze in Nord- und Südamerika, in Europa und darüber hinaus, eine Phase der Proto-Globalisierung und eine Zeit, in die (in Dror Wahrmans Worten) das

»Entstehen des modernen Selbst« fiel. Allerdings bildet Deutschland wiederum eine Leerstelle in den jüngst erschienenen Monographien und Sammelbänden über die »Atlantische Revolution«, in Christopher Baylys reicher Darstellung der Weltgeschichte in dieser Zeit wird es kaum erwähnt, und es fehlt vollständig in Dror Wahrmans wichtigem Buch über Großbritannien, Frankreich und die amerikanischen Kolonien. Es ist deshalb ein großes Desiderat, den deutschen Erfahrungen in der Historiographie über diese Zeit jenen Raum zu geben, den sie mit Recht beanspruchen dürfen, und das schließt eine Untersuchung des Verhältnisses mit ein, das zwischen den globalen Veränderungen der Zeit und der außergewöhnlich fruchtbaren deutschen Literatur und Geisteswelt um 1800 bestand.

Ich möchte mich nun dem »langen neunzehnten Jahrhundert« zuwenden. Prasenjit Duara hat hier dazu aufgerufen, die Geschichte vor der Nation zu »retten«. Das heißt nicht, die Nation als eine analytische Kategorie abzulehnen, genauso wenig wie interdisziplinäre Arbeit heißt, seine eigene Disziplin abzulehnen. Es heißt vielmehr zu erkennen, dass Nationen und Nationalstaaten zu einem wichtigen Teil von transnationalen Einflüssen geformt wurden, und ich spreche hier von mehr als nur Kriegen und Verträgen. So wie Meiji-Japan und die Vereinigten Staaten nach dem Bürgerkrieg ist das deutsche Kaiserreich auch in einer Phase der zunehmenden Globalisierung entstanden. In der Tat haben schon die liberalen Imperialisten von 1848 – unter ihnen deutsch-nationale Autoren, Beamte, Händler, Marineoffiziere – auch deswegen zu einem deutschen Nationalstaat aufgerufen, weil sie glaubten, dass das deutsche Staatssystem nicht mehr in angemessener Weise nationale Interessen gegenüber globalen »Gefahren« vertreten könnte. Das Globale und das Nationale waren eng miteinander verknüpft.

Lassen Sie mich nun einige dieser Verbindungen untersuchen. Ich werde mit der Aus- und Einwanderung anfangen. Die Deutschen spielten eine erhebliche Rolle in den großen transatlantischen Völkerwanderungen des 19. Jahrhunderts, die durch die dramatische Senkung der Kosten für die Überfahrt möglich wurden. Rund 4,5 Millionen Deutsche verließen von den 1840er Jahren bis 1900 ihre Heimat; vier Millionen von ihnen gingen in die USA (Brasilien kam mit 86.000 deutschen Einwanderern mit großem Abstand an zweiter Stelle). In Amerika gründeten die Deutschen Zeitungen, Gesangsvereine, Turnvereine, Theater und – selbstverständlich auch – Biergärten. Es war eher eine Verpflanzung als eine Entwurzelung. Die bewusste Kultivierung einer deutschen Identität wurde bis ins frühe 20. Jahrhundert weitergeführt. Welche Rückwirkungen aber hatte diese Diaspora? Auf institutioneller Ebene erschuf sie einen großen Markt für diejenigen, die mit diesen Menschenströmen handelten, so wie Auswanderungsagenturen und Schifffahrtsgesellschaften. Sie bedingte wachsende Staatskontrolle über Emigration und steuerte auch durch den Gustav-Adolf- beziehungsweise den St. Raphaels-Verein zur »Rekonfessionalisierung« der deutschen Gesellschaft bei. Es fällt schwerer den Einfluss von Auswandererbriefen auf Deutsche in der Heimat zu ermitteln; diese Briefe waren persönliche Berichte über die Erfahrungen in Amerika, die Werbung von Auswanderungsagenten und bekannte Bücher wie Friedrich Gerstaeckers »Nach Amerika!« ergänzten. In den Köpfen der Deutschen formte sich im 19. Jahrhundert immer mehr eine Vorstellung von Amerika. Das wachsende Kohlerevier im Saarland wurde »Schwarzes Kalifornien«

genannt; Wilhelmshaven, in den zehn Jahren nach 1859 aus dem Boden gestampft, wurde als »Goldgräberstadt« oder »Klein-Amerika« bezeichnet. Berühmte Bücher wie Ludwig Max Goldbergers »Das Land der unbegrenzten Möglichkeiten«, Reiseberichte, Wild-West-Bestseller und bildungsbürgerliche Beschreibungen eines vulgär-materialistischen Landes – sie alle boten eine Reihe von Spiegeln (oder Zerrspiegeln) an, in denen Deutsche ihre eigene Gesellschaft betrachten konnten.

Die Größenordnung der deutschen transatlantischen Emigration hat die anhaltende Bedeutung deutscher Auswanderung innerhalb Europas überschattet. Deutsche Ansiedlungen in Süd-Russland fanden bis ins frühe 19. Jahrhundert statt. Zur gleichen Zeit gab es auch immer noch 20.000 Hollandgänger. Und um 1850 herum waren etwa 100.000 Deutsche Einwohner von Paris, was die französische Hauptstadt zur sechstgrößten »deutschen« Stadt machte. Als die Pfälzer und Hessen in den 1880ern von Paris nach Deutschland zurückkamen und auch die Auswanderung in die Vereinigten Staaten zurückging, markierte das eine symbolische Wende. Deutschland wurde nun vom Auswanderungs- zum Einwanderungsland. Viele Holländer und Italiener suchten Arbeit in den westlichen Teilen Deutschlands. Aber es waren vor allem die polnischen Saisonarbeiter in den ostelbischen Gebieten, deren Anwesenheit die größten Auswirkungen hatte. Sie sind der Schlüssel zu einigen der wichtigsten Debatten des Kaiserreiches: Preußen kontra Deutschland, Landwirtschaft kontra Industrie, Junker kontra Bürgertum. Aber das ist noch nicht alles. Die grenzüberschreitende Massenwanderung von Polen führte zu einer wachsenden Reglementierung und Überwachung durch den Staat und zu Äußerungen voller Angst und Abneigung über die »slawische Flut.« Derweil waren die Alldeutschen nicht die einzigen, die sich darüber beschwerten, dass deutsche Emigranten der Nation »verloren« gingen, und die deutsche Kolonien als mögliche Auswanderungsziele forderten. Das größte Kontingent der deutschen Siedler, in Südwest-Afrika, zählte nur 12.000. Kolonien hatten aber dennoch Auswirkungen auf deutsche Debatten über nationale Identität, vor allem wenn es um die Frage der sogenannten Mischehen ging. Vor dem Hintergrund dieser explosiven Migrationsbewegungen und den durch sie ausgelösten Debatten wurde das berühmt-berüchtigte Reichs- und Staatszugehörigkeitsgesetz von 1913 beschlossen, das auf dem Prinzip des *jus sanguinis* basierte.

Wir finden ähnliche Rückwirkungen, wenn wir uns die deutsche Beteiligung am Welthandel des 19. Jahrhunderts anschauen. Die groben Züge der Geschichte sind bekannt, namentlich die wachsende deutsche Präsenz im aufkeimenden Welthandel; eine Welt, die durch Dampfschifffahrt und Telegraphen möglich gemacht wurde und die durch internationale Zusammenarbeit auf allen Gebieten von maritimem Recht über Unterseekabel zur Schaffung neuer Zeitzonen untermauert wurde. Zwischen 1880 und 1913 vervierfachte sich die Einfuhr von Waren nach Deutschland, Exporte dagegen stiegen eher weniger; das so entstandene Handelsdefizit wurde durch »unsichtbare« Bezüge aus zurückgeführten Profiten deutscher Überseefirmen und Einkünften aus Dienstleistungen wie dem wichtigen deutschen Anteil an internationalen Bauprojekten ausgeglichen. Die deutsche Handelsmarine, 1880 noch kleiner als die spanische, war dreißig Jahre später viermal so groß wie die amerikanische. Ein globales Netzwerk deutscher Schifffahrtsgesellschaften, Agenten und Bekohlungsstationen lag dem offenbar unaufhaltsamen Aufstieg der Marke »Made in Germany« zugrunde.

Die Waren, die häufig tausende Meilen weit entfernt ihren Ursprung hatten, reichten bis ins Alltagsleben hinein und halfen mit, die Wahrnehmung der Welt unter den Deutschen zu verändern. Am offensichtlichsten ist das bei »Kolonialwaren«, die – wie Populärliteratur und die von der neuen Werbeindustrie benutzten Bilder – Deutschen den Geschmack des »Exotischen« vermittelten. Aber sogar die gewöhnlichsten der Lebensmittel, wie Brot und Fleisch, haben etwas zu erzählen. Der Weizen, der von der nordamerikanischen Prärie über den Ozean zu den riesigen Mühlen Mannheims verschifft wurde, und das Fleisch, das dank der neuen Kühlungsmöglichkeiten nun aus den Vereinigten Staaten oder Argentinien verschickt werden konnte – beide hatten Auswirkungen auf die deutsche Ernährung. Sie fanden auch einen Nachhall in der deutschen Politik. Zu einer Zeit, als wirtschaftliche Interessengruppen eine immer größere Rolle in politischen Parteien und Entscheidungsprozessen spielten, als sogar die Sprache der Politik anfing die Sprache der Wirtschaft nachzuempfinden (politischer Makler, politischer Massenmarkt), behandelten einige der leidenschaftlichsten Debatten über die Zukunft Deutschlands Handelsverträge und Zölle. Wenn wir uns die Sprüche anschauen, die die sozialpolitische Diskussion im Kaiserreich animierten – so wie Manchestertum, Mittelstandspolitik, »Schutz der nationalen Arbeit« und der sozialdemokratische Ruf nach billigen Nahrungsmitteln – dann wird deutlich, dass es sich hier um konkurrierende Sichtweisen über Deutschlands Platz in der Welt drehte. Es waren auch allesamt Debatten, die mit Wirtschaftsfragen anfingen, dann aber in Diskussionen über Stadt und Land, soziale Stabilität und sogar über deutsche Identität mündeten.

Lassen sie mich diesen Punkt noch einmal unter einem anderen Blickwinkel aufgreifen. Einige der von Gegnern des Freihandels benutzten Argumente waren veterinärmedizinischer Art. Diese Argumente waren immer eigennützig, aber sie waren darum nicht immer falsch. Importierte Nahrungsmittel und tierische Einfuhrprodukte bargen ein reelles Risiko für Mensch und Tier, genauso wie Pflanzenkrankheiten, so etwa die Reblaus Phylloxera, in diesen Jahren nach Deutschland und in andere europäische Länder eingeführt wurde und invasive Wasserorganismen auftauchten, die in den Rümpfen oder den Ballasttanks transozeanischer Schiffe transportiert wurden. Diese Krankheitserreger stellten ernsthafte Probleme dar, Probleme, die wir heute nur allzu gut kennen. Sie eigneten sich auch allzu gut für politischen Missbrauch. Die Trennlinie zwischen invasiven Tierarten und Untergruppen des Menschen fing in zeitgenössischen Debatten an zu verschwimmen. Während des Kulturkampfs fühlte ein Nationalliberaler sich bemüßigt, die Reblaus und den Koloradokäfer in einem Atemzug mit den Jesuiten und »anderen Reichsfeinden« zu nennen. Die Katholiken wurden vor ihrer Verfolgung entmenschlicht, genauso wie Juden nun vom neuen, pseudowissenschaftlichen Anti-Semitismus als »Ungeziefer« bezeichnet wurden.

Ich habe bisher die Rückwirkungen der deutschen Auswanderung und der deutschen Beteiligung an der Weltwirtschaft betrachtet. Es gibt aber auch Fälle, in denen es andersherum lief: in denen die deutsche Nationalbewegung und die

Gründung des Nationalstaates entscheidende Auswirkungen auf die Rolle hatten, die Deutsche in der Welt spielten. Lassen sie mich das durch eine besondere Gruppe deutscher Reisender illustrieren – die Forschungsreisenden. Ich will hier fünf Männer herausgreifen, deren Reisen in verschiedene Teile der Welt sich über mehr als 100 Jahre erstrecken, und fragen, was wir von den Veränderungen im Verlauf dieses Zeitraums lernen können. Die Fünf sind Carsten Niebuhr, Alexander von Humboldt, Ludwig Leichhardt, Gerhard Rohlfs und Karl Koldewey. Niebuhrs siebenjährige Reise durch die arabische Welt im späten 18. Jahrhundert war ein dänisches Unternehmen, das auch schwedische und deutsche Teilnehmer einschloss, während Niebuhr selbst (der einzige Überlebende) unverzichtbare Unterstützung von den Briten in Ägypten und Bombay erfuhr und dann quer durch Europa gefeiert wurde. Alexander von Humboldt ist zweifellos der berühmteste des Quintetts. Sein Klassiker, mit dem Titel »Reise in die Äquinoktial-Gegenden des Neuen Kontinents« war das Ergebnis einer Forschungsreise mit seinem Freund Aimé Bonpland von 1800 bis 1804. Das Buch wurde zuerst auf Französisch herausgegeben und Humboldt selbst lebte viele Jahre lang in Frankreich.

Niebuhr und Humboldt waren von sehr verschiedener sozialer Herkunft, aber beide gehörten der kosmopolitischen Welt der gelehrten und wissenschaftlichen Netzwerke an. Das gleiche kann auch von Ludwig Leichhardt gesagt werden. Er ist weniger bekannt, obgleich er für Patrick Whites beeindruckenden Roman »Voss als deutscher Forschungsreisender in Australien« Modell stand. Leichhardt, der Sohn eines brandenburgischen Torfinspektors, floh aus der erdrückenden Enge seines Herkunftslandes (so zumindest beschrieb er es selber), als er den jungen Engländer William Nicholson, einen Kaufmannssohn, kennenlernte und sich mit ihm anfreundete. Leichhardt folgte ihm nach England. Von dort aus schrieb Leichhardt Briefe nach Hause, die voller Bewunderung für die weltoffene Energie Bristols und Londons waren. Die beiden jungen Männer studierten Naturwissenschaften in England und ließen sich dann in Paris nieder, wo sie im *Jardin des Plantes* arbeiteten, bis Leichhardt – von Nicholsons Ersparnissen unterstützt – nach Australien ging. Dort machte er sich einen Namen durch eine Expedition zur Nordküste; er starb als Leiter einer weiteren Reise, die durch das Hinterland Australiens führen sollte. Leichhardt passte gut in das aufkommende Bild des Forschungsreisenden als Macher und Abenteurer; er blieb aber unberührt von jedwedem Nationalgefühl.

Das Gleiche kann nicht von Gerhard Rohlfs gesagt werden – ein weiteres Beispiel eines jungen Ruhelosen –, der durch seine acht großen Afrikareisen zwischen 1860 und 1870 berühmt wurde. Anders als die Entdecker vor ihm – so etwa der Wissenschaftler Heinrich Barth, ein ehemaliger Philologe und anglophiler Kosmopolit – war Rohlfs ein leidenschaftlicher Nationalist, dessen weitbekannte Vorlesungen und Bücher ihn zu einer Persönlichkeit machten, die zurück in Deutschland mit nationalem Stolz begrüßt wurde. Und zu guter Letzt ist da Karl Koldewey, der die ersten beiden deutschen Nordpolexpeditionen leitete. Die zweite startete im Jahre 1869 und wurde beim Abschied in Bremerhaven von Wilhelm I. und Bismarck gefeiert. Nach einer Überwinterung im Packeis kamen die Expeditionsmitglieder 1870 triumphierend, und kurz nach Ausbruch des

Deutsch-Französischen Krieges, zurück. Der Vorsitzende des Expeditionskommittees feierte die Rückkehr mit diesen Worten: »Mit Stolz und Freude dürfen wir jetzt auf die Leistungen der Seeleute wie der Gelehrten blicken; sie haben deutsche seemännische Tüchtigkeit, deutsche Ausdauer, deutsches Streben nach Bereicherung der Wissenschaft herrlich zur Geltung gebracht.« Nach 1870 wurde es für jedwede Forschungsreise – so wissenschaftlich sie auch war – schwer dem Nimbus des Nationalen zu entkommen.

Was für den Gang dieser sehr besonderen deutschen Auseinandersetzung mit der Welt wahr ist, gilt auch für den größeren Bereich des intellektuellen Austausches und des kulturellen Transfers. Im 19. Jahrhundert genossen deutsche Philosophie, deutsche Forstwissenschaft, deutsche Militärkunst, die deutsche Universität, deutsche Wissenschaften und nicht zuletzt deutsche Musik einen Ruf von Welt. Deutsche Ideen und Praktiken gingen um den Globus. Sie machten Deutschland zu einem Magneten und riefen Bewunderung hervor. Der englische Literaten-Adel, von Coleridge und Carlyle zu George Eliot und Matthew Arnold, schaute nach Deutschland. Als Großbritannien einen obersten Forstbeamten für Britisch-Indien benötigte, ging der Blick sofort zum »Vaterland der Forstwissenschaft« und die Wahl fiel auf den Deutschen Dietrich Brandis. Auch die erste Forstwissenschaftsschule der USA wurde von einem Deutschen, nämlich Carl Schenk, gegründet. Etwa 10.000 Amerikaner erwarben im 19. Jahrhundert an deutschen Universitäten Doktortitel und als Harvards bedeutendster Präsident, Charles William Eliot, die Universität im späten 19. Jahrhundert modernisieren wollte, stellte er deutsche Professoren an und nahm das deutsche Modell zum Vorbild. Die neuen Herrscher Japans in der Meiji-Zeit schickten Zehntausende Medizinstudenten nach Berlin und luden deutsche Doktoren ein, um die medizinische Ausbildung in Japan aufzubauen.

Im Laufe des 19. Jahrhunderts befeuerten die genannten Beispiele deutschen Prestiges in der Welt den Nationalstolz und sogar die nationale Überheblichkeit, im Besonderen nach der Gründung des Kaiserreichs. Es ist wahr, dass – selbst als die politischen Spannungen zwischen den Großmächten nach 1890 wuchsen – transnationale kulturelle Netzwerke weiterhin dichter wurden und der kulturelle Austausch sich weiter intensivierte. In diesem Fall war Kultur der Wirtschaft ähnlich. Viele dieser Bewegungen von Menschen und Ideen bargen eine internationalistische Einstellung. Ich denke hier zum Beispiel an die Deutschen, die eine so große Rolle in der internationalen Frauenbewegung spielten, oder auch an die große Empfänglichkeit vieler Deutschen um das Jahr 1900 für nicht-deutsche Einflüsse in Kunst, Design, Literatur, Architektur, Tanz und vielem Weiteren. Diese kulturellen Anlehnungen aber lösten auch Widerstand aus, so wie die nationalistische Reaktion gegen den Architekten Hermann Muthesius (der sowohl in Tokio als auch in London gelebt hatte) nach der Publikation seines wichtigen Buches »Das Englische Haus«. In anderen Fällen wurden fremde Ideen so angeeignet, dass sie »deutsch« – oder sogar aggressiv deutsch – gemacht wurden. Ein gutes Beispiel ist hier die Rezeption englischer Sportarten, durch die deutscher Sport sowohl weniger aristokratisch als auch professioneller und militarisierter als das Original wurde. Und schließlich bauten kulturelle Beziehungen und institutionelle Verbindungen auch nicht zwangsläufig Brücken über politische Grä-

ben. Der Sohn des britischen Premierministers Asquith und der Sohn des deutschen Kanzlers Bethmann-Hollweg waren beide Studenten am Balliol College in Oxford. Sie wurden beide innerhalb weniger Wochen an der Westfront getötet.
Damit komme ich nun zum »kurzen« 20. Jahrhundert. Dieser inzwischen etablierte Begriff bezeichnet die Zeitspanne, die mit dem Ersten Weltkrieg begann und mit dem Fall der Berliner Mauer und der deutschen Wiedervereinigung endete. Das ist eine kurze und knappe Erinnerung daran, dass das 20. Jahrhundert letzten Endes doch das »deutsche Jahrhundert« war, obgleich natürlich nicht so, wie es viele stolze, selbstbewusste Deutsche um 1900 vorausgesehen hätten, als Deutschlands Ansehen und Ruf wahrscheinlich größer waren als jemals zuvor und danach.
Die erste Hälfte des kurzen 20. Jahrhunderts wurde von Kriegen dominiert. Es mag offensichtlich erscheinen, dass die transnationalen Entwicklungstendenzen des 19. Jahrhunderts in diesem »Zeitalter der Katastrophe« (wie Eric Hobsbawm es genannt hat) unterbrochen wurden, bevor sie nach 1945 wieder in Erscheinung traten. Die Verlockung ist groß, vom dynamischen, weltoffenen Berlin der 1920er zu einem Beispiel des kosmopolitischen Engagements in der Bundesrepublik, zum Beispiel der Documenta in Kassel, zu springen. Das wäre aber irrig. Wie ich schon angedeutet habe, die grenzüberschreitende, transnationale Dimension der Geschichte ist nicht synonym mit dem, was uns kosmopolitisch und attraktiv erscheint. Ja, man könnte sogar sagen, dass die transnationale Perspektive besonders dabei hilfreich sein kann, das Deutschland der Weltkriegsära und des Nationalsozialismus zu verstehen.
Ich will hier zwei Beispiele nennen. Zuerst ist es weithin ersichtlich, dass Deutschland globale Politik durch Krieg gestaltete. Es war auch daran beteiligt, Konflikte durch den Appell an kolonialisierte Völker auf eine wahrlich globale Stufe zu heben. Schon im Ersten Weltkrieg stattete Deutschland indische Nationalisten mit Unterstützung und Waffen aus, genauso wie es auch irische Nationalisten in ihren Plänen bestärkte und Wilhelm Waßmuß (der »deutsche Lawrence of Arabia«) an den persischen Golf schickte. Diese Verbindungen brachen auch nach 1918 nicht ab. Berlin wurde ein äußerst wichtiger Anlaufpunkt für Studenten, Intellektuelle und angehende Revolutionäre aus den Kolonialgebieten. Das war vor allem der Fall in Charlottenburg, damals »Kleinasien« genannt. Dort wohnten 1.000 Chinesen, überwiegend in der Nähe der Kantstraße, und eine kleinere Anzahl Vietnamesen. Sowohl Zhou Enlai als auch Ho Chi Minh lebten in den frühen 20ern in Berlin. Es gab daneben auch beachtliche Kontingente aus Persien, Ägypten und vor allem aus Indien – rund 400 Studenten, Intellektuelle und Nationalisten, einschließlich einiger Führungspersönlichkeiten, die aus dem nationalistisch-modernistischen Swadeshi-Milieu Kalkuttas vor 1914 hervorgingen. Wie Kris Manjapra gezeigt hat, war Berlin ein zentraler Knotenpunkt im globalen Netzwerk des indischen Antikolonialismus.
Wir kennen die Idee der bolschewistischen Revolution als leuchtendes Vorbild des antikolonialen Kampfes und wir wissen auch, dass die USA während des »Wilsonian Moments« für kurze Zeit die Hoffnung auf Selbstbestimmung nichteuropäischer Völker erweckte. Aber auch Deutschland war ein Leitstern für antikoloniale Bestrebungen. Es zog diejenigen an, die sich selber als Opfer angelsäch-

sisch-imperialer Arroganz sahen. Für die Inder und Chinesen Charlottenburgs hatte Deutschland den großen Vorteil, dass es nicht Großbritannien war und sogar als anti-britisch wahrgenommen wurde. Projizierte Ansichten, wie die Vorstellung, dass Wahlverwandtschaften zwischen Deutschen und amerikanischen Ureinwohnern bestanden, verdienen unsere Aufmerksamkeit – als Reihe deutscher Eigenansichten und als Form eines geheimnisvollen Nimbus Deutschlands in den Augen nichtweißer Völker. Sie gingen dem Dritten Reich voraus und blieben in manchen Fällen auch danach bestehen. Was die revolutionären Intellektuellen aus Indien und anderen Ländern angeht: viele blieben nach 1933 in Deutschland. Deutsche Unterstützung für die anti-britische Armee Subhas Chandra Boses im Zweiten Weltkrieg war eine der Folgen, aber der Einfluss der ehemals deutschansässigen kolonialen Intellektuellen war weit größer, vor allem in Asien. Dieses Thema wird erst neuerdings ernsthaft untersucht.
Mein zweites Beispiel, Migration, ist auch ein Thema mit einer wirklich globalen Dimension. Man kann den Einfluss der turbulenten Migrationsbewegungen über deutsche Grenzen auf die Geschichte des 20. Jahrhunderts kaum überschätzen. Die Ein- und Auswanderungsbewegungen waren beispiellos. Nach dem Ersten Weltkrieg zogen rund 850.000 Deutsche aus den nun polnischen oder französischen Gebieten in den verkleinerten deutschen Staat, während eine kleinere Anzahl Polen aus Regionen wie dem Ruhrgebiet in die entgegengesetzte Richtung zogen. Nach 1933 emigrierten dann etwa 400.000 Deutsche wegen politischer oder rassischer Verfolgung. Lassen Sie mich diese große Migration der Verzweifelten mit einem Gesicht versehen. Ein junger Mann namens Peter Fröhlich reiste 1939 mit seiner Familie von Berlin über Antwerpen, Southampton, Cherbourg und Lissabon nach Havanna, wo sie sich mehr als 3.000 deutsch-jüdischen Emigranten anschlossen, bevor sie letztlich Anfang 1941 in Florida landeten. Peter Fröhlich wurde zu Peter Gay, einem der berühmtesten europäischen Historiker in den Vereinigten Staaten. Es gab weitere Berühmtheiten unter den Emigranten-Historikern – Felix Gilbert, George Mosse, Hans Rosenberg, Fritz Stern. In den humanistischen Fächern, den Naturwissenschaften, in Kunst, Musik und Film bereicherten die Auswanderer ihre Gastgebernationen in großem Maße. Sie waren »Hitlers Gabe.« Wir assoziieren dieses glitzernde Exil vor allem mit den USA, aber die Emigranten flohen in 80 verschiedene Länder. Ein bedeutender Teil der »deutschen« Geschichte des 20. Jahrhunderts muss daher auch von London, Moskau, Jerusalem, Los Angeles und Shanghai aus gesehen werden.
Noch schwerwiegender ist die grundlegende Neuformierung der europäischen Bevölkerungen als Folge des genozidalen, nationalsozialistischen Angriffskrieges. Die ständigen »Aussiedlungen«, »Umsiedlungen« und »Ansiedlungen« – wie sie im damaligen Jargon hießen – kosteten Millionen Menschen das Leben und vielen Millionen mehr die Heimat. Im »Altreich« waren 1944 fast acht Millionen »Fremdarbeiter«, Zwangsarbeiter, die 30 Prozent der Arbeiterschaft ausmachten. Und was Deutsche in Polen, der Ukraine und anderswo taten, liefert den Kontext der letzten, verzweifelten Bevölkerungsbewegung dieser Jahre: die Flucht und Vertreibung 12 Millionen Deutscher gen Westen am Ende des Krieges, die größte Massenzwangswanderung in der europäischen Geschichte.

Ich komme nun schließlich zu den Jahren nach 1945. Wo fand die deutsche Nachkriegsgeschichte statt? Die naheliegende Antwort ist natürlich, dass sie in zwei Staaten stattfand und dass die Grenze zwischen ihnen undurchlässiger war, als die Grenzen um sie herum. Folglich wurde Deutschland zu einer Art Schauplatz der Weltgeschichte – vor allem Berlin, die »Hauptstadt des kalten Krieges«, von der Luftbrücke über den Mauerbau, zu John F. Kennedys berühmten Besuch und schließlich zum Mauerabbau. Die Teilung hieß auch, dass zwei Deutschlands in der Welt auftraten – durch kulturelle Institutionen, Entwicklungshilfe und sportliche Erfolge. Wenn ich nun in den Schlussbemerkungen vor allem auf die Bundesrepublik eingehe, so ist das nicht deswegen, weil ich etwa glaube, dass die DDR nicht mehr als eine Fußnote der deutschen Geschichte sei (sie würde mindestens eine Randleiste verdienen), sondern weil die grenzübergreifenden, transnationalen Triebkräfte, die heute vor allem mein Thema sind, in einem der deutschen Staaten eine größere Dynamik entwickelten als im anderen.

Meine Damen und Herren, ich bin 1949 zur Welt gekommen, im gleichen Jahr wie die Bonner Republik. Das erste Mal habe ich dieses Land 1964 besucht, 1971 habe ich hier zum ersten Mal als Doktorand gewohnt, und 1974 war ich auf meinem ersten Historikertag. Und nun waren Sie so freundlich, einen in den Vereinigten Staaten lebenden Engländer zu Ihnen einzuladen, um vor deutschem Publikum eine Rede zu halten. Wie so viele Andere habe ich von den kulturellen Institutionen profitiert, die dieses Land mit der weiten Welt verbinden – Universitäten und Akademien, Goethe Institute und Deutsche Historische Institute, dem DAAD, der Alexander von Humboldt-Stiftung. Diese Institutionen haben Nichtdeutsche zum Studium hierhergebracht und sie haben überall auf der Welt deutsche akademische Netzwerke aufgebaut. Darüber hinaus wäre es natürlich ein Leichtes, die vielen Beispiele der kulturellen Präsenz Deutschlands in der Welt zu erwähnen – die breite Resonanz des Neuen Deutschen Films der 1970er Jahre, das Ansehen deutscher Maler auf dem internationalen Kunstmarkt, der bemerkenswerte Erfolg deutscher Verlage das amerikanische Verlagswesen aufzukaufen. Aber lassen Sie mich eine Persönlichkeit auswählen, die mir als eine charakteristische Figur der transnationalen Nachkriegskultur Deutschlands erscheint. Ich spreche von Joachim-Ernst Berendt, dessen »Jazzbuch« zuerst 1953 erschien und später weltweit 1,5 Millionen mal verkauft wurde. In seiner Rolle als der »Jazzpapst« förderte Berendt eine amerikanische Musikrichtung, die während des Dritten Reiches in den Untergrund getrieben wurde. Er war ein Verfechter des europäischen Jazz, ein Pionier seiner Globalisierung und ein Fürsprecher der Fusion des Jazz mit der »world music«. Wenn Berendts Lebenswerk von dem Wunsch nach »Einer Welt« und von einer »Flucht vor der Deutschheit« geprägt war, dann ist das vielleicht wenig überraschend bei einem Sohn eines Pastors der Bekennenden Kirche, der in Dachau gestorben ist.

Die erwähnten Institutionen und Individuen halfen mit, einen neuen Platz für Deutschland in der Welt zu schaffen; einen Platz, der über die politischen Übereinkünfte und Institutionen hinausging, die die Bundesrepublik zum bewusst multilateralsten Land der großen Länder machte. Das Gleiche gilt auch für die Arbeit der vielen Bundesbürger in den weltweit 30.000 NGOs, internationalen Organisationen im Bereich des Kulturaustausches oder der humanitären Hilfe,

der Entwicklungshilfe, der Menschenrechte, der Abrüstung und – nicht zuletzt – der Umwelt. Ärzte ohne Grenzen und Greenpeace Deutschland sind auch Teil der deutschen Geschichte. Wenn es um die Umwelt geht, müssen Bürger – wie auch Historiker – über die Nation hinaus denken: Überschwemmungen, Luftverschmutzung und invasive Organismen machen nicht an nationalen Grenzen Halt.
Lassen sie mich zu guter Letzt noch hinzufügen, dass deutsche Geschichte »über Grenzen« Themen aufgreifen sollte, die sich banal anhören mögen, die aber grundlegend für die Veränderung des Alltages der Bundesbürger waren. Wenn wir nachvollziehen wollen, wie es dazu kam, dass sie anfingen sich selber nicht nur als Deutsche und Bayern, sondern auch als Europäer zu sehen, dann müssen wir uns den Einfluss von Konsum und Tourismus, Partnerstadtaustauschen, *au pairs*, Eurovisions-Wettbewerben und – natürlich auch – vom Fußball untersuchen. Jürgen Klinsmann und Johannes Kepler: zwei reiselustige Schwaben im gleichen Vortrag! Das mag sich merkwürdig anhören. Aber ich habe sie hier beide mit ernsthaftem Vorsatz berücksichtigt und auch als eine Art Ehrerbietung. Die erste deutsche Stadt, in der ich gelebt habe, war Stuttgart, damals sowohl Deutschlands größtes Dorf als auch die Stadt John Crankos und des Jazztreffs, die Stadt des Daimler-Benz-Konzerns und des Internationalen Stils in der Architektur – und eine Stadt in der (das war 1971) die Gegenwart griechischer und italienischer Gastarbeiter unübersehbar war. Nationale Geschichte ist zugleich sub- und supra-national.
Ich habe versucht aufzuzeigen, wie die transnationale Perspektive unser Geschichtsverständnis erweitern kann. Ist dies also der Königsweg der Geschichte? Nein. Den gibt es nicht – weder Politikgeschichte, noch Gesellschaftsgeschichte, noch Kulturgeschichte. Sie sind allesamt Konstrukte, Querschnitte durch die Geschichte in ihrer komplexen Totalität. Transnationale Geschichte kann einen Zugang anbieten, der anderen Herangehensweisen verschlossen bleibt. Sie zeigt uns, wie viel der »deutschen« Geschichte außerhalb der deutschen Grenzen stattfand. Sie lenkt unsere Aufmerksamkeit auf Netzwerke und Verbindungen, die bisher übersehen wurden. Und sie erinnert uns daran, dass Deutschland und die deutsche Identität weniger homogen waren als viele glauben oder glauben wollen. Transnationale Geschichte kann und will Nationalgeschichte weder auflösen noch ersetzen. Die bekannten Orientierungspunkte bleiben bestehen. Aber – von der Reformation bis in unsere Zeit – sie sehen aus der transnationalen Perspektive anders aus.

Aus dem Englischen von Philipp Lehmann

Abkürzungsverzeichnis

AG	Alte Geschichte
AEG	Außereuropäische Geschichte
EÜ	Epochenübergreifend
FNZ	Geschichte der Frühen Neuzeit
D	Geschichtsdidaktik
GG	Geschlechtergeschichte
GMT	Geschichtsmethodik, -theorie
KulG	Kulturgeschichte
LRG	Landes- und Regionalgeschichte
MA	Geschichte des Mittelalters
MedG	Medizingeschichte
MG	Militärgeschichte
NZ	Neuere und Neueste Geschichte
OEG	Ost(mittel)europäische Geschichte
PD	Podiumsdiskussion
PolG	Politische Geschichte
RG	Religionsgeschichte
S	Schülersektion
SozG	Sozialgeschichte
StG	Stadtgeschichte
TG	Technikgeschichte
UG	Umweltgeschichte
WG	Wirtschaftsgeschichte
WissG	Wissenschaftsgeschichte
ZG	Zeitgeschichte

Personenregister